本书研究得到水利部公益性行业科研专项（201301001）、国家重点研发计划项目“国家水资源承载力评价与战略配置”（2016YFC0401300）、国家杰出青年科学基金项目“社会水循环与水资源高效利用”（51625904）和中国水利水电科学研究院基本科研业务费项目“社会水循环与水资源高效利用”（WR0145B522017）的支持

水资源红线管理基础与实施系统设计

王建华　李海红　冯保清　颜志俊
彭文启　许　峰　王丽珍　姜　珊　著

科学出版社
北　京

内 容 简 介

本书建立了最严格水资源管理制度理论框架，通过建立水量-水质-经济耦合模拟模型研究了“三条红线”互动关系。面向最严格水资源管理制度考核需求，建立了用水总量、万元工业增加值用水量、农田灌溉水有效利用系数、水功能区水质达标率等四项考核指标的监测统计技术方法与方案，提出了不同来水条件下用水总量折算方法，形成了全国分省（自治区、直辖市）折算系数表，进行了实行最严格水资源管理制度考核系统与方案设计，为国家最严格水资源管理制度实施提供了支撑。

本书可供水资源、水文、环境、生态、减灾、社会学和经济学等领域的科研、管理和教学人员阅读，也可作为相关专业师生的专业读物。

图书在版编目(CIP)数据

水资源红线管理基础与实施系统设计 / 王建华等著 .—北京：科学出版社，2020. 11

ISBN 978-7-03-050706-8

Ⅰ. ①立…　Ⅱ. ①王…　Ⅲ. ①水资源管理-研究-中国　Ⅳ. ①TV213. 4

中国版本图书馆 CIP 数据核字（2016）第 278355 号

责任编辑：王　倩 / 责任校对：杨　赛

责任印制：吴兆东 / 封面设计：无极书装

科学出版社 出版

北京东黄城根北街 16 号

邮政编码：100717

http://www. sciencep. com

北京建宏印刷有限公司印刷

科学出版社发行　各地新华书店经销

*

2020 年 11 月第　一　版　开本：787×1092　1/16

2020 年 11 月第一次印刷　印张：21 3/4

字数：513 000

定价：278. 00 元

（如有印装质量问题，我社负责调换）

前　　言

实行最严格的水资源管理制度是当前和今后一个时期我国必须长期坚持的水资源公共政策，2011 年的中央 1 号文件中将其定位为“加快转变经济发展方式的战略举措”。《国务院关于实行最严格水资源管理制度的意见》（国发〔2012〕3 号）明确提出，建立水资源开发利用“三条红线”，通过用水总量、万元工业增加值用水量、农田灌溉水有效利用系数、水功能区达标率四项考核指标，建立起水资源管理责任和考核制度，确保最严格水资源管理制度落到实处。在我国最严格水资源管理制度全面启动实施的背景下，深化最严格水资源管理理论认知，明确水资源管理“三条红线”的内在关系，建立科学、可行的考核指标监测统计方法，完善最严格水资源管理制度的考核方案，是推行最严格水资源管理制度的最迫切的科技支撑要求。《国家中长期科学和技术发展规划纲要（2006—2020 年）》“把发展能源、水资源和环境保护技术放在优先位置”，开展水资源管理“三条红线”指标监测、统计、考核的系统设计与技术方法研究，也是该纲要“水和矿产资源”重点领域“水资源优化配置与综合开发利用”的优先主题。

与过去水资源管理制度相比，最严格的水资源管理制度具有四个鲜明特点：一是实行水资源开发利用的全过程管理，制度体系更加严密；二是实行取用排水的三条红线管理，管理手段和奖惩措施更加严厉；三是实行水资源管理目标的定量考核，管理方式更加精细；四是实行水资源管理工作行政首长负责制，管理主体更加明确。为保障以严格为基本特征的水资源管理公共政策的转型，需要加强理论认知、数据信息和考核评估等基础支撑，但无论是最严格水资源管理制度系统理论认知，还是“三条红线”之间的管理关系，以及四项考核指标的信息支撑，都缺乏一个完整的系统设计和技术方法支撑，而 2015 年我国开始对最严格水资源管理制度建设和“三条红线”阶段性目标实现情况进行考核，亟须在理论探索和规律研究的基础上，研发集科学与可行于一体的“三条红线”指标监测、统计、考核的系统设计与技术方法。

正是在这样情形下，水利部公益性行业科研专项经费项目“水资源红线管理基础与监测统计考核体系研究”于 2012 年立项，研究期为 2013 年 1 月至 2014 年 12 月。通过历时近 3 年的研究，项目基于二元水循环理论建立了最严格水资源管理制度理论体系，构建了“三条红线”管理指标体系，进行了制度实施系统设计；通过建立“水量–水质–经济”耦合模拟模型研究了“三条红线”互动关系；提出了用水总量、万元工业增加值用水量、农田灌溉水有效利用系数、水功能区水质达标率等四项考核指标的监测统计技术方法与方案；进行了实行最严格水资源管理制度考核系统与方案设计，并在典型区进行了应用；提出了研究不同来水条件下用水总量折算方法。研究提出的不同水平年用水总量折算方法在

2011 ~2015 年各省（自治区、直辖市）用水总量复核中进行了应用，形成的《全国各省区不同来水条件下用水总量折算系数表》在 5 次与部主管部门讨论推敲后确定，作为最严格水资源管理制度实施考核工作的重要技术依据；形成的《用水总量监测统计技术方案》《灌溉水利用率测定技术导则》《全国重要江河湖泊水功能区水质达标评价与考核技术方案》《实施最严格水资源管理制度考核方案》等已作为技术性文件下发各省（自治区、直辖市)，全面应用于国家最严格水资源管理制度实施工作中；编写的《关于<中国水资源公报>、普查数据和考核指标衔接方案的报告》成为最严格水资源管理制度实施考核的重要支撑。

本书基于项目研究以及其他最严格水资源管理制度相关研究成果形成，全书共分 11 章：第 1 章由王建华、李海红编写；第 2 章由姜珊、王建华、李海红编写；第 3 章由王丽珍、王建华、李海红编写；第 4 章由廖卫红、雷晓辉、田雨编写；第 5 章由仇亚琴、卢琼、张象明编写；第 6 章由李海红、翟正丽、褚俊英、姜珊编写；第 7 章由颜志俊、徐春晓、王会容编写；第 8 章由冯保清、崔静编写；第 9 章由彭文启、吴文强、杜霞编写；第 10 章由许峰、张国玉编写；第 11 章由王建华、李海红、王丽珍编写。

成果研究及本书成稿过程中，水利部水资源司、国际合作与科技司的领导和专家尽可能地为我们提供和创造了解实践、参与实践的机会，并给予了诸多的建议，使工作得以顺利开展，在此一并感谢。

目　　录

第 1 章 最严格水资源管理制度的提出与进展

1.1 最严格水资源管理制度提出背景

水是生命之源、生产之要、生态之基。中华人民共和国成立以来，特别是改革开放以来，水资源开发、利用、配置、节约、保护和管理工作取得显著成绩，为经济社会发展、人民安居乐业做出了突出贡献。但必须清醒地看到，人多水少、水资源时空分布不均是我国的基本国情和水情，水资源短缺、水污染严重、水生态恶化等问题十分突出，已成为制约经济社会可持续发展的主要瓶颈。具体表现在五个方面：一是我国人均淡水资源量只有 $2100m^3$，仅为世界人均水平的 28%，比人均耕地占比还要低 12%；二是水资源供需矛盾突出，全国年平均缺水量 500 多亿立方米，2/3 的城市缺水，农村有近 3 亿人口饮水不安全；三是水资源利用方式比较粗放，农田灌溉水有效利用系数仅为 0.5，与世界先进水平 0.7~0.8 有较大差距；四是不少地方水资源过度开发，如黄河流域开发利用程度已经达到 76%，淮河流域也达到了 53%，海河流域更是超过了 100%，已经超过承载能力，引发了一系列生态环境问题；五是水体污染严重，水功能区水质达标率仅为 46%。2010 年，全国 38.6% 的河长水质劣于Ⅲ类水，2/3 的湖泊富营养化。随着工业化、城镇化深入发展，水资源需求将在较长一段时期内持续增长，水资源供需矛盾将更加尖锐，我国水资源面临的形势将更为严峻。

根据水利改革发展的新形势新要求，在系统总结我国水资源管理实践经验的基础上，2011 年中央 1 号文件和中央水利工作会议明确要求实行最严格水资源管理制度，确立水资源开发利用控制、用水效率控制和水功能区限制纳污“三条红线”，从制度上推动经济社会发展与水资源水环境承载能力相适应。针对中央关于水资源管理的战略决策，2012 年国务院发布了《关于实行最严格水资源管理制度的意见》，对实行最严格水资源管理制度工作进行全面部署和具体安排，进一步明确水资源管理“三条红线”的主要目标，提出具体管理措施，全面部署工作任务，落实有关责任，必将全面推动最严格水资源管理制度贯彻落实，促进水资源合理开发利用和节约保护，保障经济社会可持续发展。在十八大和十八届三中全会中也提出建设生态文明，必须建立系统完整的生态文明制度体制，用制度保护生态环境。要健全自然资源资产产权制度和用途管制制度，划定生态保护红线，实行资源有偿使用制度和生态补偿制度，改革生态环境保护管理体制，解决我国日益复杂的水资源问题，实现水资源高效利用和有效保护，根本上要靠制度、靠政策、靠改革。实行最严格的水资源管理制度已成为我国今后一个时期水资源行政管理工作的基本策略和中心任务。

1.2 最严格水资源管理制度的内容

实施最严格水资源管理就是要以科学发展观为指导，以水资源配置、节约和保护为主线，全面贯彻落实水资源管理的各项法律、法规和政策措施，划定水资源开发利用控制、用水效率控制、水功能区限制纳污“三条红线”，选择用水总量、万元工业增加值用水量、农业灌溉水有效利用系数和水功能区达标率作为考核指标，建立水资源管理红线指标体系，落实水资源管理责任制。

概括来讲，实施最严格水资源管理制度，就是确定“三条红线”，实施“四项制度”。“三条红线”：一是确立水资源开发利用控制红线，到2030年全国用水总量控制在7000亿m^3以内。二是确立用水效率控制红线，到2030年用水效率达到或接近世界先进水平，万元工业增加值用水量降低到40m^3以下，农田灌溉水有效利用系数提高到0.6以上。三是确立水功能区限制纳污红线，到2030年主要污染物入河湖总量控制在水功能区纳污能力范围之内，水功能区水质达标率提高到95%以上。为实现上述红线目标，进一步明确了分年度水资源管理的阶段性目标。“四项制度”：一是用水总量控制。加强水资源开发利用控制红线管理，严格实行用水总量控制，包括严格规划管理和水资源论证，严格控制流域和区域取用水总量，严格实施取水许可，严格水资源有偿使用，严格地下水管理和保护，强化水资源统一调度。二是用水效率控制制度。加强用水效率控制红线管理，全面推进节水型社会建设，包括全面加强节约用水管理，把节约用水贯穿于经济社会发展和群众生活生产全过程，强化用水定额管理，加快推进节水技术改造。三是水功能区限制纳污制度。加强水功能区限制纳污红线管理，严格控制入河湖排污总量，包括严格水功能区监督管理，加强饮用水水源地保护，推进水生态系统保护与修复。四是水资源管理责任和考核制度。将水资源开发利用、节约和保护的主要指标纳入地方经济社会发展综合评价体系，县级以上人民政府主要负责人对本行政区域水资源管理和保护工作负总责。

1.3 最严格水资源管理制度建设现状

水利部在全国水资源综合规划工作的基础上，编制了实行最严格水资源管理制度的实施方案，开展六大流域水量分配工作，划定取水量、用水效率、排污量“三条控制红线”并逐层分解，构建实行最严格水资源管理制度的实施与保障体系，并开展以省为单元的试点工作。当前和今后一个时期，我国最严格水资源管理制度的主要内容是围绕水资源配置、节约和保护，建立并实施水资源管理“三条红线”制度，即建立水资源开发利用控制红线，严格实行用水总量控制；建立用水效率控制红线，坚决遏制用水浪费；建立水功能区限制纳污红线，严格控制入河排污总量。通过最严格的水资源管理制度的建设和实行，实现我国水资源管理的五大转变，在管理理念上，加快从供水管理向需水管理转变；在规划思路上，把水资源开发利用优先转变为节约保护优先；在保护举措上，加快从事后治理向事前预防转变；在用水模式上，加快从粗放利用向高效利用转变；在管理手段上，加快从注重行政管理向综合管理转变。

2013 年，国务院办公厅印发《实行最严格水资源管理制度考核办法》，31 个省（自治区、直辖市）全部建立由政府主要负责人负总责的最严格水资源管理制度行政首长负责制，水利部会同国家发展和改革委员会等 10 个部门组建考核工作组。绝大部分省（自治区、直辖市）完成控制指标分解到地级行政区域。重要跨省江河流域水量分配工作有序推进，基本实现省界缓冲区水质断面监测全覆盖。

1.4 最严格水资源管理制度实施需解决的科学问题

1）最严格水资源管理制度系统理论认知

最严格水资源管理制度的提出与实施，同我国节水型社会建设工作一样，是以实践为先导的我国新时期水资源行政管理模式与方式。自回良玉副总理在 2009 年年初召开的全国水利工作会议讲话中正式提出，全国各省（自治区、直辖市）积极推进，至今已走过 10 个年头，也取得了显著的成效。但是就最严格水资源管理制度本身还缺乏系统的理论认知，对其理论基础、系统结构、发展与演变等都没有成熟研究。

2）“三条红线”之间的联动关系

最严格水资源管理制度具有三条刚性管理红线，即建立水资源开发利用控制红线，严格实行用水总量控制；建立用水效率控制红线，坚决遏制用水浪费；建立水功能区限制纳污红线，严格控制入河排污总量。在水资源开发利用中，用水总量受到约束时，必须要通过提升用水效率以降低社会经济发展用水需求，而用水总量少，废污水排放量少，降低了处理压力，进而改善水环境质量，保障水功能区水质目标的实现，因此，“三条红线”存在着紧密的内在联系，但是对于三者之间的联动关系还缺乏定量描述的手段。

3）四项考核指标的信息支撑

用水总量、万元工业增加值用水量、农业灌溉水有效利用系数、水功能区纳污能力水质达标率四项考核指标的落实是考量最严格水资源管理制度实施效果的关键环节。我国用水计量基础设施还相对较为薄弱，迫切需要建立四项考核指标系统的监测统计体系、技术方法以及监督考核方案，为最严格管理制度考核提供支撑。

第2章　最严格水资源管理制度的理论解析

水资源开发利用的外部性、社会水循环调控原理及制度体系的基本构成，共同构成最严格水资源管理制度的科学基础。其中水资源开发利用的外部性，解决了为什么要实施最严格水资源管理制度的问题，即实施目标；社会水循环调控原理确定了最严格水资源管理制度管控什么的问题；而制度体系基本构成，则明确了如何去实施最严格水资源管理制度。

2.1　水资源开发利用的外部性

水资源经济性产生的根源是水资源稀缺性的显现和稀缺程度的迅速提高。随着社会、经济的发展，人类对以水资源为代表的自然资源的需求也开始急剧增长，水资源短缺、水污染严重、水生态恶化等现象不断加剧，稀缺程度的迅速提高已经成为全球性问题，严重威胁着人类的生存和发展。

从经济学的角度来看，当人类用水量较少而水资源量相对丰沛的时候，水属于没有排他性也没有竞争性的公共物品；随着人类社会的进步、生产的发展，用水量急剧增加，水资源相对短缺，水转变成无排他性而有竞争性的公有资源。在公有资源的使用中，就容易出现“公有地现象”，即资源的利用主体争相免费获得资源的使用权，但又不合理利用所获得的资源，短缺与浪费这两个现象并存。

外部性是指那些生产或消费对其他团体强征了不可补偿的成本，如何优化水资源外部性，优化配置和有效利用水资源已成为焦点问题。水资源是不可分拨的资源，它极易引发经济问题，不可分拨的水资源是一种对个人免费但具有社会成本的资源。水资源的外部效应是指对水资源的过度利用，导致获取每单位水资源的产出成本上升；或者是某一时期的过度使用水资源（如地下水滥采）而会减少或破坏未来水资源的可获取量；或者是水资源流域的上游地段用户过度滥用水资源使得下游地段用户对水资源占有量的减少；或者表现为对水资源水质的污染导致其他用户对水资源利用程度的降低。例如，某河上游的某一化工厂商为了节约污水处理的投资运行成本而不使用污水处理系统，直接将工厂废水排入河中，会影响水体中的动植物生长，使水质变坏而危及下游饮用此水的居民健康，这就会导致水资源负外部性的产生。

在我国，由于社会水循环通量过大，水资源问题逐步由供给不足向用水主体间的相互影响转化，全国正常年份缺水超过500亿m^3，其中农业缺水近400亿m^3，挤占河道内生态环境用水超过100亿m^3，给工农业生产、城乡人民生活和生态环境维护带来巨大损失和严重影响。解决水资源问题，要严格控制社会水循环通量，减少外部性经济社会用水对自然水循环系统的影响，以及经济社会用水户之间用水行为的相互影响。因此，降低水资源开发利用的外部性是实施最严格水资源管理制度的主要目标。

2.2 社会水循环调控原理

社会水循环包括取水（包括输配水）、用水（包括循环和重复利用）、排水（包括处理）三个基本过程或环节，是一个依存于自然“降水—径流—蒸发”主循环过程中的侧支循环，其来源端、中间过程和排水端均与自然主循环紧密耦合，其中在来源端包括取用自然水循环中的径流性水资源或是利用有效降水，中间过程通过蒸散发、渗漏与自然水循环的大气过程和地表地下过程耦合，末端通过退排水与地表地下水体相耦合（图 2-1）。

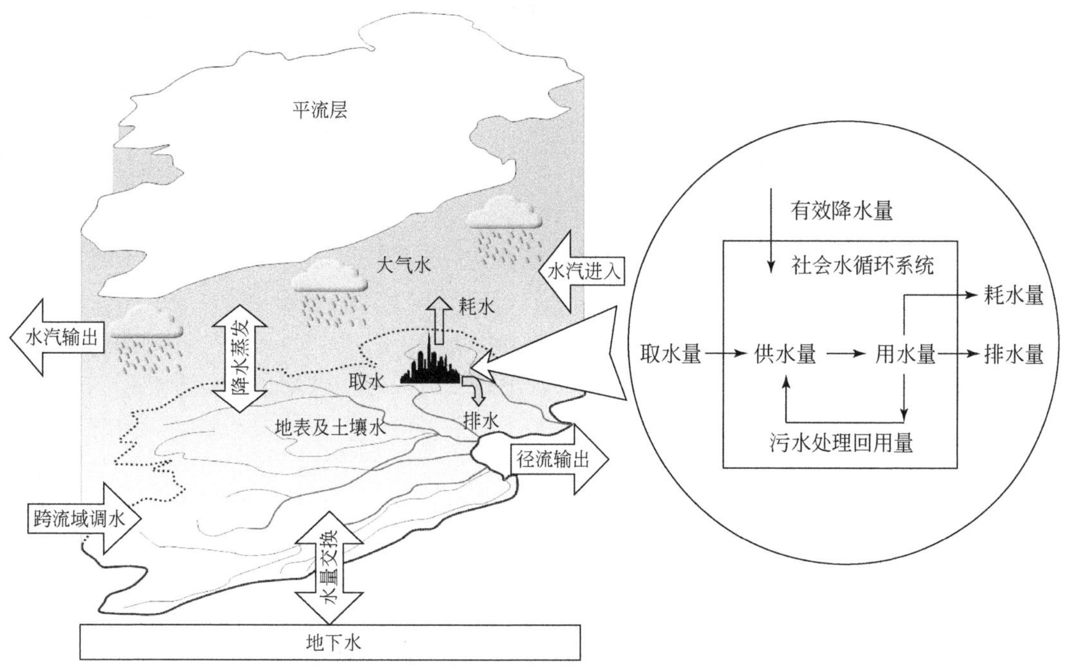

图 2-1　社会水循环与自然水循环的依存关系图

社会水循环定义为“为实现特定的经济社会服务功能，水分在经济社会系统中的赋存、运移、转化的过程”。① 由定义可以看出，有别于自然水循环过程，社会水循环具有两大差异性要件：一是在水分循环中实现了特定的经济社会服务功能，如人类生活需求、工农业生产、人工生态建设等；二是水分参与了上述经济社会服务功能的实现过程，这种参与过程可以通过社会的供排水系统实现，包括农业灌排水系统和城市供排水系统，也可以通过直接耗用的方式实现，如人工直接取水手段、对有效降水的直接利用等。

---

① 引自中国水利水电科学研究院王浩、王建华等国家自然科学重点基金项目“社会水循环系统演化机制与过程模拟研究——以海河流域为例”。

与自然水循环相比较，社会水循环具有以下几方面的特征。

(1) 侧枝性。社会水循环是依存于自然主循环的一个侧支循环，其来源端、中间过程和排水端均与自然主循环相耦合，其中在来源端包括利用有效降水或是取用径流性水资源，源于自然水循环，中间过程通过蒸发、渗漏与自然水循环的大气过程和地表过程耦合，其排水端主要通过蒸腾、蒸发的形式与自然水循环的大气过程耦合，其排水端与地表地下水体或自然环境相耦合。可以看出，自然水循环既是社会水循环的“源”，也是社会水循环的“汇”，因此自然水循环是二元水循环的主循环，而社会水循环则属于侧支循环。

(2) 开路性。从宏观的循环结构上来看，社会水循环是一个不闭合的循环，其起始端为取水口，终端为末端排水点，中间过程尽管其输水和用水的类型差别，但均会有一定量的蒸散发和渗漏，因此社会水循环整体上是一个开路的循环。

(3) 双源性。从水分的来源上，社会水循环主要有两方面来源：一是取用的地表地下径流性水资源，尤其是生活、工业和第三产业用水，基本以这一类水源为主；二是直接利用的有效降水，主要是农业和人工生态，特别是雨养农业，则基本上以有效降水为主。因此在较大的区域尺度上，社会水循环往往是包括径流性水资源和有效降水的双源性循环。

(4) 嵌套性。社会水循环系统结构是一个不断演化的过程，发展至今，社会水循环在取、供、用、排的宏观路径下，还衍生出多个嵌套的小循环，如大的农业灌区的排水提灌、城市系统的再生水回用、工业企业内部循环用水以及社区的中水回用等，因此现代社会水循环是一个复杂的多层嵌套水循环系统。

最严格水资源管理是以“自然-社会”二元水循环作用机制为基础，针对社会水循环过程系统调控所开展的制度设计，以降低水资源开发负向外部性增进水资源利用的正向内部性，从而实现经济社会发展和水资源与生态环境系统协调发展的根本路径。自然水循环为社会水循环提供了边界，即可开发利用的总量与可排放的污染物总量。最严格水资源管理调控的对象是社会水循环全过程，通过控制取用水总量限制控制起始环节，通过排水限制控制末端环节，通过效率限制控制中间过程，实现总量控制下的可持续发展。

2.3 制度体系的基本构成

制度是规范和制约人们行为的规则，可用来抑制可能出现的机会主义、损害他人及公共利益的个人行为，使社会个体的行为更加具有可预见性，促进人与人之间的合作。制度作为围绕目标规制行为而设置的一套奖惩系统，具体包括规则和规则实施两大要素，而规则实施又包括物质设置和组织执行。

2.3.1 规则

规则是制度的核心内容，包括正式规则和非正式规则两大部分。正式规则是指制度既包括人们制定出来的正式规则，也包括社会公认的关系规则。人们制定规范、调节和约束社会行动的原则和程序的目的，是达到个人或团体能够对他人的行动有较为确定的预期，实现社会的合作及秩序的建立。规则可通过法律条文来表述，也可以通过社会习惯或者判例等表现出来，一个规则也可在多个法律条文中表现。规则通常由三要素构成，即行为模式、条件假设和后果归结。

2.3.2 物质设置

物质设置是为确保规则实施所需要的基础设施保障，如计量设施就是阶梯式水价制度实施的物质设置。节水型社会制度建设核心是加强水资源的节约和保护，体现在对取水、用水、耗水和排污的全过程控制，其基础设施包括计量监测、信息传输以及管理系统三方面。

2.3.3 组织执行

制度的组织执行是保证制度运行并发挥作用的不可缺少的因素，如阶梯式水价制度不仅包括递进的水价构成办法，还包括自来水或节水部门等执行主体。制度能否顺利运行并发挥应有的功能，必须有一套与制度相适应的、高效率的组织系统。组织机构的结构和效能如何，与制度功能的发挥关系十分密切。当原有的组织结构效率低下、不能适应制度要求时，就需要对制度的组织系统进行变革。在制度建设过程中，既要注重规则的设计和制订，同时还需要根据规则或规范内容及特征，设计相应的机构组织，以使得规则规范能够被执行落实。

遵循制度基本构成，实施最严格水资源管理制度，也应当建立其制度规则体系，确定用水行为规范，构建计量、监控体系，掌握取排水总量、目标实施程度，建立制度实施考核奖惩体系，确定目标责任、考核方式和追责路径。这样才能完善最严格水资源管理制度体系，切实地将这项制度落实下去。

第3章　最严格水资源管理制度的理论构架

3.1　最严格水资源管理制度的体系结构

3.1.1　最严格水资源管理制度的目标

1）降低外部性路径：取耗水与排污总量控制

水资源开发利用的外部性主要有两方面的具体表现：一是由于非兼容性的经济社会耗用水和生态环境耗用水量之间存在此消彼长的互补性动态依存关系，因此经济社会耗用水量的增加必然会挤占生态环境耗用水量，当维持生态系统基本功能的水量被侵占后，生态系统功能将会发生质变，水资源开发利用的外部性将会集中显现；二是由于水的溶解性和流动载体的特性，经济社会系统的退排水往往带有大量的污染物质，当排放的污染物超出水体自净能力时，自然水体的环境功能将会发生质量劣变。因此降低水资源开发利用的负外部性重点是对经济社会耗用水总量和进入自然环境系统（重点是地表河湖水系和地下含水水体）污染物排放量进行严格的控制，以保证自然水生态与环境系统功能的有效发挥。

从分类别用户角度出发，外部性主要包括“两个方面”和“四种类型”。“两个方面”是指水量耗用和水质劣变两类外部性，而“四种类型”是指：①河道外取耗水和排污对河道内生态环境系统的外部性；②上游取耗水和排污对下游地区经济和生态环境系统的外部性；③流域陆域取耗水和排污对入海和入尾闾湖泊的外部性；④地下水抽取对于地表生态环境的外部性。基于上述外部性分析，区域取耗水总量可按不同行业分类，在各行业中控制可以进一步细化为八大总量控制，即取水总量控制、漏损总量控制、退排水量控制、行政区河道断面下泄量控制、河道内生态流量控制、入海（入尾闾湖泊）水量控制、地下水水位控制及非常规水源利用量控制。在水质方面，污染物排放量控制可以分为污水排放与退水水质标准控制、废污水排放总量控制、行政区交接断面水质标准控制。

在源头端，允许开发利用的水资源主要受到自然水循环可再生更新能力、自然生态环境基本用水保障需求以及工程技术经济水平的约束。在我国许多地区，特别是北方缺水地区，经济社会实际取用水量已超出了合理的阈值，根据《全国水资源综合规划》成果，我国现状年因超采地下水和挤占河道内生态环境用水而形成不合理的供水为347亿m^3，北方大部分河湖湿地基本生态用水得不到有效保障。为协调统一依存于自然水循环系统的经济社会和生态环境用水的关系，需要确立水资源开发利用控制红线，对社会水循环系统的取耗水通量进行刚性约束。

在排水端，允许的污染物排放量主要取决于自然水体的自净能力，它与自然水体水量、水动力条件等因素相关。据全国水资源公报数据信息，2018 年我国河湖水体功能区达标率为 66.4%，在评价的全国 26.2 万 km 的河流水质中，Ⅰ类水河长占 8.7%，Ⅱ类水河长占 51%，Ⅲ类水河长占 21.9%，Ⅳ类水河长占 8.7%，Ⅴ类水河长占 4.2%。为协调水体纳污能力和经济社会系统排污量的关系，需要确立水功能区限制纳污红线，对社会水循环系统的污染物排放量进行刚性约束。

在操作层面，总量控制的具体内涵包括“三个层次”，具体是指规划层面的总量控制、管理层面的总量控制、校核层面的总量控制。其中在规划层面上，要将资源消耗量控制在水资源可利用量范围以内，将排污总量控制在水功能区达标水质目标下水体纳污能力范围以内；在管理层面上，要将实际取、耗水量控制在基于特定目标的生态用水保障范围内，将排污量控制在实际水文过程、实际排污分布与过程条件下水功能区达标的水体自净能力之内；在校核层面上，为规避取水-耗水、排污-自净关系实际过程与规划模拟的差异，在实际调度管理中还需要利用典型断面水量和水质控制指标进行校核，作为总量控制的校核指标。以上三个层次的总量控制指标之间应当是闭合的，即用水总量与耗水总量控制指标之间、用耗水总量控制与断面下泄量/地下水水位校核之间应当是吻合的。

2）增进内部性路径：用水过程管控

用水过程作为社会水循环的中间过程，与取水和排水两端过程有着密切关系。在需求的驱动下，用水效率越低必然导致所需的取供水量越大，同时用水效率越低也会造成更多的污染物被排放到自然环境中，如农业用水的大引大排，增加了面源污染的入河量。尽管我国较早就开展了工农业节水工作，从 21 世纪伊始全面推进节水型社会建设，但与所面临的水资源情势相比，水资源利用效率和效益整体水平仍然不高。2018 年全国万元 GDP 用水量为 66.8m^3，尽管已下降至“十五”末的 1/4，但仍高出世界平均水平，2018 年我国万元 GDP 用水量与美国用水水平相当，而美国人均水资源量则是我国的 5 倍。从行业用水效率来看，我国工业水的重复利用率为 85% 左右，而 2000 年美国工业企业用水重复利用率已经达到 94.5%，我国农业灌溉水综合利用效率为 0.55，而世界先进水平约为 0.7～0.8。水资源的低效耗损加剧了水资源紧缺程度，同时也深刻影响水生态环境的质量。

水资源开发利用的内部性主要体现在维护社会用水公平和提高用水产出两方面：一是维护用水公平主要包括不同区域之间、城乡之间、不同行业之间以及社会不同阶层人群之间的用水公平，其公平性体现在不同主体基本用水的分配与供给保障程度、合理的价格与经济调节制度等，即行政与市场配置的有效性程度；二是对于提高用水产出或是降低单位产品用水定额，其具体途径主要包括三类，即降低用水过程的无效损耗、优化产品或是服务结构、提高重复利用率和利用非一次性替代水源，可以归结为定额管理。因此合理配置水资源，强化用水定额的管理是增进水资源开发利用内部性的基本路径。

在取水量和排污量均受到刚性约束的情况下，我国要以占世界 7% 的水资源，支撑全球19%的人口净福利的提高和6%左右的经济增长速率，唯有采用减水化的生产方式，以尽可能少的水资源耗用量获得最大的产出效益，才能实现社会经济的可持续发展。为此，最严格水资源管理制度确立了用水效率控制管理红线，力图通过全社会全面深度的节水，实现资源环境约束条件下的水资源供需平衡和水资源可持续利用。

3.1.2 最严格水资源管理制度的规制设置

根据最严格水资源管理制度的管控目标，用水总量控制制度、用水效率控制制度、水功能区限制纳污制度和管理责任与考核制度，共同构成层次化的面向社会水循环全过程的最严格水资源管理制度体系框架，如图3-1所示。

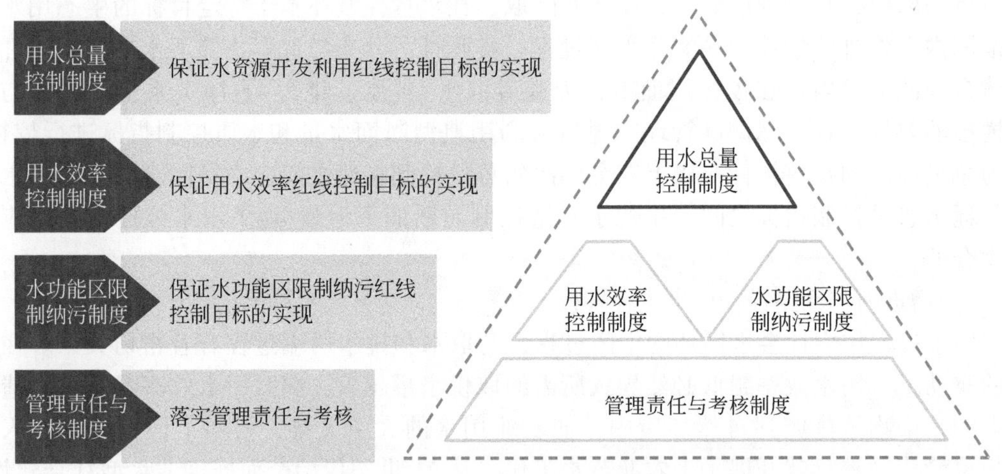

图3-1 面向社会水循环全过程的最严格水资源管理制度体系框架

1）用水总量控制制度

依据水资源综合规划，对水资源可利用总量或者可分配的水量向行政区域进行逐级分配，确定行政区域生活、生产可消耗的水量份额或者取用水水量份额。参照水量分配方案，在不同来水频率或保证率的条件下以及紧急突发情况下，进行水量调度。在水量分配的基础上，对建设项目以及国民经济和社会发展规划、城市总体规划的编制、重大建设项目的布局规划进行水资源论证，确保其与当地水资源条件和防洪要求相适应。依据批准的水量分配方案或者签订的协议，对直接从江河、湖泊或者地下取用水资源的单位和个人开展取水许可审批，以取水许可的形式落实水量指标，收取水资源费，并对取供水设施进行管理。

2）用水效率控制制度

用水效率控制制度的制定与实施，通过对各行业、各单元用水全过程的控制，规范用耗水行为，提高用水效率，降低水资源的无效耗损，形成节约型生产体系与水资源利用模式。根据管理阶段与内容的不同，最严格水资源管理制度的核心制度分为四大类：一是实现总量控制与定额管理对接的计划用水制度，及其辅助制度——建设项目节水设施“三同时”制度；二是定额管理制度，定额管理制度既是对计划用水制度的承接，也可对行业用水形成有效约束；三是针对不同类型用水行业、单元用水过程的效率控制制度；四是针对用水结果的奖惩制度。

3）水功能区限制纳污制度

对直接或者间接向水体排放工业废水、医疗污水的用户，以及城镇污水集中处理设施，进行排污许可管理；按照排放水污染物的种类、数量和排污费征收标准收取排污费；对排放的水污染物进行监测，确保其不得超过国家或者地方规定的水污染物排放标准；鼓励排污者进行污水处理与再生水回用，减轻对水环境的负面影响；强化水功能区管理，改善水环境质量，保护饮用水源地，确保社会公众的生命健康以及工农业的用水安全；对入河污染物实施总量控制，将其控制在水体纳污能力允许范围内；加强对入河排污口设置的登记和审批管理。

4）管理责任与考核制度

管理责任和目标考核制度是一种行政机关的绩效动力制度，在最严格水资源管理制度体系中起引领和导向作用。它以管理目标为导向，以行政责任为基础，以奖惩制度进行激励，肯定积极行为，否定消极行为，提供了行政部门不断改进自身行为、努力创造工作业绩的动力源泉。管理责任和目标考核制度是明确责任、实行考核及行政问责三者的有机结合。明确责任，就是要明确水利部在流域的派出机构或地方政府的主要负责人要对本流域或行政区域内的节水管理工作负责。实行考核，就是要把辖区内的用水总量、用水效率、限制纳污等的控制性指标作为国民经济和社会发展的“硬约束”，纳入领导干部的综合考核评价体系，考核结果交由干部主管部门，作为相关领导干部综合考核评价的重要依据。行政问责，就是要对未完成考核指标的，在考核结果后公告，对直接责任人追究领导责任，并责成提出限期整改措施，要对考核工作中瞒报、谎报的进行通报批评，同时也要对完成和超额完成考核指标的予以表彰奖励，在条件允许的情况下可在安排建设项目立项、取水许可及下达投资计划时优先考虑。

3.1.3 最严格水资源管理基础措施

对取用排水进行计量与监控，是落实最严格水资源管理制度的关键，没有计量就谈不上科学管理。目前，全国城镇和工业取水计量率不到70%，农业灌溉取水口计量率不足50%，终端计量率更低。因此必须开展基础计量与监控社会建设，建立与水资源开发利用控制、用水效率控制和水功能区限制纳污控制管理相适应的重要取水户、重要水功能区和大江大河主要省界断面的监控体系，形成与实行最严格水资源管理制度相适应的水资源监控能力，逐步增强支撑水资源定量管理和对“三条红线”执行情况进行考核的能力。同时为了提高最严格水资源管理效率，还应提升管理的信息化、自动化水平，满足水资源定量管理和最严格水资源管理制度考核的信息支撑需要。

3.1.4 最严格水资源管理制度的组织执行

根据第2章的理论认识，切实推行最严格水资源管理制度必须有相应的组织执行体系，包括执行主体和相应的机构。在我国现行的政治管理体制下，加强行政手段对水这种典型公共资源的管控，是缓解矛盾的最现实和最有效的路径；实行最严格的水资源管理制度，面向的是当前我国经济社会发展方式转型的需求。通过最严格的水资源管理制度的建设和实行，实现我国水资源管理的五大转变：在管理理念上，从供水管理向需水管理转变；在规划思路上，把水资源开发利用优先转变为节约保护优先；在保护举措上，加快从事后治理向事前预防转变；在用水模式上，加快从粗放利用向高效利用转变；在管理手段上，加快从注重行政管理向综合管理转变。因此，实施最严格水资源管理制度涉及全社会各个部门，而不仅仅是涉水部门的职责。所以，最严格水资源管理制度实施的责任主体是各级人民政府，政府主要负责人对本行政区域水资源管理和保护工作负总责。

3.2 “三条红线”管理指标体系构建

3.2.1 指标体系建立的原则

对于“三条红线”管理指标的选取，重点考虑以下几个方面：一是指标要具有代表性，即能够充分反映“三条红线”的执行情况；二是指标要具有通用性，能够实现在不同区域、地区间的比较；三是考虑指标数据的可获得性、易监测性和是否具有实现手段。据此，确立水资源管理“三条红线”指标体系建立的原则。

1）科学性原则

按照系统学的概念，指标体系的建立要统筹考虑其科学构成，能全面反映水资源开发利用总量、水资源利用效率和水功能区限制纳污的本质特点，克服因人而异的主观因素影响。

2）独立性原则

各指标之间相互独立，尽可能避免明显的包含关系，力求减少指标间的关联度。在指标之间有明显的相关关系时，应保留主要指标，这样不仅可以精简指标，而且不会丢失必要的信息。

3）可操作性原则

指标体系的选择要充分考虑定量化指标基础数据的可获得性和可比性，以及定性化指标的科学界定，便于检查评估，提高指标体系在实际工作中应用的可操作性。基于可操作性原则，指标体系应尽量以定量指标为主，定性指标为辅。对于所选的定量指标，应明确其计算方法，以及计算所用数据的获得手段与方法。对于定性指标，应界定其性质描述，以便统一标准，避免盲目。

4）适用性原则

选择的指标体系应适应区域的实际情况，对于不同分区都能在所建立的指标体系框架下，科学、客观地反映所属区域的水资源开发利用总量、用水效率和水功能区限制纳污情况。

按照以上原则制定的“三条红线”管理指标体系如表 3-1 所示。

表 3-1 “三条红线”管理指标体系

红线指标	考核指标	评估管理指标
水资源开发利用控制	用水总量	取水总量
		耗水总量
		取水许可总量
		新增用水总量
用水效率控制	农田灌溉水有效利用系数、万元工业增加值用水量	万元 GDP 用水量
		农田亩均灌溉用水量
		节水灌溉工程面积率
		工业用水重复利用率
		城市供水管网漏损率
		节水器具普及率
		城市污水处理回用率
水功能区限制纳污控制	重要江河湖泊水功能区水质达标率	重要江河干流及其主要支流水功能区水质达标率
		重要饮用水水源地水功能区水质达标率
		重要湖库水域水功能区水质达标率
		省界缓冲区水功能区水质达标率
		城镇污水收集率
		城镇生活污水达标处理率
		工业废污水达标排放率

3.2.2 用水总量控制指标体系

针对当前水资源管理中存在的过度开发和无序开发问题，为促进水资源的优化配置，需严格控制用水总量。取水总量已达到或超过总量控制指标的地区，暂停审批建设项目新增取水；取水总量接近取水许可总量控制指标的地区，限制审批新增取水。因此可将用水总量分解成取水总量、耗水总量、取水许可总量和新增用水总量四个评估管理指标。

1）取水总量

取水量是指直接从江河、湖泊或者地下通过工程或人工措施获得的水量，通常包括蓄水、饮水、提水、调水等，建立用水总量控制制度，就是要按照全面规划、科学配置、统筹兼顾、以供定需的原则，统筹利用地表水、地下水和区域外调入水，保障水资源可持续利用和经济社会的协调发展。因此，选取地表水取水总量、地下水取水总量和外调水总量作为水资源开发利用总量指标，并按流域和行政区分解水资源开发利用总量，并将其作为流域和区域用水总量控制的考核基数指标。

2）耗水总量

耗水量是生活及工农业生产供水量中由于蒸散发而逸失于大气和构成产品的部分水量。为确保水资源开发利用总量不超标，必须同时划定耗水总量指标。由于用水总量指标按不同水源确定，因此耗水总量指标也按不同水源确定。选取地表水耗水总量和地下水耗水总量作为水资源消耗总量指标，并按流域和行政区分解，作为流域和区域耗水总量控制。

3）取水许可总量

根据《取水许可和水资源费征收管理条例》规定，在境内利用取水工程或者设施直接从江河、湖泊、地下取用水资源的单位和个人，除规定的情形外，都应当按照《取水许可和水资源费征收管理条例》和《取水许可和水资源费征收管理条例》的规定申请领取取水许可证，并缴纳水资源费。而取水许可总量控制指标也是落实用水总量控制的主要控制手段。因此，应将流域取水许可总量控制指标分解到各市、县，建立覆盖省、市、县三级行政区域的取水许可总量控制指标体系。

4）新增用水总量

新增用水评价指标是区域新增用水总量控制的关键指标，是实施用水总量控制的最有效手段。按用户特性，选取用水量较大的三种用水类型，即农业用水、工业用水和生活用水三大类。农业用水包括农田灌溉和林牧渔业用水；工业用水指工矿企业在生产过程中用于制造、加工、冷却（包括火电直流冷却）、空调、净化、洗涤等方面的用水，按新水取水量计，不包括企业内部的重复利用水量；生活用水包括城镇生活用水和农村生活用水。

各部门新增用水总量的计算方法如下：

$$W_{新增} = W_{p} - W_{0} \tag{3-1}$$

式中，$W_{新增}$ 为某部门新增用水总量；W_{p} 为评价年某部门用水总量；W_{0} 为基准年某部门用水总量。

3.2.3 用水效率控制指标体系

针对当前严重的用水资源浪费现象，为促进水资源的高效利用，坚决遏制用水浪费，需建立区域及行业用水效率考核体系，对各级人民政府的农田灌溉水有效利用系数和万元工业增加值用水量的完成情况进行考核；需建立用水效率监测评价管理指标体系，加快推进节水技术改造，确保用水效率的提高。由此将用水效率分解成万元 GDP 用水量、农田亩[①]均灌溉用水量、节水灌溉工程面积率、工业用水重复利用率、城市供水管网漏损率、城镇节水器具普及率、城市污水处理回用率七个评估指标。

1）万元 GDP 用水量

万元 GDP 用水量可以反映区域评价年每产生 1 万元地区生产总值的取水量。其计算方法为

$$W_{GDP}=W_{总}/G_{总} \tag{3-2}$$

式中，W_{GDP}为万元 GDP 用水量（m^3）；$W_{总}$ 为地区评价年总取水量，按照水资源公报统计口径统计，不包括非常规水源利用量（m^3）；$G_{总}$为地区评价年生产总值（万元）。

2）农田亩均灌溉用水量

亩均灌溉用水量反映了区域每亩耕地所需的毛灌溉水量。其计算方法为

$$W_{农}=W_{总}/A_{总} \tag{3-3}$$

式中，$W_{农}$为亩均灌溉用水量（m^3/亩）；$W_{总}$为地区评价年灌溉毛取水量，按照水资源公报统计口径统计（m^3）；$A_{总}$为地区评价年实灌面积（亩）。

3）节水灌溉工程面积率

节水灌溉工程面积率反映了地区节水灌溉工程面积占有效灌溉面积的比重。其计算方法为

$$R_{节水}=A_{节水}/A_{总}\times100\% \tag{3-4}$$

式中，$R_{节水}$为节水灌溉工程面积率（%）；$A_{节水}$为地区评价年节水灌溉工程面积（亩）；$A_{总}$为地区评价年有效灌溉面积（亩）。

4）工业用水重复利用率

工业用水重复利用率反映了评价年工业用水重复利用量占工业总用水的百分比。其计算方法为

$$R_{工}=C_{工}/Y_{工}\times100\% \tag{3-5}$$

式中，$R_{工}$ 为工业用水重复利用率（%）；$C_{工}$ 为工业用水重复利用量（m^3）；$Y_{工}$ 为工业总用水量（m^3）。

5）城市供水管网漏损率

城市供水管网漏损率反映评价年自来水厂产水总量与收费水量之差占产水总量的百分比。

$$R_{管}=(W_{供}-W_{收})/W_{供}\times100\% \tag{3-6}$$

式中，$R_{管}$ 为城镇供水管网漏损率（%）；$W_{供}$ 为自来水厂出厂水量（m^3）；$W_{收}$ 为自来水厂收费水量（m^3）。

6）城镇节水器具普及率

城镇节水器具普及率反映评价年公共生活和居民生活用水使用节水器具数与总用水器

① 1 亩≈667m^2。

具之比。节水器具包括节水型水龙头、便器、洗衣机和淋浴器。

$$R_{具}=J_{节}/J_{总}\times 100\% \tag{3-7}$$

式中，$R_{具}$ 为节水器具普及率（%），由地方节水办抽样调查计算；$J_{节}$ 为公共生活和居民生活用水使用节水器具数；$J_{总}$ 为公共生活和居民生活用水总用水器具数。

7）城市污水处理回用率

当前，城市污水资源化的主要问题有：污水回用没有被纳入地区水资源综合开发与利用的规划中；缺乏污水回用的配套设施；污水集中处理厂的建设跟不上发展需要；污水处理的资金没有保障。而污水回用又是水资源可持续利用的一个重要手段，应鼓励企业使用回用水，积极推进再生水设施建设，因此将城市污水处理回用率作为监测评价管理指标之一。

城市污水处理回用率即在一定时间（年）内城市污水处理后回用于农业、工业等的水量与城市污水处理总量之比。

$$R_{污}=W_{回}/W_{污}\times 100\% \tag{3-8}$$

式中，$R_{污}$为城市污水处理回用率（%）；$W_{回}$为城市污水处理后的回用量（m^3）；$W_{污}$为城市污水处理量（m^3）。

3.2.4 限制纳污控制指标体系

针对当前部分流域水功能区达标率低下的问题，为促进水资源的有效保护，应严格控制入河排污总量，需按照水功能区水质目标要求，确定水功能区达标考核体系，对各级政府开展水污染防治和污染减排工作提出明确要求；需建立限制纳污监测评价管理指标体系，以督促保证水功能区达标。由此将水功能区限制纳污控制指标分解成重要江河干流及其主要支流水功能区水质达标率、重要饮用水水源地水功能区水质达标率、重要湖库水域水功能区水质达标率、省界缓冲区水功能区水质达标率、城镇污水收集率、城镇生活污水达标处理率和工业废污水达标排放率七个评估管理指标。

1）水功能区水质达标率

水功能区水质达标率包括主要支流水功能区水质达标率、重要饮用水水源地水功能区水质达标率、重要湖库水域水功能区水质达标率、省界缓冲区水功能区水质达标率四个指标，计算公式为

$$R_{年功}=\sum R_{功i}/n \tag{3-9}$$

$$R_{功i}=W_{功标i}/W_{功总}\times 100\% \tag{3-10}$$

式中，$R_{年功}$为评价年地表水水功能区水质达标率（%）；$R_{功i}$为 i 次监测时的地表水水功能区水质达标率；n 为年测次数；$W_{功标i}$为 i 次监测时水功能区水质达标个数；$W_{功总}$为水功能区总个数。

2）城镇污水收集率

城镇污水收集率即在一定时间（年）内进入污水管网的城镇生活污水量占生活污水总量的百分比，计算公式为

$$R_{收} = W_{收集} / W_{污} \times 100\% \tag{3-11}$$

式中，$R_{收}$ 为城镇生活污水收集率（%）；$W_{收集}$ 为进入污水管网的城镇生活污水量（m^3）；$W_{污}$ 为城市生活污水总量（m^3）。

3）城镇生活污水达标处理率

城镇生活污水达标处理率指在一定时间（年）内经处理后排放的城镇生活污水中各项污染物指标都达到国家颁布的《城镇污水处理厂污染物排放标准》规定的生活污水量占进入污水管网生活污水量的百分比。计算公式为

$$R_{达} = W_{达标} / W_{收集} \times 100\% \tag{3-12}$$

式中，$R_{达}$ 为城镇生活污水达标处理率；$W_{达标}$ 为达到国家排放标准的生活污水排放量（m^3）；$W_{收集}$ 为进入污水管网的城镇生活污水量（m^3）。

4）工业废污水达标排放率

工业废污水达标排放率指经处理达到排放标准的水量占工业废污水总量的百分比。计算公式为

$$R_{工业} = W_{达标} / W_{工业} \times 100\%$$

式中，$R_{工业}$ 为工业废污水达标排放率（%）；$W_{达标}$ 为经处理达到排放标准的工业废污水量（m^3）；$W_{工业}$ 为工业废污水总量（m^3）。

3.3 不同层级管理指标联动——总量与效率的互馈分解

实行最严格的水资源管理制度应切实强化不同层级（流域—区域）“三条红线”管理指标之间的联动管控，才能实现流域区域之间的协调控制。

用水总量的分解控制首先要确定总量分解的原则和模式。由于不同区域水资源禀赋和水资源利用模式的不同，总量控制的侧重点也就各有不同。对于水资源短缺地区，受原生条件限制，可消耗的水资源量是总量控制的刚性约束指标，各行业、各部分的用水定额往往不能得到充分的满足，需要做相应的定额调整以适应总量控制的要求；对于水资源较丰富的地区，社会经济生态系统的用水有一定保障，但从节约用水和水资源高效利用的角度出发，各行业、各部分的用水应以实际需水作为限制，在实践中突出定额管理；而对于水资源相对均衡区域，总量控制和定额管理并举并重，要同时考虑宏观总量指标和微观定额指标，寻求使两者达到协调统一的调控模式和调控方法。

3.3.1 总量分解控制原则

在可控制总量与期望控制总量出现偏差时，就需要对原定的总量控制指标和定额管理目标进行调控。在进行二者协调关系调控时需要遵从以下原则。

可持续利用原则。在进行调控时，要以可持续发展为目标，进行总量控制指标和定额管理时兼顾社会经济发展与生态环境的良性发展。

公平高效原则。对总量和定额的调控首先要体现公平公正性，要保证人民群众基本生

活用水，保证区域内单元间用水权利，同时要调整用水结构，促进高效用水。

统筹协调原则。总量与定额的调控必然要统筹考虑各行业、各部门的用水要求，兼顾各行业的用水需求，统筹协调各区域各行业各部门的用水。

允许合理差异原则。鉴于区域或流域内不同行政区的自然条件和社会经济发展水平不同，生产用水定额可以有一定的差异，定额调控时可予以把握。

余量优先调控原则。进行总量控制与定额管理调控时首先调控在确定总量控制指标时预留的余量，以解决总量控制与定额管理之间的不匹配问题。

政府调控与利益相关者协商确定原则。调控用水总量和定额会对流域、区域的经济发展产生影响，需要流域、区域内各行政单元政府参与协商确定。

3.3.2 总量分解控制模式

根据总量控制和定额管理的相关关系和各自本质属性特点，其分解调控模式主要分为以下三种。

1）总量约束型调控

总量约束型调控是指从水资源总量指标出发下行分解最终与微观定额指标相协调的一种调控方式，是根据资源、环境承载力制定的总量控制管理，规定各区域、各部门、各行业允许取用的最大水量。因此，根据总量控制的调控内容，以可控制水量为调控目标，在不同层次的配水单元之间进行总量控制。其调控过程是依照总量控制的调控体系，包括流域、省级、地市级和用户四个空间尺度层次，并且在时间上以多年、年、月和旬为尺度进行综合调控。同时，以不同层次的总量控制指标作为调控目标，从而达到总量控制与定额管理的要求。

对于水资源稀缺地区，总量控制指标具有不可逾越性，经过时空二维分配，流域或地区的总量指标最终落实到各行业、各部分、各用水户，从而限定了行业、部门、用水户取水与耗水的最大值。由于受到总量的限制，无法保证行业、部门、用水户的用水定额，故需要进行定额调控，一方面可以削减定额，通过压缩需水适应总量控制要求；另一方面，可以在满足用水定额的基础上调整产业结构，采取以供定需手段达到总量与定额间的协调。

2）定额约束型调控

定额约束型调控是指从水资源的微观定额指标出发上行汇总最终与宏观总量指标相协调的一种调控方式。在水资源丰沛的地区，通过对生产、生活、生态用水定额指标的编制和核定，确定合理需水量，经过逐层的汇总得到区域总需水量，以区域总需水作为总量控制限制指标，约束和控制微观用水定额。通过合理调整区域各行业用水定额和用水结构，能够有效促进水资源的节约高效利用，减少废污水排放总量是满足水质水环境总量控制要求的有效方式。

3）总量与定额互动式调控

总量与定额互动式调控是总量控制指标与定额管理指标反馈协调的动态调控模式，在总量控制与定额管理两种不同的指标体系连接处达到一个平衡。如图 3-2 所示，从定额管理出发，根据调控流域/区域的产业结构、行业规模，以及区域生态模式，制定科学合理的微观用水定额，可以推求流域/区域的取水总量和耗水总量。同时，从总量控制出发，根据流域/区域的取用水现状、产业结构、生态模式，以及水资源可利用总量来确定流域/区域取水和耗水控制总量指标。由以上确定的总量，通过取水许可总量与核算得到的耗水总量建立起总量控制与定额管理之间的桥梁。通过不断的反馈协调，调整定额、重新分配总量，在总量控制指标与定额管理之间寻求一种平衡，实现总量控制的闭合。

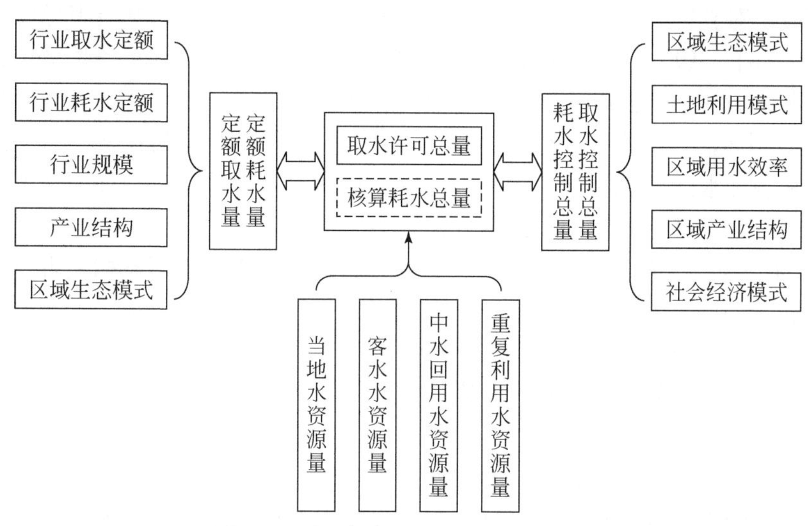

图 3-2　总量与定额的互动调控示意图

3.3.3　总量分解方法

利用水资源的配置技术搭建总量与定额间的桥梁：一方面，将宏观总量指标逐层分解至用水户；另一方面，将微观定额逐层汇总至区域总量。在两者出现不协调时进行反馈，调整单元间的定额或削减总量指标，同时在水资源配置中引入优化和协商机制，通过协商、配置、反馈、调整、协商的反复运用，最终实现总量和定额间的协调管理（图 3-3）。

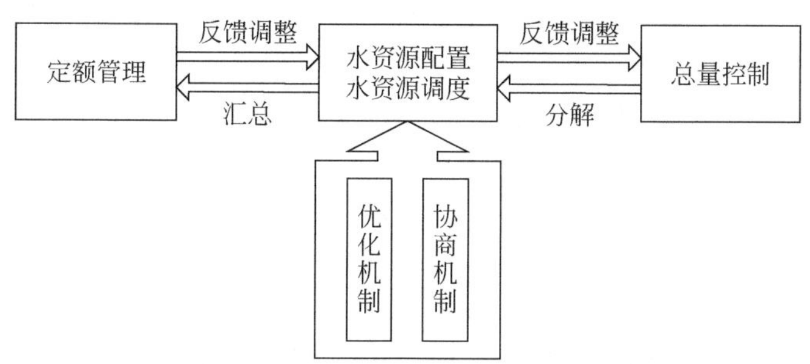

图 3-3　总量定额协同反馈调控图

根据区域取水许可核算的结果，如果流域、省、市、县等不同层次取水许可发放不合理，就需要进行不同层次取水许可的调控，核减和调整取水许可总量，综合分析我国目前水资源管理和取水许可管理现状，可以采取的主要调控方法如下。

（1）按比例削减法。按照该地区的自然条件、产业结构、经济特点等因素，根据各个层次各个行业的用水比例不同，按比例对用水总量进行调节。

（2）末梢削减法。我国现状取水许可发放包括流域级、省级、市级、县级四级，不同等级有不同的发放范围。在进行取水许可总量调控时可以根据各级生活、工业和农业取水许可发放情况，对县级取水许可总量进行重新审核，进行削减，如果能满足约束条件就停止，否则继续对上一级（市级）的取水总量进行削减，如果满足约束条件就停止，以此类推，分别按照由下往上的县级、市级、省级、流域级削减，直到满足取水许可发放标准。

（3）低效削减法。从经济、效益、环境和生态等方面综合分析流域、省、市、县四个层次各行业和各种水源（包括地表水和地下水）取水许可发放的合理性，从低效向高效依次削减低效的取水许可发放，以满足总量控制的目标。

（4）协商削减法。充分考虑流域级、省级、市级、县级四级利益相关者权益，通过协商协调解决。

3.3.4 促进用水总量控制的措施

不同的区域，由于水资源条件、经济发展水平、产业结构、管理水平不同，需要因地制宜地采取不同的措施方法来保障总量控制和定额管理相协调，可以采取的主要措施方法包括以下几个方面。

（1）改变传统的用水习惯。传统产业的生产方式和传统用水习惯与节水型社会建设不协调，使得定额偏高，以至于通过定额核算出来的总用水量超过取水许可的范围，使得总量与定额之间不协调。

（2）在流域或区域的发展规划（包括当地的各项发展规划、产业调整规划等）中考虑水资源条件的限制，协调不同类型的水源，在水资源承载力范围内合理布局产业结构，减少耗水量大行业的投建，减少水资源投入产出效率低行业的投建，降低水的利用效率低下的产品和作物的生产规模，使总量与定额协调发展。

（3）积极倡导有益于总量控制与定额管理相协调的政策措施，从政策的层面上保障总量控制与定额管理的顺利实施和过程进展。大力发展各行业节约用水措施，有效降低用水定额，从而保障定额与总量之间的协调，将用水总量控制在允许取用的范围之内。

（4）提高群众的节水意识。加强节水工作的宣传教育，推动人们改变传统的用水陋习，改变旧的生产方式，从而降低定额，节约水量，使总量与定额相协调。

（5）加强总量控制指标的监管，扩大流域用水户用水计量范围并重新核定总量控制指标；进一步完善省市用水定额，加强定额管理；加强建设项目的水资源论证和农业用水管理；建立流域、区域总量控制指标管理的协调协商机制；完善流域、区域总量控制监管管理水平。

3.4 本章小结

(1) 基于最严格水资源管理制度实施的理论基础，系统分析了最严格水资源管理制度的基本架构及其主要内容。基于社会水循环过程分析，研究了“三条红线”在最严格水资源管理制度中的基本定位：确立水资源开发利用控制红线，是对社会水循环系统的取耗水通量进行刚性约束，以协调统一依存于自然水循环系统的经济社会和生态环境用水的关系；确立水功能区限制纳污红线，对社会水循环系统的污染物排放量进行刚性约束，以协调水体纳污能力和经济社会系统排污量的关系；确立用水效率控制管理红线，通过全社会全面深度的节水，以实现资源环境约束条件下的水资源的供需平衡和水资源的可持续利用。

(2) 基于“三条红线”考核指标，结合管理实践要求，基于科学性、独立性、可操作性和适用性等原则构建了最严格水资源管理制度管理指标体系，对各个指标界定了其内涵与计算方法，为管理实践提供了系统的支撑。

(3) 研究了不同层级间用水总量和用水定额等管理指标之间的相互关系，研究分析了用水总量分解的方法与控制模式，为区域用水总量控制目标的分解提供了支撑。

第4章 “三条红线”联动关系研究

4.1 “三条红线”控制指标联动机制研究总体思路

4.1.1 研究现状及进展

“三条红线”研究工作可分为直接和间接两大类。直接的研究工作主要集中于红线指标体系如何分解落实、具体指标应当如何确定、水资源管理制度如何改革这几个方面。对于红线指标体系如何分解落实，一些省或流域管理机构开展了相关探索，如江西省制订的《江西省（鄱阳湖）水资源保护工程实施纲要（2011—2015年）》[1]，云南省制订的《云南省区域和行业用水效率考核体系研究（工作大纲）》[2]。对于具体指标应当如何确定，许多专家学者进行了许多深入思考研究，如孙宇飞等提出[3]，当前“三条红线”考核指标存在一些不足：总量控制指标根据历史数据由中央向地方分配，未能考虑地方产业结构，水资源丰富程度，现状用水合理性等地方实际，不利于调动地方积极性；水功能区达标率现状与“十一五”规划要求差距过大，且水利部门职能有限，缺乏有效手段；农业灌溉水有效利用系数提高幅度指标，未能考虑各省农业灌溉水有效利用系数存在较大差距的现实，对已达到较高农业灌溉水有效利用系数的省份不公平。陶洁等提出“三条红线”指标体系可划分为目标层、类型层、指标层三层结构，并给出各指标的计算方法思路[4]。陈进和黄薇认为，制度体系和技术支持体系存在不足，阻碍指标的监测、实施；除了加强水资源规划、用水定额、河流纳污能力等技术研究之外，还需建立水资源监测网络和评价体系，建立水权制度，完善跨地区跨部门的涉水事务协调机制和社会参与机制[5]。对于水资源管理制度如何改革，周同藩和柳建平以博弈论的角度，分析了我国从秦汉以来水资源管理制度演变规律，指出应加强国家统一管理，对地方首长进行考核，避免地方争水陷入“囚徒困境”，为实行最严格水资源管理提供了博弈论依据[6]。王建华和王浩指出，我国水资源管理思路从供水管理向需水管理转变具有必然性，并从宏观和微观尺度提出了相应的对策[7]。王建华分析了我国公共政策干预的着力点，明晰了水资源公共政策的建构方向并提出相应建议[8]。胡四一指出，要切实强化考核管理，建立“三条红线”问责制度[9]。黄昌硕和耿雷华总结了国内外主要水资源管理模式和研究侧重点，探讨了基于“三条红线”的水资源管理框架和内涵[10]。

“三条红线”间接性的研究工作，包括水文水资源、水经济、水环境等相关基础性的研究，对此，王浩提出了实行最严格水资源管理的八个关键技术支撑[11]。对于用水总量、用水效率、纳污能力某一方面的单独研究，近年来成果丰硕，这里就不再赘述。需要注意的是，在“三条红线”提出之前，这些基础性研究相互交叉，许多专家学者在用水量-水价值，水量-水质研究等方面取得了不少重要进展。用水量-水价值方面的研究，对用水总量控制红线与用水效率之间内在联系研究提供了重要参考。盖燕如等通过残值法对我国十大灌溉区域多种主要作物的多年用水及经济价值进行分析，得出了不同区域不同作物的灌溉水经济价值，为优化种植结构，合理配置水资源，提供了重要依据[12]。刘品通过定量分析山东省分行业投入产出表及分行业耗水情况，计算了山东省分行业万元直接耗水量及完全耗水量，得出了山东省分行业用水效率[13]。胡震云等基于水资源利用技术效率提出了区域用水量测算模型，提出了通过用水效率确定农业、工业用水量控制目标的方法并进行了实证分析[14]。水量-水质方面的研究，可认为探索了用水总量控制红线与水功能区限制纳污红线的内在联系。在 2003 年召开的全国水资源综合规划会议上，水资源数量与质量联合评价即已被列入研究重点。2005 年召开的第四届环境模拟与污染控制学术研讨会指出，水量-水质联合调度是水资源优化配置的重点研究方向。赵显波以新疆玛纳斯河流域水库为研究对象，建立内陆干旱区水量-水质联合优化调度模型[15]。王渺林等以鉴江流域为实例提出水质-水量联合评价模型，以满足流域水质目标要求[16]。董增川等针对太湖流域的主要水环境问题，建立了水量-水质调度耦合数值模型，实现了时段内水资源的宏观调度与水量水质微观模拟的结合[17]。王宗志等提出基于水量与水质的初始二维水权分配模型，通过建立对超标排污的惩罚函数，把超标排污的外部性内化到水量分配上，实现了水量-水质的统筹考虑[18]。

4.1.2 研究目标与内容

“三条红线”互动关系研究具有重要的学术价值和现实意义，但当前的相关研究集中于单一红线或某两条红线，对“三条红线”整体互动关系研究不足。另外，从经济学的思维来思考，任何决策都有成本，实行最严格水资源管理制度，意味着需转变当前经济社会粗放的用水模式，这不可避免地要求经济社会放弃部分短期利益，影响经济增长。那么，不同强度用水总量控制，对短期经济增长的影响有多大，会减少多少 GDP？用水效率提高到什么程度，才能在用水总量减少时，GDP 能保持增长？如果用水总量控制不变，效率大幅提高，经济活动快速增长，是否会导致排污增加，水质反而因环境用水不变而变差？农业灌溉用水有效利用系数提高，灌溉回水减少，河道水量减少，是否会使水质变差？水资源管理是一项系统工程，牵一发而动全身。站在“三条红线”整体互动的视角，这些都是迫切需要解答的问题。总而言之，本书的任务有：①用水总量、用水效率与经济产出的定量关系研究；②入河污染物排放量与经济产出的定量关系研究；③基于水循环的流域“三条红线”联动模型开发；④模型实例验证；⑤陕西省渭河流域“三条红线”情景分析；⑥陕西省渭河流域“三条红线”目标可达性分析；⑦“三条红线”联动定量关系分析。

4.1.3 研究技术路线

本书根据各类经济统计年鉴、环境年鉴和水文水资源资料，结合水经济学、水环境等相关研究成果，统筹考虑用水总量、用水效率、水质各方面因素，推导建立水量-水质经济耦合模拟模型，并以陕西省渭河流域“五市一区”作实例分析，从整体的角度，揭示“三条红线”互动关系的全貌，并从定量分析的角度，解答前述问题，完成各个研究任务，并给出一些相应的对策建议。

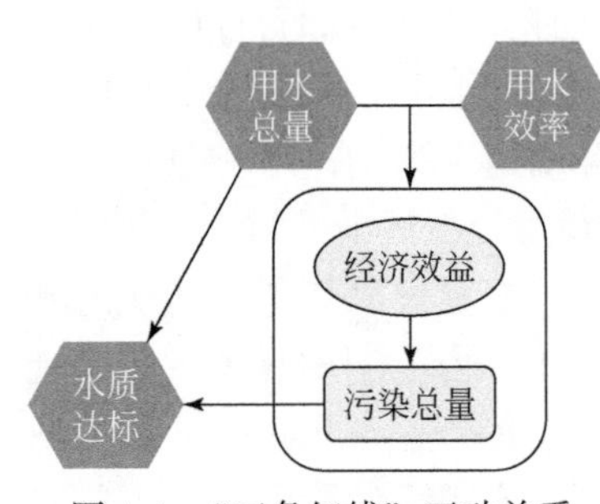

图 4-1 “三条红线”互动关系模拟模型整体思路

模型将工农业增加值作为经济指标，作为工农业用水及工农业用水效率的函数，即用水总量、用水效率共同决定经济产出。类似地，将污染物排放量与经济产出关联，设法推求经济-产污函数，再结合水文水资源条件，综合考虑污染物排放、河道水量及污染物输移降解过程，即可推求水质状况。模型整体架构如图 4-1 所示。

模型具体架构，如图 4-2 所示。流域总水量可分为生态基流、工农业生产用水、生活和城镇公共用水三块。忽略蒸发下渗，河道水量视为由农业灌溉回水和生态基流构成。工农业生产用水总量、用水效率产生经济效益，相应地经济活动带来污染物排放。生活和城镇用水产生生活及城镇污水。工业、生活及城镇污水被视为点源污染，经过污水处理厂处理后按四类水水质标准排入河道；农业视为面源污染，按化肥折纯量乘以污染物入河系数，排入河道。通过综合污水排放量和河道水量，即可推算流域水质状况，最终求出水功能区水质合格率。

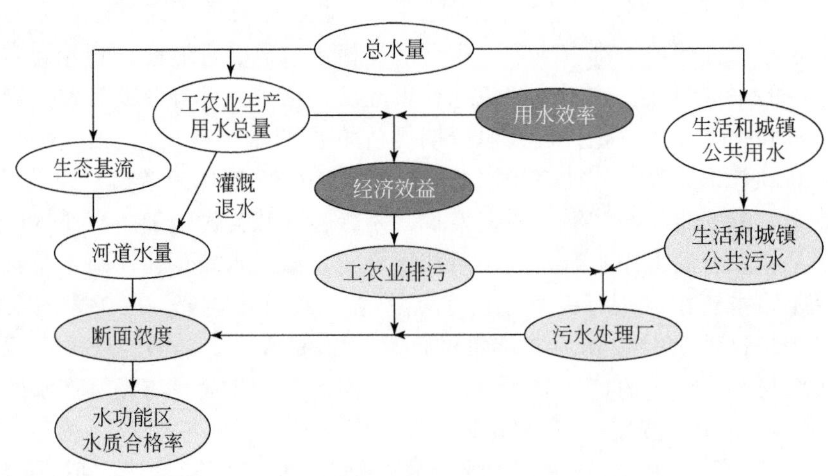

图 4-2 “三条红线”互动关系模拟模型具体架构

4.2 “三条红线”联动机制及模型开发

4.2.1 用水-经济理论分析

4.2.1.1 水资源价值相关理论

近年来，水资源的价值已成为资源经济学、环境经济学及传统的国民经济学等相关学科的研究热点。各学科从不同的角度出发，提出了水资源的不同价值理论，比较有影响力的有存在价值论、劳动价值论和边际效益价值论。

存在价值论源于环境经济学理论，又称为非使用价值，是 1967 年由 Krutilla 在自然资源配置研究中提出。环境经济学理论认为，存在价值来自于许多自然和环境资源能为人们提供舒适，在某些状况下提供消耗性服务或成为永久性财富。从经济学的角度看，价值是通过人们的选择而产生，把自然资源的存在价值作为财富，是在所选择的决策影响这些财富的事实中衍生的[19]。例如，人们会在风景好的地方驻足而不去做其他事情。

劳动价值论认为，商品的价值由物化其中的人类无差别必要劳动时间所决定。对于水资源等自然资源，传统的观点认为，天然状态下，未加工的自然资源不具有价值，因为它没有凝结人类劳动。自然资源只有在开采利用等过程中凝结了人类劳动，才具有价值。较新的研究认为，自然资源并非一开始就具有价值，它们的价值在人类经济社会发展到一定的阶段才会表现。例如，在掌握近现代物理知识之前，铀等放射性物质不仅不是资源，还是魔鬼般的存在。而当人类认识到放射性物质的价值，开始开采铀矿之前，在物理学研究上投入的人力物力即已作为人类无差别必要劳动物凝结进了铀矿资源中。而当人类为了保证自然资源消耗能跟得上经济社会发展过程中不断增长的需求，投入的人力物力，也作为必要劳动物凝结进了自然资源，如对乏燃料再处理利用和能源转换效率提升等。对于水资源，则是各类水利工程及再生水等科研、工程投入。故水资源价值产生于人类为使经济社会发展与水资源跨时空分配、水资源再生产、保护生态环境健康而付出的社会必要劳动。

边际效益价值论来自于经典的经济学理论。经济学认为，消费者之所以购买商品，是因为商品价格低于它带来的消费者福利，即对消费者的价值。这一价值具有边际递减的特点，比如对于饥饿的人而言，第一块馅饼的福利最大，第二块次之，吃饱之后，馅饼带来的福利将由于过饱而变成负的，此时即便是免费的馅饼，也不会再吃了（不考虑打包带走等情况）。对于水资源，也有类似的道理，缺水的时候，新增水资源投入，将带来较高的经济社会产出，随着水资源投入的增加，高产出行业将饱和，水资源只能投入低产出行业；当所有行业都饱和、所有需求都满足后时，若继续加大来水且超出水利工程和河道湖泊的调蓄能力，结果就是——洪灾，即负的产出。简而言之，边际效益价值论认为，价值随边际量而变化，边际效益是价值大小的重要影响因素。

4.2.1.2 水资源经济计量理论

目前，基于不同的水资源价值理论，对水资源的经济计算存在多种差别巨大的方法。即便是同一种水资源价值理论，也会有不同的计量方法。由存在价值论衍生的水经济评价方法，由于侧重于环境带给人们的福利，无关生产过程，即与用水效率、经济产出无关，不属于本书范畴，故不赘述。劳动价值论方法因缺乏必要劳动时间等现实统计资料，难以实际应用，故忽略之。目前实用的水资源经济计量理论大多基于边际效益价值论，比较有影响力的主要方法有成本分析法、影子价格法、残值法、CGE 模型法、生产函数法。

成本分析法的思路来自于一般的投入产出思路，即水资源的价格由工程水价、资源水价、利润三部分构成。这一方法较为简便，适用于政府对水价的指导，因为供水行业作为天然垄断行业，且具有一定的公益性质，根据经济学理论，政府管制价格是合理的。影子价格法，源自最优化问题中，线性规划对偶问题的最优解的现实意义解释，简单地说，它就是计算出资源在最优解对应的价格。这一方法常用于水权水资源定价，实际应用时比成本分析法更科学，但需要考虑的影响因素较多，约束复杂。残值法则类似于影子价格法，不同之处在于，残值法首先计算产品非水投入的影子价格，然后用产品影子价格减去非水投入的影子价格，剩余部分即为水资源经济价值。基于残值法思路还衍生出效益分摊系数法、实际单位经济贡献法，顾晓雅应用后者评估了兰州市工业用水效益。这几种方法着眼于水经济价值一般计算，未考虑水资源投入与经济产出过程的动态关系，对本书的研究没有助益，故不再赘述。

可计算的一般均衡（computable general equilibrium，CGE）模型自 20 世纪 60 年代提出以来，在宏观经济、政策分析等方面得到了广泛应用。这一方法将所有商品的数量和价格、生产要素的数量和价格、工资等都列入方程组，在一定的优化条件约束下（生产者成本最低、消费者福利最大等），解得均衡时市场各商品的数量和价格、生产要素的数量和价格、工资等。当模型生产要素考虑水资源时，可假设其他条件不变，调整水资源投入，从而得出其他商品、生产要素的价格、数量变动，进而统计整体经济的变动。由此可见，CGE 模型能模拟出更全面、更准确的经济信息，但模型计算需要的资料较其他方法复杂。

生产函数法，是借鉴计量经济学经典的柯布–道格拉斯生产函数或其他生产函数，对行业用水和经济产出进行定量分析的方法。柯布–道格拉斯生产函数的形式为

$$Y = A(t) L^{\alpha} K^{\beta} \mu \tag{4-1}$$

式中，Y 为经济效益；$A(t)$ 为综合技术水平，与时间相关；L 为劳动力投入，常用工资表示；K 为资本投入；α 为劳动力产出的弹性系数；β 为资本产出的弹性系数；μ 为随机干扰的影响，一般可取 $\mu=1$。若 $\alpha+\beta<1$，则称为规模报酬递减，即加大生产投入来增加产出是得不偿失的；反之，若 $\alpha+\beta>1$，则称为规模报酬递增，即加大生产投入来增加产出是有利可图的。若 $\alpha+\beta=1$，则称为规模报酬不变，此时加大生产投入带来的收益与成本相同，只有提高技术水平，即增大 $A(t)$ 项，才可提高经济效益。对于完全竞争市场的商品，一般认为其满足规模报酬不变，这点可用竞争市场生产者的边际收益等于边际成本来解释。

本书借鉴了柯布–道格拉斯生产函数，将水资源作为生产要素，与劳动力、资金放在

一起，式（4-1）变形为下式作为水的生产函数[20]：

$$Y = A(t)L^{\alpha}K^{\beta}W^{\gamma} \tag{4-2}$$

式中，W 为用水量；γ 为用水弹性系数；其余项的意义不变，一般可认为规模报酬不变仍适用，即 $\alpha+\beta+\gamma=1$。

这一函数在水经济学中应用较多。例如，孟庆松和武靖源利用柯布-道格拉斯生产函数，通过 COLS 回归（有效生产前沿时间序列）建立了生产用水边际效益模型[21]。

需要指出的是，生产函数的作用是对于已有的生产状况进行分析，得出各生产要素的贡献；生产函数率定完成后，不能简单用于经济预测。过去有一些研究，在率定得到水资源生产函数后，调整用水量以预测对经济的影响，这是不正确的，因为各生产要素之间并不是独立的变量。例如，工资、资本投入维持一年的量不变，而用水量设为仅够半年，很显然，此时经济产出为全年的一半，在无水可用时，多余的工资、资本投入不能带来任何产出，而套用式（4-1），经济产出却将大于原来的 1/2。因此，在预测用水-经济产出时，需采用新的方法。

4.2.2 “用水-效率-经济”联动模型

4.2.2.1 用水-经济效益函数推导

由前述的水经济计量理论可知，成本分析法、影子价格法不适用于分析用水-经济产出过程。CGE 方法能精确描述所有商品，包括用水在内所有生产要素和经济产出的关系，但需要有非常翔实的统计资料，涉及研究区域内所有商品生产要素、价格、区域内外商品流动情况（类似进出口）、可用资源约束条件等方面的资料。本书根据一般均衡模型（CGE）原理构建 SAM 矩阵，包括活动、商品、劳动、资本、政府、其他地区，其中微观社会核算矩阵把活动账户分为农业、工业、其他产业，再结合宏观经济学的生产函数进行简化 CGE 推导建模如下。

生产要素之间存在联系，更确切地说，生产要素如同木桶桶壁的木板，经济产出如同木桶能容纳的水量。木桶能容纳的水量取决于最短的那块木板——由之前的实例可以看出，在某个生产要素缺乏时，其他要素投入的增加没有意义。因此，在缺水地区，可认为劳动力、资本都是充足的，生产的制约因素为水资源量，劳动力、资本的投入量可认为由水资源投入量所决定，从而可表示为关于水资源量的函数 $L(W)$ 和 $K(W)$，又当水资源投入量 $W=0$ 时，显然有 $L=0$，$K=0$；再考虑到 $L(W)$ 和 $K(W)$ 是单调递增的，故可认为

$$L(W) = \alpha_1 W^{\beta_1} \tag{4-3}$$

$$K(W) = \alpha_2 W^{\beta_2} \tag{4-4}$$

式中，α_1，α_2，β_1，β_2 为常数且大于 0，将式（4-3）和式（4-4）代入式（4-2），简化即得

$$Y(W,\ t) = A(t)aW^{b} \tag{4-5}$$

式中 a，b 为大于 0 的常数。需要注意的是，$A(t)$ 的意义发生变化，在其原来的综合技术水平内涵上，还加入了通货膨胀影响因素。这是因为，原先的通货膨胀影响因素在工资、资本中已隐含了，当用水资源投入量简化劳动力、资本投入项的时候，通货膨胀因素不能忽视，应加入到时间相关项 $A(t)$ 中。

综上，在引入合理假设并结合水经济学的水资源生产函数的基础上，经过推导，得到了缺水地区用水-经济效益函数。

“三条红线”互动关系中，除了用水量，用水效率也是决定经济产出的重要因素，因此，在用水-经济效益函数的基础上，需考虑加入用水效率相关项，形成完整的用水-效率-经济效益函数。

4.2.2.2 用水效率相关理论

在当前的水资源学研究中，用水效率基本上是针对具体行业而言，即具体行业有具体的用水效率衡量方法，缺乏跨行业的统一指标。例如，对于工业而言，用水效率衡量指标有工业重复用水率、工业万元增加值用水两种，前者是从单纯的用水角度衡量，后者则是从经济角度做整体平均思考。对于农业而言，用水效率则往往用农田灌溉水有效利用系数或亩均用水量衡量，这也是从单纯的用水角度衡量。对于城镇，用水效率衡量就更为复杂，首先用如下一组公式计算城镇供水效率系数：

$$
\begin{aligned}
\eta_{渠} &= 1-\delta_{渠} \\
\delta_{渠} &= \sigma_{渠} L_{渠} \\
\sigma_{渠} &= \sigma_{渠蒸}+\sigma_{渠渗} \\
\eta_{管} &= 1-\delta_{管} \\
\delta_{管} &= \sigma_{管} L_{管} \\
\eta_{城供} &= \eta_{渠}\eta_{管}
\end{aligned} \tag{4-6}
$$

式中，$\eta_{渠}$ 和 $\eta_{管}$ 分别为渠道供水效率系数和管道供水效率系数；$\delta_{渠}$ 为渠道总损失系数；$\sigma_{渠}$ 为单位长度渠道损失系数；$L_{渠}$ 为渠道总长度；$\sigma_{渠蒸}$、$\sigma_{渠渗}$ 分别为单位长度渠道蒸发、渗漏损失系数；$\delta_{管}$ 为管道总损失系数；$\sigma_{管}$ 为单位长度管道损失系数；$L_{管}$ 为管道总长度，$\eta_{城供}$ 为城镇供水效率系数。

其次计算城镇用水效率系数如下：

$$\eta_{城生} = DP/W_{生净} \tag{4-7}$$

$$\eta_{城镇} = \eta_{城供}\eta_{城生} \tag{4-8}$$

式中，$\eta_{城生}$ 为城镇生活用水效率系数；D 为城镇居民用水定额；P 为城镇人口数量；$W_{生净}$ 为居民从取水设备得到的总水量；$\eta_{城镇}$ 为城镇用水效率系数。可见城镇用水效率衡量虽然复杂，但仍是单纯从水的空间变化着手细化衡量。

总而言之，当前的用水效率衡量往往囿于水的供、用视角，不仅各行业有自己的用水效率衡量方法，行业之下各环节也有各环节的用水效率衡量方法。这是由于过去水资源管理体系在各种来水情形下，以尽量满足需水为目标，水资源优化配置往往仅从供水、需水角度进行研究，提升用水效率也往往从减少供水损失、节约用水减少浪费的角度去思考研究。这样的方法优点在于细化分析，尽量从技术角度保证水资源得到充分利用。但缺点也很明显，首先是缺乏统一衡量标准，指标体系过于具体，不利于从宏观角度整体分析；其次是与经济关联较弱，与经济有关的指标很少，如万元工业增加值用水等也是基于整体平均的思想，与水经济理论中衡量水资源经济价值的方法主要基于边际价值的思想相异——万元工业增加值用水等用水效率指标是在已知经济效益的基础上再计算得出，无法用于预测分析经济产出。另外，一些传统节水研究提出的提升用水效率的建议措施，未充分考虑经济因素，从而缺乏可行性和可操作性。

4.2.2.3 相对用水效率系数概念

实行最严格水资源管理制度，要求转变传统的水资源管理理念。本书提出相对用水效率系数概念，采用不同思路从经济学角度分析，以克服传统用水效率指标的局限。

所谓相对用水效率系数，定义为某地区某行业用水为 W_0时，产出为 Y_0，若其他变量不变，用水效率提高，使得用水为 W_1时（$W_0>W_1$），产出仍为 Y_0，则此时相对用水系数为

$$\mathrm{Ec}=W_0/W_1 \tag{4-9}$$

式中，Ec 为相对用水效率系数，为相对量，对选取的标准年，Ec = 1。由定义可知，相对用水效率系数适用于所有经济行业。

具体到 Ec 实际的物理意义，例如，对于农业，若某年相对标准年的总灌溉用水量减半，但农田灌溉水有效利用系数从 0.4 翻倍至 0.8，其他条件不变，则产出不变，按定义知 Ec=2；对于工业，当重复用水率由标准年的 0.8 提升至 0.9，则此时 Ec = 2（注：$1+0.8+0.8^2+\cdots=1/(1-0.8)=5$，$1+0.9+0.9^2+\cdots=1/(1-0.9)=10$，显然用标准年 1/2 的水量，即可在其他条件不变时得到相同产出）。

4.2.2.4 用水–效率–经济函数

综上所述，结合用水–经济函数［式（4-9）］，提出用水–效率–经济函数：

$$Y(W,\ \mathrm{Ec},\ t)=A(t)a(W\mathrm{Ec})^b \tag{4-10}$$

式中，Ec 为相对用水效率系数；W 为用水量；$A(t)$ 为除了用水技术进步的其他技术进步因素及通货膨胀因素项（用水技术进步因素已由 Ec 包括）；a，b 为大于 0 的常数；Y 为经济效益，一般取工农业增加值。

由用水–效率–经济函数，即可根据地区工农业增加值和用水数据，预测用水总量、用水效率变动，其他条件不变时的经济产出，设置多种情景进行对比，即可找出用水总量控制、提高用水效率与保持经济社会稳定发展的平衡区间。具体应用参见 4.4 节的实例建模分析。

4.2.3 “污染–经济”联动模型

4.2.3.1 环境经济学相关理论

工业革命以来，发达国家经济的粗放发展与生态环境的矛盾愈演愈烈，导致了一系列

环境灾难事件，至 20 世纪中期，人们逐渐认识到环境保护的重要性，社会大众的环保意识开始觉醒，并成功上升为国家意志，转变了经济增长方式。到 21 世纪初，经过多年努力，发达国家基本成功治理了污染，恢复了碧水蓝天。在这一经济社会转型过程中，环境经济学在实践中产生、发展，为实现人类与自然和谐相处做了大量学术贡献，留下许多对非发达国家具有借鉴价值的理论和实证研究。

经济学理论对环境污染的成因解释是由于负外部性的存在，即污染者的成本由他人承担，而收益归自己所有，在没有外部约束的情况下，这种负外部性将鼓励污染，最终导致公地悲剧。对于解决负外部性的方法，经济学理论给出了两种治理思路：一个思路是征收排污费，将原先由他人承担的污染成本转给排污者，以实现外部性内部化；另一个思路则是根据科斯的产权理论，建立可自由交易的排污权市场，并界定明晰的初始排污权，则市场自发的调节会保证排污总量一定时经济效益达到最优，且与初始排污权如何分配无关。在市场调节过程中，负外部性也通过排污权交易内部化了。

传统经济学理论的两条治污思路在实践中都有应用，并取得了许多成效。国内采用的是政府征收排污费的思路，但实际效果并不如理论中那么理想。郭志仪和姚慧玲通过建立博弈模型计量研究发现，地方政府与企业沆瀣一气是工业水污染的重要因素。值得注意的是，水环境有其特殊性，它的负外部性是由上游往下游传递，具有方向性，因而单纯的征收排污费或建立排污权市场不能达到总体最优，不能简单套用这两种方法。针对水环境的特殊性，我国环境经济学研究者认为，应建立、完善生态补偿横向财政转移支付机制，协调地区间的关系，保障上下游公平，划分国家和地方的生态补偿责任。治理水环境问题的环境经济学研究，与最严格水资源管理制度、“三条红线”的直接联系不大，不再赘述。

在我国，环境管理采取中央-地方的分层式属地管理，流域内水功能区往往进一步细分至各个与其嵌套的行政区域负责，水功能区作为整体统一管理。显然，行政区域既接收上游的污染，也向下游排污，作为理性个体，地方政府只关心本地利益最大化，本地水质是否达标，而不会考虑下游负担。因此，本书认为，应选择省界断面、市界断面等进行水环境考核，水功能区水质达标率只宜作为宏观水质形势参考。行政区域作为用水、经济产出、排污的单元，应视为“三条红线”的考核对象予以重点建模分析。

在环境经济学中，生产污染函数常用于研究一定假定下，是污染水平和经济产出之间的函数关系。考察微观领域的经济-产污研究，发现环境经济学的许多研究侧重于某个地区的人均 GDP 与各类污染物排放量的关系研究。这是根据发达国家的经验，人均 GDP 与污染物排放量存在倒 U 形曲线的关系，即著名的环境库兹涅茨（EKC）曲线。这一理论认为随着人均 GDP 的增加，污染物排放将先增加后减少。国内不少研究者应用这一理论，根据历年经济和环境统计数据，预测污染物排放的拐点，如刘耀彬和李仁东分析武汉市多年人均 GDP 和“三废”排量，发现符合环境库兹涅茨曲线，并计算了拐点[22]；宋涛等研究发现，基于 Weibull 函数和 Gamma 函数形式的数据模型对污染物人均排放和人均 GDP 的环境库兹涅茨曲线拟合效果较好[23]。而分行业的环境经济研究，则侧重于比较分析各个行业的污染与效益评价，对第一、第二产业经济增加值与水质污染物排放量的计量研究基本处于空白。

4.2.3.2 污染–经济函数

“三条红线”互动关系模拟模型，通过将经济作为用水总量、用水效率与污染物排放量、水质的中间过渡连接，而不直接将用水总量、用水效率与污染物排放量直接联系做拟合分析，是因为考虑到实际生产过程中，除了饮用水等少数行业在生产中把水转化为商品，绝大多数行业中水只是起到提供反应环境、冷却等辅助作用，如某化学反应

$$A+B \xrightarrow{\text{water}} C+D \tag{4-11}$$

式中，A 和 B 为原材料；C 为产品；D 为废弃的污染物。那么，污染物 D 的多少，只与产物 C 的数量有关。假设生产 1 单位 C 的用水减少了，此时 D 的量仍为 1 单位，若直接用用水量与污染物排放量拟合，显然是错误的。而使用经济增加值替代各行业具体的商品数量，便可进行综合的污染–经济效益分析。故经济效益作为模型中重要的一环，必不可少。

本模型中，需要在工农业经济增加值与污染物排放之间建立函数联系，故在参考环境经济学相关研究基础上，结合经济学原理和我国实际治污措施，提出污染–经济函数。

1. 工业点源污染–经济增加值函数

考察治理环境时政府采取的措施，不难发现，政府最普遍的做法是从高污染低产出的行业着手，采用关停并转、迁移等手段，淘汰高污染低产出行业。显然，这符合经济学的边际效益原理——按污染与产出之比从高到低淘汰落后产能，实现产业升级，能在满足环保要求的约束下，对短期总经济产出影响最小。因此，将工业分行业按污染与产出之比从低至高排序，然后累加，即可得到工业点源污染–经济增加值函数，如表 4-1 所示。

表 4-1 工业点源污染–经济增加值示例

	A	B	C
排污量	1	2	4
增加值	4	4	4

某地工业由 A、B、C 三行业组成（如高技术、轻工业、重工业），它们的年增加值和排污量如图 4-3 所示，将其按污染与产出之比从低至高排序，累加即得到该地区工业排污与产值的函数关系图。

由图 4-3 可知，若约束当地工业排污量在 4 ~7，则当地政府若限制重工业的发展，此时每减少 1 单位污染，工业经济增加值会降低 1 个单位；若约束当地工业排污在 3 单位以内，则当地重工业将完全停产，轻工业发展将被限制，此时单位污染的边际效益为 2 单位工业经济增加值；同理知极端环保情况下，当地只剩部分高技术行业，此时单位污染的边际效益高达 4 单位工业经济增加值。

显然，工业点源污染–经济增加值函数经过原点且边际递减，故函数可用下式拟合：

$$Y_2 = A(t)ax^b \tag{4-12}$$

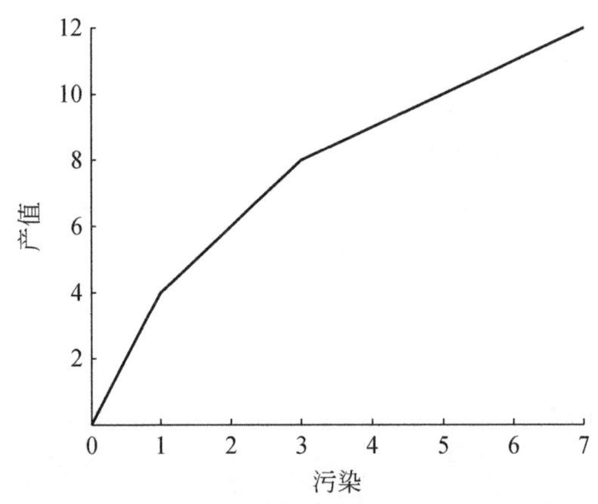

图 4-3　工业点源污染-经济增加值函数示例

式中，Y_2为工业增加值；$A(t)$ 为衡量技术进步的时间相关项；a 和 b 为大于 0 的常数；x 为点源污染物排放量。需要特别说明的是，使用这一形式的幂函数拟合初看可能误差不小，但在环境经济学中，环境库兹涅茨曲线等各类曲线，都是先对等式两端取自然对数，再做拟合分析，公式的误差至少为 e^x量级。故幂函数形式的误差是可以接受的。

需要说明的是，行业间存在联系，一些行业的变动会通过投入产出关系影响到其他行业，这一函数忽略了行业间的联系，是因为模型研究区域为陕西省渭河流域，所涉及区域与全国相比规模较小，该地区行业的变动对国内市场的影响可以忽略。

2. 农业面源污染-经济增加值函数

农业对水环境造成的污染属于面源污染，目前对于面源污染通常采用系数法估测处理。将农业化肥施用量乘以入河比例系数，即为农业面源污染入河量。因此，只需对统计年鉴中的农业化肥施用折纯量与农业增加值做拟合分析即可，同理可采用类似的函数形式：

$$Y_1 = A(t)ax^b \tag{4-13}$$

式中，Y_1为农业增加值；$A(t)$ 为衡量技术进步及通货膨胀的时间相关项；a 和 b 为大于 0 的常数；x 为农业化肥施用折纯量。

3. 城镇公共污水及生活污水

城镇公共用水及生活用水，使用后带来的污染可用污水量表示。统计年鉴中城镇公共用水由第三产业用水、建筑业用水组成。由于第三产业和建筑业的废水不像工业企业需要预处理再排往污水处理厂，废水排放量没有统计。故对第三产业和建筑业不能进行污染-经济分析。参考给排水设计的规范，认为城镇公共污水量等于城镇公共用水乘以系数（一般取 0.8），由此推求城镇污水量为

$$P_3 = 0.8W_{\text{city}} \tag{4-14}$$

式中，W_{city}为城镇公共用水量。同理生活污水量为

$$P_4 = 0.8W_{\text{life}} = 0.8\text{pop}q_4 \tag{4-15}$$

式中，pop 为城镇常住人口数；q_4为人均生活用水量；W_{life}为生活用水量。

4.2.4　水循环与污染物输移模型

对于水量平衡，模型考虑因素如图 4-4 所示。

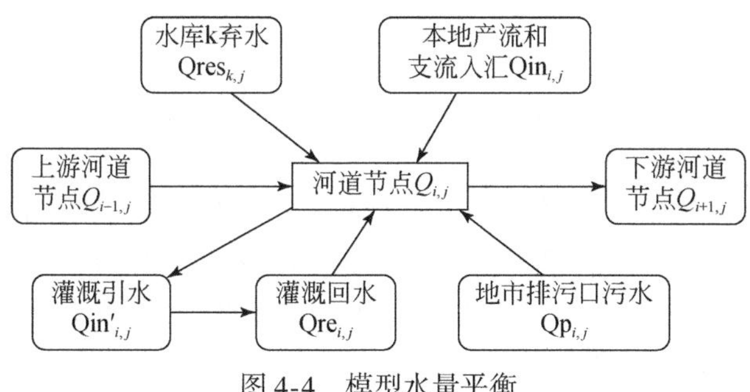

图 4-4　模型水量平衡

相应公式为

$$Q_{i,j}=Q_{i-1,j}+\mathrm{Qres}_{k,j}+\mathrm{Qin}_{i,j}-\mathrm{Qin}'_{i,j}+\mathrm{Qre}_{i,j}+\mathrm{Qp}_{i,j} \tag{4-16}$$

公式中各项的意义参见图 4-4 所示。

对于污染物在河道中输移降解的过程，水环境学做了大量研究。由于本书涉及的空间尺度和时间跨度较大，不需要使用含有水动力、底泥等因素的复杂模型。一般而言，对于时段跨度较长的多时段多河段模拟，可采用简化的零维模型进行。对于某污染物的河道末断面浓度，计算公式为

$$C_i=C_{i,0}\exp\left(-K_{i,j}-\frac{l_i}{u_i}\right) \tag{4-17}$$

式中，C_i为河道末断面的污染物浓度；$C_{i,0}$为河道上游断面浓度；$K_{i,j}$为河道节点 i 在 j 时段的污染物降解系数；l_i为河道长度；u_i为流速。

设 $Q_{i,0}$为上游来流，Q_{area}为本地入流（入流水量可设为三类水质），P_{area}为节点污染物排放量（节点有点源或面源概化排污口），则

$$Q_i=Q_{i,0}+Q_{\mathrm{area}} \tag{4-18}$$

$$P_i=P_{i,0}+P_{\mathrm{area}}=Q_{i,0}C_i+P_{\mathrm{area}} \tag{4-19}$$

若有引水 Q_{area2}，则

$$Q_i=Q_{i,0}+Q_{\mathrm{area}}-Q_{\mathrm{area2}} \tag{4-20}$$

$$P_i=P_{i,0}+P_{\mathrm{area}}-P_{\mathrm{area2}}=(Q_{i,0}C_i+P_{\mathrm{area}})\frac{Q}{Q_{i,0}+Q_{\mathrm{area}}} \tag{4-21}$$

从而出流污染物浓度（即下一河道初始断面浓度）：

$$C_{i+1,0}=P_i/Q_i \tag{4-22}$$

由此从上游往下游推算，即可模拟得到所有节点的水质情况。

4.3 模型率定及验证

4.3.1 流域概况

4.3.1.1 自然状况

渭河发源于甘肃渭源县，是黄河第一大支流，流域面积 13.5 万 km^2，流经甘肃、陕西、宁夏三省区，在陕西潼关汇入黄河。渭河干流全长 818km，以宝鸡峡、咸阳为界分为上游、中游、下游，自宝鸡峡起的中游、下游基本处于陕北榆林、延安和关中“五市一区”境内，即宝鸡市、杨凌国家级农业高新技术示范区、咸阳市、西安市、铜川市、渭南市。

渭河流域属于暖温带大陆性季风气候，渭河陕西段南部为秦岭山脉，北部为黄土高原，处于湿润向干旱地区的过渡带，年平均气温 10～13℃，四季分明。渭河全流域年平均降水量约为 550mm。关中地区年平均降水量为 500～700mm，降水在时间上年际变化较大且年内降水集中于夏季，在空间上呈山区多盆地少，南岸多北岸少的趋势。

渭河支流众多，其中流域面积超过 1000km^{2}的支流有 14 条，超过 10 000km^{2}的支流有葫芦河、泾河、北洛河 3 条。泾河、北洛河处于渭河中下游陕西境内，位于渭河北岸，流经黄土地区，比降较小，含沙量较高。渭河南岸支流众多，发源于秦岭山区，长度较短，比降较大，径流较丰，含沙量较低。由于南北岸河流在含沙量上的差异及泾河入渭处的水文地理条件，在泾河入渭河处形成了独特的泾渭分明现象。

4.3.1.2 水资源状况

渭河流域多年平均水资源总量为 110.72 亿 m^3。其中，地表水资源量为 92.51 亿 m^3，地下水资源量为 56.96 亿 m^3，地表水与地下水之间重复量为 38.76 亿 m^3，不重复量为 18.21 亿 m^3。渭河流域分区水资源量统计如表 4-2 所示。

表 4-2 渭河流域分区水资源量统计

四级区		水资源量/亿 m^3				
名称	面积/万 km^2	降水量	地表水资源量	地下水资源量	地表水地下水间重复计算量	水资源总量
北洛河状头以上	2.51	128.86	8.96	5.34	4.45	9.97
泾河张家山以上	4.38	219.09	18.45	8.70	8.53	19.14
渭河宝鸡峡以上	3.08	159.78	23.99	8.40	8.17	24.71
渭河宝鸡峡至咸阳	1.78	117.32	25.4	25.91	18.19	32.88

续表

四级区		水资源量/亿 m^3				
名称	面积/万 km^2	降水量	地表水资源量	地下水资源量	地表水地下水间重复计算量	水资源总量
渭河咸阳至潼关	1.76	113.55	15.72	21.53	12.32	24.03
甘肃	5.99	303.06	31.87	11.67	11.05	33.09
宁夏	0.82	38.92	4.8	2.94	3.01	4.94
陕西	6.71	396.62	55.84	55.28	37.61	72.69
合计	13.52	738.6	92.51	69.88	51.68	110.72

关中地区入境的河流主要为渭河、泾河、北洛河及其支流，年平均入境水量为 35.76 亿 m^3，其中渭河为 20.58 亿 m^3，泾河为 14.64 亿 m^3，北洛河为 0.55 亿 m^3。

关中地区水资源总量约为 68.72 亿 m^3，其中地表水资源量为 60.39 亿 m^3，地下水资源量为 48.70 亿 m^3，地表水与地下水之间重复量为 35.53 亿 m^3，区外补给重复量为 4.84 亿 m^3。自产的人均水资源量为 326m^3，仅为全国平均水资源量（2300m^3）的 14%；亩均耕地水资源量为 286m^3，仅为全国平均水资源量（1580m^3）的 18%。由此可见，关中地区水资源严重匮乏，实行最严格水资源管理制度极为紧迫。

4.3.1.3 经济社会状况

关中地区素有“八百里秦川”之称，是陕西省国民经济发展的支柱地区，工农业发达，人口密集，科技教育实力雄厚，旅游文化资源丰厚。截至 2010 年年底，陕西省流域内总人口为 2318 万人，占全省人口的 62.1%，平均人口密度为 346 人/km^2。城镇人口为 1158 万人，城市化率为 50.0%，流域人口分布以渭河两侧关中平原最为密集。2010 年陕西省渭河流域内国民生产总值（GDP）为 6433.96 亿元，人均 GDP 为 2.78 万元，其中第一产业增加值为 593.77 亿元，第二产业增加值为 3228.03 亿元，第三产业增加值为 2612.15 亿元。渭河流域关中地区（五市一区）的经济总量在流域内占绝对优势地位，其 GDP 为 6175 亿元，占全流域的 96.0%。故模型经济单元以“五市一区”为基本单元。

关中“五市一区”2010 年主要经济指标如表 4-3 所示。

表 4-3 关中“五市一区”2010 年主要经济指标

地区	第一产业产值/亿元	第二产业产值/亿元	第三产业产值/亿元	GDP/亿元	常住人口/万人	人均 GDP/元
宝鸡	104.20	614.42	257.47	976.09	371.93	26 201
杨凌	3.75	23.50	20.04	47.29	20.13	23 524

续表

地区	第一产业产值/亿元	第二产业产值/亿元	第三产业产值/亿元	GDP/亿元	常住人口/万人	人均 GDP/元
咸阳	203. 29	573. 27	322. 12	1 098. 68	489. 84	22 469
西安	140. 06	1 406. 72	1 694. 91	3 241. 69	847. 41	38 343
铜川	14. 18	116. 50	57. 05	187. 73	83. 50	22 317
渭南	128. 94	394. 55	277. 93	801. 42	528. 99	15 149

注：资料由《陕西省统计年鉴 2011》整理而来。

4. 3. 2　水资源网络概化及模型输入输出汇总

综合考虑水文、行政、经济、环境方面的因素，本书的水资源网络概化思路如下。

(1) 将流域内河道简化为渭河、泾河、北洛河，其他河流只作为区间入流考虑，河道上的水文站、监测断面作为河道节点予以概化。河道节点将河道分为若干河段，整个河道结构为树状结构。除了河道节点，其他类型节点有用水单元点源排污节点、用水单元面源污染排污节点、水库弃水节点、灌溉退水节点、区间产流及支流入汇节点（节点可同时属于多种类型，如一个节点可同时是区间入流节点、点源污染排污节点。工业、城镇污水视为点源污水，农业灌溉回水视为面源排污。排污节点位置、排放量通过排污口档案加权平均简化得到)。

(2) “五市一区”按行政与水资源分区嵌套的情况，细分为多个排污单元，即一个地市可对应多个排污单元，也可只对应一个，排污单元直接与河道中的排污节点连接。单元排污量根据地市总量按比例分配。

(3) 渭河流域地市和灌区用水主要来自各支流上游的水库、各类引水工程直接供水，基本可忽略从渭河干流引水的情形。故用水单元由水库、引水单元供水，水库的水量平衡不必考虑（模型只需要水库出库水量数据)。

流域地市、灌区情况将流域水资源网络概化如图 4-5 所示。

模型选取林家村、景村、黄陵+交口河水文站，分别作为渭河、泾河、北洛河入流节点，其他水文站数据作为模型水量平衡率定。

将模型输入（包括需要提前率定的参数）进行汇总。

(1) 陕西省渭河流域主要水库逐月弃水量。

(2) 陕西省渭河流域主要灌区逐月灌溉用水量。

(3) “五市一区”点源污染概化排污口数量、位置及占地市总排污比例。

(4) “五市一区”面源污染概化排污口数量、位置及占地市总排污比例。

(5) 陕西省渭河流域各水文站月平均流量。

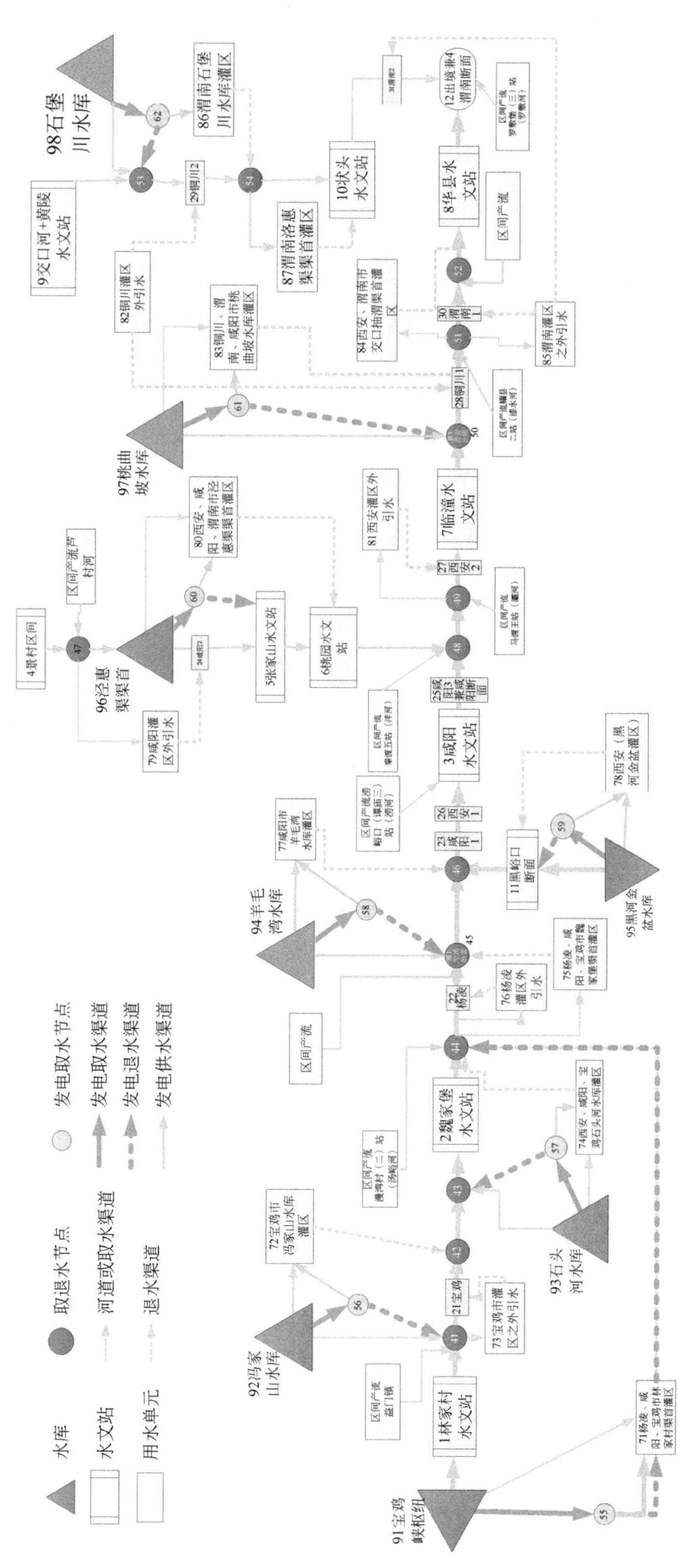

图 4-5 陕西渭河流域“五市一区”水资源网络概化图

图中节点分类编号，不同类别的编号中间不连续，这是为了编程时方便调整网络需预留编号的缘故

(6) 流域支流入汇月平均流量，没有水文站的支流采用水文比拟法选取相近的支流比拟估算。

(7) “五市一区” 工农业用水-经济增加值函数参数。

(8) “五市一区” 工农业经济增加值-排污函数参数。

(9) “五市一区” 工农业各月用水量。

(10) “五市一区” 工农业相对用水效率系数。

(11) “五市一区” 城镇公共用水和生活用水。

(12) 各月化肥施用占全年化肥施用的比例，氨氮占化肥折纯比例及入河系数。

(13) 氨氮、COD 等污染物各月份的降解系数。

(14) 水资源网络各节点距离。

(15) 陕西省渭河流域的流量-流速插值表。

(16) 地表水水质等级信息。

将模型输出汇总，有陕西省渭河各水文站逐月流量模拟结果。

(1) “五市一区” 工农业增加值模拟结果。

(2) “五市一区” 工业废水，农业化肥施用折纯量模拟结果。

(3) “五市一区” 城镇公共污水和生活污水总量模拟结果。

(4) “五市一区” 工农业氨氮、COD 贡献总量模拟结果。

(5) 市界断面逐月氨氮、COD 浓度模拟结果。

4.3.3 模型率定

4.3.3.1 用水-效率-经济函数参数率定

“五市一区” 2006～2011 年的工农业增加值与用水数据分别汇总如表 4-4～表 4-7 所示。

表 4-4 “五市一区” 2006～2011 年工业增加值 单位：亿元

地区	2006 年	2007 年	2008 年	2009 年	2010 年	2011 年
宝鸡	240.15	281.43	351.59	391.92	497.4	610.32
杨凌	7	9.53	12.2	14.66	16.24	22.44
咸阳	179.68	223.25	321.5	356.42	480.7	624.28
西安	494.22	594.95	721.4	816.92	1003.57	1189.61
渭南	151.31	181.1	222.49	248.78	339.71	476.64
铜川	43.29	51.99	68.91	82.94	103.99	131.91

表 4-5 “五市一区”2006～2011 年工业用水量　　单位：万 m^3

地区	2006 年	2007 年	2008 年	2009 年	2010 年	2011 年
宝鸡	9 400	8 900	8 000	8 100	7 590	7 710
杨凌	200	200	100	100	80	117
咸阳	15 600	15 700	18 000	18 500	18 406	20 356
西安	55 800	39 500	49 200	32 000	34 757	35 339
渭南	16 300	16 400	15 800	15 000	16 196	16 154
铜川	2 300	2 500	2 600	2 800	2 877	3 372

表 4-6 “五市一区”2006～2011 年农业增加值　　单位：亿元

地区	2006 年	2007 年	2008 年	2009 年	2010 年	2011 年
宝鸡	28.012 7	31.272 3	37.472 6	45.046 5	55.520 9	69.138 8
杨凌	1.258 7	1.483 5	1.929 1	2.239 8	2.827 4	3.708 1
咸阳	75.559 5	91.003 8	109.686 2	116.709 1	155.702 2	192.725 1
西安	47.310 9	53.879 4	63.907 1	68.963 2	93.548 9	116.124 8
渭南	45.820 9	56.431 7	66.293	68.074 8	94.090 8	109.456 7
铜川	4.464 5	5.407 4	6.358 3	6.832 6	10.765 7	13.010 6

表 4-7 “五市一区”2006～2011 年农业用水量　　单位：万 m^3

地区	2006 年	2007 年	2008 年	2009 年	2010 年	2011 年
宝鸡	33 900	29 300	30 800	30 400	29 800	29 600
杨凌	900	900	1 000	1 500	1 500	1 600
咸阳	47 700	51 500	54 800	55 200	53 900	51 300
西安	55 120	52 300	50 400	47 600	45 800	42 800
渭南	72 000	69 400	77 000	79 800	75 800	82 700
铜川	2 100	2 100	2 000	2 100	2 200	2 100

工农业增加值数据来自历年《陕西省统计年鉴》，2010 年、2011 年的工业用水量也来自《陕西省统计年鉴》，其他工农业用水量来自历年《陕西省水资源公报》。考虑到模型步长为月，工业生产可认为每月相同，故将数据平均到月份即可。由于农业生产存在季节性，因此，农业按全年数据率定，应用时再根据系数法分至各月。

模型选取 2010 年为标准年，考虑到陕西省“十一五”期间按不变价计算，GDP 年增速超过 10%，再考虑通胀因素，有农业 $A(t)=b_1^{2010-t}$，工业 $A(t)=b_2^{2010-t}$，$1.15\leqslant b_1\leqslant 1.25$，$1.2\leqslant b_2\leqslant 1.3$。

用 Matlab 进行非线性拟合，调整各地市 b_1、b_2 使得拟合效果较好（图 4-6），得到各地市工业用水-效率-经济函数的参数 a、b 如表 4-8 所示。

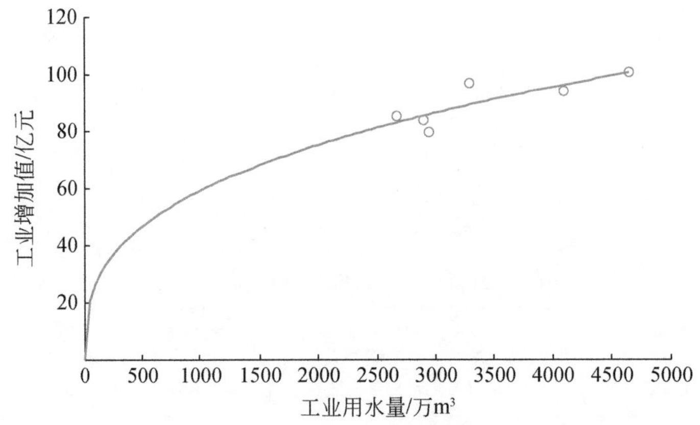

图 4-6　西安工业用水-效率-经济函数参数率定拟合效果

表 4-8　“五市一区”用水-效率-经济函数参数 *a*，*b* 取值

地区	工业 a	工业 b	农业 a	农业 b
宝鸡	2.461 752	0.436 921	1.944 285	0.324 554
杨凌	1.081 76	0.162 481	0.320 752	0.3
咸阳	1.184 73	0.478 542	5.587 57	0.3
西安	5.441 377	0.345 167	0.760 979	0.447 142
铜川	0.390 115	0.561 643	0.113 125	0.583 43
渭南	0.176 693	0.710 053	0.874 989	0.409 103

表 4-9　各地市工农业 $A(t)$ 的参数取值

产业	宝鸡	杨凌	咸阳	西安	铜川	渭南
农业	0.2	0.18	0.15	0.22	0.22	0.15
工业	0.23	0.3	0.25	0.25	0.2	0.25

4.3.3.2　工业废水-增加值函数参数率定

通过向陕西省渭河流域管理局的专家咨询，关中“五市一区”城镇污水处理达到 95% 以上，故基本可认为工业和城镇污水全部经过污水处理厂处理后再排入河道，从而工业所有分行业的废水可视为按Ⅳ类水质排入河道，工业污染物可用废水代表。

其间根据《陕西省统计年鉴 2011》，可得到 2010 年陕西省工业分行业增加值；由于缺乏陕西省工业分行业废水的统计数据，参考《河南省统计年鉴 2011》《中国环境统计年鉴 2011》《中国统计年鉴 2011》的工业分行业废水数据、工业分行业增加值，以河南省和全国的数据为参考，对陕西省 2010 年工业分行业废水推求，得到陕西省工业分行业增加值及废水排放量如表 4-10 所示。

表 4-10　陕西省 2010 年工业分行业增加值及废水排放量表

行业	增加值/万元	废水/万 t
煤炭开采和洗选业	12 667 501	24 533
石油和天然气开采业	10 092 036	3 641
黑色金属矿采选业	202 585	314.4
有色金属矿采选业	683 289	452.8
非金属矿采选业	107 080	6.947
农副食品加工业	1 277 821	1 386.6
食品制造业	799 390	800.8
酒、饮料和精制茶制造业	1 004 965	2 545
烟草制品业	1 181 565	83.9
纺织业	454 494	513.3
纺织服装、服饰业	79 302	10.09
皮革、毛皮、羽毛及其制品	7 894	20.81
木材加工和木、竹、藤、棕、草制品业	86 660	9.64
家具制造业	40 959	0.005 5
造纸和纸制品业	246 147	3 249
印刷和记录媒介复制业	239 948	4.54
文教、工美、体育和娱乐用品	21 079	33
石油加工、炼焦及核燃料加工业	6 006 642	3 582
化学原料和化学制品制造业	1 320 214	3 713
医药制造业	962 123	1 448
化学纤维制造业	28 671	271
非金属矿物制品业	1 786 326	171

续表

行业	增加值/万元	废水/万 t
黑色金属冶炼及压延加工业	1 562 274	962
有色金属冶炼及压延加工业	2 169 378	371
金属制品业	436 256	83.1
通用设备制造业	1 109 095	51.4
专用设备制造业	1 090 243	84.8
运输设备制造业	3 102 079	650
电气机械和器材制造业	859 150	38.6
计算机、通信和其他电子设备	688 832	33.2
仪器仪表制造业	413 405	56.6
其他制造业	84 137	9.79
废弃资源综合利用业	1571	0.95
电力、热力的生产和供应业	3 360 790	26 424
燃气生产和供应业	157 872	119.4

对于“五市一区”的地市数据，按工业增加值占陕西全省的比例，按比例计算即可，由此根据式（4-11）即可得到“五市一区”的工业废水与经济增加值函数参数如表 4-11 所示。

表 4-11 “五市一区”工业废水-增加值函数参数

参数	宝鸡	杨凌	咸阳	西安	铜川	渭南
a	4.807 008	0.783 176	5.175 997	9.151 14	3.089 91	4.897 812
b	0.315 721	0.315 72	0.315 721	0.315 721	0.315 721	0.315 721

由于模型重在分析用水总量、用水效率、水质之间的互动关系，故假定排污-经济产出的技术水平保持不变，按标准年设置，$A(t)=1$。

以西安市为例，函数拟合效果如图 4-7 所示。

4.3.3.3 农业化肥施用-增加值函数参数率定

由历年《陕西省统计年鉴》，将农业化肥施用折纯量数据整理如表 4-12 所示。

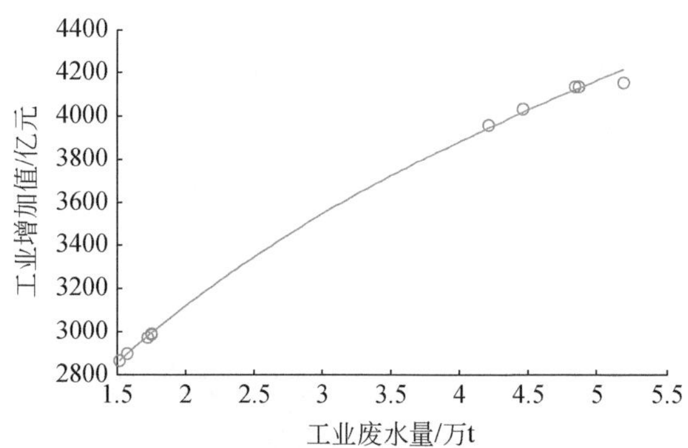

图 4-7 西安市工业月废水排放量与增加值函数拟合

表 4-12 关中“五市一区”农业化肥施用折纯量 单位：t

地区	2006 年	2007 年	2008 年	2009 年	2010 年	2011 年
宝鸡	164 497	181 098	183 238	196 606	214 706	235 273
杨凌	3 003	4 459	3 362	5 980	2 618	7 035
咸阳	312 258	297 978	312 172	360 040	414 353	463 643
西安	216 093	220 251	225 865	230 299	235 532	239 497
铜川	43 441	43 482	46 620	46 979	48 880	51 657
渭南	341 989	368 355	358 962	383 970	488 538	507 773

注：化肥施用折纯量是将所有化肥的有效成分质量加总后得到的量，比如对于常见氮肥硝酸铵 NH_4NO_3，氮元素质量占 35%，100kg 硝酸铵的氮折纯量为 35kg，统计年鉴中的化肥施用折纯量是氮、钾、磷等的折纯量之和。

结合表 4-6 农业增加值数据，用 Matlab 非线性拟合工具率定式（4-12）中，“五市一区”农业化肥施用折纯量与经济增加值的函数参数如表 4-13 所示。

表 4-13 “五市一区”化肥施用折纯量-增加值函数参数

参数	宝鸡	杨凌	咸阳	西安	铜川	渭南
a	1.436 162	0.218 874	0.472 283	2.348 025	0.038 854	0.564 275
b	0.3	0.3	0.448 163	0.3	0.514 465	0.390 062

由于模型重在分析用水总量、用水效率、水质之间的互动关系，故假定化肥施用量-经济产出的技术水平保持不变，按标准年设置，$A(t)=1$。

以农业增加值最高的渭南市为例，拟合结果如图 4-8 所示。

对于如何将化肥折纯量转化为面源入河污染物的量，可按比例法分至各污染物、各月份上，对某地市第 j 月的面源氨氮入河量，有如下公式：

$$P_{\mathrm{nn},j}=xp_{\mathrm{nnrate}}p_{\mathrm{nnriver}}f_{mj} \tag{4-23}$$

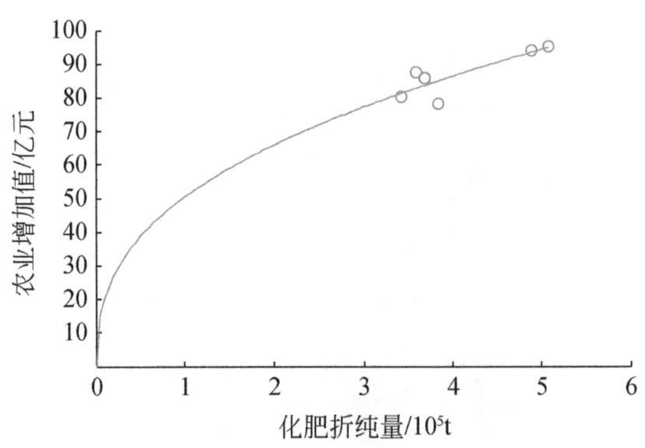

图 4-8　农业年化肥施用折纯量与增加值函数拟合

式中，x 为化肥施用折纯量；f_{mj}为第 j 月化肥用量占全年的比例；p_{nnrate}为化肥折纯量中氨氮占的比例；$p_{nnriver}$为氨氮入河比例。目前，发达国家农田化肥 N、P、K 的比例为 1∶0.5∶0.5，世界平均水平是 1∶0.46∶0.36，中国是 1∶0.39∶0.22。故 p_{nnrate}可取 0.5，对于 $p_{nnriver}$，采用最保守的估计，取 0.02，即 98% 的氮都被作物吸收或土壤降解了，只有 2% 入河。

4.3.3.4　水量平衡与污染物输移参数率定

模型选用氨氮，COD 两项作为衡量水质的指标，对于式（4-16）进行简化公式：

$$C_i = C_{i,0}\exp\left(-K_{i,j}\frac{l_i}{u_i}\right) \tag{4-24}$$

对于其中的各河道节点距离参数 1，利用百度地图用折线法估测得到；水流流速 u，采用林家村水文站的实测流量流速资料作为参考（表 4-14），采用线性插值法得到。

表 4-14　林家村水文站的实测流量流速表

监测时间点	1	2	3	4	5	6
流量/(m^3/s)	0.36	1.26	2.05	6.4	7.89	15.4
流速/(m/s)	0.25	0.31	0.37	0.55	0.58	0.72
监测时间点	7	8	9	10	11	12
流量/(m^3/s)	44.8	166	418	975	1440	3890
流速/(m/s)	1.04	1.65	2.33	3	3.3	4.68

对于降解系数 K，查阅水环境方面的文献，黄河兰州段 20℃ 时 K_{nn}为 0.15/d 左右，而包头段实验室测定 0℃ 时为 0.04/d，5℃ 时为 0.067/d，16℃ 时为 0.33/d，20℃ 时为 0.6/d；黄河兰州段 K_{cod}为 0.18～0.24；渭河咸阳段 2006 年 7 月（水温约为 20℃）K_{nn}为 0.67/d，K_{cod}为 1.03/d，可见一维模型中降解系数 K 随具体河段不同而有较大差异。再参考环评时的一般做法，K 值应取保守一些，故模型取 20℃ 时 K_{nn}=0.2，K_{cod}=0.4，其他温度参考黄河包头段的氨氮降解系数实验，按系数推求。

4.3.4 模型验证

4.3.4.1 水量平衡模块验证

以 2010 年为标准年作为模拟年，将前述各类参数，林家村、景村、交口+黄陵水文站来水资料，“五市一区”各类水库、引水工程实际运行资料，“五市一区”2010 年工农业、城镇用水，灌区灌溉退水资料等输入模型，将中间各水文站实测和模型模拟的月平均流量过程对比图 4-9 和图 4-10。

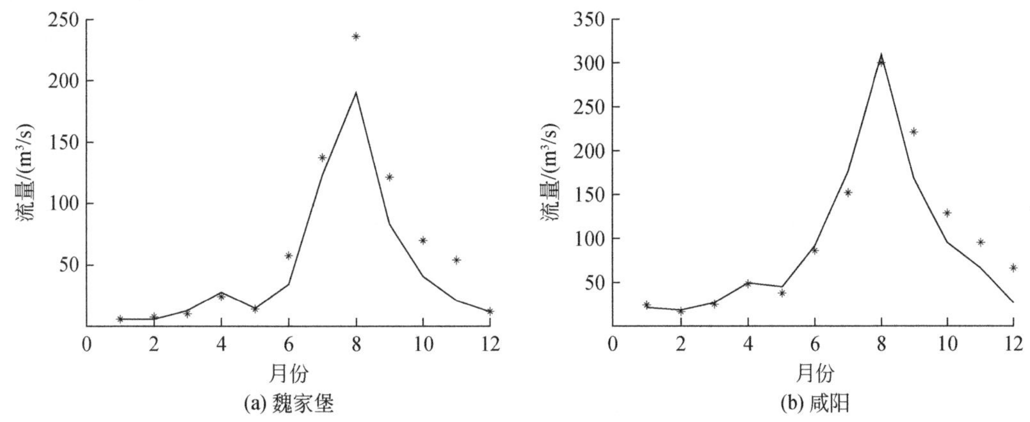

图 4-9 魏家堡和咸阳水文站实测流量与模拟值对比

星号为实测数据；折线为模拟值

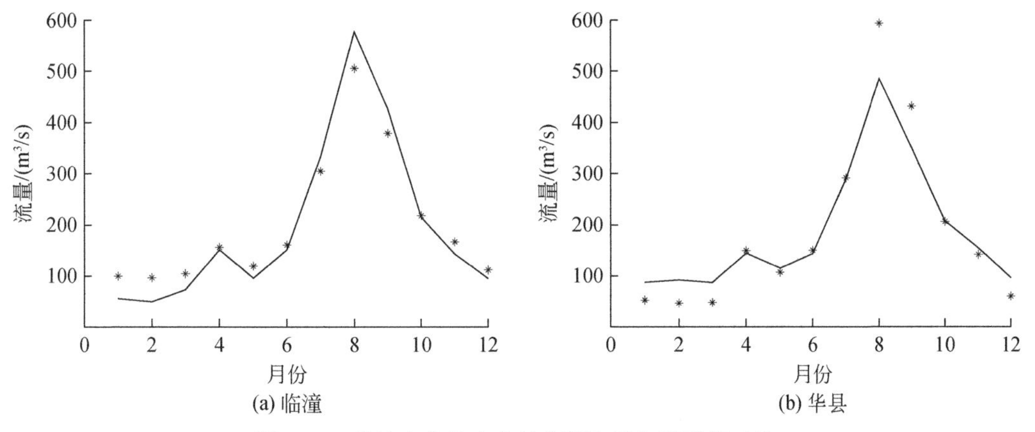

图 4-10 临潼和华县水文站实测流量与模拟值对比

星号为实测数据；折线为模拟值

从图 4-9 和图 4-10 可以看出，模型模拟各水文站的月平均流量值与实测值误差较小，吻合良好，可以认为模型水量平衡模块验证比较成功。

4.3.4.2 用水–经济–产污模块验证

模型经济指标模拟结果和相对误差如表4-15所示。

表4-15 经济指标模拟结果与相对误差

地市	农业年增加值/亿元	农业年增加值模拟/亿元	相对误差	工业年增加值/亿元	工业年增加值模拟/亿元	相对误差
宝鸡	55.520 9	55.066 1	-0.008 2	497.4	494.61	-0.005 6
杨凌	2.827 4	2.877 9	0.017 7	16.24	17.66	0.087 9
咸阳	155.702 2	146.791 6	-0.057 2	480.7	475.69	-0.010 4
西安	93.548 9	92.351 4	-0.012 8	1 003.57	1 022.84	0.019 2
铜川	10.765 7	10.083 9	-0.063 3	103.99	101.61	-0.022 9
渭南	94.090 8	86.753 7	-0.078	339.71	354.01	0.042 1
总计	412.455 9	393.924 2	-0.044 9	2 441.61	2 466.45	0.010 2

将相对误差制成雷达图如图4-11所示。可见，模型的用水–经济产出部分拟合精度良好。

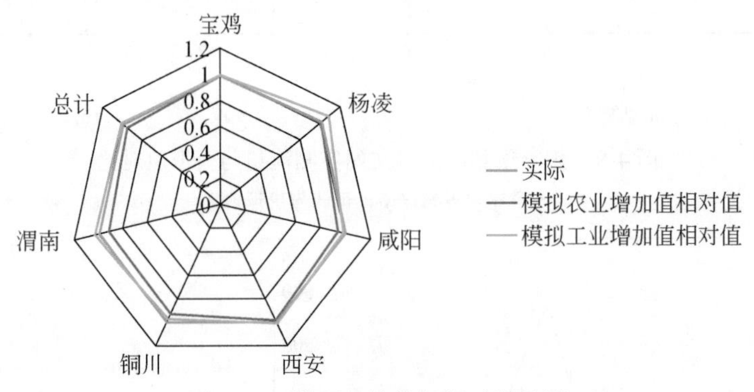

图4-11 模型经济指标相对误差图

模型的工业废水和化肥施用折纯量模拟结果和相对误差如表4-16所示。

表4-16 工业废水和化肥施用折纯量模拟结果和相对误差

地市	工业废水实际/万t	工业废水模拟/万t	相对误差	化肥折纯量/t	模拟化肥折纯量/t	相对误差
宝鸡	11 520.88	10 839.26	-0.059 2	214 706	190 080	-0.114 7
杨凌	70.85	88.61	0.250 7	2 618	5 362	1.048 2
咸阳	8 180.42	7 579.02	-0.073 5	414 353	364 409	-0.120 5
西安	13 849.52	14 087.55	0.017 2	235 532	206 919	-0.121 5
铜川	328.47	292.36	-0.109 9	48 880	49 275	0.008 1
渭南	3 245.17	3 541.82	0.091 4	488 538	403 913	-0.173 2

将相对误差制成雷达图如图 4-12 所示。

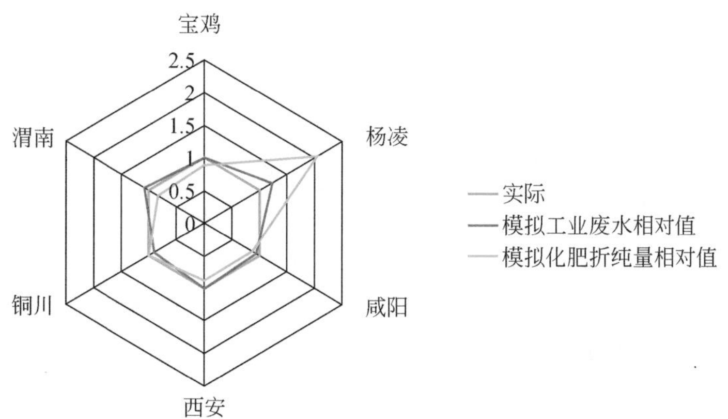

图 4-12　工业废水和化肥施用折纯量模拟相对误差

由于杨凌示范区 2006 ~ 2011 年的化肥施用折纯量分别为 3003t、4459t、3362t、5980t、2618t、7035t，波动太大，故拟合误差大。其余地区拟合情况较好。考虑到杨凌示范区经济总量不大，故模型整体误差可以接受。

综上，用水-经济-产污模块模拟结果与实际总体吻合，验证比较成功。

4.3.4.3　污染物输移与水质计算模拟模块验证

模型在宝鸡市界出境断面的水质模拟与实测结果对比如图 4-13 所示。

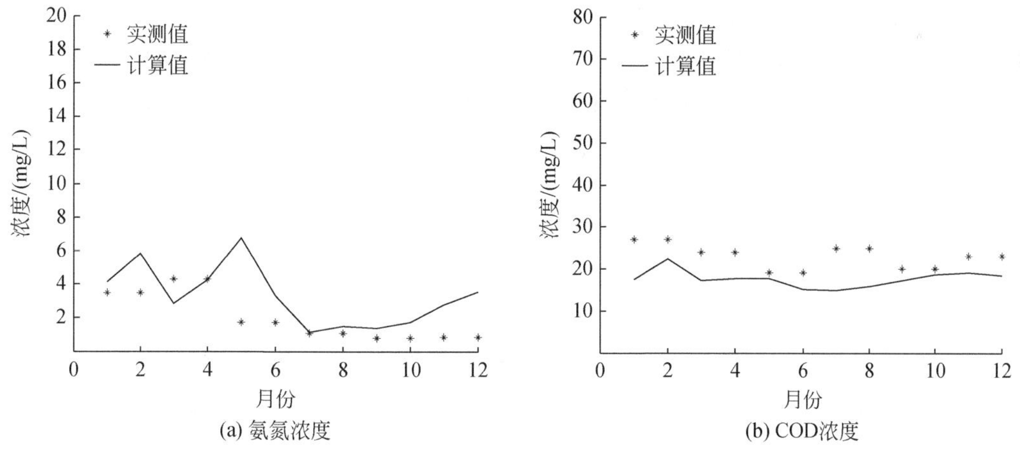

图 4-13　宝鸡市界出境断面水质模拟与实测结果对比

水质实测值由环保部门负责，只有双月数据

模型在渭南市界出境断面的水质模拟与实测结果对比如图 4-14 所示。

由于水质一维模拟模型本身精度较低，其不同河段的降解系数 K 值往往有较大差异，由于资料所限，只能使用统一的 K 值，故模拟精度不高。一般而言，简单的一维模型只要

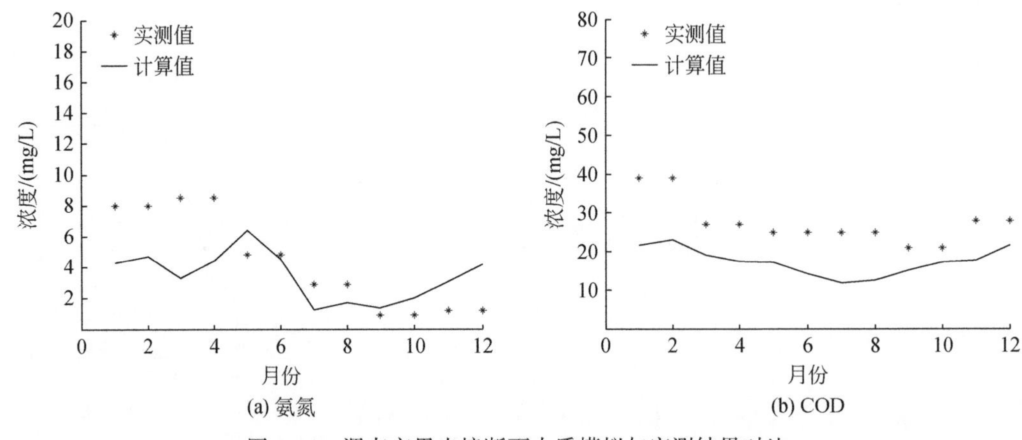

(a) 氨氮 (b) COD

图 4-14 渭南市界出境断面水质模拟与实测结果对比

不产生数量级方面的误差，是可以接受的。因此，模型在污染物输移与水质模拟模块验证良好。

4.4 “三条红线”联动关系分析

4.4.1 情景分析

模型率定完成后，即可使用该模拟模型，陕西省渭河流域“五市一区”的不同用水总量、不同用水效率、水质情况和经济产值作情景分析。一般而言，方案可根据实现目标的难易程度，即用水效率提升和用水总量控制两方面进行。方案设置如表 4-17 所示。

表 4-17 情景分析方案设置

编号	用水效率（A）	用水总量（B）
1	标准年	标准年
2	较高	较低
3	高	低

对于用水效率，“较高”情景时工农业相对用水效率系数为 1.5；“高”情景时工农业相对用水效率系数为 2。

对于用水总量，“较低”情景时工业用水总量在标准年基础上减少 10%，农业用水总量减少 20%；“低”情景时工业用水总量在标准年基础上减少 20%，农业用水总量减少 40%.

注：方案 A1B1 即为对现状的模拟，已在模型验证中展示，不再重复。

4.4.1.1 方案 A1B2 情景分析

该情形工农业相对用水效率为 1（即与标准年相同），工业用水减少 10%，农业用水减少 20%。所有情景城镇生活用水和公共用水总量不变。运行模型，得到渭河华县站入黄流量过程模拟如图 4-15 所示。

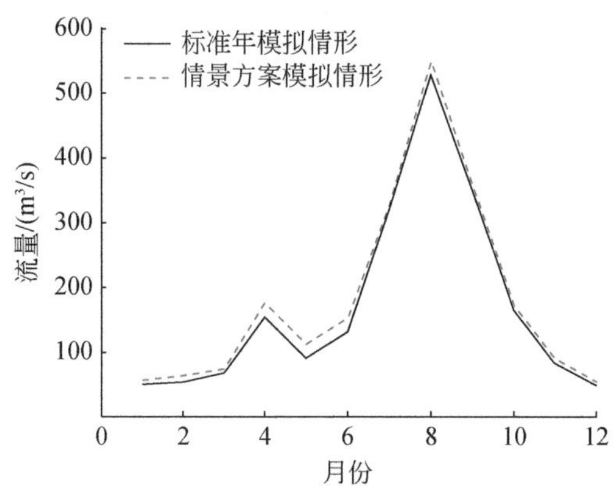

图 4-15 渭河华县站入黄流量过程模拟对比（A1B2）

模拟结果显示，在工农业用水总量减少的情况下，华县年总出境水量为 57.5 亿 m^3，比 2010 现状年多 6.9%，渭河入黄流量整体有所增加。工农业增加值变化如图 4-16 所示。

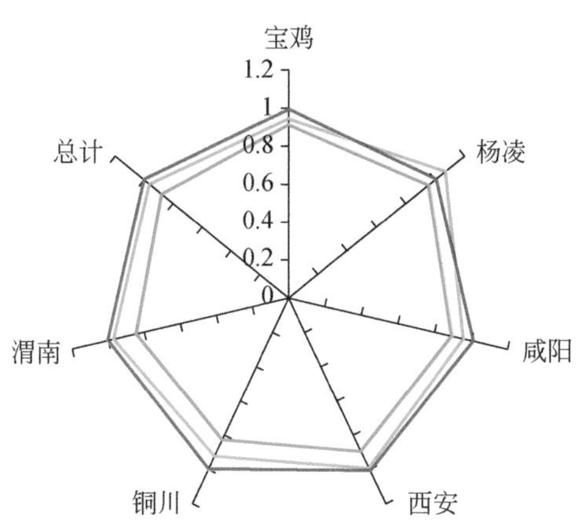

图 4-16 “五市一区”工农业增加值变化（A1B2）

相对 2010 年实际情形，工业增加值减少 4.6%，农业增加值减少 7.7%。相应地，“五市一区”氨氮和 COD 入河量变化如图 4-17 所示。

相对 2010 年实际情形，氨氮入河量减少 18%，COD 入河量减少 4.5%。渭南市界出境断面的水质模拟结果如图 4-18 所示。

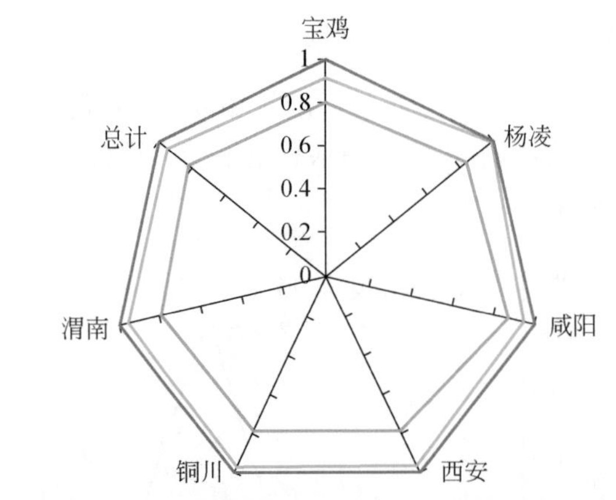

图 4-17　氨氮和 COD 入河量变化（A1B2）

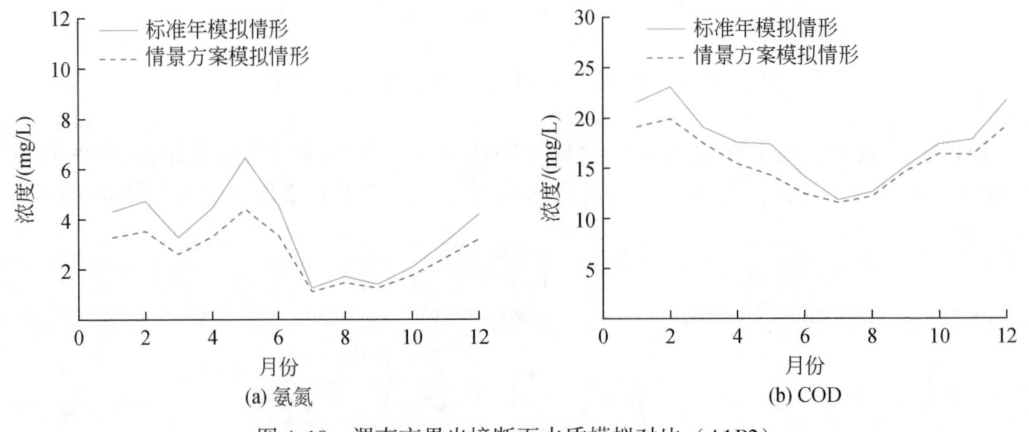

图 4-18　渭南市界出境断面水质模拟对比（A1B2）

由图 4-18 可知，渭南出境断面的氨氮，COD 在冬季有明显减少，夏季减少不大，这是因为夏季渭河水量大，且水温较高，利于污染物降解。

4.4.1.2　方案 A2B1 情景分析

该情形工农业用水总量不变（即与标准年相同），工农业相对用水效率为 1.5。运行模型，得到渭河华县站入黄流量过程模拟如图 4-19 所示。

模拟结果显示，在工农业用水总量不变，用水效率提高的情况下，华县年总出境水量为 55.5 亿 m^3，比 2010 现状年多 3.2%，渭河入黄流量整体略微增加。此时的工农业增加值变化如图 4-20 所示。

相对 2010 年实际情形，工业增加值增长 20.2%，农业增加值增长 16.2%。

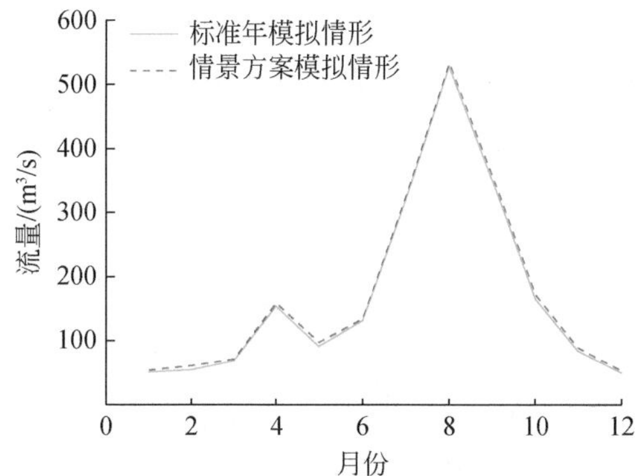

图 4-19　渭河华县站入黄流量过程模拟对比（A2B1）

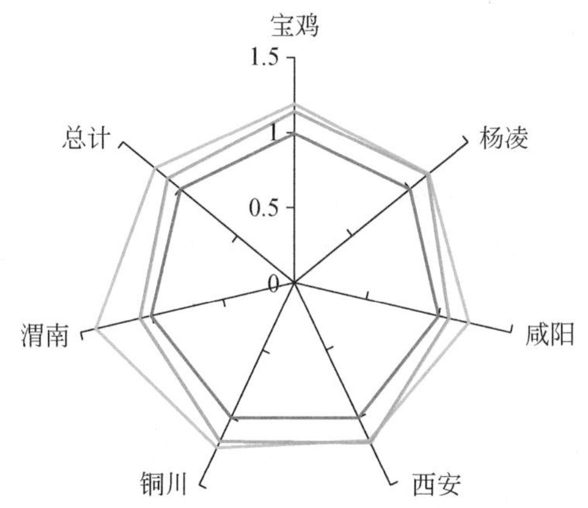

图 4-20　“五市一区”工农业增加值变化（A2B1）

相应地，“五市一区”氨氮和 COD 入河量变化如图 4-21 所示。

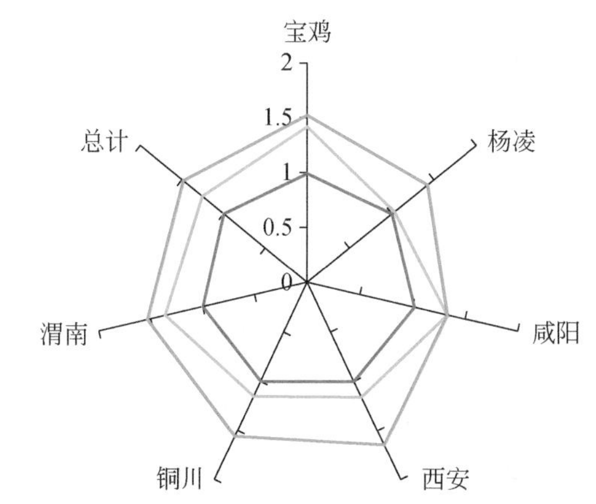

图 4-21　氨氮和 COD 入河量变化（A2B1）

相对 2010 年实际情形，氨氮入河量增加 49%，COD 入河量增加 26%。

此时渭南市界出境断面的水质模拟结果如图 4-22 所示。

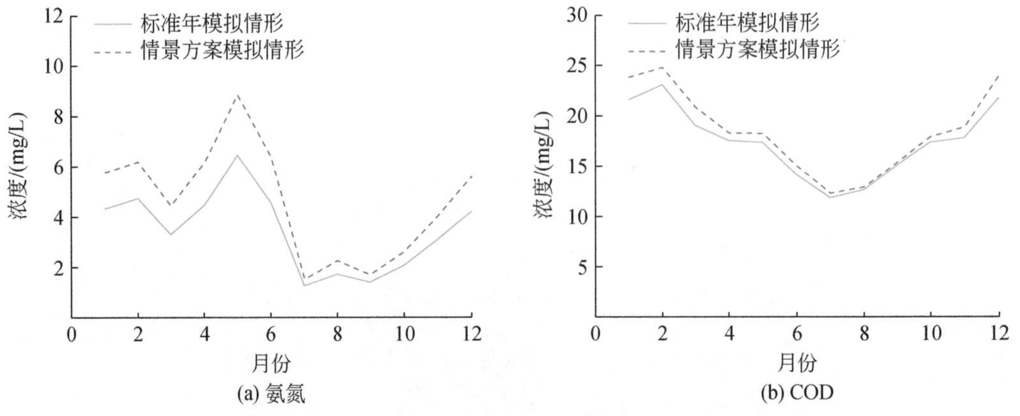

图 4-22 渭南市界出境断面水质模拟对比（A2B1）

由图 4-22 可知，渭南出境断面的氨氮浓度将大幅增加，其中冬春两季由于是化肥施用主要时期且水温较低，故增幅明显，夏季降解较快故增幅不大；COD 浓度整体有所增加，冬季增加较明显。

4.4.1.3 方案 A2B2 情景分析

该情形工业用水总量减少 10%，农业用水总量减少 20%，工农业相对用水效率为 1.5。运行模型，得到渭河华县站入黄流量过程模拟如图 4-23 所示。

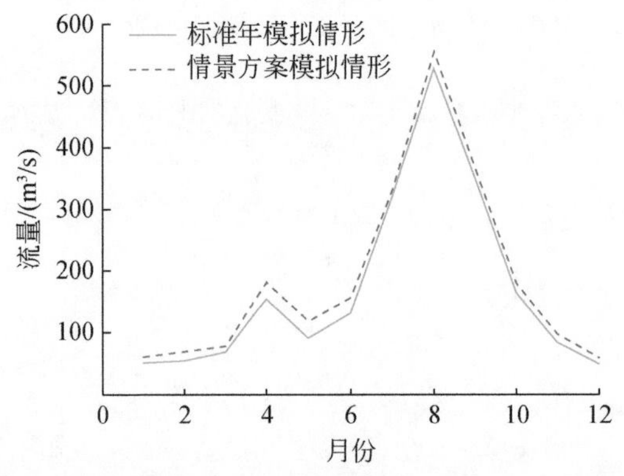

图 4-23 渭河华县站入黄流量过程模拟对比（A2B2）

模拟结果显示，在工农业用水总量有所减少，用水效率提高的情况下，华县年总出境水量为 59 亿 m^3，比 2010 现状年多 9.7%，渭河入黄流量整体有所增加。

工农业增加值变化如图 4-24 所示。

相对 2010 年实际情形，工业增加值增长 14.5%，农业增加值增长 7.2%。

相应地，“五市一区”氨氮和 COD 入河量变化如图 4-25 所示。

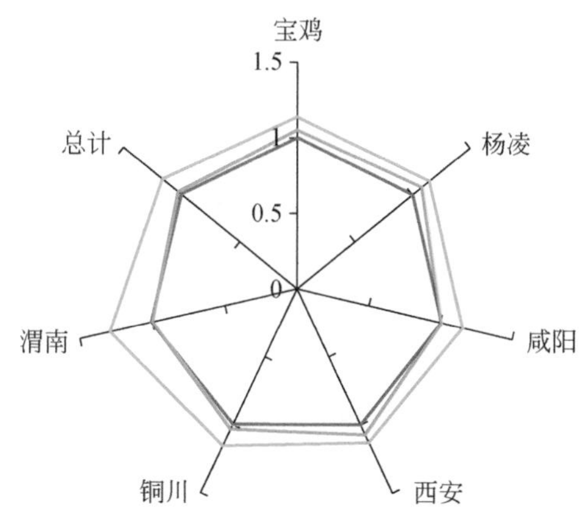

图 4-24 “五市一区”工农业增加值变化（A2B2）

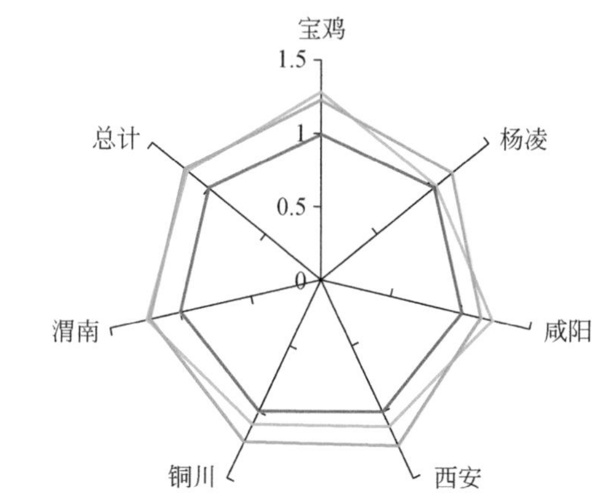

图 4-25 氨氮和 COD 入河量变化（A2B2）

相对 2010 年实际情形，氨氮入河量增加 20%，COD 入河量增加 17.6%。

此时渭南市界出境断面的水质模拟结果如图 4-26 所示。

由图 4-26 可知，渭南出境断面的氨氮浓度基本保持不变，COD 浓度整体有所减少。这是因为虽然污染物入河量增加了，但工农业用水总量减少，河道水量增加，故水质总体基本保持不变。

4.4.1.4 方案 A3B3 情景分析

此情形工业用水总量减少 20%，农业用水总量减少 40%，工农业相对用水效率为 2。运行模型，得到渭河华县站入黄流量过程模拟如图 4-27 所示。

模拟结果显示，在工农业用水总量大幅减少，用水效率大幅提高的情况下，华县年总出境水量为 64.1 亿 m^3，比 2010 现状年多 19.3%，渭河入黄流量整体有较大增加。

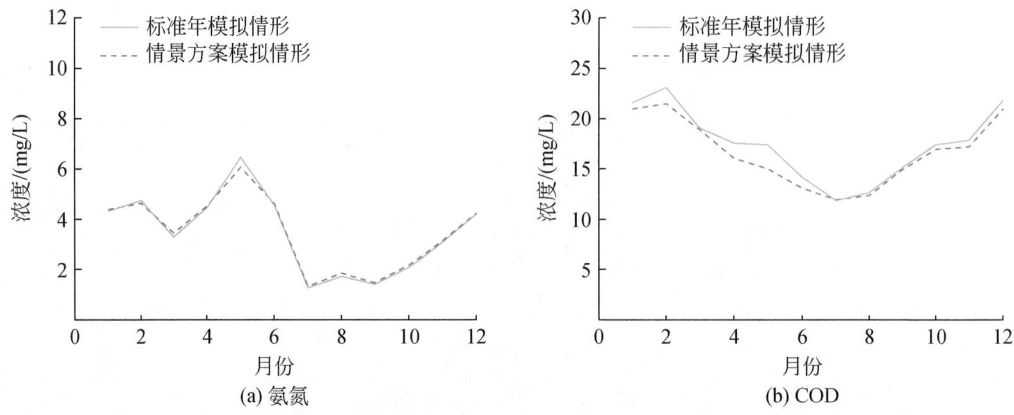

(a) 氨氮　　(b) COD

图 4-26　渭南市界出境断面水质模拟对比（A2B2）

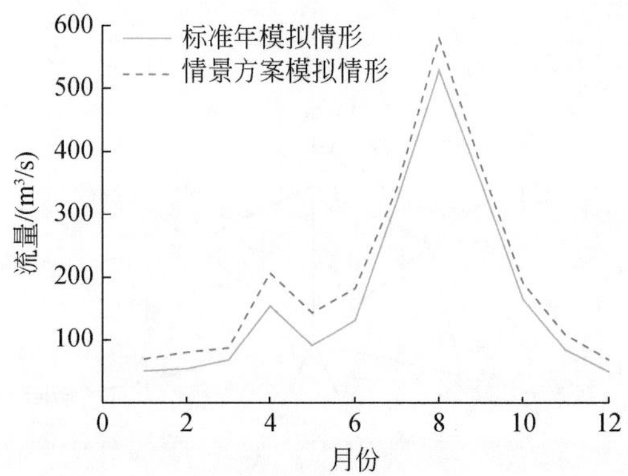

图 4-27　渭河华县站入黄流量过程模拟对比（A3B3）

此时的工农业增加值变化如图 4-28 所示。

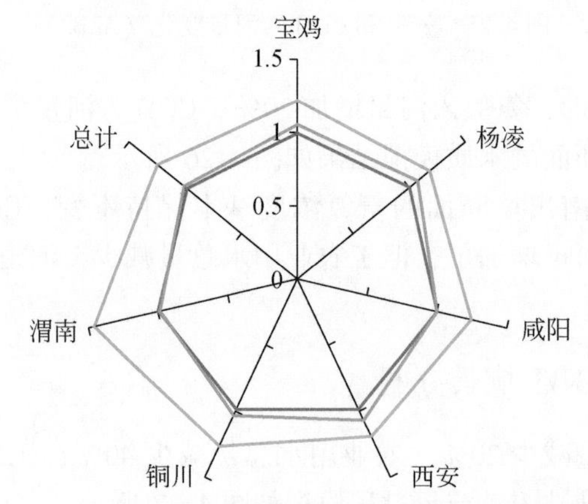

图 4-28　“五市一区”工农业增加值变化（A3B3）

相对 2010 年实际情形，工业增加值增长 25%，农业增加值增长 2.2%。

相应地，“五市一区”氨氮和 COD 入河量变化如图 4-29 所示。

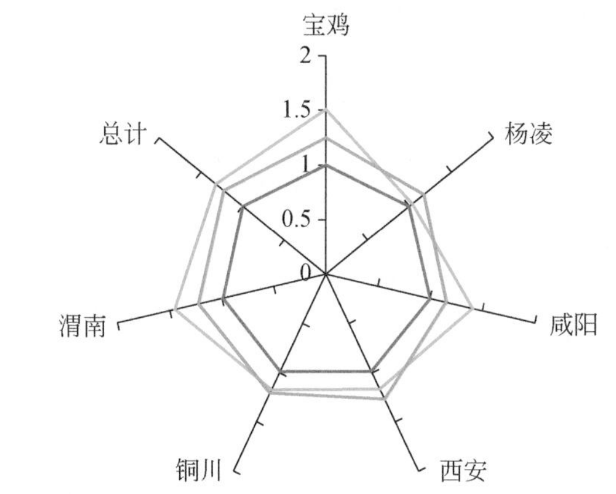

图 4-29　氨氮和 COD 入河量变化（A3B3）

相对 2010 年实际情形，氨氮入河量增加 22%，COD 入河量增加 31.7%。

此时渭南市界出境断面的水质模拟结果如图 4-30 所示：

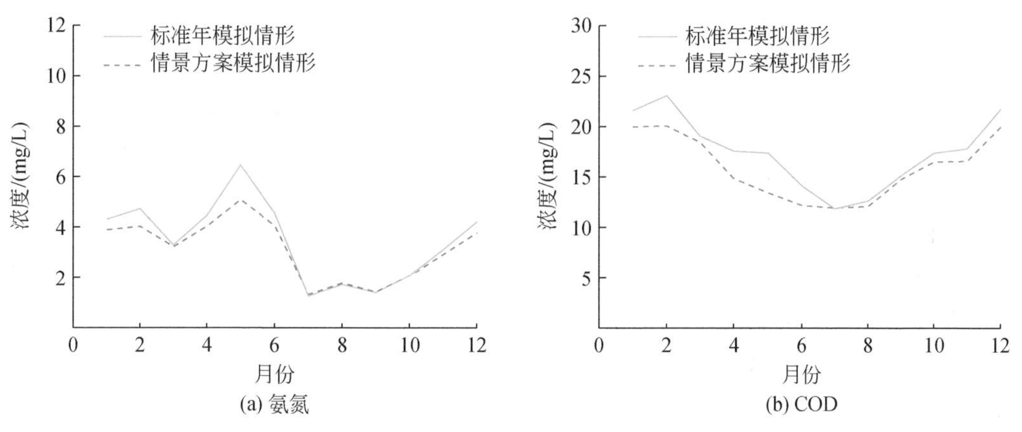

图 4-30　渭南市界出境断面水质模拟对比（A3B3）

由图 4-30 可知，渭南出境断面的氨氮峰值浓度有明显减少，COD 峰值浓度和整体浓度都有所减少。这是因为虽然污染物入河量增加，但工农业用水总量大幅减少，河道水量增加量更大，故水质总体有所改善。

4.4.2 “三条红线”联动关系分析

4.4.2.1 现状入河污染物贡献分析

由渭河现状及各情景分析，对比地表水环境质量标准可知（表 4-18），渭河陕西段

COD 基本在Ⅳ类浓度以内，夏季丰水期能达到Ⅱ类水质标准，而氨氮除了夏季能达到Ⅲ类水质标准外，其余季节基本在Ⅳ类和劣Ⅴ类之间，是渭河水质达标的主要障碍。因此，模拟标准年情况，统计工农业对入河氨氮的贡献，如图 4-31 所示。

表 4-18　地表水环境质量标准　　单位：mg/L

	Ⅰ类	Ⅱ类	Ⅲ类	Ⅳ类	Ⅴ类
COD	≤15	≤15	≤20	≤30	≤40
氨氮	≤0. 15	≤0. 5	≤1	≤1. 5	≤2
总磷	≤0. 02	≤0. 1	≤0. 2	≤0. 3	≤0. 4
总氮	≤0. 2	≤0. 5	≤1	≤1. 5	≤2
溶解氧	≤7. 5	≤6	≤5	≤3	≤2

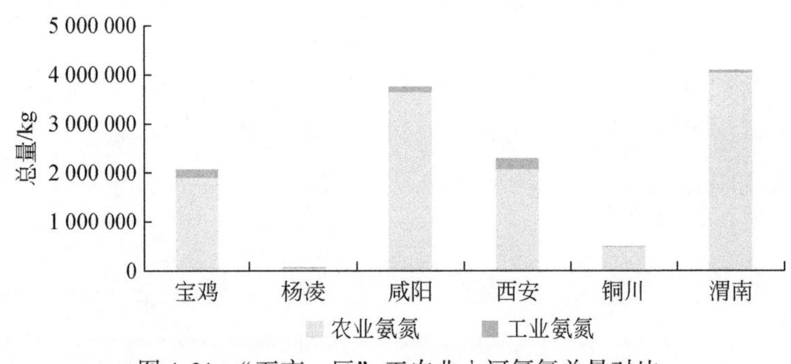

图 4-31　“五市一区”工农业入河氨氮总量对比

由图 4-31 可见，在工业废水按Ⅳ类水质排放入河，农业氨氮入河系数仅 0. 02 的情况下，各地市农业在入河氨氮量上都远超工业。陕西省工业和城镇污水已基本得到处理再排入河道，这是工业对污染物贡献较低的原因。而农业面源污染长期被忽视，相关研究远不如工业方面多，公众舆论关注也集中于工业污染，这些因素都造成了当前治污重工业轻农业、重点源污染轻面源污染的现状。故渭河流域水质达标的关键在于治理农业面源污染，减少氨氮入河量。

4. 4. 2. 2　用水总量敏感性分析

将工农业用水总量在标准年的基础上按 80%、90%、100%、110%、120% 变动，其他参数不变，得到用水总量与工农业增加值的关系如图 4-32 所示。

从图 4-32 可看出，当工农业用水总量从标准年的 80% 增加到 120% 时，工业增加值增长速度大于农业增加值增长速度。用水总量与经济增加值近似线性关系。

同理得到工农业用水总量与废水、化肥施用折纯量的关系如图 4-33 所示。

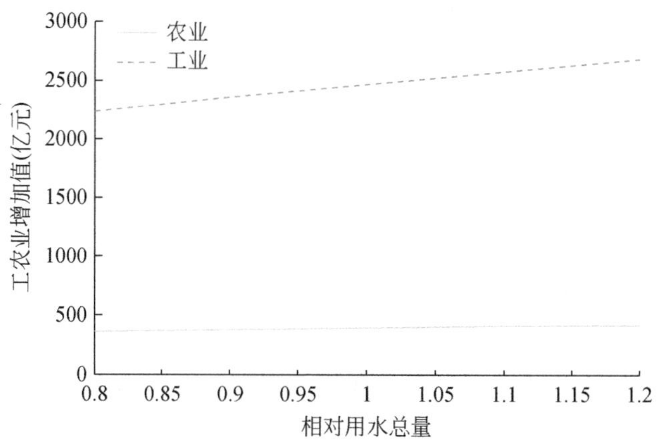

图 4-32　用水总量与经济增加值敏感性分析

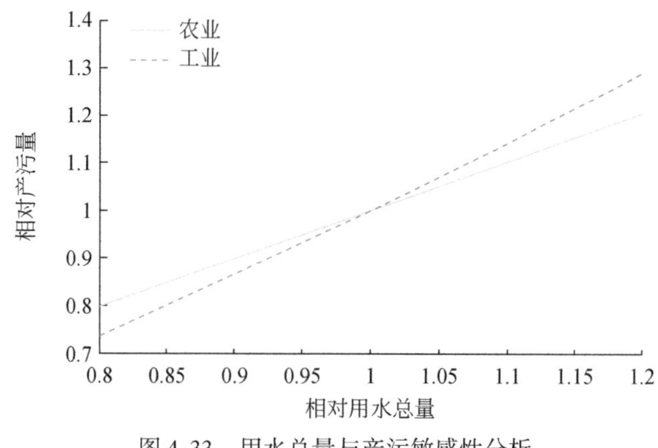

图 4-33　用水总量与产污敏感性分析

由图 4-33 可见，工农业用水总量与废水、化肥施用折纯量的关系近似线性，工业用水总量与废水排放的关系，较农业用水与化肥施用折纯量斜率略大。

综上，虽然工业用水总量增加带来的废水增幅比农业用水总量增加带来的化肥施用折纯量增幅大，但工业经济增加值的增幅大于农业增加值的增幅，且由于渭河陕西段工业点源污染基本得到治理，对污染物贡献远小于农业面源污染，故在制定用水总量控制红线指标时，应着重于农业用水总量控制。

4.4.2.3　用水效率敏感性分析

将工农业相对用水效率按 1、1.1、1.2、1.3、1.4、1.5 变动，其余参数不变，同理得到相对用水效率变动与工农业增加值、产污量关系如图 4-34 所示。

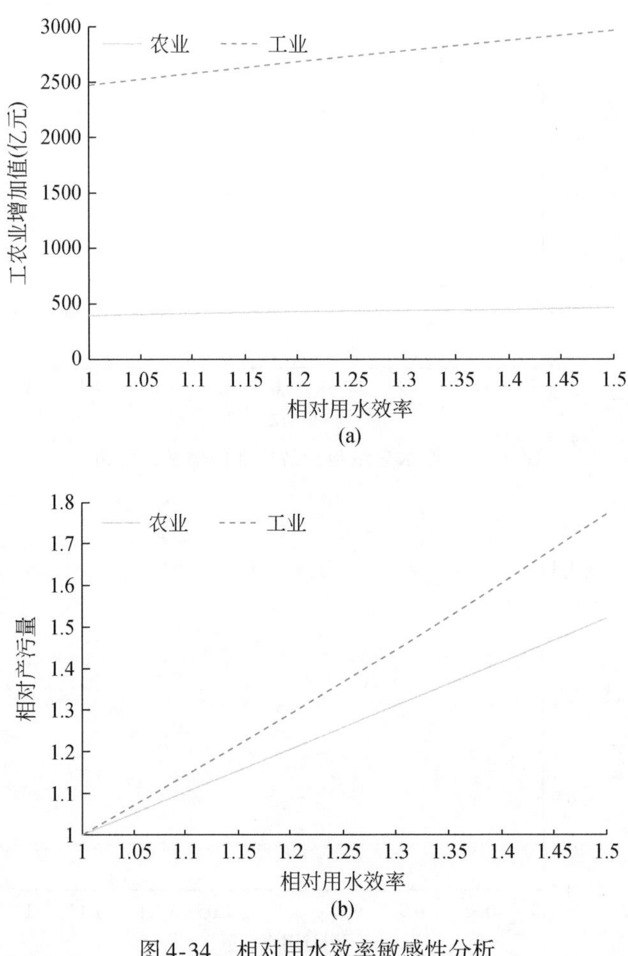

图 4-34　相对用水效率敏感性分析

类似于用水总量的情形，工业增加值增幅略大于农业增加值，废水增幅也略大与化肥施用量增幅，二者近似线性关系。综上，虽然工业相对用水效率增加带来的废水增幅比农业相对用水效率增加带来的化肥施用折纯量增幅大，但工业经济增加值的增幅大于农业增加值的增幅，且由于渭河陕西段工业点源污染基本得到治理，对污染物贡献远小于农业面源污染，故在制定用水效率控制红线指标时，提升工业相对用水效率在经济、环境上收益较提升农业相对用水效率更高。

综合用水总量、用水效率敏感性分析。考虑到农业面源污染较少受到治理、污染基数大，且标准年（2010）农业增加值（412 亿元）远小于工业增加值（2442 亿元），2010 年农业用水为工业的两倍多，故要保证经济发展且水质不变差，应该有以下做法：①对农业，提高用水效率同时减少用水总量，控制规模（总产值提升，氨氮污染也提升）；②对工业，提高用水效率同时略减用水总量。

4.4.2.4 农业用水效率与出境水量

回到前面提到的一个问题：如果农田灌溉水有效利用系数增加，灌溉回水减少，是否会导致河道水量减少，从而水环境变差?

运用模型解答这个问题，只需改变农业相对效率系数，其余参数不变，观察模拟结果如图 4-35 所示。

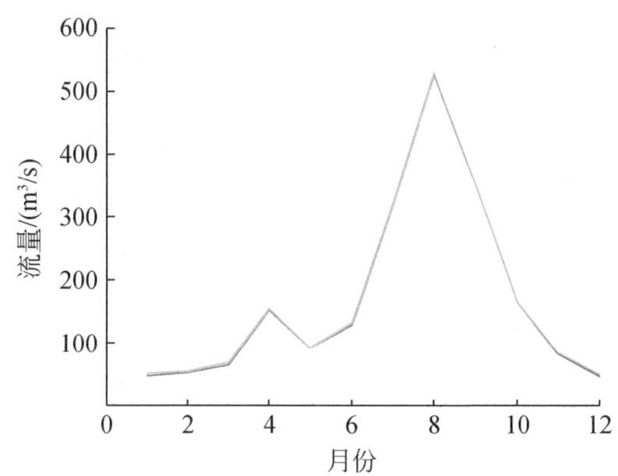

图 4-35 农业用水效率与华县出境水量

蓝线为标准年模拟情形（相对效率系数为 1）；红线为农业相对用水效率系数 1.5；其余参数不变的情形

由图 4-35 易知，农业相对效率系数提高后，河道水量减少微乎其微，两条线基本重合，故农业用水效率提高会使河道水量减少的担忧是不必要的。

进一步分析，若农田灌溉水有效利用系数原来为 0.4，农业相对用水效率系数为 1.5，即意味着农田灌溉水有效利用系数由 0.4 提升至 0.6，假设未被利用的水量退回河道比例为 0.3，则用水效率提升后少退回河道的水量比例为 $(0.6-0.4)\times0.3=0.06$，“五市一区”2010 年农业总用水 20.9 亿 m^3，假定都用于灌溉，则全年少退水 $20.9\times0.06=1.254$ 亿 m^3，而 2010 华县断面年径流量 53.6 亿 m^3，故农业用水效率提升对出境流量影响很小。

总而言之，不必担忧“灌溉有效利用系数提高→退水减少→水质变差”，水质变差主要原因在于“灌溉有效利用系数提高→生产增加→化肥施用增加→水质变差”。

4.4.3 “三条红线”目标可达性分析

4.4.3.1 陕西省实行“三条红线”阶段目标

根据《陕西省人民政府办公厅关于印发实行最严格水资源管理制度考核办法》，陕西省渭河流域“五市一区”实行“三条红线”的各项指标如表 4-19 和表 4-20 所示。

表 4-19 “五市一区”用水总量控制目标 单位：亿 m^3

行政区	2015 年	2020 年	2030 年
西安	18.70	21.13	23.52
宝鸡	8.80	10.18	11.05
咸阳	13.33	14.47	15.50
铜川	1.45	1.60	1.79
渭南	16.05	16.90	17.92
杨凌	0.50	0.57	0.68

表 4-20 “五市一区”用水效率控制目标

行政区	2015 年	
	万元工业增加值用水量相比 2010 年下降/%	农田灌溉水有效利用系数
西安	26	0.705
宝鸡	23	0.569
咸阳	28	0.561
铜川	13	0.538
渭南	28	0.539
杨凌	13	0.563

4.4.3.2 情景模拟

2015 年各地市用水总量控制目标大于 2010 年实际用水总量，如表 4-21 所示。

表 4-21 “五市一区”用水总量控制目标 单位：亿 m^3

行政区	2010 年	2015 年	2015 年相对比例
西安	15.60	18.70	1.199
宝鸡	6.30	8.80	1.397
咸阳	11.46	13.33	1.163
铜川	0.86	1.45	1.686
渭南	14.53	16.05	1.105
杨凌	0.33	0.50	1.515

从表 4-21 中可知，2015 年现状用水总量较小的铜川、杨凌用水总量控制目标值增幅较大，而现状用水总量较大的西安、咸阳、渭南增幅有限，现状用水居中的宝鸡也有可观的增幅。

考虑到用水总量-效率-经济函数满足边际效益递减原理。对工业来说，用水总是先分配给效益好的行业，因此，新增用水量只有用到效益相对较低的行业。即单方水带来的新增产出会越来越小，从而降低单位用水的平均产出。总之，在不考虑技术进步的情况下，工业用水总量增加会导致平均用水效益减少。因此，即便在考虑技术进步的情况下，为满足工业用水效率红线，工业用水总量增幅也不宜过大。同样，这个原理也适用于农业。

由前面的分析可知，为满足用水效率红线，用水总量增幅不宜过大，考虑到工业用水的经济产出较农业高很多，故方案的“五市一区”工业用水总量增加 20%，农业用水总量增加 5%，参数具体设置如表 4-22 所示。

表 4-22　情景分析 2015 年用水参数

地市	工业用水总量 /万 m^3	工业用水相对效率系数	农业用水总量 /万 m^3	农业用水相对效率系数
宝鸡	9 000	1.2	40 000	1.1
杨凌	100	1.2	2 500	1.1
咸阳	25 000	1.5	70 000	1.2
西安	38 000	1.5	60 000	1.4
铜川	5 000	1.2	2 500	1.2
渭南	20 000	1.2	99 000	1.1

运行模型，得到渭河华县站入黄流量过程模拟如图 4-36 所示。

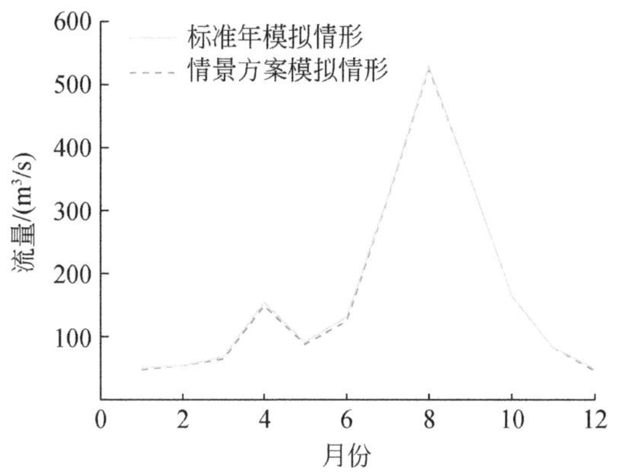

图 4-36　渭河华县站入黄流量过程模拟对比（2015 年）

模拟结果显示，在工业用水总量有所增加，农业用水总量略有增加，工农业用水效率较大提高的情况下，河道水量略有减少，华县年总出境水量略有减少。

此时的工农业增加值变化如图 4-37 所示。

相对 2010 年实际情形，工业增加值预计增长 69.9%，农业增加值预计增长 19.3%，各地市万元工业增加值用水和农田灌溉水有效利用系数如表 4-23 所示。

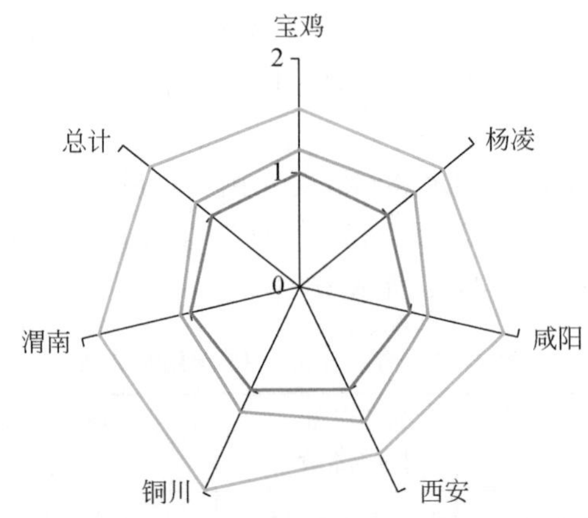

图 4-37 “五市一区”工农业增加值变化（2015 年）

表 4-23 “五市一区”用水效率控制目标可行性分析（2015 年）

行政区	2015 年情景模拟			
	万元工业增加值用水量下降/%	万元工业增加值用水量下降目标/%	农田灌溉水有效利用系数	农田灌溉水有效利用系数目标
西安	31.13	26	0.77	0.705
宝鸡	24.05	23	0.583	0.569
咸阳	27.80	28	0.6	0.561
铜川	14.06	13	0.55	0.538
渭南	30.94	28	0.576	0.539
杨凌	17.17	13	0.583	0.563

由表 4-23 可知，按所设定的参数，2015 年用水效率红线控制指标除了咸阳市万元工业增加值用水量降幅基本达到外，其他指标都已超过。

相应地，“五市一区”氨氮和 COD 入河量变化如图 4-38。

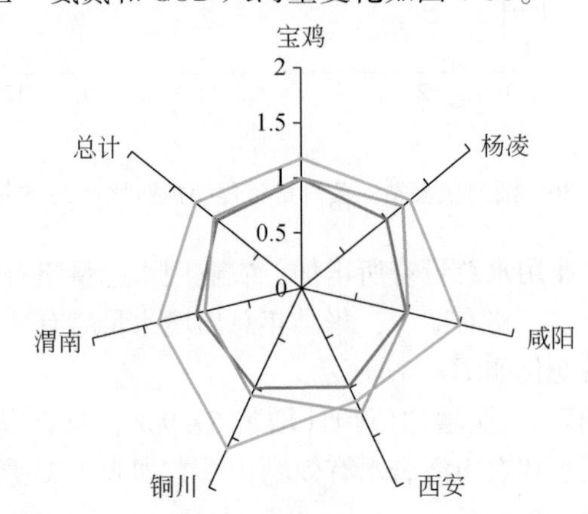

图 4-38 氨氮和 COD 入河量变化（2015 年）

相对 2010 年实际情形，氨氮入河量增加 24.5%，COD 入河量增加 48.4%。

此时渭南市界出境断面的水质模拟结果如图 4-39 所示。

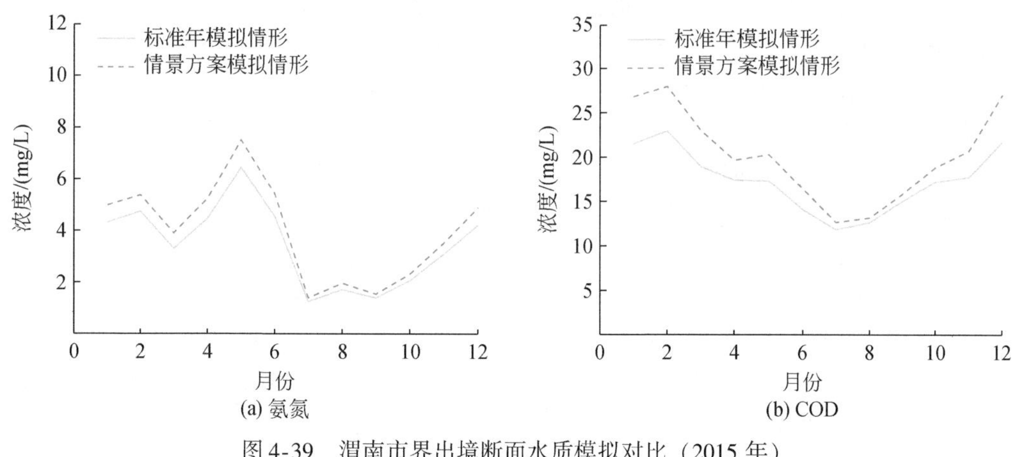

图 4-39　渭南市界出境断面水质模拟对比（2015 年）

由图 4-39 可知，渭南出境断面的氨氮浓度有所增加，COD 浓度有较大增加。由于工农业用水总量增加，用水效率增大，故排污总量增加，又因河道水量略有减少，故水质变差。

综上，虽然用水效率提高幅度不大，基本达到或超过红线指标，但由于用水总量不减反增，入河污染物总量增加，河道水量减少，导致河道水质变差。因此，对于陕西省关中地区的 2015 年“三条红线”阶段性控制目标，在用水总量仍然增加的情况下，用水总量控制和用水效率提高两条红线目标可以满足，但水质的红线很可能失守。

4.5　本章小结

本章首先总结了前人在“三条红线”、实行最严格水资源管理制度方面的思考论述，介绍了水文水资源学、水经济学、水环境学等学科的相关研究成果，尤其是水量水质联合调度、用水-经济研究和经济-排污方面的成果。然后，本书统筹考虑相关理论的优缺点，有选择地选用现有理论或根据实际进行理论创新，采用系统工程的思想，将 CGE 模型思想、边际价值水经济理论、污染-经济产出理论、水资源网络平衡分析、水环境一维稳态污染物输移模型等理论方法有机结合，创新提出“三条红线”互动关系的“水量-水质-经济”耦合模拟模型。并以渭河流域为例，应用渭河陕西段水文资料，关中“五市一区”经济环境资料等成功进行模型率定。最后，应用模型进行了情景分析、“三条红线”影响因素敏感性分析和陕西省“三条红线”阶段目标可达性分析。

基于“水量-水质-经济”耦合模拟的“三条红线”互动关系模型的开发及应用，形成三条红线互动关系的结论如下。

（1）增加用水总量并同时提高用水效率，会导致生产活动增加，排污增加，在其他条件不变的情况下，入河污染物增加而河道水量不增加，河道水质将变差。

（2）单纯的用水效率提高对河道水质的影响因工农业、生活而异。在农业用水总量不变时提升农业用水效率，会导致河道水质变差。其原因在于灌区等用水户作为理性的经济人，节约下的水量不会任其回归河道，而是用于扩大灌溉面积或者一年一耕增加为两耕、三耕，导致化肥施用量增加、入河污染物增加，且提升农业用水效率会导致灌溉回水减少（虽然减少水量相对河道水量而言比例很小），在河道水量不增加而污染物总量增加的情况下，河道水质将会变差。

在工业用水总量不变时提高工业用水效率，虽然排污量增加、污水浓度增加，但经过污水处理厂集中处理，仍按Ⅳ类水标准排放，故对河道水质影响不大。

对于生活用水总量，节水将减少污水总量，且生活污水经过污水处理厂集中处理后排入河道，故入河污染物的量减少，生活用水节水有利于水质改善。

（3）“三条红线”中水质红线是最难实现的，当前对农业面源污染的重视程度不及工业、生活的点源污染。以渭河陕西段为例，水质达标关键在于氨氮达标，而农业面源污染对氨氮的贡献远远超过工业废水。

（4）我国大部分地区水资源开发利用率过高，控制用水总量时，从经济-排污的性价比考虑，应主要减少农业用水总量。

（5）要实现“三条红线”全面达标且保持经济发展，需要减少用水总量、提升用水效率。减少用水总量和提升用水效率的具体指标，需将“水量-水质-经济”耦合模拟模型应用至具体流域并进行分析，才能确定。

（6）要实现“三条红线”全面达标，除了减少用水总量、提升用水效率外，还应在经济发展的同时限制排污，即从源头上进行入河污染物的总量控制，因而需要工业、农业等其他行业与水利部门配合，共同实现水质红线标准。

第5章 用水总量监测统计与管理研究

5.1 指标监测统计现状与问题分析

5.1.1 指标监测统计现状

我国社会经济用水量统计在20世纪80年代才逐渐受到重视，先后开展了全国水资源开发利用评价、全国水中长期供求计划和第二次全国水资源评价，1994年开展《水资源公报》编制等工作，2009年水利部发布《水资源公报编制规程》（GB/T 23598—2009），指导我国社会经济用水调查评价工作。但是，近20年来，随着经济社会的快速发展，社会经济用水呈现显著增加趋势，我国的取用水户呈现出种类繁多、数量巨大、统计难度大等特点，水利部、统计局、住房和城乡建设部（以下简称城建部）与环境保护部（以下简称环保部）也纷纷开展了相关用水统计，但是由于各部门的经济社会用水统计是根据各自工作需要和管理权限划分的，故取用水量的统计口径、统计方法和统计范围不一致，导致部门间的经济社会用水统计数据存在一定差距，同时部门间同一数据的可比性也不高。此外，从各部门用水统计结果来看，由于用水计量等基础设施薄弱，计量率不高，各级用水部门统计能力有限，资源投入不足，对基层用水统计数据的审核不严，导致部分地区经济社会用水统计数据精度不高，影响统计数据的可靠性和权威性，用水量统计已经不能满足水资源精细化管理。

目前，不同部门根据实际需要，形成了多个信息统计口径，主要包括水利部门以《水资源公报》为主要形式的水资源与社会经济用水信息、统计部门针对规模以上工业企业的取用水量信息、住房和城乡部门针对城市建成区的公共自来水企业和企事业单位自备水信息、环保部门针对重点污染源企业的用排水量信息等。全口径用水量按照分行业统计是用水统计体系建设的难点，但进行水资源分行业的精细化管理是水资源管理的必然趋势。因此，面临取用水户种类繁多、数量巨大、统计难度大等情况，必须对经济社会用水统计体系进行系统化建设，才能真正作为实施最严格水资源管理制度的决策依据。

5.1.2 主要问题

1. 搜集渠道不同，数据之间存在矛盾

涉及我国供用水统计的4个部门，虽然在统计内容上各有侧重，但是相互之间也存在重叠交叉的部分。例如，水利部与统计局对规模以上工业用水的统计、水利部与城建部对城区的供用水统计等。这种重复性工作不利于统计工作的规范性，降低了工作效率，而且某些相同内容的统计指标，由于资料搜集的渠道不同，经常出现统计数字之间差异和矛盾的现象。

2. 统计对象不一致，推算结果有差异

不同部门的统计范围不同，导致在推算全口径用水量时结果差异较大。例如，在对工业行业供用水统计中，水利部统计的是全部工业行业的用水量，统计局统计的是全部国有及年销售收入 2000 万元以上的非国有工业企业，环保部统计的是重点污染源企业，住建部统计的是自来水企业和企事业单位。

3. 指标口径存在差异，缺乏统一标准

由于统计对象不一致，4 个部门的统计指标难免有所差异。但是，对于某些相同的统计指标，各部门界定的统计口径也有所不同，缺乏统一标准，如对其他水的统计，统计部门工业统计报表制度中其他水主要包括桶（瓶）饮用水、再生水（中水）、雨水利用、热水、海水淡化水，但水利部门的其他水统计中不包括桶（瓶）装饮用水和热水等。名义上相同的指标，但实际包含的内容却不尽相同，这就造成了各部门数据不统一，相同的指标发布两套数据，对社会公众和决策者管理造成不良影响。

4. 数据资源分散，共享难度大

根据以上分析，我国涉及供用水统计的 4 个部门，统计指标、统计方法等均为各部门自行制定，因此，收集到的数据比较分散，且往往只为本部门使用，部门之间缺乏有效的数据交换和共享。同时，由于统计指标缺乏统一标准，使得部门间资源的整合利用也受到了限制。

5. 统计方法单一，数据质量无法控制

我国各部门用水统计均采用统计报表制度进行调查，使用抽样调查、重点调查的方法较少。统计报表制度往往依赖于各企业（单位）填报的数据，不利于各部门对数据质量进行控制，也无法评估数据质量的好坏。

6. 用水计量设备不完善，监测率低

安装用水计量设备是供用水统计的基础，通过记录计量设备的数据，可以准确地统计我国各单位用水量的数据。但是目前，一方面，我国缺乏先进的量水设备，安装自动计量设备的取用水工程拥有率低，缺少供、用、耗、排水量的有效监控手段，加之用水计量设施安装率较低，较大一部分数据是根据用水定额和分析推算得到的，导致用水量数据不够准确；另一方面，我国用水计量手段不够完善，很多地方安装用水设备只是一种形式，既没有建立计量用水台账，也没有相关的记录数据制度。当这些问题综合反映到水资源公报中时，则会出现行业用水无规律性变化或用水量变化趋势不合理等现象，难以满足水资源管理要求。

5.2 指标监测统计关键支撑技术研究

5.2.1 用水户数量与统计误差的关系

5.2.1.1 统计误差与用水精度关系

统计误差伴随用水量统计的全过程。一般情况下，用水量统计的主要工作内容包括方案制定、样本量确定、抽样框建立、调查对象用水量测量、经济社会指标等相关信息获取，用水量推算，数据汇总、上报与复核，以及成果发布等工作内容。

用水量统计调查的误差包括抽样误差和非抽样误差两类。根据用水量统计调查的过程分类，方案制定、样本量确定等基础性工作属于抽样误差的范畴；抽样框建立、用水量测量、用水户填表、用水量推算和汇总等方案的具体实施过程属于非抽样误差的范畴，其中，抽样框建立会带来样本框误差，用水量的测量过程会带来测量误差，用水户填报数据会产生回答误差，用水量推算和汇总会产生汇总分析误差。统计工作和误差分析的对应关系详见图 5-1。

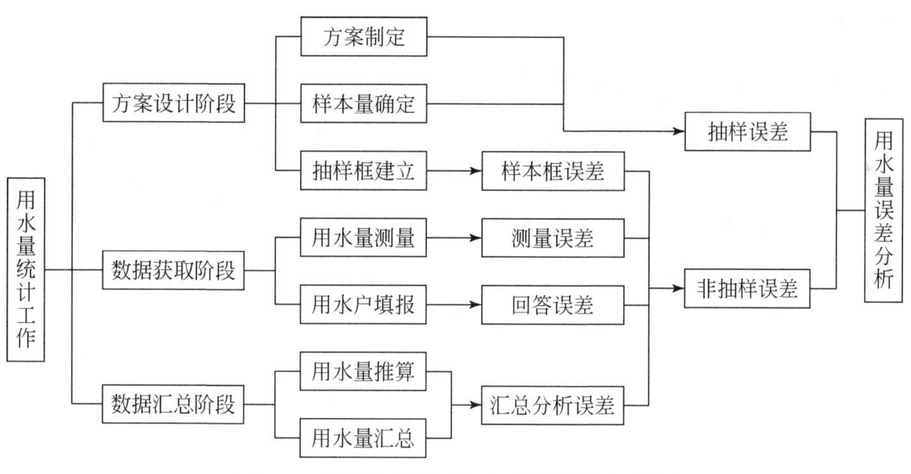

图 5-1 用水量统计工作与误差分析关系图

5.2.1.2 用水抽样误差分析方法

常规的抽样方法主要包括简单估计抽样、比率估计抽样、分层抽样、分阶段设计效应、抽样误差加权分析和多阶段抽样等方法。在实际过程中，抽样方案并不一定只选一种抽样方法，往往是几种抽样方法的组合。我国行政区级别多、用水情况复杂，一般情况下应采取多阶段抽样和其他抽样方式的组合。兼顾目标准确性、可操作性、用水复杂性等特点，开展分行业用水抽样应遵循以下基本原则。

（1）在考虑实际工作量的情况下尽量降低用水量的抽样误差。抽样误差是由于抽取样本的随机性造成的样本值与总体值之间的差异。抽样误差跟样本量成反比关系，抽样误差越小，需要调查的样本量就越大；工作量或费用跟样本量成正比关系，主要由固定费用和流动费用决定。抽样误差和工作量成反比关系，选择合理的抽样方案应既要保证将抽样误差控制在合理范围之内，又要保证工作量不会太大。

（2）充分考虑水源工程分布和行业用水单元分布的特点建立抽样方案。

不同水源工程或农业、工业、建筑业、第三产业等分行业用水样本总体的分布特征不同，离散性的不同直接会影响样本量的大小。一般情况下，用水的规律性越强离散系数越小。因此，应收集或模拟样本总体的分布，计算分行业的离散性，从而建立分行业不同特点的抽样方案。

（3）选择合适的辅助变量建立抽样方案。一般情况下，采用与单元成比例概率抽样比等概率抽样的效果要好，需要选择合适的辅助指标。合适的辅助变量是改进目标估计量与真值的差距，可减小抽样误差。辅助指标应具有一定的通用性，比较容易获取，方便开展抽样工作。

（4）多阶段抽样要合理，具有可操作性。采用多阶段抽样，制定的阶段越多，对于目标估计需要的样本量越集中，样本总量越少。对于我国来讲，最小的抽样单元是县。如果要以全国用水量为目标，只需选取固定在某几个省的某几个县；如果以省级用水量为目标，只需选取固定几个地市的某几个县。

5.2.1.3 分行业用水抽样误差对比分析

收集第一次全国水利普查用水户的有关资料，包括 7.2 万个灌区、16.4 万个工业企业和 29.9 万个居民住户的有关信息。灌区信息主要包括实际灌溉面积和用水量等指标；工业企业信息主要包括工业总产值、用水量等指标；生活用水主要包括户籍人口、常住人口、计量设施、用水量等指标。分别采用单估计抽样、比率估计抽样、分层抽样等方法进行了分行业用水量抽样误差的对比分析，获取分行业用水的统计特征和参数。

经过分行业抽样误差与样本量的定量分析可知，农业用水采用实际灌溉面积作为辅助变量会较大程度地减小抽样误差；工业用水采用工业总产值作为辅助变量并不会减小抽样误差，但按工业大类分层抽样会较大程度地减小抽样误差；生活用水采用人口作为辅助变量会较大程度地减小抽样误差，且常住人口比户籍人口的效果更好。

5.2.2 用水总量统计与红线管理的关系

1. 用水总量考核相关问题

用水量统计的目的是为了摸清用水户使用的水量，用水量考核的目的则是通过绩效考评当地政府对用水量控制的效果。根据绩效评估的有关理论，用水量考核应避免“数字政绩”，其有如下特点：多维性、公平性、复杂性。鉴于用水量考核具有多维性、公平性和复杂性等特点，用水量考核应具有一定的前提条件：①用水量统计达到一定精度；②长系列降水量与用水量数据的积累；③考核公平问题。

2. 用水特性曲线

建立用水量与降水量等指标的关系，是消除随机性，体现公平性的最佳途径。

建立流域或区域供（用）水总量与降水量的函数关系（用水特性曲线），使年度用水量受降水量变化影响的问题得以有效解决。确定这种函数关系的基本线型不仅为这一方法构筑了理论基础，也为其推广应用拓展了空间。应通过对流域或区域规划水平年的供水量、降水量关系分析，建立不同类型函数关系的用水特性曲线，寻找相对合理的分布函数。

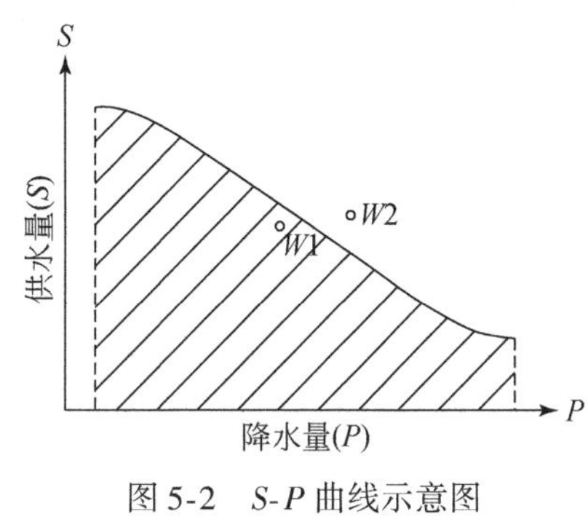

图 5-2　*S*-*P* 曲线示意图

用水总量特性曲线（*S*-*P* 曲线）主要反映区域人类活动的合理用水总量与天然降水量之间的相关关系。不同年降水量下其相应的用水总量应该控制在该曲线以下，以保证该区域多年平均用水量能够满足用水总量考核指标的要求，从而实现水资源的可持续利用。该方法是目前在贯彻严格水资源管理制度，用于区域年度用水总量考核评估相对有效的方法。由图 5-2 可知，当某一年的实际用水量 *W*1 发生在 *S*-*P* 曲线下方的阴影内时，则认为区域用水总量满足考核指标的要求，反之，则认为不满足考核要求，如 *W*2。

利用数理统计理论和水资源系统分析理论对 *S*-*P* 曲线的线型进行了分析和应用。研究认为，在海河流域 *S*-*P* 曲线为单调递减函数，且在降水量（*P*）≥1mm 的情况下存在供水量与降水量相关的特性曲线，其极值符合海河流域在极端降水量发生时的可能情景。经分析图 5-3 中的函数④具有较好的相关性和适用性，符合海河流域降水量与用水总量关系曲线形态的物理意义，可以作为海河流域的用水特性曲线的基本线型，*S*-*P* 曲线函数关系见图 5-3。

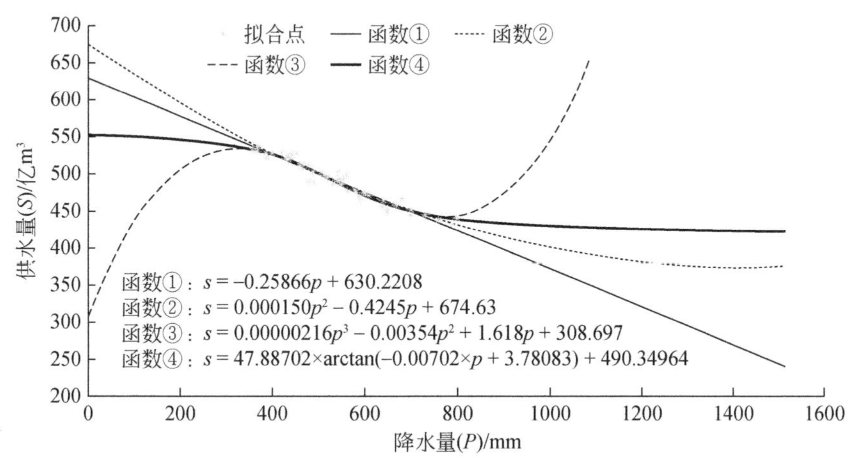

图 5-3　海河流域 *S*-*P* 曲线线型比较

5.2.3 取水总量与耗水总量之间的关系

耗水总量即用水消耗量，指在输水、用水过程中，通过蒸腾蒸发、土壤吸收、产品吸附、居民和牲畜饮用等多种途径消耗掉，而不能回归到地表水体和地下含水层的水量。灌溉用水消耗量为毛用水量与回归地表、地下的水量之差，工业和生活用水消耗量为取水量与废污水排放量及输水的回归水量之差。耗水率指用水消耗总量占用水总量的百分比。

2013 年全国用水消耗总量为 3263.4 亿 m^3，耗水率为 53%。其中，农业耗水量为 2537.7 亿 m^3，占用水消耗总量的 77%，耗水率为 65%；工业耗水量为 318.1 亿 m^3，占用水消耗总量的 10%，耗水率为 23%；生活耗水量为 323.2 亿 m^3，占用水消耗总量的 10%，耗水率为 43%；生态环境补水耗水量为 84.4 亿 m^3，占用水消耗总量的 3%，耗水率为 80%。2013 年分行业耗水量见表 5-1。

表 5-1 2013 年分行业耗水量

指标	农田灌溉	林牧渔业	工业用水	城镇生活	农村生活	生态环境
耗水量/亿 m^3	2164.7	373	318.1	170.8	152.4	84.4
占总耗水量比例/%	66	11	10	5	5	3
耗水率/%	63	77	23	30	83	80

2013 年各水资源一级区中，长江流域耗水量最高，为 852 亿 m^3，其次是西北诸河和淮河，耗水量分别为 477 亿 m^3 和 411.4 亿 m^3，耗水量最小的为西南诸河，耗水量只有 9.5 亿 m^3。水资源一级区中耗水率最高的为海河，耗水率达到了 69%，其次是西北诸河，耗水率达 68%。耗水率最小的西南诸河，耗水率只有 6%。2013 年各水资源一级区用水消耗量及耗水率见表 5-2。

表 5-2 2013 年各水资源一级区用水消耗量及耗水率

水资源一级区	松花江	辽河	海河	黄河	淮河	长江		东南诸河	珠江	西南诸河	西北诸河
						合计	太湖				
耗水量/亿 m^3	316.5	132.7	254.7	230.7	411.4	852.0	101.1	166.6	352.0	9.5	477.0
耗水率/%	62	65	69	58	64	41	8	49	41	6	68

在各省级行政区中，耗水率较高的有西藏、山西和河北 3 个省，耗水率最低的为上海市，2013 年各省级行政区耗水率见图 5-4。

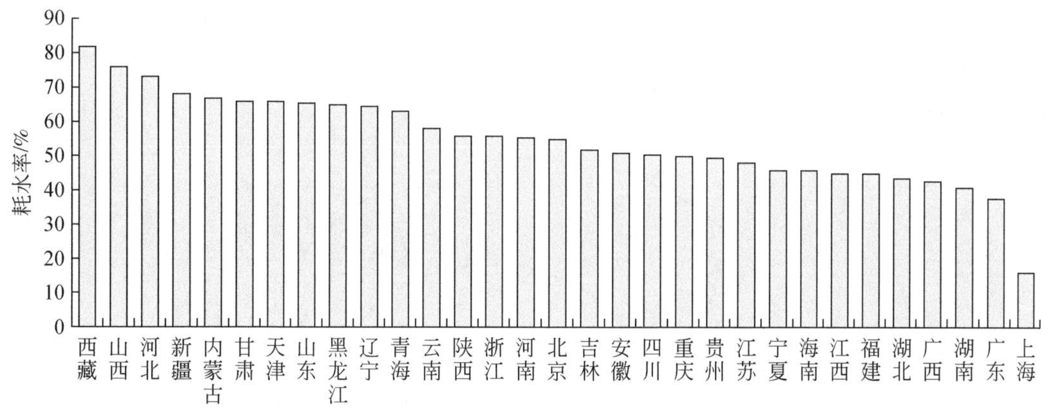

图 5-4　2013 年各省级行政区耗水率

本书研究暂不含港澳台数据

5.3　不同行业用水总量监测统计技术方法及制度设计

5.3.1　用水统计基本方式探讨

水作为一种产品，同样存在生产者和消费者。根据水量平衡原理，生产者的供给和消费者的使用理论上是相等的。因此，进行用水量统计的基本范式可归结为水量生产法、水量收入法和生产收入法。

（1）水量生产法：从生产者的角度，用水量统计的对象为各类水源工程，主要包括地表水工程和地下水工程的取水口，如图 5-5 所示，应用水量生产法进行统计用水量是一种自上而下的方法。

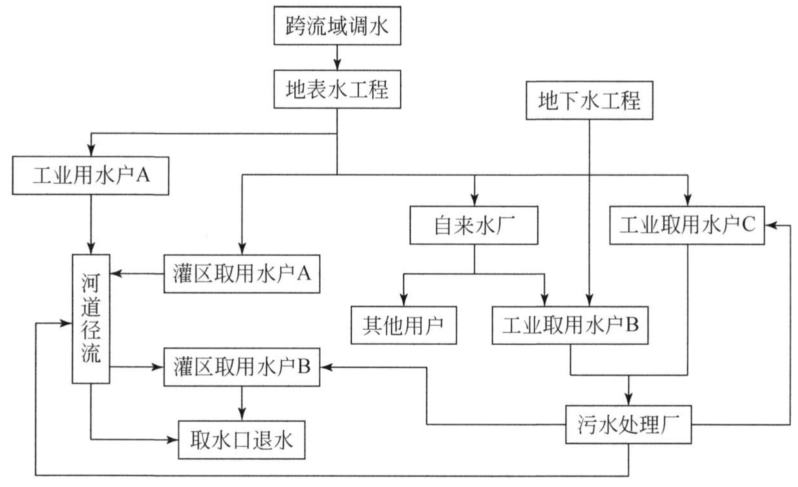

图 5-5　用水量统计范式基本关系图

（2）水量收入法：从消费者（用水户）的角度，用水量统计的对象为各类取用水户，主要是工业、农业、生活等行业的用水户。如图 5-6 所示，应用水量收入法进行统计用水量是一种自下而上的方法。

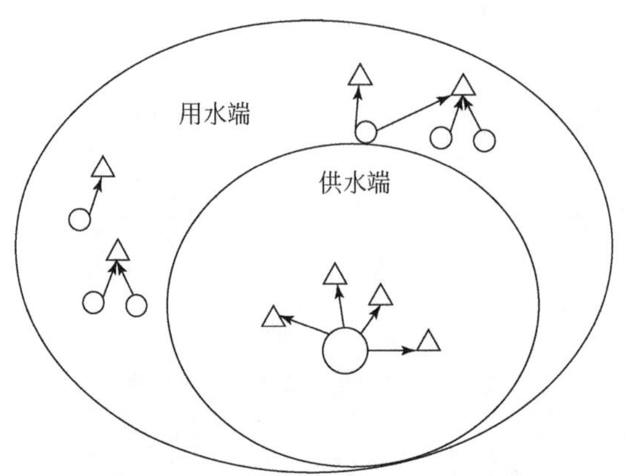

图 5-6　供用水量结合统计方法关系图

水量生产法和水量收入法的统计都有其优点和弊端，我国供水体系南北差别较大，我国北方的供水体系相对简单、地表水取水工程数量相对较少，地表水可能采用供水端方法相对合理；南方的供水体系相对复杂、小型取水工程较多，可能用水端方法更为合理。实际上，按照效率最高、费用最省的原则，对于一个区域或流域可采用“统分结合”的办法，即把目标区域分成若干区域，能统则统、不能统则分，总之，应根据实际情况选择适合本区域特点的方法。因此，供用结合的统计方法是最行之有效的，称为“生产收入法”。

三类方法的共同特点包括：①三种方法设计的样本总体是庞大的，不管哪种方式推断用水量的难度都较大。②不管是以取水口还是用水户为对象，都不能直接获得用水量的口径，水量生产法需要考虑弃水和重复用水问题，水量收入法需要从净用水量推算到毛用水量。③都有局限性。采用水量生产法，分水源情况统计的比较清楚，但分行业统计存在问题；采用水量收入法，分行业情况统计的比较清楚，但分水源统计存在问题。

5.3.2　分行业监测统计技术方法

分析可知，采用生产收入法，选择“统分结合”的方法具有可操作性。因此，基于取水许可制度、计划用水管理等日常水资源管理工作和水资源监控能力建设所掌握的信息，逐步推行重点取用水户逐一统计、非重点取用水户抽样或典型调查、综合推算用水总量的技术方法，并通过单点抽查、重要控制断面水量监测、区域供用水量平衡和流域水量平衡分析等手段，提高用水总量统计精度。具体步骤如下：①基础资料收集整理；②统计调查对象确定；③行业用水量统计汇总；④合理性分析与复核。

鉴于各地区计量监测水平和水资源管理水平的差异，对短时间内难以按照取用水户统计用水量的地区，可在原有水资源公报编制体系基础上，充分利用现有手段、灌溉水有效利用系数测算样点灌区、水利普查用水大户调查信息等，提高各行业单位用水量指标的准确性，推算各行业用水量。具体技术路线见图 5-7。

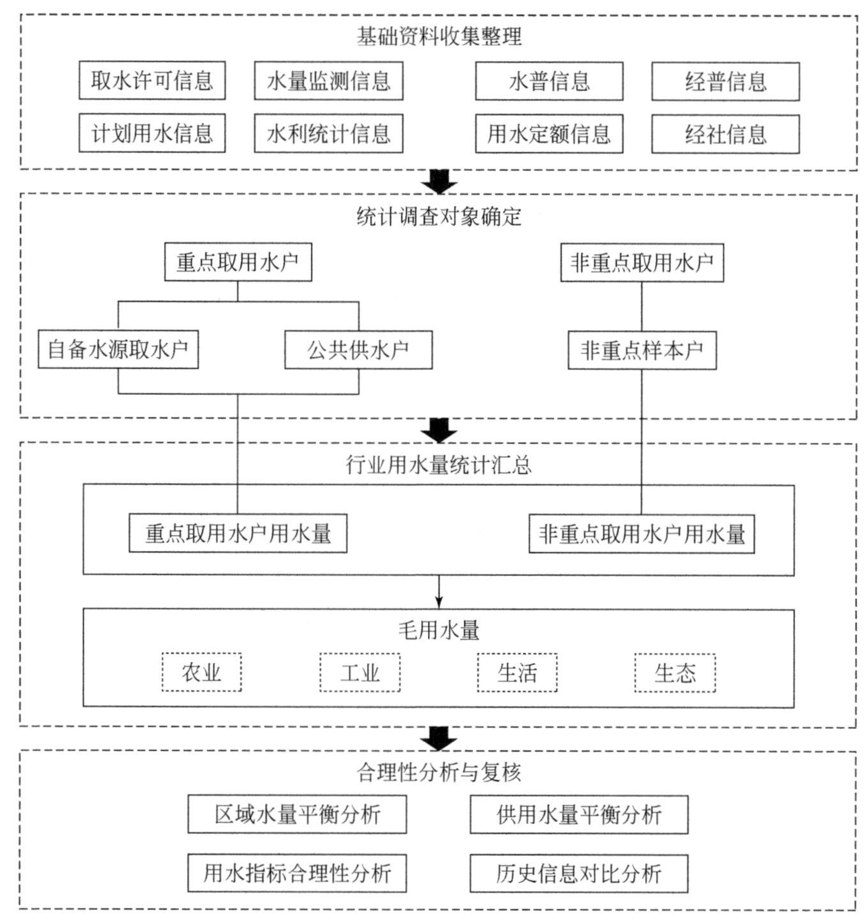

图 5-7　技术路线图

5.3.2.1　农业用水

1. 技术路线

按照实行最严格水资源管理制度的要求，同时考虑到灌溉用水的特殊性和复杂性，采取用水大户逐一计量统计、一般用水户抽样调查、综合推算区域灌溉用水的技术方法，确定农业灌溉用水量统计技术路线如下：①构建统计网络；②样本用水户灌溉用水量获取；③灌溉非样本用水户水量推算；④数据复核、汇总。

统计、分析各省级行政区、各水资源分区的灌溉用水量，汇总得到全国灌溉用水总量。

灌溉用水量量测与统计技术路线框图见图 5-8。

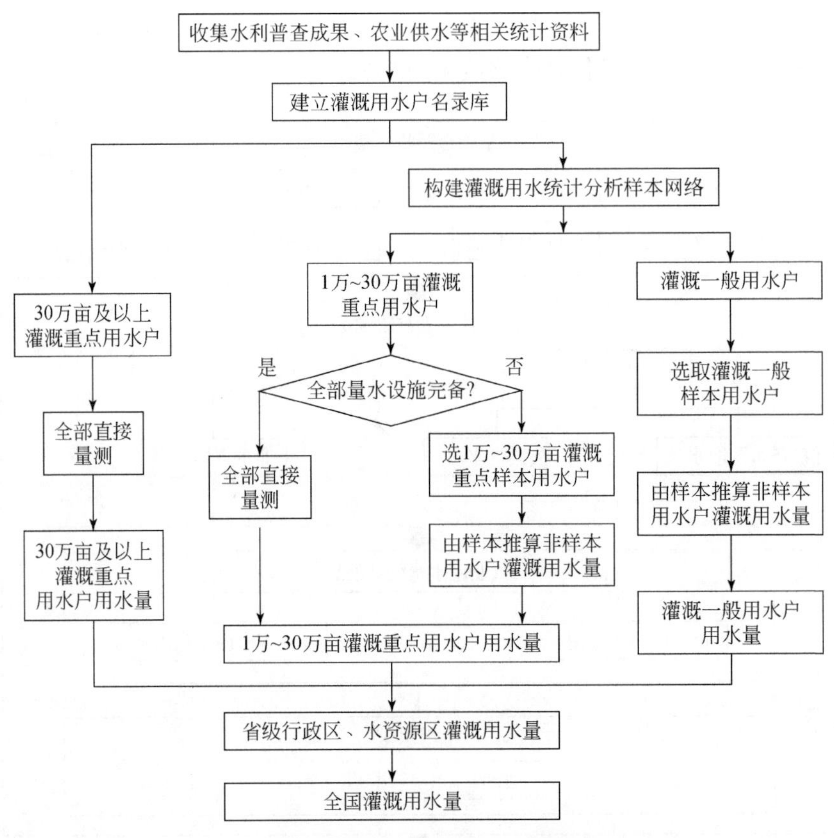

图 5-8　灌溉用水量量测与统计技术路线框图

2. 推算方法

耕地灌溉一般用水户用水量为耕地灌溉一般样本用水户用水量和耕地灌溉一般非样本用水户用水量之和。

样本用水户的用水量统计计算采用实测方法，非样本用水户用水量由样本用水户的用水量和相关指标推算，具体计算方法如下。

1）1 万 ~ 30 万亩耕地灌溉重点非样本用水户用水量计算

A. 耕地灌溉重点样本用水户的相关指标

（1）耕地灌溉重点样本用水户的亩均毛灌溉用水量可按下式计算：

$$m_{样本i} = w_{样本i}/A_{样本i} \tag{5-1}$$

式中，$m_{样本i}$ 为某一分区、某一规模内第 i 个耕地灌溉重点样本用水户的亩均毛灌溉用水量（m^3/亩）；$w_{样本i}$ 为某一分区、某一规模内第 i 个耕地灌溉重点样本用水户的毛灌溉用水量（万 m^3）；$A_{样本i}$ 为某一分区、某一规模内第 i 个耕地灌溉重点样本用水户的实灌面积（万亩）。

（2）耕地灌溉重点样本用水户节水工程调节系数可按下式计算：

$$k_{调节系数, 样本i} = \frac{\sum_{r=1}^{n} A_{r, 样本i}\, q_{r, 节水措施, 样本i}}{A_{样本i}} \tag{5-2}$$

式中，$k_{调节系数,\ 样本i}$ 为某一分区、某一规模内第 i 个耕地灌溉重点样本用水户的节水工程调节系数；$A_{r,\ 样本i}$ 为某一分区、某一规模内第 i 个耕地灌溉重点样本用水户第 r 种节水灌溉工程措施实灌面积（万亩）；n 为某一分区、某一规模内第 i 个耕地灌溉重点样本用水户采用的节水灌溉工程措施总数（个）；r 代表不同节水灌溉措施的编号，节水灌溉措施共分 4 种，分别为渠道防渗、管道输水、喷灌、微灌；$q_{r,\ 节水措施,\ 样本i}$ 为第 i 个耕地灌溉重点样本用水户第 r 种节水灌溉工程措施的节水率。

B. 耕地灌溉重点非样本用水户用水量计算

（1）某一耕地灌溉重点非样本用水户的节水工程调节系数 $k_{调节系数,\ 非样本i}$ 的计算方法与耕地灌溉重点样本用水户节水工程调节系数计算方法相同。

（2）节水修正系数是指某一非样本用水户与样本用水户相比，由于采用的节水灌溉工程措施及节水灌溉面积不同，从而对综合毛灌溉定额产生影响，而某一分区、某一规模的非样本用水户采用的修正系数可按下式计算：

$$K = \frac{1 - \bar{k}_{调节系数,\ 非样本}}{1 - \bar{k}_{调节系数,\ 样本}} \tag{5-3}$$

$$\bar{k}_{调节系数,\ 非样本} = \frac{\sum_{i=1}^{N_2} k_{调节系数,\ 非样本i} A_{非样本i}}{\sum_{i=1}^{N_2} A_{非样本i}} \tag{5-4}$$

式中，K 为某一分区、某一规模耕地灌溉重点非样本用水户的节水修正系数；$\bar{k}_{调节系数,\ 样本}$ 为某一分区、某一规模耕地灌溉重点样本用水户的平均节水工程调节系数；$\bar{k}_{调节系数,\ 非样本}$ 为某一分区、某一规模耕地灌溉重点非样本用水户的平均节水工程调节系数；N_2 为某一分区、某一规模耕地灌溉重点非样本用水户的个数（个）。

（3）某一分区、某一规模耕地灌溉重点非样本用水户毛灌溉用水量计算如下：

$$w_{非样本} = \overline{m}_{样本} \sum_{i=1}^{N_2} A_{非样本i} K \tag{5-5}$$

$$\overline{m}_{样本} = \frac{\sum_{i=1}^{N_1} m_{样本i} A_{样本i}}{\sum_{i=1}^{N_1} A_{样本i}} \tag{5-6}$$

式中，$w_{非样本}$ 为某一分区、某一规模耕地灌溉重点非样本用水户的毛灌溉用水量（万 m^3）；$\overline{m}_{样本}$ 为某一分区、某一规模耕地灌溉重点样本用水户的亩均灌溉用水量（m^3/亩）；N_1 为某一分区、某一规模耕地灌溉重点样本用水户的个数（个）。

2）耕地灌溉一般非样本用水户用水量计算

耕地灌溉一般用水户用水量计算时，按各省级农业灌溉分区对耕地灌溉一般用水户进行划分，然后在每一分区内按地表水源灌溉（含井渠结合）和地下水源灌溉（纯井）两种情况进行计算。某一分区内、某种水源灌溉形式的耕地灌溉一般非样本用水户用水量由耕地灌溉一般样本用水户的用水量和相关指标推算。

A. 地表水源灌溉（含井渠结合）

对耕地灌溉一般非样本用水户用水量计算时，需统计某一分区内所有耕地灌溉一般非样本用水户的实灌面积，以相同分区内所有耕地灌溉一般样本用水户的亩均毛灌溉用水量为计算指标，按下述公式计算。

$$\overline{m}_{地表} = \sum_{j=1}^{M} w_{地表样本,j} \Big/ \sum_{j=1}^{M} A_{地表样本,j} \tag{5-7}$$

$$W_{地表非样本} = \overline{m}_{地表} A_{地表非样本} \tag{5-8}$$

式中，$\overline{m}_{地表}$ 为某一分区内，地表水源下耕地灌溉一般样本用水户的亩均毛灌溉用水量（m^3/亩）；$w_{地表样本,j}$为某一分区内，地表水源下第j个耕地灌溉一般样本用水户的毛灌溉用水量（万 m^3）；$A_{地表样本,j}$为某一分区内，地表水源下第j个耕地灌溉一般样本用水户的实灌面积（万亩）；M 为某一分区内，地表水源一般样本用水户总数；$A_{地表非样本}$为某一分区内，地表水源一般非样本用水户的实灌面积（万亩）；$W_{地表非样本}$为某一分区内，地表水源一般非样本用水户的毛灌溉用水量（万 m^3）。

B. 地下水源（纯井）灌溉

地下水源（纯井）灌溉一般非样本用水户用水量计算同地表水源灌溉一般非样本用水户用水量计算方法。

林地灌溉、园地灌溉、牧草地灌溉用水量计算与耕地灌溉用水户毛灌溉用水量计算方法相同。

3. 监测计量要求

结合灌区节水改造和国家水资源监测系统建设，在灌溉样本用水户的水源取水口、与水源串联的区内小型水库和塘坝取水口、行政断面分水口、非灌溉用水的分水口等位置上安装量水设施，根据量测水量的大小，合理选择相应的量水设备。通过统计以上各种水量的量测值确定灌溉用水量。具体计量：①水源取水口水量计量；②与水源串联的灌区内灌溉供水水源灌溉取水口水量计量；③非灌溉取水口的取水量计量；④弃水量量测。

5.3.2.2 工业用水

1. 技术路线

工业用水指工矿企业在生产过程中用于制造、加工、冷却、空调、净化、洗涤等方面的用水，按新水取水量计，包括从自备水源和公共供水管网等取用的生产性、附属及辅助生产性用水量，不包括企业内部的重复利用水量。水力发电等河道内用水不计入用水量。

工业用水按火核电工业和非火核电工业两类进行统计。工业用水量按照重点取用水户逐一统计、非重点用水户抽样（典型）调查综合推算进行。技术路线步骤如下：①确定工业取用水户统计调查对象，包括重点取用水户和非重点样本取用水户。②通过在线监控、水表计量、台账建设等方式获取统计调查对象用水量。③为推算全口径的工业用水量，需获取重点取用水户工业总产值、非重点样本户工业总产值、区域工业总产值，并分析推算非重点用水户工业总产值和用水量。④将上述重点、非重点取用水户工业用水量相加，即得区域工业用水量。

工业用水统计技术路线见图 5-9。

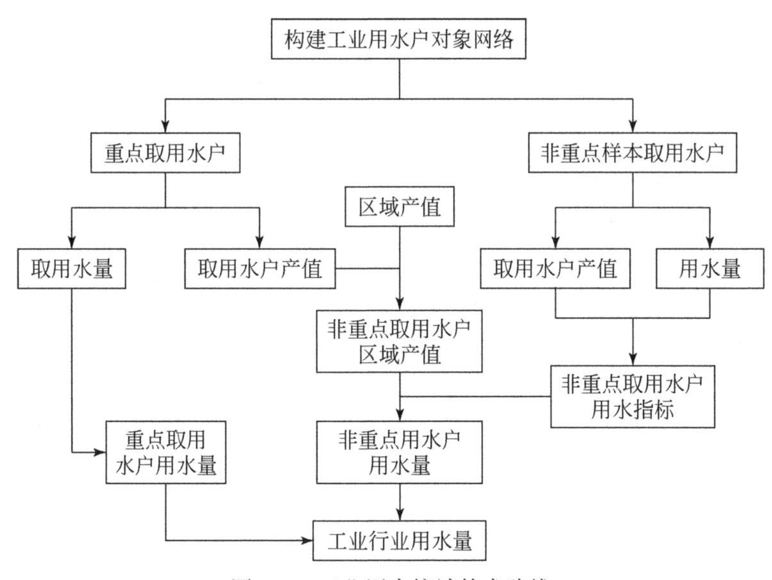

图 5-9　工业用水统计技术路线

2. 推算方法

按照统计分类划分为火核电和非火核电工业的总产值和增加值。火核电、非火核电工业企业的重点户和样本户的产值和增加值信息均采用统计部门提供的数据。

各省区水行政主管部门应主动加强与统计等有关部门的沟通协调，准确、及时获取有关信息，获取每个调查对象的总产值信息或分别获取重点取用水户和非重点取用水户的总产值汇总值。

工业用水量按重点取用水户和非重点取用水户分行业分别计算。计算公式如下：

$$W_{工业} = W_{工业重点户} + W_{工业非重点户} \tag{5-9}$$

$$W_{工业非重点户} = q_{工业非重点样本用水指标}(A_{总产值} - A_{重点户总产值}) \tag{5-10}$$

式中，$W_{工业}$ 为区域工业用水量（万 m^3）；$W_{工业重点户}$ 为重点工业取用水户用水量，应根据重点取用水户逐一统计、相加获得（万 m^3）；$W_{工业非重点户}$ 为非重点工业取用水户用水量，应根据非重点工业样本户用水指标及其工业总产值推算获得（万 m^3）；$q_{工业非重点样本用水指标}$ 为非重点工业样本户单位产出用水指标（m^3/万元），确定非重点样本用水户指标时应按照高用水工业和一般用水工业的产值加权获取综合用水指标；$A_{总产值}$ 为区域工业总产值（亿元）；$A_{重点户总产值}$ 为重点工业用水户工业总产值之和（亿元）。

3. 监测计量要求

工业用水统计调查对象的监测内容为江河湖库取水口、地下水井取水口的取水量。工业用水量监测计量方式主要包括在线监测、水表计量、实物量折算和移动式计量等。优先考虑在线实时监测，暂不具备条件的，主要通过水表计量。因技术原因无法实现水表计量的，通过实物量等其他方式折算用水量。

5.3.2.3 生活用水

1. 技术路线

生活用水指城镇生活用水和农村生活用水。城镇生活用水包括居民用水和公共用水（含第三产业及建筑业等用水）；农村生活用水指农村居民家庭生活用水（包括零散养殖畜禽用水）。其中，城镇包括城区和镇区，将居住在城区和镇区的居民视为城镇居民；农村是指城镇以外的区域，将居住在乡村的居民视为农村居民。

（1）根据典型调查构建用水户样本网络，确定用水指标（如城镇居民生活和农村居民生活人均用水量、单位建筑面积用水量、三产从业人员人均用水量等）。

（2）从统计部门相关成果中获取区域人口、建筑业竣工面积、第三产业从业人员数等经济社会指标，并收集区域输水损失参数。

（3）根据用水指标和区域经济社会指标，按照行政区套水资源分区，分析推算区域生活用水量。

（4）进行合理性分析和数据复核。

具体技术路线见图5-10。

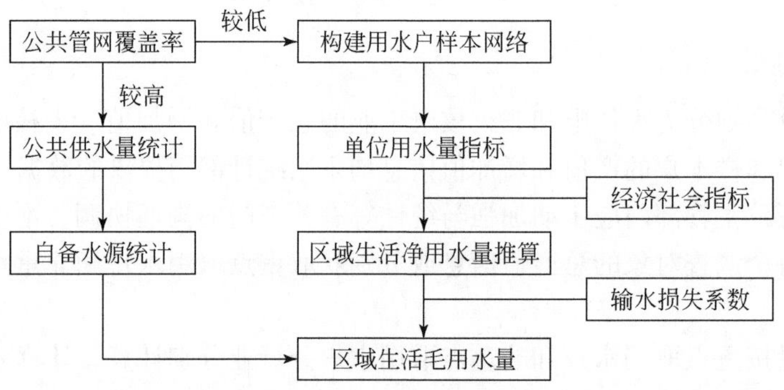

图5-10 生活用水调查统计技术路线

2. 推算方法

通过抽样（典型）调查获取用水指标进行推算。推算方法如下：

$$W_{城镇居民净} = P_{城镇人口} \times q_{城镇居民人均} \times 365 \tag{5-11}$$

$$W_{农村居民} = P_{农村人口} \times q_{农村居民人均} \times 365 \tag{5-12}$$

$$W_{建筑业} = C_{建筑竣工面积} \times q_{建筑业用水指标} \tag{5-13}$$

$$W_{第三产业净} = W_{住宿餐饮业净} + W_{批发零售业净} + W_{其他第三产业净} \tag{5-14}$$

$$W_{住宿餐饮业净} = P_{住宿餐饮业} \times q_{住宿餐饮业人均} \times 365 \tag{5-15}$$

$$W_{批发零售业净} = P_{批发零售业} \times q_{批发零售业人均} \times 365 \tag{5-16}$$

$$W_{其他第三产业净} = P_{其他第三产业} \times q_{其他第三产业人均} \times 365 \tag{5-17}$$

$$W_{生活毛} = W_{城镇居民净} + W_{农村居民} + W_{建筑业} + W_{第三产业净} + W_{居民生活损失} + W_{第三产业损失} \tag{5-18}$$

$$W_{居民生活损失} = (W_{供水户取水量} - W_{供水户售水量}) \times W_{供水户居民生活售水量}/W_{供水户售水量} \tag{5-19}$$

$$W_{第三产业损失} = (W_{供水户取水量} - W_{供水户售水量}) \times W_{供水户第三产业售水量}/W_{供水户售水量} \tag{5-20}$$

式中，$W_{城镇居民净}$ 为区域城镇居民年净用水量（万 m^3）；$P_{城镇人口}$ 为区域城镇常住人口（万）；$q_{城镇居民人均}$ 为城镇居民人均日用水量（m^3）；$W_{农村居民}$ 为区域农村居民年用水量（万 m^3）；$P_{农村人口}$ 为区域农村常住人口（万）；$q_{农村居民人均}$ 为农村居民人均日用水量（m^3）；$W_{建筑业}$ 为区域建筑业年用水量（万 m^3）；$C_{建筑竣工面积}$ 为当年建筑竣工面积（完成施工面积）（万 m^2）；$q_{建筑业用水指标}$ 为单位面积用水量（m^3/m^2）；$W_{第三产业净}$ 为区域第三产业年净用水量（万 m^3）；$W_{住宿餐饮业净}$ 为住宿餐饮业年净用水量（万 m^3）；$W_{批发零售业净}$ 为批发零售业年净用水量（万 m^3）；$W_{其他第三产业净}$ 为其他第三产业年净用水量（万 m^3）；$P_{住宿餐饮业}$ 为住宿餐饮业从业人员数（万）；$q_{住宿餐饮业人均}$ 为住宿餐饮业从业人员人均日净用水量（m^3）；$P_{批发零售业}$ 为批发零售业从业人员数（万）；$q_{批发零售业人均}$ 为批发零售业从业人员人均日净用水量（m^3）；$P_{其他第三产业}$ 为其他第三产业从业人员数（万）；$q_{其他第三产业人均}$ 为其他第三产业从业人员人均日净用水量（m^3）；$W_{生活毛}$ 为区域生活毛用水量（万 m^3）；$W_{居民生活损失}$ 为居民生活输水损失量（万 m^3）；$W_{第三产业损失}$ 为第三产业输水损失量（万 m^3）；$W_{供水户取水量}$ 为公共供水企业取水量（万 m^3）；$W_{供水户售水量}$ 为公共供水企业售水量（万 m^3）；$W_{供水户居民生活售水量}$ 为公共供水企业居民生活用水售水量（万 m^3）；$W_{供水户售水量}$ 为公共供水企业售水量（万 m^3）；$W_{供水户第三产业售水量}$ 为公共供水企业第三产业用水售水量（万 m^3）；

对于公共供水管网基本覆盖的地区也可采用以下推算方法：

$$W_{生活毛} = W_{公共生活供水量} + W_{自备水生活取水量} \tag{5-21}$$

式中，$W_{生活毛}$ 为区域生活毛用水量（万 m^3）；$W_{公共生活供水量}$ 为公共供水户供给生活用水户的水量（万 m^3）；$W_{自备水生活取水量}$ 为居民及建筑业和第三产业自备水源取水量（万 m^3）。

5.3.2.4 河道外生态环境用水

1. 技术路线

生态环境补水包括人工措施供给的城镇环境用水和部分河湖、湿地补水，不包括降水、径流自然满足的水量。按照城镇环境用水和河湖补水两大类进行统计。

1）城镇环境用水

首先，确定用水指标（如单位绿地面积年灌溉用水量、单位环卫面积年用水量）。其次，从统计部门相关成果中获取区域城镇绿地面积、环卫清洁面积等指标。根据用水指标和区域经济社会指标，按照行政区套水资源分区，分析推算区域城镇环境用水量。最后，进行合理性分析和数据复核。

2）河湖补水

对主要河湖补水逐一统计，汇总相加获得河湖补水量。

2. 推算方法

通过抽样调查、水利普查成果和用水定额标准获取用水指标推算城镇环境用水量。推算方法如下：

$$W_{城镇环境用水量} = W_{城镇绿地灌溉用水量} + W_{城镇环卫清洁用水量} \tag{5-22}$$

$$W_{城镇绿地灌溉用水量} = A_{城镇绿地面积} q_{城镇绿地灌溉用水指标} \tag{5-23}$$

$$W_{城镇环卫清洁用水量} = A_{城镇环卫清洁面积} q_{城镇环卫清洁用水指标} \tag{5-24}$$

式中，$W_{城镇环境用水量}$ 为地级行政区城镇环境年用水量（万 m^3）；$W_{城镇绿地灌溉用水量}$ 为地级行政区城镇绿地灌溉年用水量（万 m^3）；$W_{城镇环卫清洁用水量}$ 为地级行政区城镇环卫清洁年用水量（万 m^3）；$A_{城镇绿地面积}$ 为地级行政区城镇绿地面积（万 m^2）；$q_{城镇绿地灌溉用水指标}$ 为单位绿地面积年灌溉用水量（m^3/m^2）；$A_{城镇环卫清洁面积}$ 为地级行政区城镇环卫清洁面积（万 m^2）；$q_{城镇环卫清洁用水指标}$ 为单位环卫清洁面积年用水量（m^3/m^2）。

5.3.2.5 总用水量

在上述农业、工业、生活和生态环境用水量统计基础上，汇总形成行政分区和水资源分区用水总量两套成果。分析计算式及各项分类如下：

$$W_{用水总量} = W_{农业用水量} + W_{工业用水量} + W_{生活用水量} + W_{生态环境补水量} \tag{5-25}$$

式中，$W_{用水总量}$为用水总量（万 m^3）；$W_{农业用水量}$为农业用水量，包括农业灌溉用水、鱼塘补水和畜禽用水量（万 m^3）；$W_{工业用水量}$为工业用水量，包括火（核）电工业和非火（核）电工业用水量（万 m^3）；$W_{生活用水量}$为生活用水量，包括居民生活用水量、建筑业用水量和第三产业用水量（万 m^3）；$W_{生态环境补水量}$为生态环境补水量，包括城镇环境和河湖补水量（万 m^3）。

在区域用水总量及分行业用水量统计的基础上，结合收集整理的经济社会资料，分析计算用水指标，反映同一区域年度间用水水平的变化和不同区域的差异。收集主要经济社会指标，包括常住人口、地区生产总值、工业增加值、工业总产值、建筑业竣工面积、第三产业从业人口、畜禽数量、实际灌溉面积等。开展用水指标计算，具体如下：①综合用水指标。包括人均综合用水量和万元 GDP 用水量。其中，万元 GDP 用水量应同时按当年价和 2000 年不变价计算。②单项用水指标。包括农业用水指标、工业用水指标、生活用水指标。

5.3.3 制度设计

1. 建立以部门协作为基础的用水量统计制度

鉴于我国水资源问题日益突出，不仅威胁我国可持续发展，国际社会也十分关注。为此，我国政府已采取有力措施，着力提高水资源科学化、精细化管理水平，从而对用水量统计制度提出了先行先试的迫切需求。对此，可基于国家统计调查制度中与水相关的制度，根据用水量统计内容进行部门分工，建立用水量统计的部门合作制度。

目前，改进现行的国家统计制度中许多模块可以支撑用水量统计。例如，水利综合统计报表制度、环境综合统计报表制度、工业统计报表制度、建筑业统计报表制度、第三产业统计报表制度、住户调查方案等都与水资源核算有紧密联系，但目前还远远不能满足用水量统计的要求。可考虑完善现有与用水量统计有关的制度模块，形成用水统计制度体系。例如，将居民生活用水量指标增加到住户调查方案中，可直接获取人均日用水量的定额，工业、建筑业的制度设计也可如此；由于农业用水主要统计对象是灌区，由水利部门直接管理，因此，还应由水利部门进行统计。这样可以较快实施，具有较强的时效性，也可以对水资源问题最突出、最紧迫的要素先行开展统计工作，并根据轻重缓急相继开展工作，最后通过系统整合形成统一的资源环境核算体系，见图 5-11。

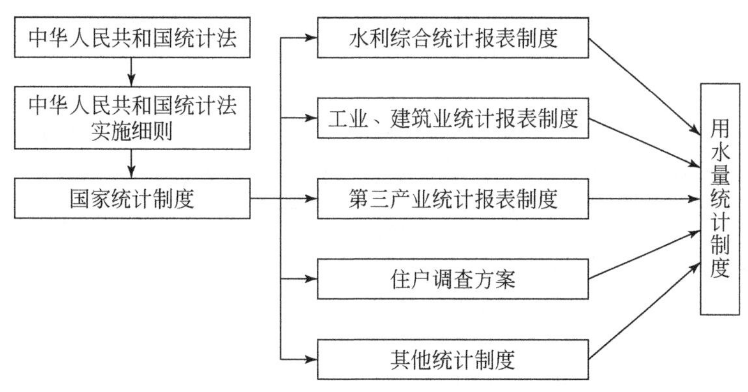

图 5-11 部门合作的用水量统计制度图

许多学者研究了环境经济综合核算（SEEA）在我国施行的可行性，从理论研究看，中国对 SEEA 理论框架的研究已初具规模，但实践来看，多局限于特定的资源或狭义环境领域，缺少有机地整合。因此，要形成环境经济综合核算还需要一个过程，近期还不能实现。

相比而言，部门协作为基础的用水量统计制度应是在 SNA 过渡到 SEEA 之前的重要统计制度。虽然多部门协作制度带来许多协调性工作，但是在一定程度上减小了统计成本，现阶段具有一定的可行性。

2. 国家体制

水利部门是《水法》规定的水行政主管部门，应承担起用水量统计制度建设的主要职责，相关机构拟以水利部门为主体分别成立相应的协调机构和专业机构。

1）协调机构

由于用水量统计工作是一项跨部门、系统性、复杂性的工作，因此，协调机构的层次应相对高一些，以便推动以后的工作。国家层面用水量统计工作的协调小组组成的建议方案如下。

组长单位：国务院办公厅

副组长单位：水利部、国家统计局

成员单位：环境保护部、住房和城乡建设部、国土资源部、相关行业协会（包括电力、钢铁、纺织、造纸、石油、化工、食品等高用水行业）。

协调小组办公室建议设在水利部。

主任：水利部领导

成员：统计局相关业务部门领导、水利部相关业务部门领导、环境保护部相关业务部门领导、住房和城乡建设部相关业务部门领导，各行业协会相关业务部门领导。省级及省级以下可参照以上方式设计协调机构。

2）专业机构组织形式

由于用水量数据量庞大、涉及部门较多，根据以上分析必须成立专业机构来开展工作。根据目前水资源公报的编制体系，本着机构精简，有利于提高工作效率、降低运行成本的原则，考虑分为国家级、流域、省级、地级4个层次，初步组织形式可考虑在国家级核算机构下设信息、核算、综合、协调等业务部门，可参照国家级成立相关机构。

3. 工作机制

用水统计的工作难点主要体现在部门协调与数据收集。首先，地级机构的数据科主要进行数据收集工作，协调科主要进行各部门的协调与沟通，核算科主要完成地（市）级统计成果，然后上报省级统计机构。其次，省级统计机构对各地（市）级成果进行汇总，并在省级层次进行各部门协调，然后上报国家级统计机构。最后，国家级和流域级核算机构汇总核算出全国和流域成果，与相关部门进行协调，保证成果的合理性，并发布成果。见图5-12。

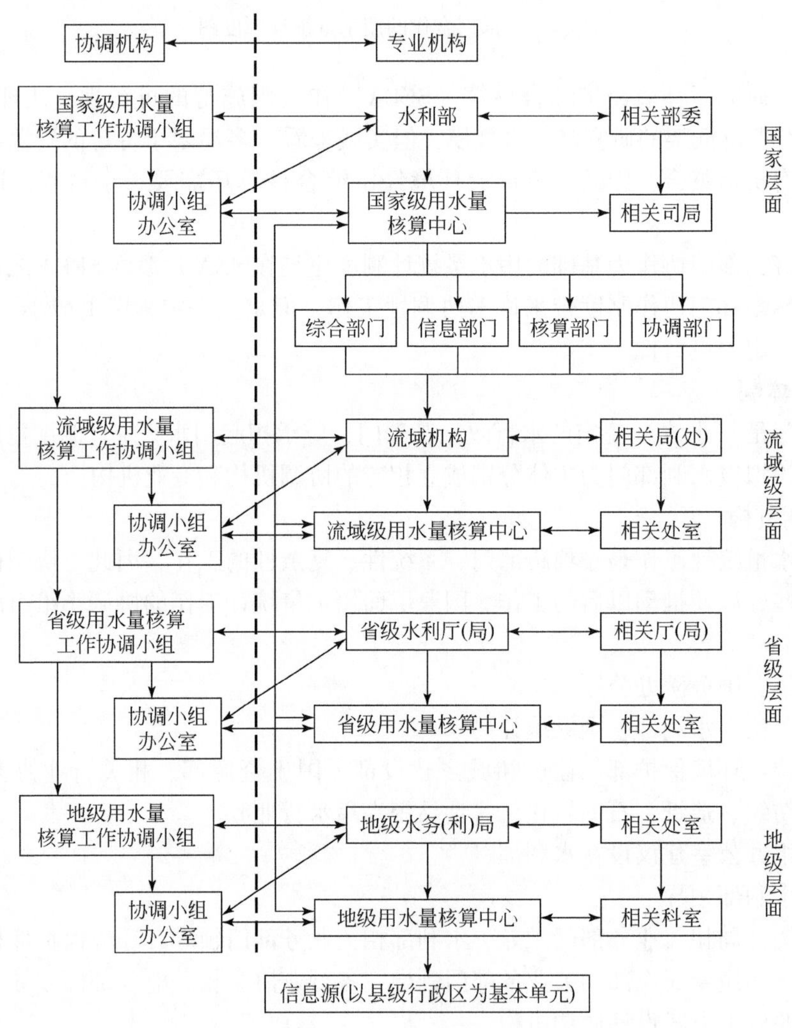

图5-12　用水量统计工作协调机制与专业机构框架示意图

5.4 不同行业用水总量数据复核方法

5.4.1 农业用水量复核

复核方法包括样点校核法、定额复核法、趋势分析法、纵向对比法、地区对比法和经验判断法，主要应采取样点校核的方法。

(1) 样点校核。根据不同复核期所掌握的区域实灌面积资料情况，区域指省级行政区或省内水资源分区，采用以下不同的样点校核法：①依据区域内样点灌区，计算该区域亩均综合灌溉用水量，利用该值乘以区域实际灌溉面积，推算区域灌溉用水量；②依据区域内样点灌区，按规模分成大型、中型和小型灌区，分别按规模计算亩均综合灌溉用水量，乘以相应规模实际灌溉面积推算其灌溉用水量，并汇总区域内各规模灌溉用水量。

(2) 定额复核。根据各地区当年的水文年型、现行的灌溉用水定额、作物种植比例及灌溉水有效利用系数确定该地区综合毛灌溉定额，再乘以实际灌溉面积推算区域灌溉用水量。

(3) 趋势分析。依据历年灌溉用水量进行曲线拟合，预测复核年份的灌溉用水量，给出在一定置信度下的预测区间，分析上报值的合理性。

(4) 纵向对比法。亩均毛灌溉用水量的变化同当年降水量变化关系密切。判断合理性的逻辑关系如下：①当降水量增加，亩均灌溉水量一般会减少；②当降水量减少，亩均灌溉水量一般会增加。

(5) 地区对比法。对地理、气候、种植结构、当年降水等自然条件相似地区的各类上报数据或间接计算数据（亩均灌溉用水量、实际灌溉面积占有效灌溉面积的比重等）进行比对分析。

(6) 经验判断法。主要指专家根据多年实践经验结合当年水文气象特征，对上报数据的合理性进行概况性的评价。

5.4.2 工业用水量复核

工业用水量复核从单个用户层面、区域层面、年际变化层面进行分析复核。复核方法包括单点数据复核、区域性经济指标分析、区域工业用水量复核、年际间数据规律性复核。

(1) 单点数据复核包括：①火（核）电工业企业主要指标；②一般工业企业主要指标；③公共供水户主要指标；④重点取用水户单位产品用水量；⑤重点取用水户用水存量与增量；⑥综合分析。

(2) 区域性经济指标分析包括：①通过与当年国民经济与统计发展公报及上一年统计年鉴数据的比较，复核工业总产值、工业增加值（包括火核电和非火核电）及其增长率的合理性；②增加值率为工业增加值与工业总产值的比值（一般为0.25～0.40），分析工业经济指标的合理性。

（3）区域工业用水量复核包括：①区域工业用水量增长率复核；②根据重点用水户推算复核区域工业用水量；③区域万元工业增加值用水量复核。

（4）年际间数据规律性复核包括：①工业用水量增长率；②单位工业产出用水量变化；③单位工业增加值用水量下降率。

5.4.3 生活用水量复核

主要复核区域经济社会指标、生活用水指标、生活用水量等相关指标。

（1）经济社会指标复核。主要复核城镇和农村常住人口、建筑业竣工面积、第三产业从业人员数等与生活用水量相关的经济社会指标。

（2）生活用水指标复核。主要包括：①居民生活用水指标；②城镇公共用水指标。

（3）生活用水量合理性分析。具体方法如下：①年际间变化分析；②供水数据比较分析。

5.4.4 生态环境用水量复核

通过对用水指标合理性分析、与水利普查相关成果对比、与历史资料对比等途径，审核区域城镇环境用水量的合理性。

1. 城镇环境用水量复核方法

将典型县级行政区绿地灌溉、环境卫生清洁用水指标数据与水利部普查成果进行对比，分析绿地灌溉方式变化、节水灌溉措施及实施情况、绿地类型及养护级别变化对绿地灌溉用水指标的影响；分析环卫清洁洒水方式、洒水频率变化等对城镇环卫清洁用水指标的影响。在此基础上，判断绿地灌溉用水指标和环卫清洁用水指标的合理性。将统计年份内的区域城镇绿地灌溉用水量、环境卫生清洁用水量与历史统计资料进行对比分析，并结合降水量等影响生态环境补水量的关键因子，分析区域城镇环境用水量的合理性。

2. 河湖补水量复核方法

将统计年份内的区域河湖补水量与历史资料系列进行对比分析，复核补水工程名录，对比检查河湖补水工程的变化情况，要结合工程运行情况和实际调度水量，分析河湖补水量的合理性。

5.4.5 总用水量复核

用水总量复核是保障用水总量统计工作质量的重要措施，应采用多种方法进行复核，即：从统计的工作过程复核数据来源和推算结果的可靠性，从供用水量平衡复核用水总量的完整性，从区域水量平衡复核用水总量的合理性，从历史信息对比分析复核用水总量变化趋势的合理性等。具体复核工作包括：①基于检查数据来源与统计工作过程的复核。包括调查对象用水量复核、区域用水量复核两方面。②基于历史资料对比的复核。包括历年用水总量变化、历年用水指标变化、区域用水存量与增量分析三个方面。③基于供用水平衡的复核。④基于区域水量平衡的复核。

5.5 本章小结

1. 明确了用水量统计的口径与分类，提出了用水量统计的基本范式

明确用水量统计的口径与分类是完善统计方法的前提，也是有效利用统计部门经济社会统计信息的必要条件。本书考虑到水利部门、环境部门和城建部门的统计特点，综合分析了水资源公报、全国第一次水利普查经济社会用水调查、城市建设统计年报等相关用水统计的口径，同时考虑了不同地区的取用水特点和统计习惯，明确了不同用水户用水量的统计口径和分类。

2. 提出了用水量统计的技术路线及分行业用水量统计方法

基于取水许可制度、计划用水管理等日常水资源管理工作和水资源监控能力建设所掌握的信息，逐步推行重点取用水户逐一统计、非重点取用水户抽样或典型调查、综合推算用水总量的技术方法，并通过单点抽查、重要控制断面水量监测、区域供用水量平衡和流域水量平衡分析等手段，提高用水总量统计精度。

3. 提出了分行业用水量及用水总量数据复核方法

农业用水量复核方法包括样点校核法、定额复核法、趋势分析法、纵向对比法、地区对比法和经验判断法。工业用水量主要从单点数据校核、区域水量复核、年际变化规律等方面进行复核；生活用水量主要从经济社会指标、用水指标、水量变化等方面进行复核；总用水量主要从工作过程、历史资料对比、供用水量平衡、区域水量平衡等方面进行复核。

4. 定量评价了取用水户数量与统计误差的关系

针对方案制定等抽样误差分析，本书建立了抽样误差的定量分析方法，给出了函数表达式，定量分析了样本量与抽样误差之间的关系。一般情况下，样本量与抽样误差的关系为递减函数，即样本量越大，抽样误差越小。本书也给出了简单随机、比率估计、分层抽样、多阶段抽样等基本的用水量抽样方法和全口径用水量抽样误差的评价方法，为定量评价用水量的抽样误差提供了科学基础。

5. 提出用水特性曲线，明确了用水总量统计与红线管理的关系。

反映用水量与降水量关系的 S-P 曲线在海河流域的特征为反正切函数，作为用水总量考核的特性曲线，具有较强的稳定性，为其他流域或区域建立考核曲线奠定了基础。

第6章　不同条件下用水总量控制指标确定技术方法

6.1　区域用水总量的关键因子及其关联关系

6.1.1　农业用水影响因素分析

6.1.1.1　需求侧

1. 灌溉面积

农业灌溉面积的增加是推动我国农业社会水循环通量增加的最主要因素。农业生产具有地域性和季节性，而典型的季风气候又使中国降水时空分布很不均衡，很难满足农作物生长的降水需求，灌溉在农业生产中处于极为重要的地位。1949～1997年我国农业有效灌溉面积增加了3.4倍，而同期灌溉用水量增加了3.9倍，粮食产量增加了4.1倍。1997年以来，我国有效灌溉面积增加缓慢，随着农业用水效率的提高，灌溉用水量呈现减少的趋势，同时粮食产量也产生显著的同步下降和波动，如图6-1所示。

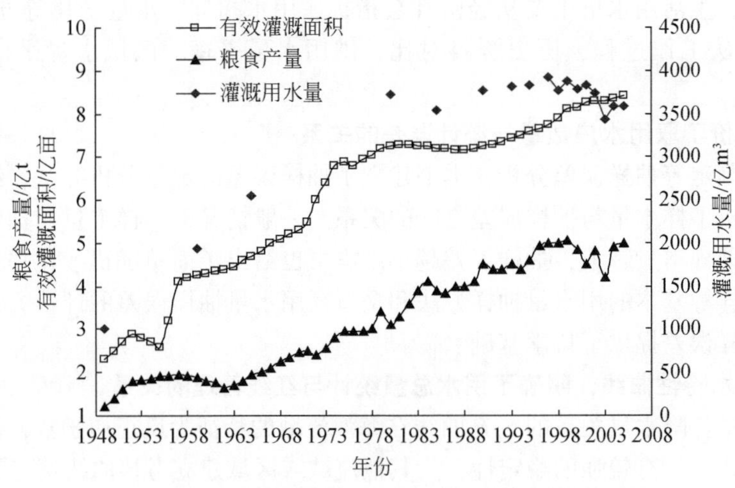

图6-1　我国农业灌溉面积、灌溉用水量与粮食产量关系

从全球和我国粮食安全来看，20世纪50年代以来，世界灌溉农业的迅速发展，为各

国粮食增长，维持整个世界的稳定做出了巨大贡献，农业用水随着灌溉面积的增加呈同步增长态势，增加了近 4 倍。目前全球约有 24 亿人的工作、食物和经济收入要依赖灌溉农业，世界粮食的 30% ~40% 来自占耕地面积 18% 的灌溉农业，据联合国粮食及农业组织预测，今后 30 年要供养世界人口所需的粮食，其增加部分的 80% 要靠灌溉农业生产。

中国人口快速增长和经济的高速发展引发我国粮食需求的增长，与此同时，随着生活水平的日益提高，人们膳食结构的日益改善，居民动物性食物消费的增加，还会加大粮食的需求量。而粮食需求的增加将对粮食生产带来新要求，从我国粮食生产对灌溉的依赖性，可见农业土地利用对水资源需求的驱动作用。由此可以看出，未来灌溉农业发展仍将是农业需水增长的重要驱动因素之一。

2. 灌溉结构

农业结构包括农、林、牧、渔业经济结构和粮食作物、经济作物、饲料作物种植结构两个层次，农业经济结构和种植结构的变化能够显著影响区域社会水循环通量。进行农业经济结构优化、调整种植结构，是保证我国农业社会水循环通量零增长并实现粮食安全的重要措施。1980 ~2007 年，我国高耗水的水稻和小麦种植面积分别减少了 15% 和 17%，而灌溉水量较少的玉米播种面积增加了 44%。

农业结构的调整是影响农业水循环通量的重要因素，随着我国节水型社会的建设，面向市场和资源双重约束的节水型农业结构是未来发展的方向，农业经济结构在保障粮食安全的前提下将逐步减少农业灌溉水量，林牧渔用水量将有所增加，以粮食为主兼顾经济的二元结构逐步调整为“粮、经、饲”的三元结构。图 6-2 反映的是 1978 年以来我国小麦、水稻和玉米变化过程，可以看出，高耗水的水稻种植面积比例和小麦种植比例明显减少，而消耗灌溉水量较少的玉米面积明显增加。

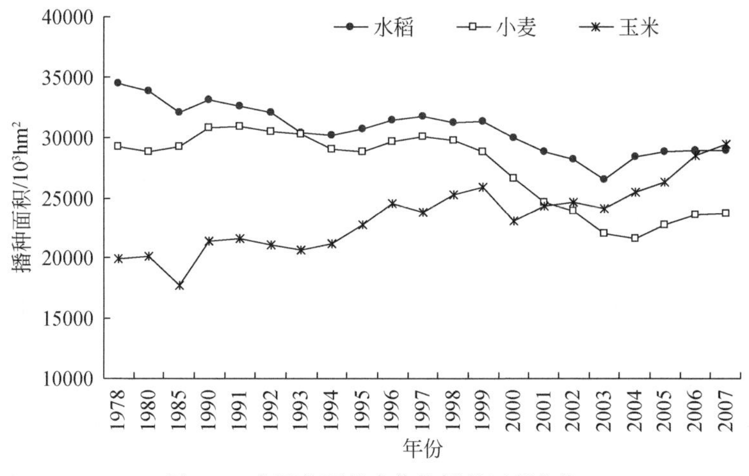

图 6-2　全国主要粮食作物播种面积变化

3. 当年降水量

农业灌溉用水量与降水量关系密切，一般来讲，丰水年降水偏多，农田直接利用的有效降水量大，灌溉用水需求量就小，从而导致实际灌溉供用水减少，枯水年份则相反；但对水资源紧缺地区或在特枯年份，也可能会由于可供水量不足导致灌溉用水量减少。

我国不同来水频率降水量差别较大，75% 年份较 50% 年份降水各省份相差 10% ~ 20%，北方地区差别较南方地区要大，其中北京、天津 75% 年份降水量分别为 50% 年份降水量的 21% 和 23%，相差最为悬殊（图 6-3）。

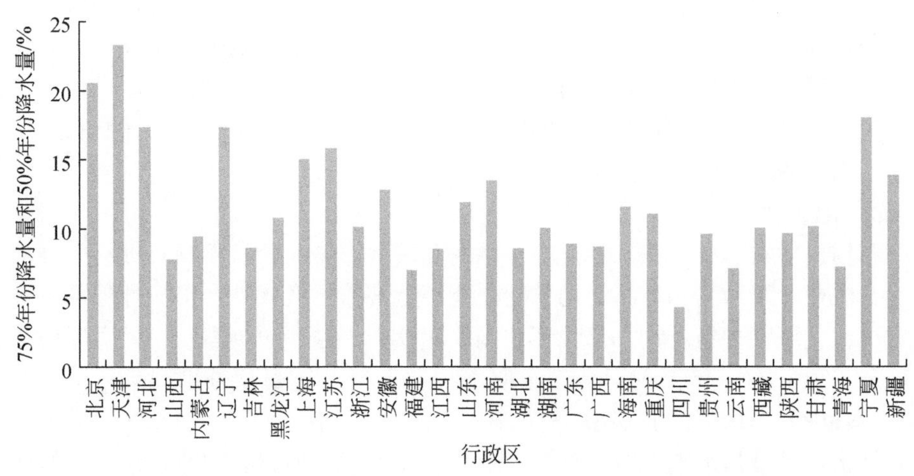

图 6-3　全国各省级行政区 75% 年份和 50% 年份降水量差距百分比

4. 年内降水过程

农业用水有明显的季节性，随降水量年内年际变化，各年灌溉用水量的差异很大；而作物生长期内降水量的多少直接影响农业灌溉用水。

在作物生长期内有效降水量较多，灌溉需水量则较少；若生长期内降水较少，将导致灌溉用水量很大。年内降水过程这一因素对农业灌溉用水需求影响很大。

6.1.1.2　供给侧

1. 工程供水能力

供水能力是针对特定工程、供水系统和区域，在给定来水条件、用水需求和系统运行调度要求下可以提供的供水总量。实际灌溉用水量是工程供水能力与灌溉可调配水量的函数，而工程供水能力主要受供水工程能力和调度管理水平的影响。供水工程系统的工程布置、工程质量、水量调配能力、水质净化能力、配水工程能力及其运行管理水平，都影响着实际灌溉用水量。

2. 上年末工程蓄水量

对以地表水为主要灌溉水源的地区，多年调节农业供水水库，当年入库径流较枯时，上一年度工程蓄水量对农业灌溉水量影响较大；以地下水为主要水源的灌溉地区受上年末工程蓄水量的影响较小。

3. 年度可调配水量

对于以当地水为主要灌溉水源的地区，可调配水量与降水量、上年末工程蓄水量之间存在一定的重复和相关关系；对于以过境水或外流域引水为主要灌溉水源的地区，可调配水量则与上游地区（或引出区）的降水量、上年末工程蓄水量关系密切。

6.1.2 工业用水影响因素分析

6.1.2.1 人均水资源量

图 6-4 和图 6-5 反映的为 2000 年部分国家的单方工业用水所产生的工业增加值以及人均水资源量。通过比较可看出，发达国家与发展中国家在这一指标上的差异并不存在明显的边界。其中埃及、印度、中国既是水资源相对短缺的国家，也是单方工业用水产出最低国家，可见，2000 年这三个国家的工业和工业用水都处于较低水平。

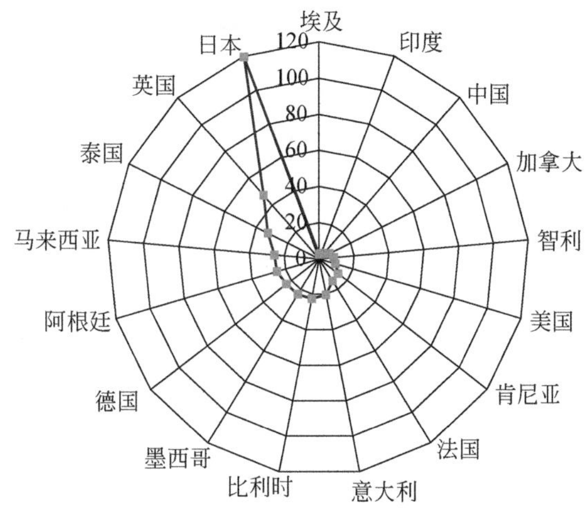

图 6-4　2000 年部分国家单方工业用水产出（美元/m^3）

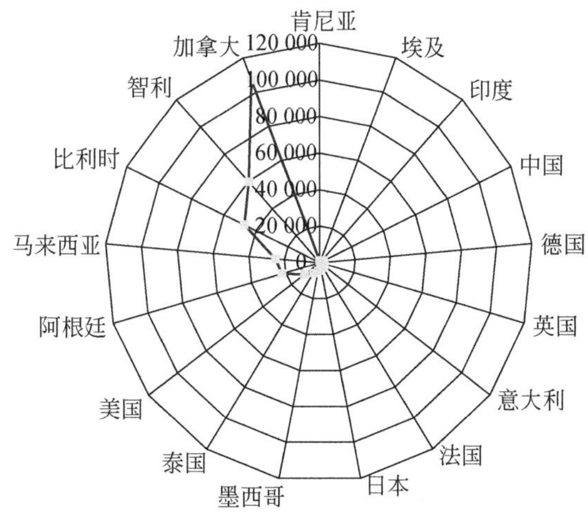

图 6-5　2000 年部分国家人均水资源量（m^3）

工业生产先进的发达国家，如加拿大、美国由于水资源丰沛，工业发展并未受到用水限制，因而其单方水的工业增加值较低，而日本工业生产受到水资源制约，通过提高工业水循环利用率从而减少新水取用量，大大增加了单方水的产出。可以看出，区域的水资源禀赋条件及其相应水体环境的纳污能力是工业用水单方水产出的最大约束，也是工业节水减污的最大动力。

对可获取的世界146个国家（地区），按照人均水资源量（采用Falkenmark的水资源紧缺指标划分）进行分类，选取人均水资源量为1000～1670m³属于中度缺水的13个国家（地区），进行人均工业用水量和人均GDP的关系拟合，如图6-6所示，拟合结果并未呈现预先期待的良好相关关系。此外，本书还对2005年我国31个省级行政区的人均GDP和人均工业用水量进行了拟合，结果同样无规律可循，如图6-7所示。这进一步说明社会经济发展阶段对工业用水总量有着重要影响。

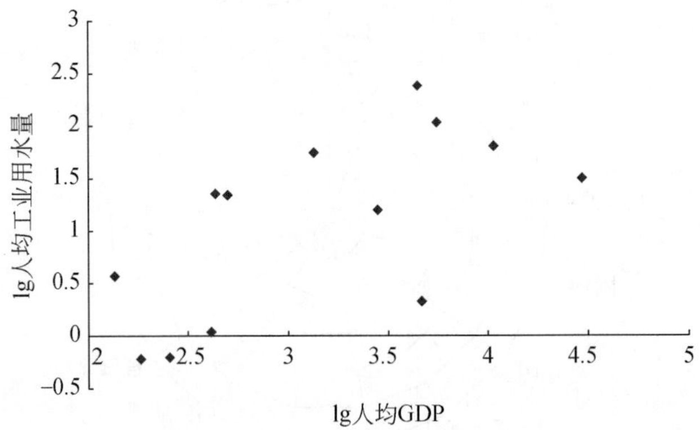

图6-6　人均水资源量为1000～1670m³属于中度缺水的13个国家（地区）的拟合结果

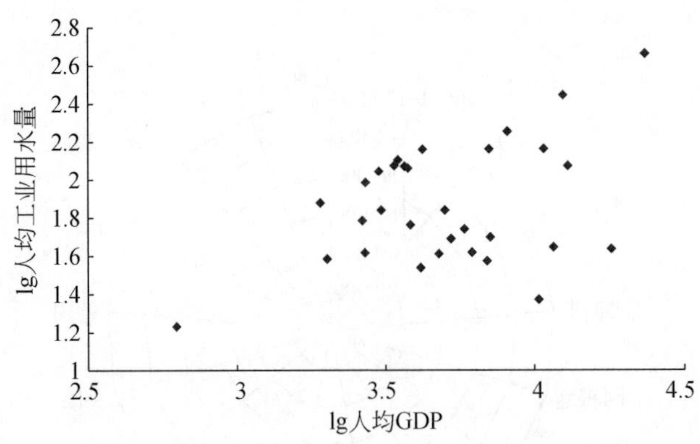

图6-7　我国31个省级行政区人均GDP与人均工业用水量的关系

数据来源：2005年水资源公报、中国统计年鉴2005

为了尽量减弱社会经济发展对工业用水总量的影响，本书选取中低收入国家，假定这些国家同处于相同的经济发展阶段。进行人均水资源量与工业用水量的关系拟合，如

图 6-8 所示，拟合结果无明显关系。因此，水资源丰沛程度是工业用水总量的影响因素之一，但不是控制性因素，这与工业在国民经济部门用水竞争处于优势地位有关。

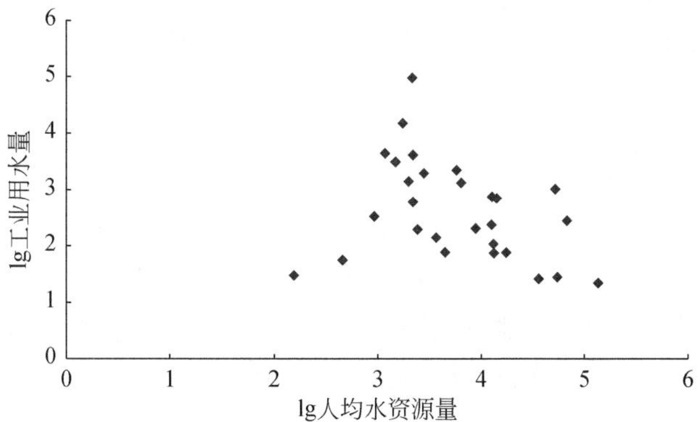

图 6-8　中低收入国家人均水资源量与工业用水量的关系

6.1.2.2　社会经济发展水平

只有针对某一特定区域，才能获取相对稳定的同一水资源条件。图 6-9 和图 6-10 分别

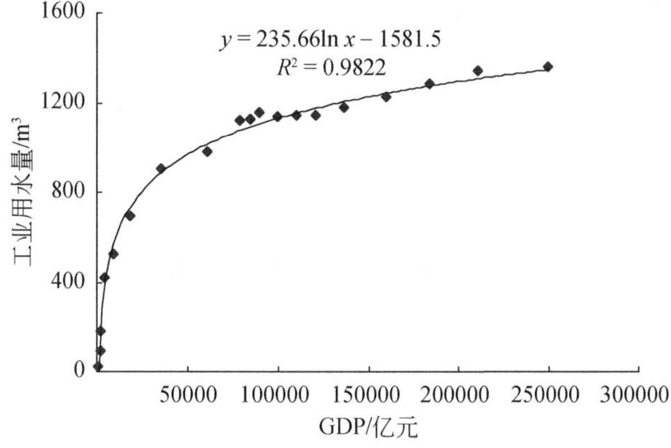

图 6-9　1949 ~ 2007 年中国 GDP 与工业用水总量拟合关系

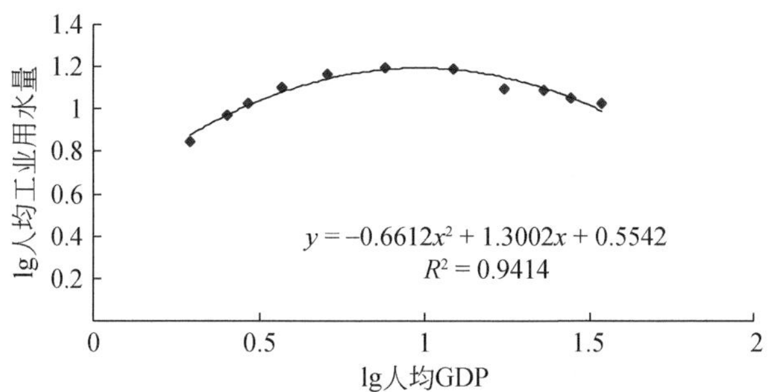

图 6-10　1950 ~ 2000 年美国人均 GDP 与人均工业用水量的拟合关系

为针对中国和美国进行的工业用水量与 GDP 的关系拟合，结果显示，同一区域内，人均工业用水量与人均 GDP 具有很好的相关性。这说明，就某一区域而言，由于社会经济发展和水资源短缺约束都具有连续性，工业用水总量体现着产业结构的缓慢升级和技术的逐步进步，工业用水增长具有延续性并体现经济的逐步发展，因此，工业用水量与 GDP 呈现良好的相关性。

6.1.2.3 水价因素

根据供求关系理论，通常情况下，当价格上升时，人们对商品的需求就会下降；反之亦然。水资源作为一种特殊的商品，具有公共属性，但世界各国对水资源的消费都采取收费制度，目的就是利用水价作为调节用水需求的杠杆。在水价对工业用水影响的分析方面，基本上所有的研究都支持水价上涨具有抑制工业用水增长的作用。

6.1.2.4 气象条件

气候变化对于工业用水的影响可以分为直接影响和间接影响两类。直接影响中以气温占工业用水 40% 的冷却水的影响最为显著。气温升高会使进入冷却系统的原水水温升高（以地表水为水源的更为明显），另外冷却塔等周边的气温升高将使温差减小，这两者都将降低冷却效率，增大工业冷却需水量。例如，对火电行业的初步研究表明，气温每升高 1℃将导致冷却水需水量增加 1% ~2%，并且这种影响在缺水的北方地区更为显著。火电厂冷却水温与用水量关系见表 6-1。间接影响中气候变化会通过影响工业产品需求量，间接影响工业用水总量。例如，夏季气温的升高会导致空调、冰箱等用电量的增加，而冬季气温升高会减少供暖所需的煤、天然气等工业产品的需求量，这些都会影响工业的总需水量。

表 6-1 火电厂冷却水温与用水量关系

汽机分类	机组容量/kW	贯流水最大用水量/(t/h)			贯流水单位用水量/(m³/℃)	循环水最大耗水量/(t/h)			循环水单位耗水量/(m³/℃)
		夏季	冬季	平均		夏季	冬季	平均	
中压凝汽式	6 000	1 574	1 086	1 330	0.22	93	76	85	0.014
中压凝汽式	12 000	2 800	1 920	2 360	0.20	93	130	150	0.013
中压凝汽式	25 000	5 800	4 000	4 900	0.20	160	240	270	0.011
中压凝汽式	50 000	11 200	7 600	9 400	0.19	300	470	530	0.011
高压凝汽式	25 000	4 900	3 400	4 150	0.17	590	270	250	0.010
高压凝汽式	50 000	8 520	5 820	7 170	0.14	460	370	420	0.008 4
高压凝汽式	100 000	16 400	11 200	13 800	0.14	860	680	770	0.0077
起高压凝汽式	100 000	14 000	9 500	11 800	0.12	730	570	650	0.006 5
起高压凝汽式	200 000	27 900	18 800	23 400	0.12	1 450	1 140	1 300	0.006 5
起高压凝汽式	300 000	40 000	26 800	33 400	0.11	2 100	1 420	1 760	0.006 0

6.1.3 生活用水影响因素分析

通常，人类的饮用水仅占生活用水的一小部分（约 2LCD），非饮用水是生活用水的绝大部分，并与自然、社会经济条件和生活方式紧密联系在一起。对影响人均生活用水的一些主要影响因素进行如下具体分析。

6.1.3.1 人口增长与经济结构转型

城市化的快速增长、人口的增加、生活水平的提高以及经济结构的转型是 20 世纪生活用水量快速增长的主要驱动因素。人口的增长与生活用水量的增加通常为正比例关系。此外，流动人口（如游客的增加）、一些季节性的变化也可能会对特定时期的生活用水产生明显影响。

6.1.3.2 收入状况

住户的月收入水平与人均用水量呈正相关关系。20 世纪 60 年代英国的用水调查显示，收入水平最高和最低的两大居民群体的人均日用水量之比为 1.47，前者用水量比后者高出约 50%。根据对以色列 133 个城镇的 5000 人调查结果，人均生活用水量与住户的平均月收入水平呈正相关。

6.1.3.3 住户人数与居住率

研究表明，住户人数或居住率对生活用水量有着明显的影响。例如，欧洲的研究表明，人均生活用水量与住户人数呈反比例关系，即随着住户人数的增加，人均日生活用水量却呈明显减少的趋势（图 6-11）。

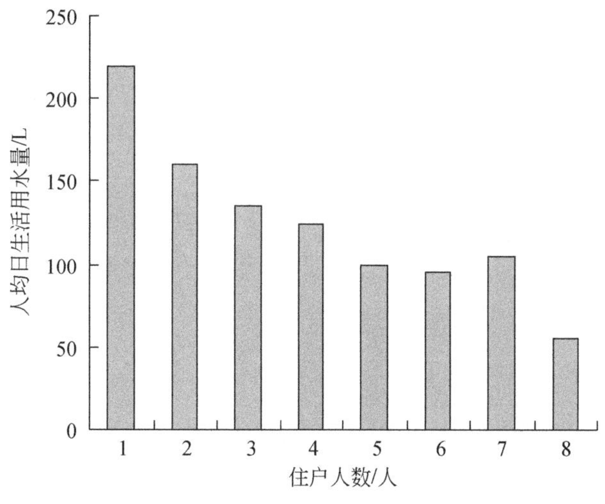

图 6-11　国外一些国家人均用水量与住户人数之间的关系

6.1.3.4 价格政策

水价对生活用水的影响在一定范围之内，通常采用价格弹性表示。例如，Beecher 等针对 100 多个需水价格弹性研究，发现城市居民需水弹性在-0.2 ~ -0.4；Dalhuisen 等比较了 70 项研究得出的价格弹性值，研究的弹性分布如图 6-12 所示。进一步的研究表明，高峰期的水价具有较强的经济信号，其价格弹性明显高于非高峰时期；夏季水价的敏感性比冬季水价敏感性高 30%；户外用水相对户内用水也具有较高的价格弹性；对于消费者类型的差异，研究发现中高收入阶层的用水行为受水价的影响很小。

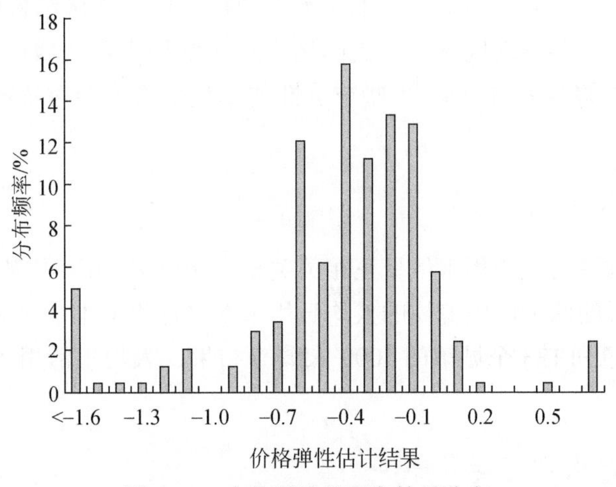

图 6-12 水价弹性的研究结果分布

6.1.3.5 节水器具技术水平

节水器具技术的发展与革新带来生活用水量的减少，图 6-13 显示了我国洗衣机和洗碗机单次用水量自 1970 ~ 1998 年呈明显下降趋势。图 6-14 反映了当前欧洲主要国家五种主要用水器具单次用水量的统计结果，可以看出，盆浴单次用水量较大，其次为洗衣机每次用水量，冲厕每次用水量相对较少。就不同的国家，便器、洗碗机单次用水量最少的是

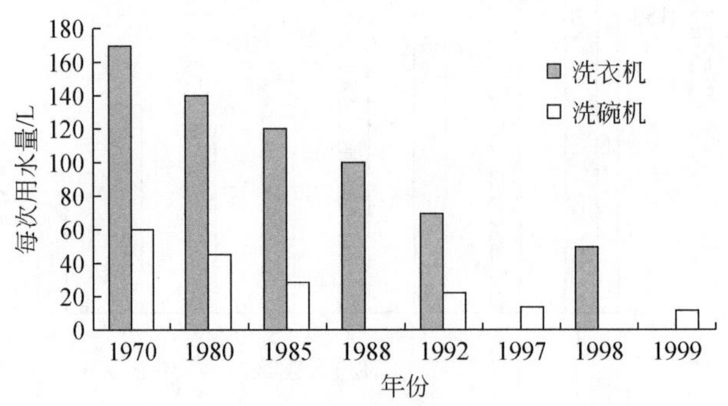

图 6-13 我国洗衣机和洗碗机每次用水量的变化（1970 ~ 1998 年）

芬兰，洗衣机、淋浴单次用水量最小的是法国，盆浴单次用水量最少的是英国，芬兰、德国单次用水量较大。

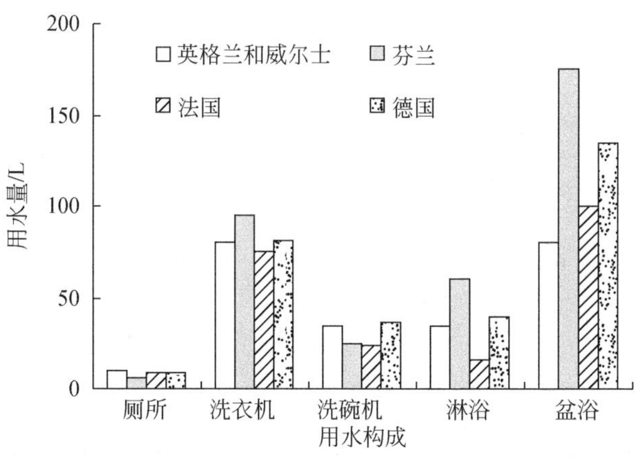

图 6-14　世界一些国家各种用水器具的每次使用水量

6.1.3.6　用水设施与居住条件

随着城市化的发展，城市化所带来的居民生活方式的变化日益明显，这使得生活用水量与给排水设施的完备程度有着密切关系。调查表明，当无法获得给排水设施时，人均生活用水量在 5L/d 以下；当给排水设施非常便利时，人均用水量在 100L/d 左右及以上。即使是在城市给排水设施充足的情况下，住宅卫生设施的完备程度对于生活用水量也有着重要的影响。通常，随着给排水设施完善程度的递增，人类生存的健康风险逐渐减少，获得水的距离和时间也明显减少。研究表明，世界上还有相当比重的人没有安全给排水系统。研究表明，2002 年世界上缺少给水设施的城乡人口为 10.6 亿（占世界人口的 17%），缺少排水设施的城乡人口为 26.1 亿（占世界人口的 42%）。2002 年世界上给水设施的覆盖率明显大于排水设施的覆盖率；城市给排水设施的覆盖率明显高于农村地区。2002 年相比 1990 年给排水设施的覆盖率明显增加，主要集中在乡村给排水方面，见图 6-15。

即使是在城市给排水设施充足的情况下，住宅卫生设施的拥有程度对于生活用水量也有着重要影响。例如，本书根据对我国北方 12 个城市居民住宅用水典型调查结果，将用水量按照住宅卫生设备的完善程度划分为五种类型，如表 6-2 所示，其中仅有给水龙头的情况下用水量最小，即为 44L；有便器、洗涤盆、淋浴设备以及热水供应设施的条件下用水量最大，即为 192L。例如，我国住房和城乡建设部城市建设司 1998 ~ 2000 年组织的城市居民用水社会调研结果，我国六大区域一些住宅小区和不同用水设施的居民用户 A、B、C 三类用水状况如表 6-3 所示。其中，A 类指室内有取水龙头，无卫生间等设施的居民用户，B 类指室内有上下水卫生设施的普通单元式住宅居民用户，C 类指室内有上下水洗浴等设施齐全的高档住宅用户。结果表明，随着用水设施的日益完善，人均生活用水量呈现明显增加趋势。

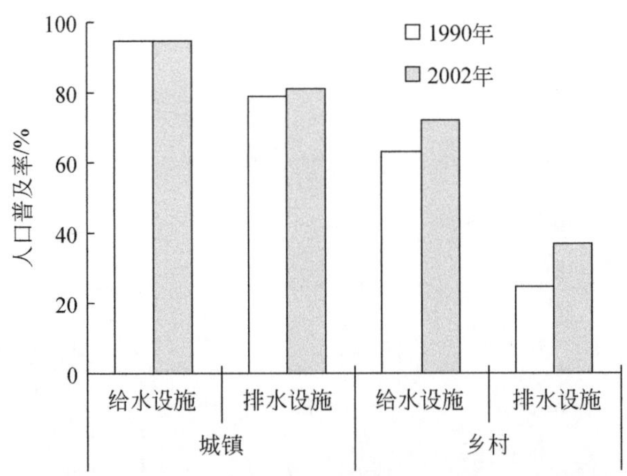

图6-15　1990年和2002年全球给排水设施覆盖范围

表6-2　1992年我国北方12个城市居民家庭用水调查结果　　单位：L

用水类别	仅有给水龙头	洗涤盆厕所共用	便器、洗涤盆	便器、洗涤盆及淋浴设备	便器、洗涤盆、淋浴设备及热水供应
饮用	3	3	3	3	3
烹调	12.5	25	25	25	25
洗漱	17.5	17.5	17.5	12.5	12.5
洗涤衣物	7	17.5	17.5	17.5	17.5
居室擦洗	—	6	6	6	6
冲洗厕所	—	—	45	45	45
洗澡	—	—	—	25	70
杂用	4	4	4	4	13
平均日用	44	73	118	138	192

注：数据来源于建设部城市节约用水办公室（1992）。

表6-3　1998～2000年我国不同区域不同用水设施的居民用户的典型调查结果　　单位：L

分区	3年均值	2000年均值	A类均值	B类均值	C类均值	总均值
一区	110	107	46	104	155	101
二区	113	114	66	98	187	117
三区	157	154	122	152	249	174
四区	259	260	151	227	240	206
五区	122	126	67	112	135	105
六区	96	106	101	158	212	146
平均值	143	145	92	142	196	142

注：一区：黑龙江、吉林、辽宁、内蒙古；二区：北京、天津、河北、山东、河南、山西、陕西、宁夏、甘肃；三区：湖北、湖南、江西、安徽、江苏、上海、浙江、福建；四区：广西、广东、海南；五区：重庆、四川、贵州、云南；六区：新疆、西藏、青海。

需要注意的是，收入水平与用水设施和居住条件有着密切关系。研究发现，高收入水平，往往对应着较高水平的住房和较为完善的卫生设施，人均日生活用水量也相对较大，如表 6-4 所示。

表 6-4　部分国家人均生活用水量与收入、住房类型之间关系

收入水平	住房类型	人均生活用水量/L
高收入	独立的房屋，奢侈的用水设施，有两个或以上便器，3 个或以上水龙头	150 ~ 260
中等收入	住房或公寓有至少 1 个便器和两个水龙头	110 ~ 160
低收入	租房户、政府安置房户、合租户，有至少 1 个水龙头，但共享便器	55 ~ 70

6.1.3.7　公众意识与用水习惯

表 6-5 反映了美国节水与非节水用水习惯下满足不同生活服务功能的用水量的差异。根据对我国城市居民一些用水器具与使用频率等方面的调查结果，可见看出，受到生活水平、用水习惯等因素的影响，拘谨型、节约型和一般型用水户的人均生活用水量有明显不同，差异最大的为淋浴，其次为冲厕和厨用，见表 6-6。此外，随着旅游度假村增加将使农村生活用水量出现明显增加。

表 6-5　美国传统条件与节水条件下用水结构的差异

用水分类	非节水用量	节水用量
冲厕	根据水箱大小为 18. 5 ~ 26. 5L	水箱放置瓶子为 15. 1L
淋浴	水长流为 94. 6L	涂抹肥皂关水为 15. 1L
盆浴	最高水位洗 151. 4L	最小水位洗 37. 9 ~ 45. 4L
刷牙	长流水 18. 9L	适时关水 1. 9L
洗脸洗手	长流水 7. 6L	接水盆洗 3. 8L
饮用	长流水冷却 3. 8L	冰箱冷却 0. 2L
洗菜	长流水 11. 4L	用锅接水洗 1. 9L
洗碗机用水	满负荷运行 60. 6L	快速洗涤 26. 5L
洗碗（手洗）	长流水 113. 6L	容器接水冲洗 18. 9L
洗衣	满负荷、高水位运行 227. 1L	快速、低水位运行 102. 2L

注：数据来源于美国农业部，其中原文 1 加仑 = 3. 785L，1 盎司 = 28. 41mL。

表 6-6　城市居民家庭生活人均日用水量调查统计表

分类	拘谨型		节约型		一般型	
	用水量/L	占比/%	用水量/L	占比/%	用水量/L	占比/%
冲厕	30	34. 8	35	32. 1	40	29. 1
淋浴	21. 8	25. 3	32. 4	29. 7	39. 6	28. 8

续表

分类	拘谨型		节约型		一般型	
	用水量/L	占比/%	用水量/L	占比/%	用水量/L	占比/%
洗衣	7.23	8.4	8.55	7.8	9.32	6.8
厨用	21.38	24.80	25	23	29.6	21.5
饮用	1.8	2.1	2	1.8	3	2.2
浇花	2	2.3	3	2.8	8	5.8
卫生	2	2.3	3	2.8	8	5.8
其他	49.8	60.1	67.4	61.8	79.6	57.9
合计/L	86.21	100	108.95	100	137.52	100
m^3/(户·月)	7.86		9.94		12.54	

注：1 平均月日数：30.4 天/月；2 家庭平均人口按 3 人/户计算。表中所反映的数据是按照居民用水设施必要的生活用水事项计算确定的，不包含实际使用过程当中的用水损耗、走亲访友在家庭内活动的用水增加等一些复杂情况的必要水量。

6.1.3.8 气候与水资源条件

气候变化对人均日生活用水量有着明显影响。在国外造成夏季用水量增加的主要原因是城市居民户外浇灌用水量的增加，其次是冲厕、洗衣、洗澡用水量的增大；在国内主要是由于洗澡和洗衣频率的增加。水资源条件对生活用水也具有明显的制约作用。

对典型城镇生活用水量调查表明，扣除人口流动较大的春节前后时段，生活用水呈现出冬季少、夏季多的现象，具有较强的季节性。生活用水的这种季节分布与气温的季节分布具有较好的一致性，反映了气温对生活需水的影响。随着气温升高，生活用水中洗涤、卫生、饮用等用水会随之增加。同时我国生活用水定额与气温分布也有较好的一致性，气温较高的南方地区生活用水定额明显高于北方地区，也反映了生活需水与气温间的正相关关系。这种关系表明气温升高将会导致生活用水量的增长。对国内外典型城市的初步研究成果表明，气温每升高 1℃，生活用水量增加 1.0% 左右（图 6-16）。

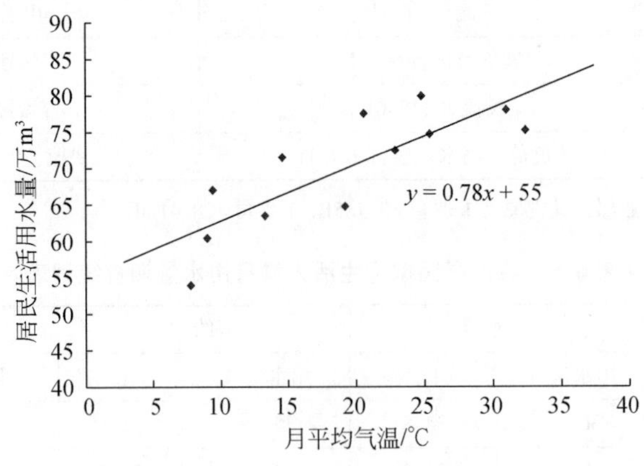

图 6-16　城市居民生活用水与气温关系图

6.1.4 生态用水影响因素分析

生态用水和农业灌溉用水相似，与当地的气候、土壤和景观植被（作物）类型密切相关。生态用水主要影响因子有经济发展水平和当地水资源条件。

6.1.4.1 经济发展水平

经济发展水平决定了人群的需求层次，从而对生态环境提出了具体的消费需求，当天然生态系统无法满足人群需求时，即产生了人工景观生态建设的内在需求，对景观生态用水有更多的需求，因此，经济发展水平是人工景观生态用水的需求动因。

6.1.4.2 气候变化

气温和降水量对生态需水具有直接影响。气温高将增加河湖水面蒸发，提高水生态系统的活性，气温升高会造成生态用水需求的增加。为维持一定的水面面积，一般来说，气温降低，降水量增多，生态需水量越少，反之，生态需水量则较多。以滦河山区为例对气候变化对生态需水的影响进行典型情景分析，主要考虑植被生态需水和湿地湖泊生态需水，结果表明：相对于历史状况，气温升高 1℃，降水增加 3% 的情况下，生态需水量仍将增加 3.0%。

6.1.5 小结

国务院印发的用水总量考核方案，明确指出用水总量控制指标为多年平均条件下的指标。从全国情况来看，不同年型用水总量变化较大，因此，有必要对不同年型用水总量进行折算。

从某种意义上来说，三次产业用水和人工生态用水均与年型有一定关系，但关系最直接、影响最大的是农业用水和人工生态补水。自 1949 年以来，我国农业用水量一直占到全部总用水量的 60% 以上，其中 90% 用于农田灌溉。工业用水和生活用水受自然降水量的影响较小，近年来随着经济的发展和人们生活水平的提高呈现缓慢增加的趋势，年际波动较小，农业灌溉用水量和人工生态补水与降水年型存在较为密切的关系，但人工生态补水涉及因素较多，且数量相对较小。因此，本书重点将重点研究不同来水条件下农业用水总量的复核评估方法。针对不同地区，丰减枯增、丰增枯减、丰不减枯不增的观点均有存在，但在具体折算方法、分省区具体情况还缺乏深入研究。

6.2 核算的基本原则

6.2.1 科学性

1. 方法要有物理机制

基于物理机制的折算方法能够直接反映用水量与主要折算因子之间的关系，物理意义明确。尊重水资源自然规律，考虑年型影响因素对用水的客观影响。

2. 符合不同省份实际

我国水资源条件时空差异比较显著，各省区降水量、供水量和用水量具有不同的特征，因此，不同来水条件下用水总量拍片方法要符合不同省份实际。

6.2.2 可操作性

1. 方法较简便

过程简单，能够进行简便运算，易于理解。

2. 参数可获取

参数能够通过监测或者计算直接获得，目前无法获得的参数不再放入折算方法中。

6.2.3 易接受性

1. 有依据

折算的方法和数据来源要有批复的依据，令人信服。

2. 过程透明

能够将折算方法和折算过程详细地介绍给各省区和公众，便于使用者充分了解折算方法及其结果。

3. 循序渐进

折算方法必须以循序渐进的方式稳步推进，使得用水总量评估方法符合现今公众能承受的程度。

6.3 核算的总体思路

国务院办公厅出台了国办发〔2013〕2 号文，正式印发《实行最严格水资源管理制度考核办法》，明确了各省、自治区、直辖市实行最严格水资源管理制度主要目标，包括各省、自治区、直辖市用水总量控制目标、用水效率控制目标、重要江河湖泊水功能区水质达标率控制目标共三大类。

1. 折什么

折算方法仅对当年实际用水量进行折算，即将当年用水总量折算成“相当于多年平均年型下的水量”，不再折总量控制指标。

2. 什么时候折

在理论上，应当对各个年型都要折算，由于大部分地区的用水总量表现为丰减枯增，即不仅要将枯水年用水总量向下折，也要将丰水年指标向上折。

但是在操作上，考虑管理实际，建议按照循序渐进原则，在考核初期，仅对年用水总量绝对值超指标的情况进行折（绝对值未超时进行折算会出现两种情况：一是折后仍未超，折算没有意义；二是折后超指标，条件不成熟时协调难度很大）。在年型上考虑管理的刚性需求，建议仅对超枯水年的年份进行折算（P>75%），对于丰水年、平水年和偏枯水年（即 62.5%<P<75%）不进行折算。

3. 怎么折

确定典型频率下（如 75%和 90%）的用水量与多年平均条件下的用水量之间的定量关系（即典型年折算系数）。采用内插法确定不同频率下的对应折算系数（图 6-17），将实际灌溉用水量与系数相乘，得到相当于多年平均的用水量。

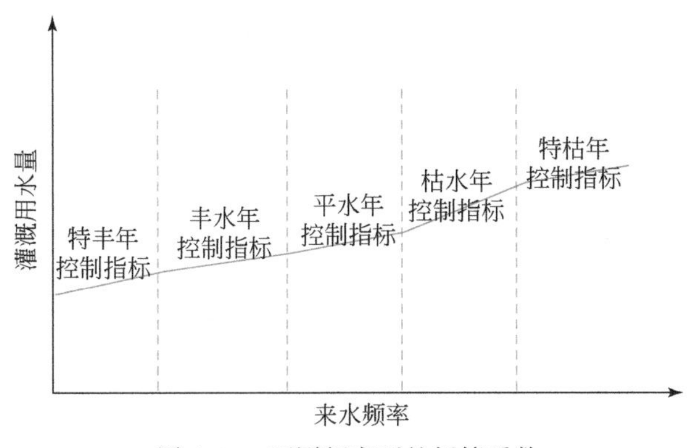

图 6-17　不同频率下的折算系数

6.4　核算技术方法

根据科学性、可操作性和易接受性三个原则，体现宏观、综合的特征，并以满足管理需求为主要目标，折算不能陷入具体参量和因素的微观分析中。

6.4.1　不同类型区的划分与基本折算函数

6.4.1.1　全国不同类型区划分

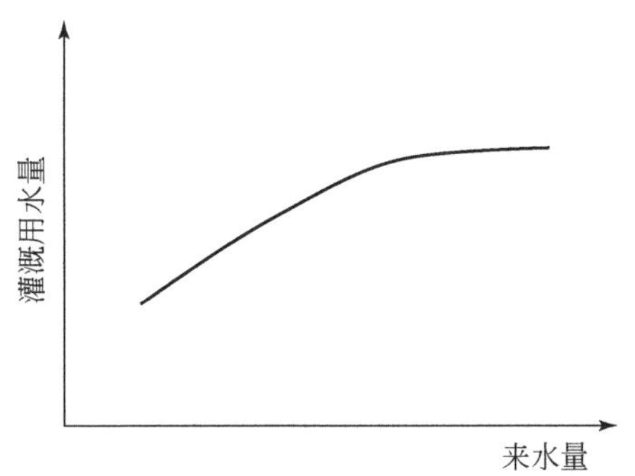

图 6-18　A 类型区灌溉用水量与来水量的关系曲线

农田灌溉用水量受供需两部分影响。在不同地区不同阶段，可供水量与灌溉需水量究竟哪一个是决定实际用水量的主导因素，则存在很大差异。

A 类型区（少水地区）灌溉需求量远大于来水供水量，农业实际用水量由来水量决定。在丰水年份，来水量多，农业用水量增加；在枯水年份，可供水量少，农业用水量减少（图 6-18，典型地区如河北）。

B类型区为丰水地区，来水量远超需水量，农业用水量不受来水限制，而由农业需水量决定。在丰水年份，农业需水量少，相应的农业用水量也少；在枯水年份，农业需水量大，农业用水量也多（图6-19，典型地区如江西）。

C类型区为过渡地区。来水量和农业需水量随着降水量的增加而发生变化：降水量较小时，来水量为决定因素；降水量大时，需水量为决定因素（图6-20）。

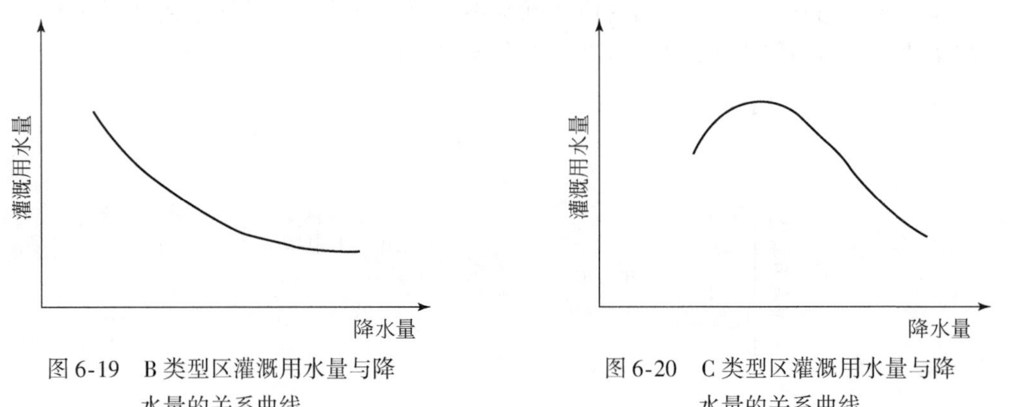

图6-19　B类型区灌溉用水量与降水量的关系曲线

图6-20　C类型区灌溉用水量与降水量的关系曲线

D类型区为西北内陆地区，农田灌溉用水主要是境外引水。这一类型区，不进行折算。

6.4.1.2　基本折算函数

1）A类型区

$$考核年用水总量指标=\mu_i(多年平均用水总量指标-前一年其他行业用水量)\left(\frac{评价年来水量}{多年平均年来水量}\right)+前一年其他行业用水量 \quad (6\text{-}1)$$

式中，μ_i 为非充分灌溉下农业节水水平。

2）B类型区

$$考核年用水总量指标=\mu_i(多年平均用水总量指标-前一年其他行业用水量)\left(\frac{评价年需水量}{多年平均年需水量}\right)+前一年其他行业用水量 \quad (6\text{-}2)$$

式中，μ_i 为非充分灌溉下农业节水水平。

3）C类型区

这一类型区，枯水年份用水量受来水量制约，丰水年份用水量由需水量决定，折算时，枯水年份采用式（6-1）进行折算，丰水年份采用式（6-2）进行折算。

6.4.1.3　折算方法的可行性分析

折算函数的参数获取困难。上一节中的折算公式虽然简单，但是其参数获取涉及几个难以解决的问题。一是来水量的概念与计算。来水量与当地可供水量、过境可供水量、工程供水能力相关，仅是工程供水能力现在都尚无统一的认识。二是需水量的计算。作物需要人工补充灌溉的水量，与有效降水利用情况有关，而有效降水利用除了受作物生长期需水特性和降水总量影响外，还和降水的年内、月内，甚至是天内过程紧密相关，很难用统一的公式进行概化。

因此，这一方法在实际操作中只能是针对特定省份、特定年型进行测算，不具有广泛推广的可能。

为了形成具有普适性、易于管理操作的方法，将上述折算方法进一步简化，在这里我们主要采取“两综合、一校验”的方法。两综合包括：一是不同年型实际农业灌溉用水的统计关系（现状年份），主要是依据不同年型农业灌溉用水的比例关系，确定灌溉水量折算系数；二是基于不同年型农业灌溉用水需求，依据不同年型下综合灌溉定额的比例关系，确定灌溉水量折算系数。一校验指基于不同年型了解农业灌溉用水需求（当前一个时期），即依据不同年型下综合灌溉定额的比例关系，确定灌溉水量折算系数。

6.4.2 不同年型实际农业灌溉用水的统计关系（现状年份）

按照 1956 ~ 2000 年系列对 1997 ~ 2012 年降水进行排频分析，获取与 $P=75\%$ 年份和 $P=50\%$ 年型相近的年份，基于选取的两个典型年份中全国分省（自治区、直辖市）农业灌溉用水量和实际灌溉面积，计算各自单位灌溉面积实际用水量（以此剔除灌溉面积影响），从而得到不同年型灌溉水量的比例关系，进而计算相当水量。

$$\mathrm{WI_n} = \mathrm{WI}\,\omega_n, \qquad \omega = \frac{\text{多年平均年型灌溉用水}}{\text{典型年灌溉用水}} \tag{6-3}$$

式中，ω 为典型年折算系数；ω_n 为考核年的折算系数，依据 ω 确定；WI 为考核年当年实际农业用水量；$\mathrm{WI_n}$为考核年折算成多年平均年型下的农业用水量。

多年平均年型灌溉用水，参照 50% 年型下的用水量；考核年份年型，参照当年降雨频率确定。

6.4.3 水资源综合规划不同年型配水总量信息（未来年份）

基于各省（自治区、直辖市）批复或认可的水资源综合规划，以 2020 年水平年多年平均、$P=75\%$ 和 $P=90\%$ 年份的配水比例关系，作为 2020 水平年不同年型用水总量间的折算系数，以此将不同年型的实际用水量折算为用水总量控制指标当量。

$$W_{\mathrm{n}} = W\varphi_{\mathrm{n}}, \qquad \text{其中 } \varphi = \frac{\text{多年平均配置供水量}}{\text{典型年配置供水量}} \tag{6-4}$$

式中，φ 为典型年折算系数；φ_{n}为考核年的折算系数，依据 φ 确定；W 为考核年当年实际用水量；W_{n} 为考核年折算成多年平均年型下的用水量。

6.4.4 基于不同年型农业灌溉用水定额进行校验（当前时期）

基于各省（自治区、直辖市）批复的农业灌溉用水定额，以 $P=50\%$ 、$P=75\%$ 和 $P=90\%$ 年份的定额比例关系，作为不同年型农业灌溉用水总量折算系数的参考值，对基于现状统计关系、2020 年综合规划配置关系所确定的折算系数进行验证。

$$\mathrm{WI_n} = \mu \mathrm{WI}\, \omega_n\,, \quad 其中\ \omega = \frac{多年平均年型灌溉定额}{典型年灌溉定额} \tag{6-5}$$

式中，ω 为典型年折算系数；ω_n 为考核年的折算系数，依据 ω 确定；WI 为考核年当年实际农业用水量；$\mathrm{WI_n}$ 为考核年折算成多年平均年型下的农业用水量；多年平均年型灌溉定额参照 50% 年型下的定额；考核年份年型参照当年降雨频率确定；μ 为节水潜力系数。

6.4.5 综合确定折算系数

基于上述“两综合、一校验”的总体思路，进一步考虑现状农业种植结构变化、三次产业用水比例变化，未来水利工程建设情况以及农田灌溉定额的适用性等问题，最终确定不同年型之间的用水总量折算系数。

6.5 用水总量折算系数确定

6.5.1 基于灌溉用水统计的折算系数计算

6.5.1.1 折算步骤

第一步：对全国 31 个省（自治区、直辖市）1956 ~ 2000 年系列的降水量进行排频分析，得到典型年型下的降水量；

第二步：分析整理各省（自治区、直辖市）1997 年以来的亩均实际灌溉水量数据；

第三步：对比 1997 年以来实际降水量与 1956 ~ 2000 年系列降水排频结果，确定 1997 ~ 2012 年典型频率的代表年份；

第四步：根据不同频率代表年份的实际灌溉定额，计算不同年型下的灌溉水量折算系数；

第五步：根据各省（自治区、直辖市）农业灌溉用水占全部用水总量的比例，将灌溉水量折算系数折成全口径用水折算系数。

6.5.1.2 各省（自治区、直辖市）1956 年以来降水量排频分析

对各省（自治区、直辖市）1956 年以来的降水量进行排频分析，得出 25% 、37.5% 、

50%、62.5%、75%和90%典型水平年的降水量，见表6-7。

表6-7 各省（自治区、直辖市）1956～2000年降水排频结果 单位：mm

省（自治区、直辖市）	25%	37.5%	50%	62.5%	75%	90%
北京	668	631.43	585.7	508.04	465.49	387.59
天津	673.74	613.09	580.79	508.98	445.55	369.46
河北	582.97	553.59	538.55	477.98	445.42	381.47
山西	559.6	540.63	498.31	469.65	459.7	400.32
内蒙古	300.04	294.49	285.43	268.72	258.59	240.8
辽宁	743.99	721.95	683.41	644.56	565.12	514.63
吉林	671.36	635.83	607.14	578.3	554.96	492.47
黑龙江	583.24	565.77	532.28	498.93	475.03	441.65
上海	1 211.13	1 143.58	1 095.65	1 024.88	931.23	830.18
江苏	1 083.64	1 051.76	1 022.65	967.54	861.22	763.28
浙江	1 764.04	1 694.95	1 635.69	1 543.78	1 470.18	1 259.32
安徽	1 316.19	1 226.56	1 179	1 116.29	1 028.3	921.58
福建	1 773.74	1 690.03	1 653.89	1 608.34	1 538.78	1 383.28
江西	1 757.4	1 687.1	1 630.82	1 534.23	1 492.73	1 310.26
山东	749.86	720.4	677.07	647.33	596.83	467.2
河南	881.13	805.04	772.62	726.49	668.92	566.61
湖北	1282.71	1239.57	1152.57	1111.24	1054.12	997.59
湖南	1554.44	1503.52	1465.87	1414.61	1318.64	1234.14
广东	1 924.85	1 839.67	1 760.23	1 690.44	1 604.63	1 409.32
广西	1 620.63	1 588.89	1 540.61	1 489.47	1 407.59	1 308.06
海南	1 902.18	1 863.33	1 794.98	1 691.98	1 588.23	1 318.47
重庆	1 270.31	1 241.57	1 203.2	1 142.6	1 070.44	1 003.82
四川	1 030.83	1 003.17	986.42	970.22	944.3	887.12
贵州	1250.84	1222.99	1199.06	1135.73	1083.79	1011.24
云南	1362.03	1323.23	1279.62	1237.07	1189.02	1144.39
西藏	607.42	589.41	569	548.4	511.82	483.43
陕西	694.02	681.09	635.25	613.43	573.81	524.23
甘肃	329.41	325.05	303.08	279.82	272.4	256.77
青海	311.22	299.86	287.23	275.58	266.59	258.79
宁夏	324.49	309.36	283.28	254.09	232.41	194.94
新疆	169.84	161.6	148.04	141	127.59	117.67

6.5.1.3 农田实灌亩均用水量分析

1. 降水量变化分析

图6-21是华北地区6省（直辖市）的降水量年际变化情况。从图中可知，1997～2012年，河南、山东两省的降水量相对丰富，特别是山东自2003年以来降水量基本上都超过了多年平均水平（679mm）；北京、天津、山西、河北4省（直辖市）相对较少，大部分年降水量都低于多年平均水平（2012年除外）。

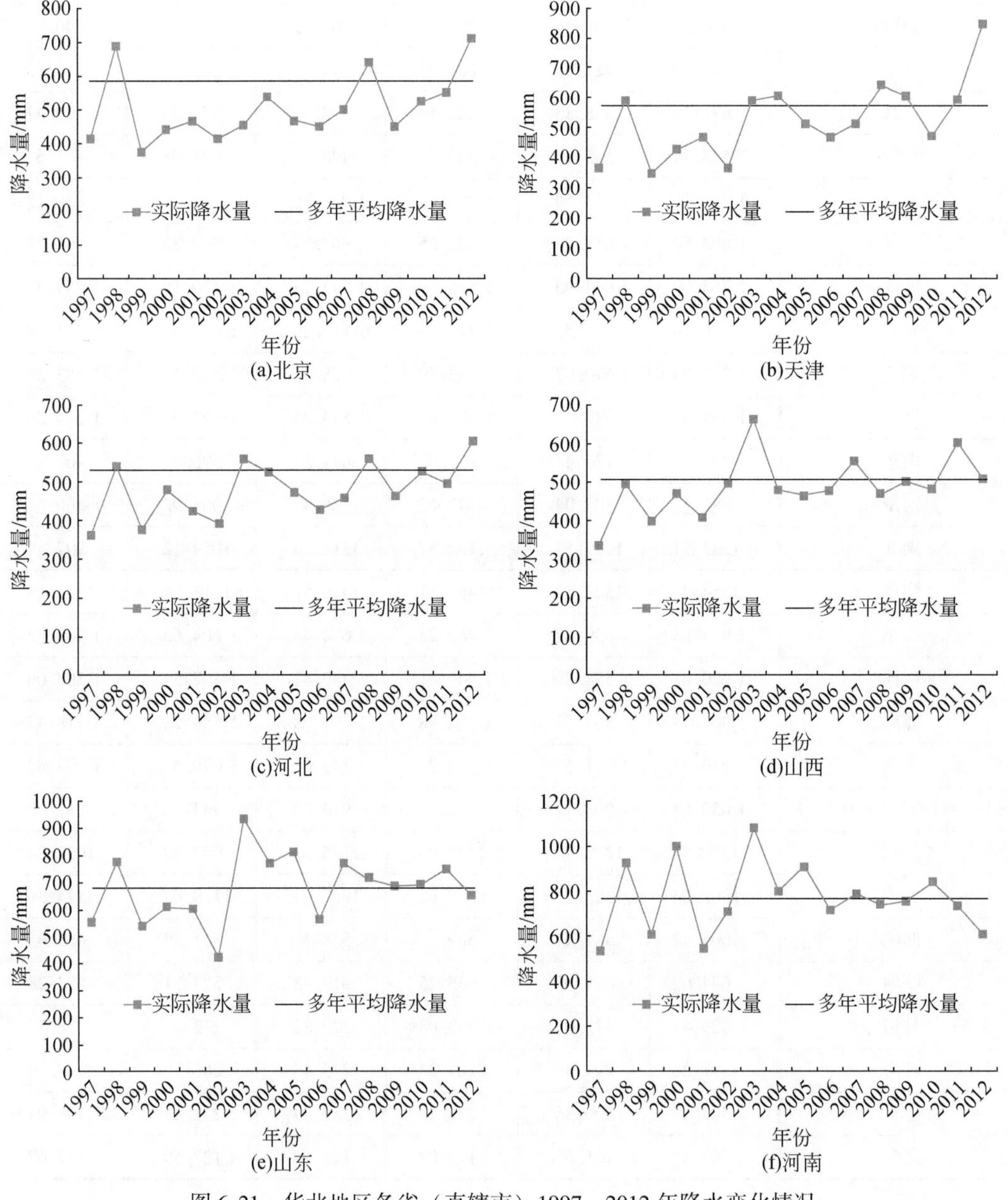

图6-21 华北地区各省（直辖市）1997～2012年降水变化情况

图 6-22 是东北地区各省的降水量年际变化情况。从图中可知，1997 ~ 2009 年，辽宁、吉林、黑龙江的年降水量变化均比较平稳，低于多年平均降水量，2010 ~ 2012 年，东三省降水量变化较大，2010 年和 2012 年都是丰水年份。

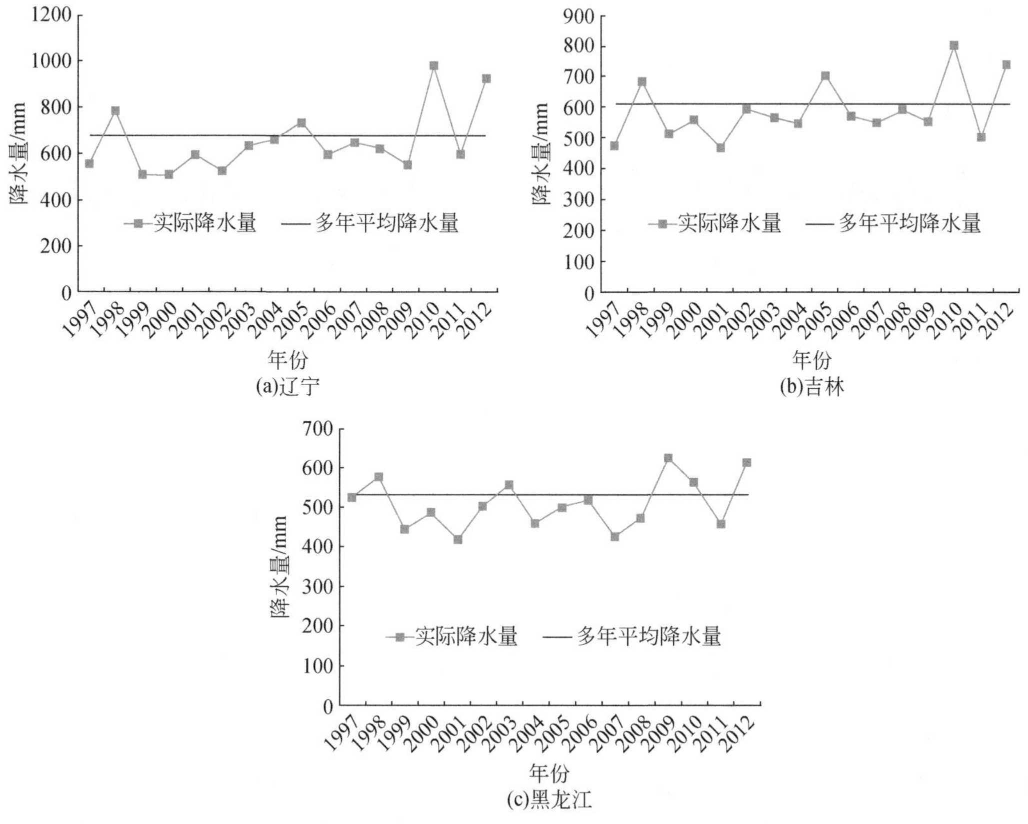

(a)辽宁　(b)吉林　(c)黑龙江

图 6-22　东北地区各省 2006 ~ 2011 年降水变化情况

东南沿海地区降水量丰富，图 6-23 是东南沿海地区 6 省（直辖市）1997 ~ 2012 年的

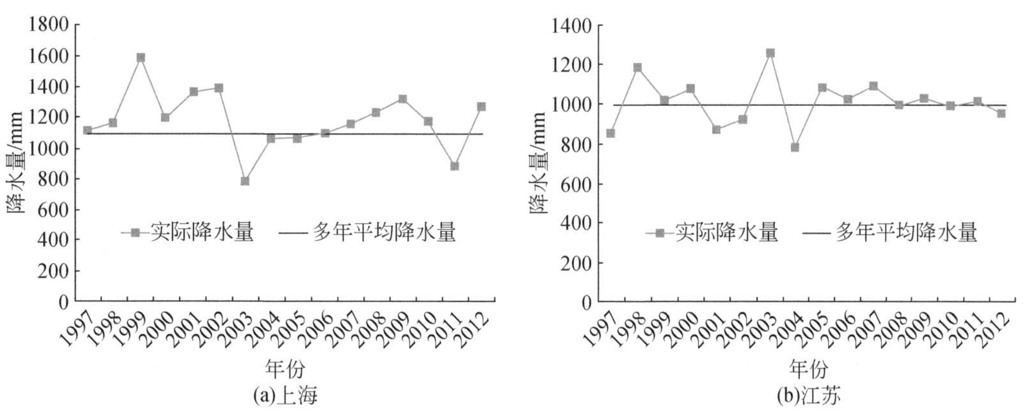

(a)上海　(b)江苏

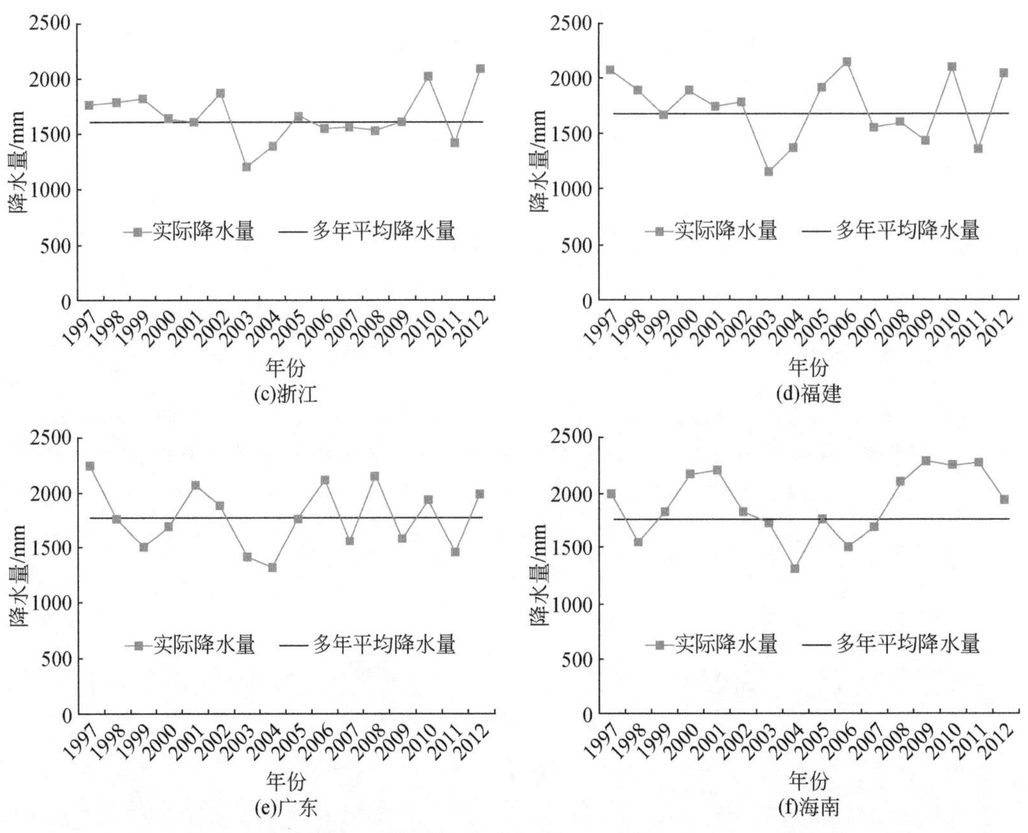

(c)浙江

(d)福建

(e)广东

(f)海南

图 6-23　东南沿海地区各省（直辖市）1997～2012 年降水变化情况

降水量及其年际变化情况，年降水量在 1100～2100mm，区域间差异也十分显著。从图中可知，2005 年以来江苏降水量变化比较平稳，基本上是多年平均降水量水平；广东 2006～2012 年降水量变化较大，偏丰年份和偏枯年份交替；海南 2007～2012 年降水偏多，均是丰水年。

西北地区降水普遍偏少，2006～2012 年年降水量在 150～700mm，区域间差异更见显著。图 6-24 是西北地区 6 省（自治区）的降水量年际变化情况，从图中可知，陕西和青

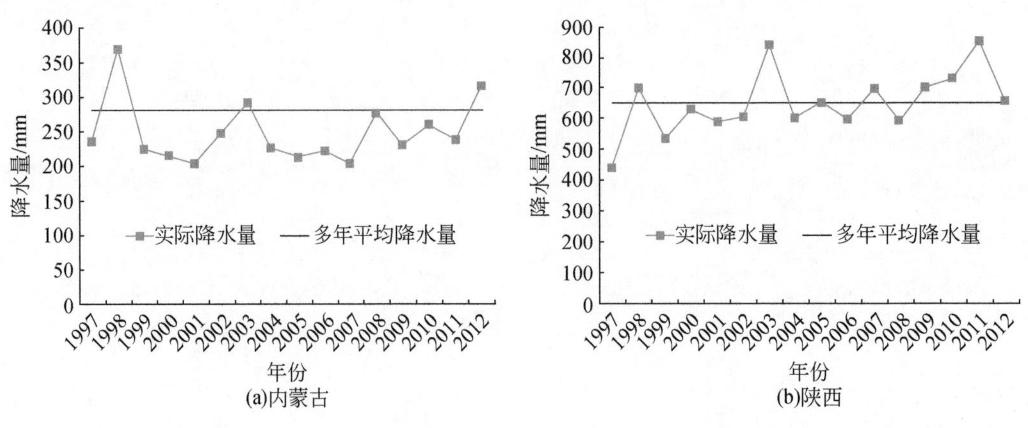

(a)内蒙古

(b)陕西

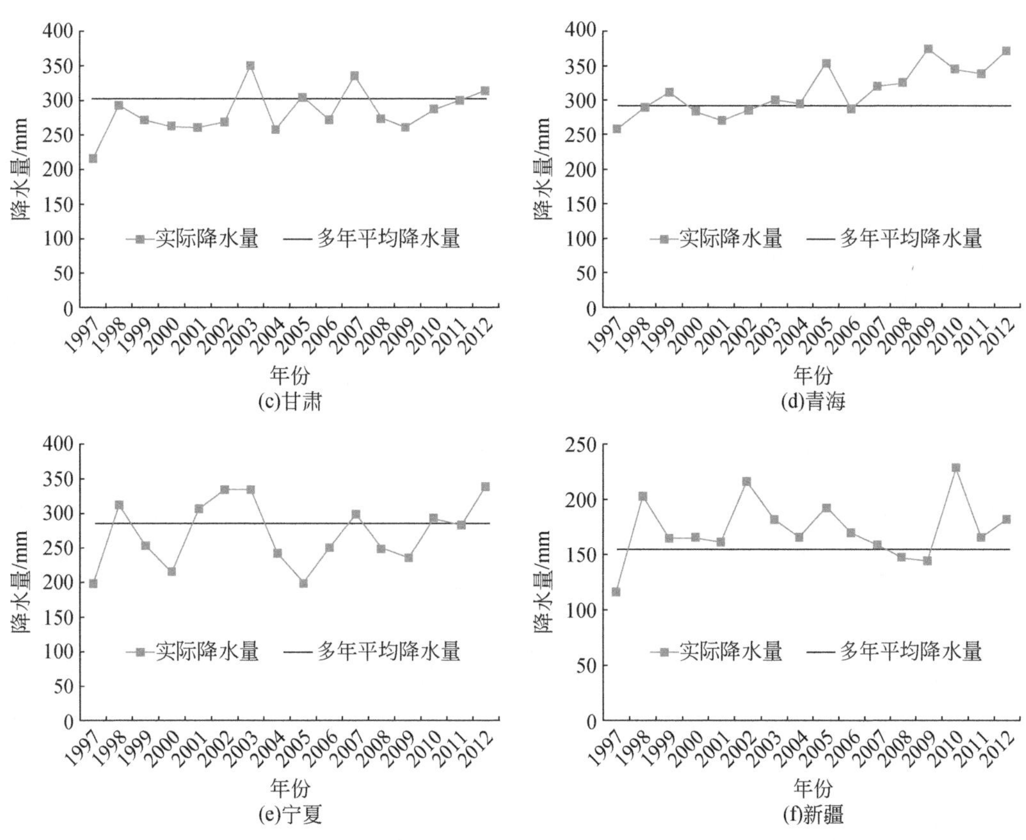

图 6-24　西北地区各省（自治区）1997～2012 年降水变化情况

海降水量稳中有升，降水年际变化呈增加趋势；内蒙古和甘肃的降水量自 1997 年以来降水量偏少，大部分年份为偏枯年份或接近平均降水量年份；新疆的降水量自 1997 年以来降水增加，但是其实际降水量较少，仅有 150～200mm。

中部地区 4 省分布在长江中下游地区，降水量也相对丰富。图 6-25 是中部地区 4 省的

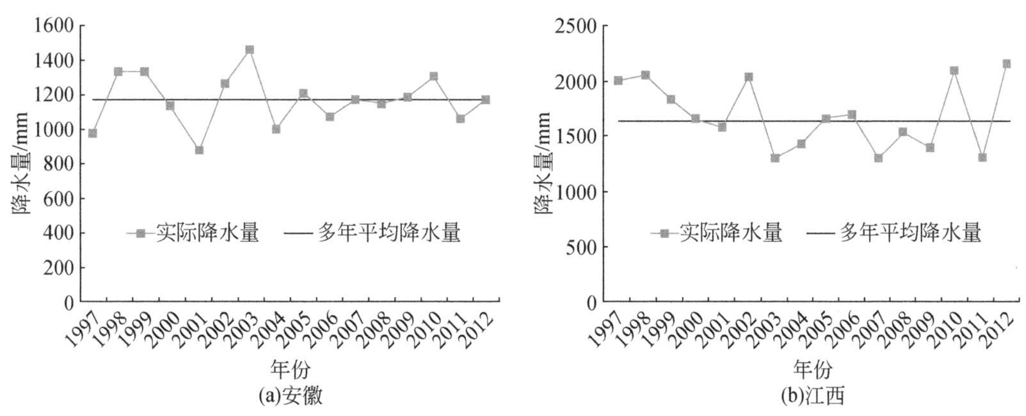

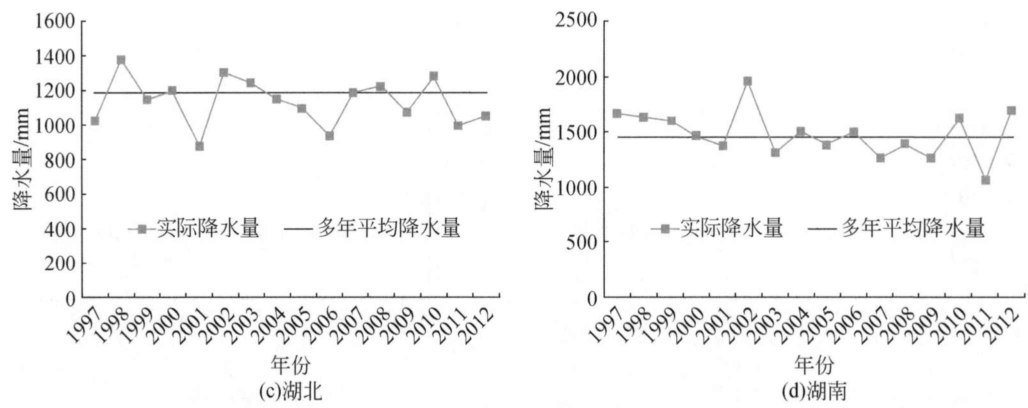

图 6-25　中部地区各省 1997 ~ 2012 年降水变化情况

降水量年际变化情况。从图中可知，中部地区安徽和湖北的 1997 ~ 2012 年年均降水量在 800 ~ 1400mm，江西和湖南的 1997 ~ 2012 年年均降水量在 1000 ~ 2000mm，2010 ~ 2012 年降水量变化较大，丰枯交替。

西南地区气候湿润，降水也较为丰富，图 6-26 是西南地区 6 省（自治区、直辖市）1997 ~ 2012 年降水量年际变化情况。从图中可知，各地降水量变化差异较大，其中四川、西藏降水变化过程较为平稳，变幅小；广西降水量波动幅度较大，但在趋势上并未出现上涨或下跌的情况；重庆、贵州、云南的降水变化过程较为相似，均有下降的趋势，未来几年还需要严密观察其动态发展趋势。

2. 全国各省（自治区、直辖市）1997 年以来降水量与农田实灌亩均用水量变化分析

图 6-27 是华北地区 6 个省（直辖市）1997 ~ 2012 年农田实灌亩均用水量变化图。从图中可以看出，北京农田实灌亩均用水量总体呈减少趋势，2010 ~ 2012 年减少较快，可能与这几年降水较丰有关；天津农田实灌亩均用水量较稳定，2010 ~ 2012 年有所减少，这可能与其降水量较多有关；河北、山东和河南农田实灌亩均用水量呈较稳定减少趋势，河北和河南逐步趋于稳定；山西农田实灌亩均用水量波动较大。

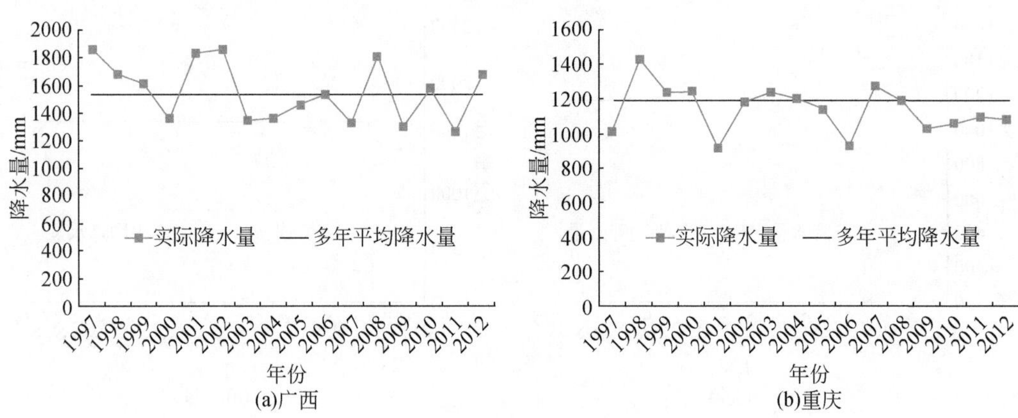

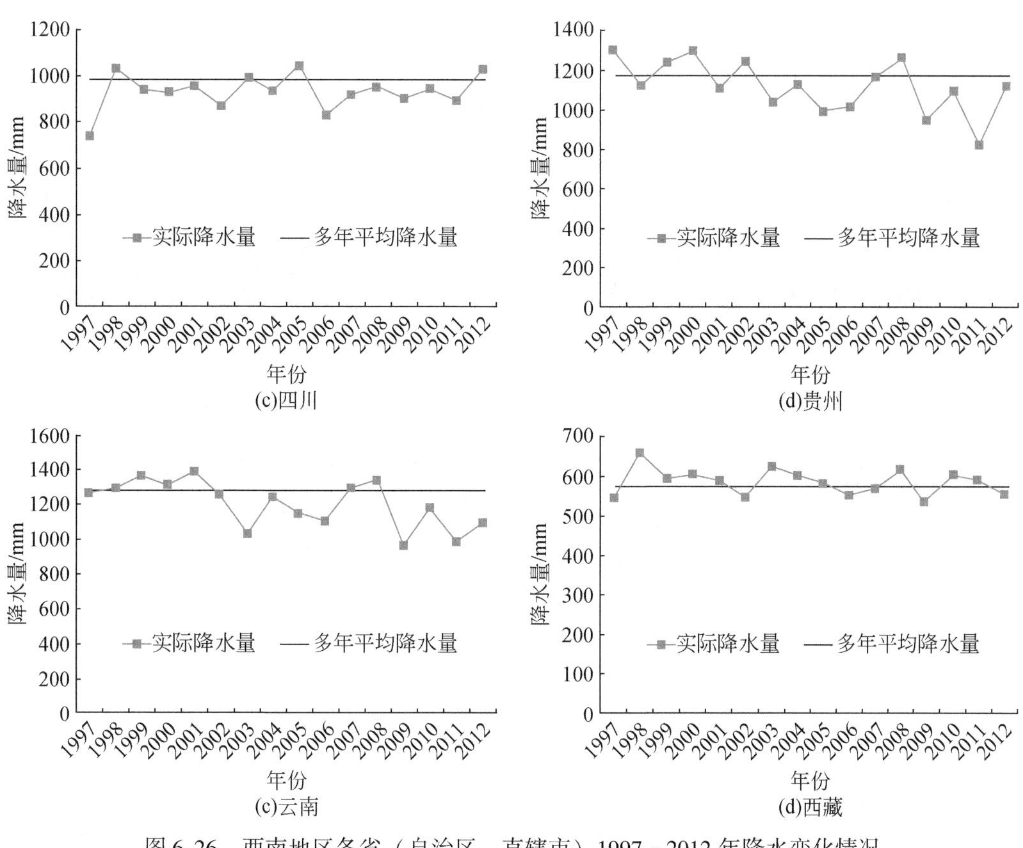

图 6-26　西南地区各省（自治区、直辖市）1997 ~ 2012 年降水变化情况

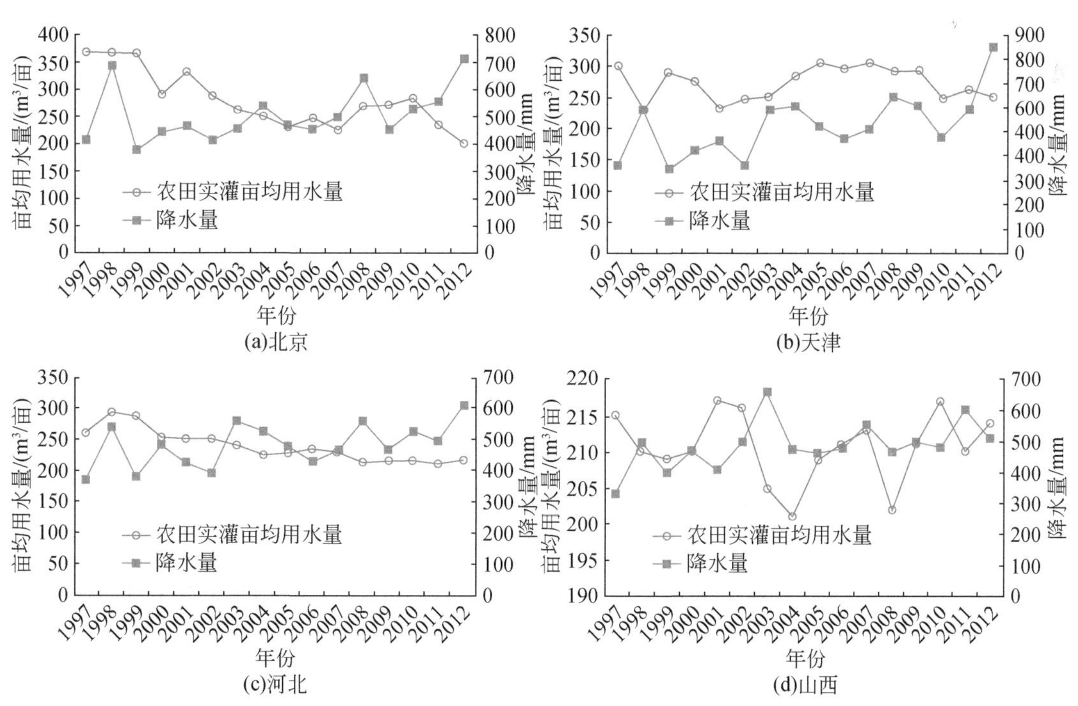

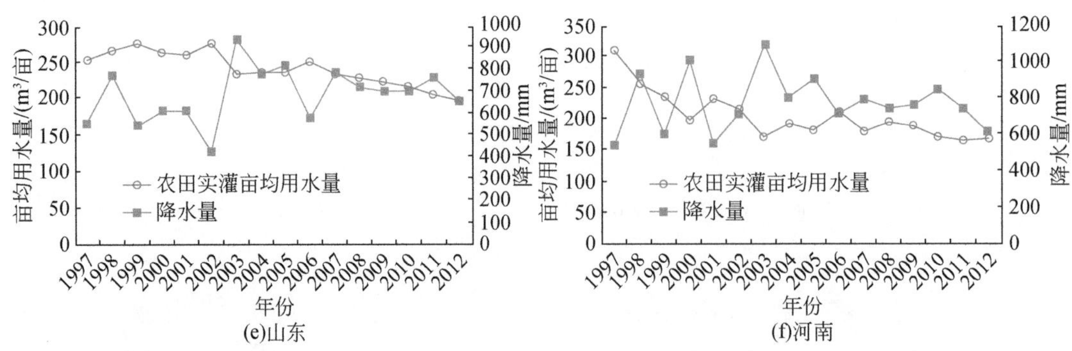

图 6-27　华北地区各省（直辖市）1997 ~ 2012 年农田实灌亩均用水量变化情况

图 6-28 是东北地区各省的 1997 ~ 2012 年农田实灌亩均用水量变化情况。从图中可以看出，尽管 2010 ~ 2012 年降水量变化较大，但是吉林和黑龙江的农田实灌亩均用水量呈较为稳定减少的趋势；辽宁农田实灌亩均用水量较为稳定。

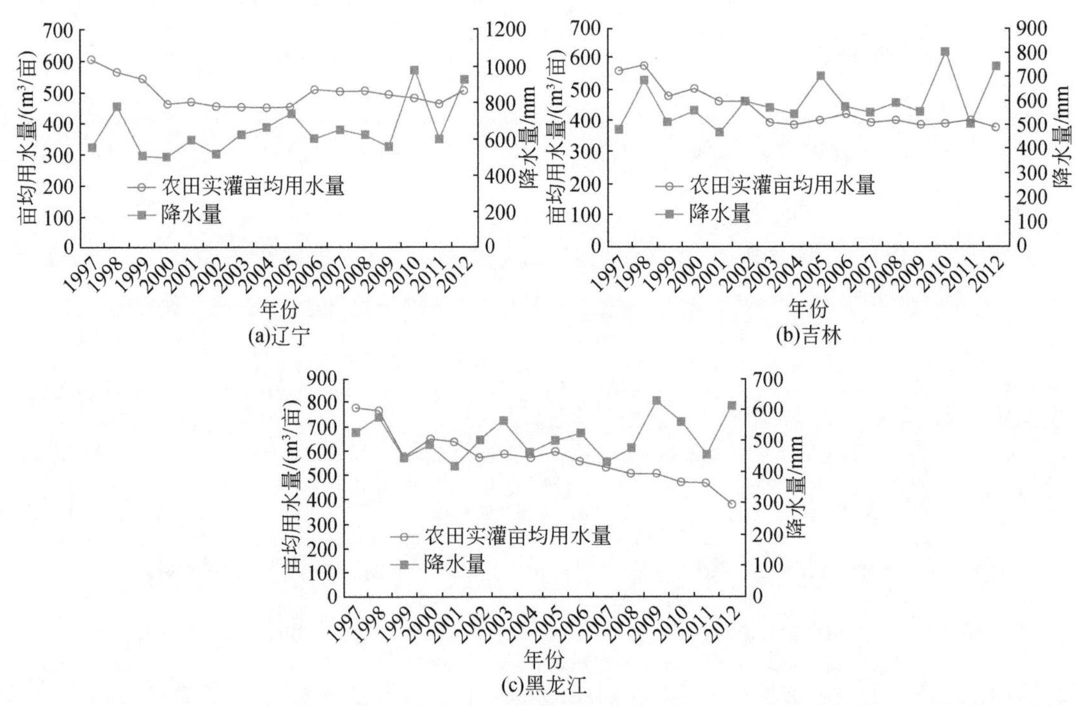

图 6-28　东北地区各省 2006 ~ 2012 年农田实灌亩均用水量变化情况

图 6-29 是东南沿海地区 6 省（直辖市）的 1997 ~ 2012 年农田实灌亩均用水量变化趋势。从图中可以看出，上海、江苏的农田实灌亩均用水量近年来呈较稳定稳定状态；浙江、福建和海南的农田实灌亩均用水量呈较为稳定减少的趋势；广东省农田实灌亩均用水量从 1999 ~ 2006 年呈迅速减少的趋势，然后进入稳定阶段，但是在 2012 年陡增。

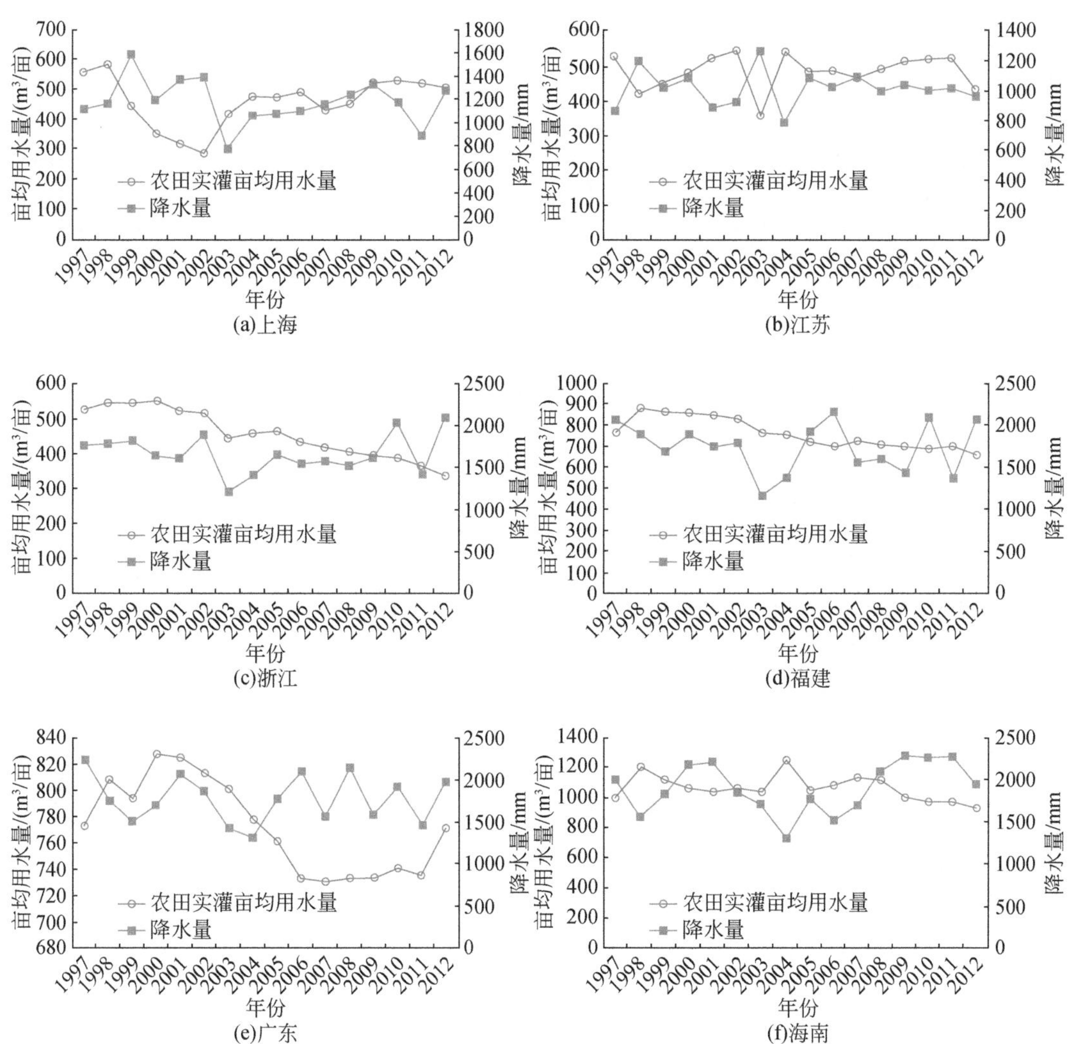

图 6-29　东南沿海地区各省市 1997 ~ 2012 年农田实灌亩均用水量变化情况

图 6-30 是西北地区各省（自治区）的 1997 ~ 2012 年农田实灌亩均用水量变化趋势。从图中可以看出，内蒙古、甘肃、宁夏、新疆的农田实灌亩均用水量呈稳定减少的趋势；陕西则呈稳定的状态，但是在 2012 年陡增；青海农田实灌亩均用水量变化较大，整体呈减少的趋势，但是在 2012 年剧增。

图 6-31 是中部地区 4 省的 1997 ~ 2012 年农田实灌亩均用水量变化情况。从图中可以看出，安徽农田实灌亩均用水量总体上呈现较为稳定的状态；江西 2006 年以来农田实灌亩均用水量呈现较为缓慢的上升趋势，这可能与这几年降水量总体偏少有关；湖北和湖南农田实灌亩均用水量呈稳定减少的趋势。

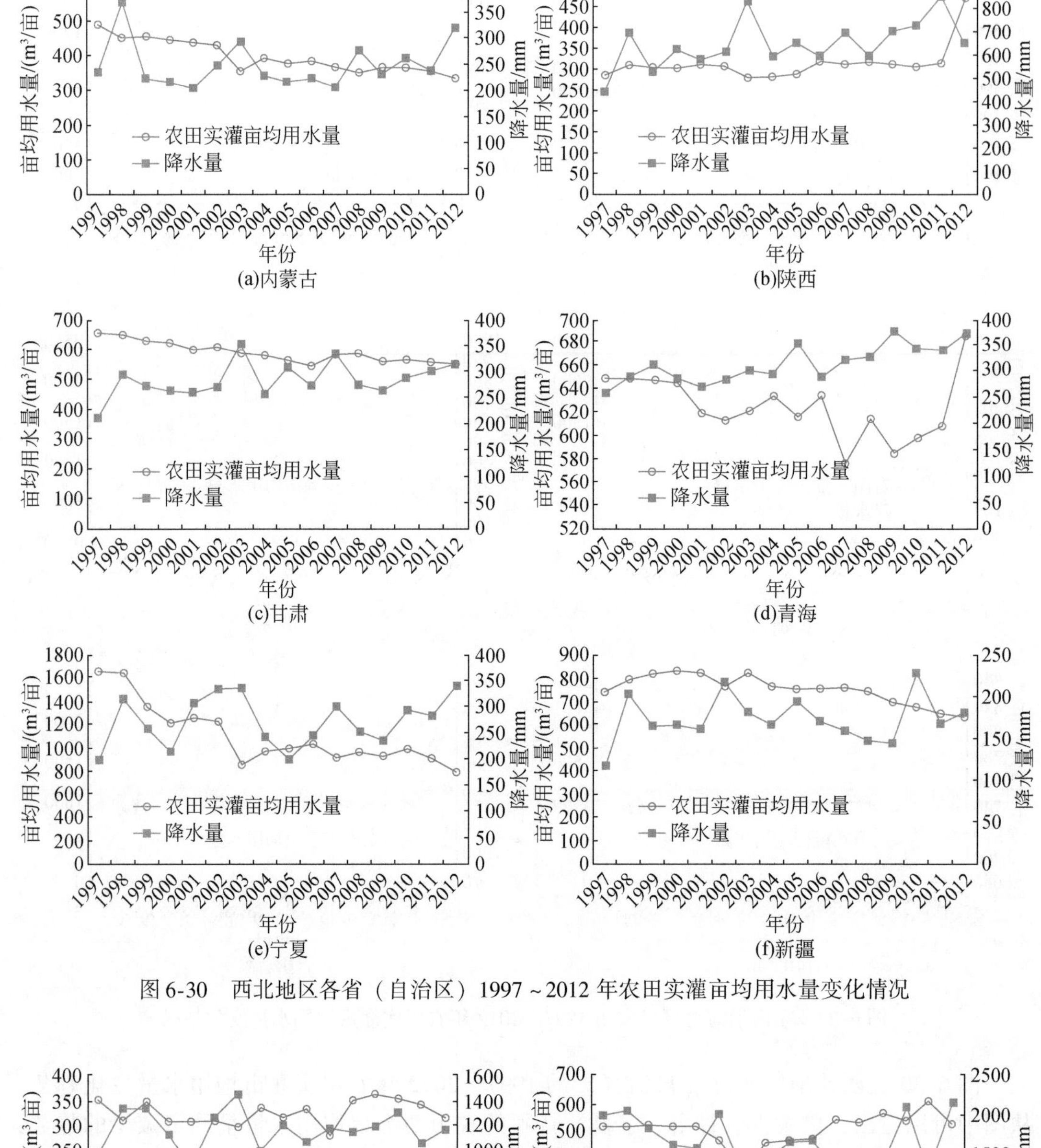

图 6-30　西北地区各省（自治区）1997 ~ 2012 年农田实灌亩均用水量变化情况

亩均用水量/(m³/亩)
降水量/mm
农田实灌亩均用水量
降水量
年份

(a)安徽

(b)江西

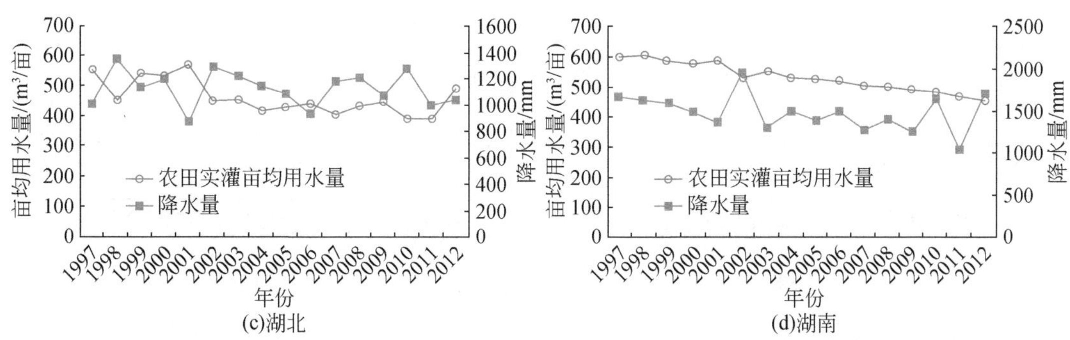

图 6-31　中部地区各省 1997～2012 年农田实灌亩均用水量变化情况

图 6-32 是西南地区 6 省（自治区、直辖市）的 1997～2012 年农田实灌亩均用水量变化情况。从图中可以看出，广西、贵州和云南的农田实灌亩均用水量 2006 年以来整体呈稳定减少的趋势；重庆农田实灌亩均用水量整体趋势平稳，但 2011 年和 2012 年剧增；四川农田实灌亩均用水量变化幅度较大；西藏农田实灌亩均用水量在 2004 年以来呈稳定减少的趋势，但是在 2010 年以来变化较为剧烈。

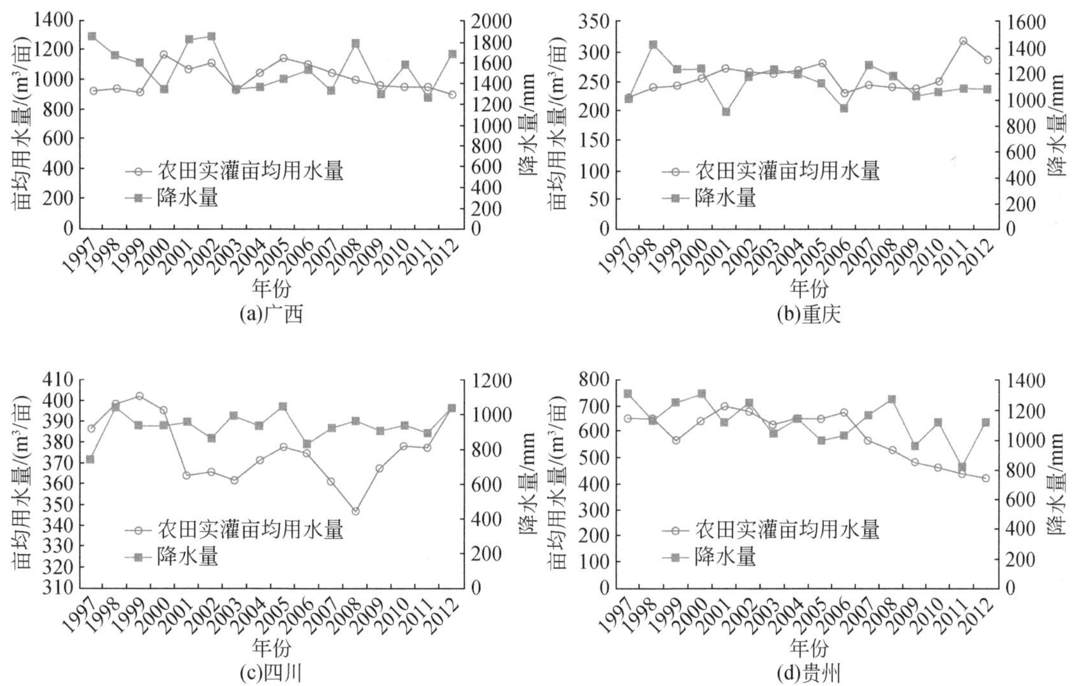

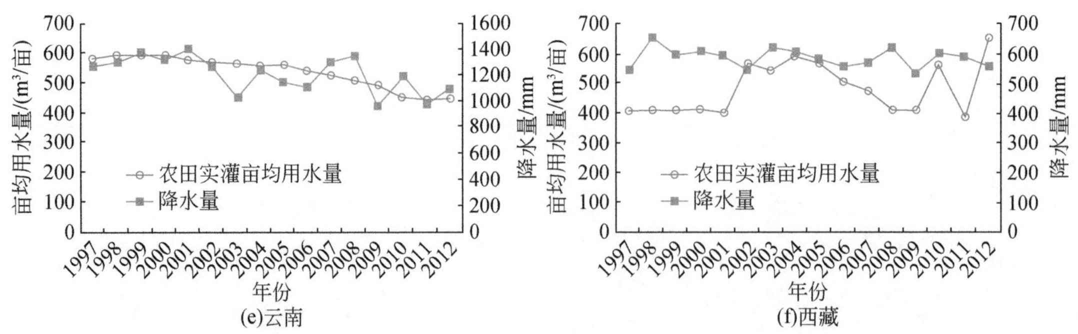

图6-32　西南地区各省（自治区、直辖市）2006～2012年农田实灌亩均用水量变化情况

6.5.1.4　各省（自治区、直辖市）典型年亩均实灌水量

根据1956～2000年的排频分析和1997～2012年降水量和农田实灌亩均用水量分析，得出1997～2012年间典型年份亩均实灌水量，见表6-8。

表6-8　各省（自治区、直辖市）典型年亩均实灌水量　　单位：m^3

地区	50%	75%	90%	地区	50%	75%	90%
北京	415	332	367	湖北	450	472	549
天津	251	297	292	湖南	558	579	597
河北	214	215	216	广东	761	735	802
山西	210	209	211	广西	1050	1120	960
内蒙古	364	353	451	海南	980	993	1080
辽宁	468	527	494	重庆	273	287	243
吉林	389	406	578	四川	362	375	402
黑龙江	572	582	576	贵州	569	600	576
上海	430	449	500	云南	585	505	558
江苏	464	483	518	西藏	560	487	460
浙江	460	500	524	陕西	303	318	309
安徽	335	350	368	甘肃	559	580	598
福建	728	753	842	青海	575	633	647
江西	521	535	610	宁夏	970	973	987
山东	199	250	274	新疆	760	790	814
河南	166	188	213				

6.5.1.5 利用实际统计数据得到不同年型下的折算系数

根据2012年《中国水资源公报》，2012年各省（自治区、直辖市）的农业灌溉用水占总用水量的比例见表6-9。

表 6-9 各省（自治区、直辖市）2012 年农业灌溉用水比例 单位:%

地区	比例	地区	比例
北京	0.26	湖北	0.55
天津	0.51	湖南	0.57
河北	0.73	广东	0.5
山西	0.58	广西	0.7
内蒙古	0.73	海南	0.77
辽宁	0.64	重庆	0.3
吉林	0.65	四川	0.59
黑龙江	0.82	贵州	0.55
上海	0.15	云南	0.68
江苏	0.55	西藏	0.91
浙江	0.46	陕西	0.66
安徽	0.54	甘肃	0.79
福建	0.46	青海	0.82
江西	0.64	宁夏	0.88
山东	0.7	新疆	0.95
河南	0.57		

根据1997～2012年典型年份亩均实灌水量，以2012年农业灌溉用水比例作为近年来灌溉用水比例，得出典型年份用水总量折算系数（表6-10）。

表 6-10 利用 1997～2012 年实际统计数据得到的不同年型下的折算系数

地区	典型年折算系数		地区	典型年折算系数	
	75%	90%		75%	90%
北京	1.06	1.03	湖北	0.97	0.9
天津	0.92	0.93	湖南	0.97	0.94
河北	1	0.99	广东	1.02	0.97
山西	1	1	广西	0.96	1.07
内蒙古	1.02	0.86	海南	0.99	0.93

续表

地区	典型年折算系数		地区	典型年折算系数	
	75%	90%		75%	90%
辽宁	0.93	0.97	重庆	0.99	1.04
吉林	0.97	0.79	四川	0.98	0.94
黑龙江	0.99	0.99	贵州	0.97	0.99
上海	0.99	0.98	云南	1.11	1.03
江苏	0.98	0.94	西藏	1.14	1.2
浙江	0.96	0.94	陕西	0.97	0.99
安徽	0.98	0.95	甘肃	0.97	0.95
福建	0.98	0.94	青海	0.92	0.91
江西	0.98	0.91	宁夏	1	0.98
山东	0.86	0.81	新疆	0.96	0.94
河南	0.93	0.87			

6.5.2 依据规划配置结果的折算系数确定

6.5.2.1 折算步骤

第一步：基于全国分省（自治区、直辖市）水资源综合规划，获取2020年规划水平年多年平均、$P=75\%$和$P=90\%$频率的全省区规划配水总量数据；

第二步：根据$P=75\%$和$P=90\%$频率和多年平均条件下配水量的关系，计算不同年型用水总量折算系数。

部分省（自治区、直辖市）水资源综合规划中未区分不同年型，目前采取默认各年型供水量相同（即比例系数为1）的方式进行处理，下一步开展两方面工作：一是对于规划中已进行不同年型配置，尽可能地收集到有关信息；二是分析供水水源、不同年型降水差异分析等因素的基础上进行率定。

6.5.2.2 全国各省（自治区、直辖市）不同年型配水量及折算系数

共收集了全国25个省（自治区、直辖市）的水资源综合规划，上海、安徽、福建、湖南、重庆和青海的水资源综合规划未收集到，根据25个省（自治区、直辖市）的水资源综合规划，2020年和2030年50%、75%、90%和95%年型的供水量见表6-11。

经整理，根据水资源综合规划，25个省（自治区、直辖市）2020年和2030年75%和90%年型的折算系数见表6-12。

表 6-11　全国各省（自治区、直辖市）水资源综合规划不同年型配水量

序号	地区	水平年	方案	50%		75%		90%		95%		比例关系确定		
				需水量/(m^3/亩)	供水量/(m^3/亩)	需水量/(m^3/亩)	供水量/(m^3/亩)	需水量/(m^3/亩)	供水量/(m^3/亩)	需水量/(m^3/亩)	供水量/(m^3/亩)	75%	90%	95%
1	甘肃	2020 年	—	132.62	121.94	138.58	114.14	—	—	—	—	1.068	—	—
		2030 年	方案一	146.2	126.34	152.25	118.41	—	—	—	—	1.067	—	—
			方案二	146.2	134.12	152.25	126.19	—	—	—	—	1.063	—	—
			方案三	146.2	140.12	152.25	132.19	—	—	—	—	1.06	—	—
2	河北	2010 年	—	256.66	231.46	305.22	207.41	—	—	—	—	1.116	—	—
		2020 年	—	272.55	252.25	303.1	253.17	—	—	—	—	0.996	—	—
		2030 年	—	271.54	266.89	306.95	231.99	—	—	—	—	1.15	—	—
3	江苏	2020 年	—	570.2	574.9	627.6	610.5	731.3	710.1	—	—	0.942	0.81	—
		2030 年	—	589.6	586.9	638	629.2	733.8	717.4	—	—	0.933	0.818	—
4	江西	2020 年	—	—	338.6	—	364.6		386.2	—	—	0.929	0.877	—
		2030 年	—	341.09	340.8	370.04	367.6	403.15	394.1	—	—	0.927	0.865	—
5	山东	2010 年	—	312.02	294.34	316.53	290.85	—	—	328.15	289.77	1.012	—	1.016
		2020 年	—	327.52	310.45	319.91	297.72	—	—	338.52	307.07	1.043	—	1.011
		2030 年	—	319.55	315.45	333.08	326.4	—	—	345.58	334.56	0.966	—	0.943
6	陕西	2008 年	—	103.38	86.85	109.52	838.26	—	—	—	—	0.104	—	—
		2020 年	—	122.45	119.33	127.41	114.54	—	—	—	—	1.042	—	—
		2030 年	—	135.63	133.74	142.61	130.46	—	—	—	—	1.025	—	—
7	云南	2020 年	—	232.93	230.4	249.69	246.43	252.82	245.01	254.87	244.34	0.935	0.94	0.943
		2030 年	—	255.13	254.99	272.39	271.32	272.56	265.99	272.99	264.34	0.94	0.959	0.965

续表

序号	地区	水平年	方案	50%		75%		90%		95%		比例关系确定		
				需水量/(m^3/亩)	供水量/(m^3/亩)	需水量/(m^3/亩)	供水量/(m^3/亩)	需水量/(m^3/亩)	供水量/(m^3/亩)	需水量/(m^3/亩)	供水量/(m^3/亩)	75%	90%	95%
8	广西	2010年	—	287.57	287.57	321.64	320.99	—	—	353.38	318.04	0.896	—	0.904
		2020年	—	309	309	345.53	345.53	—	—	379.53	358.39	0.894	—	0.862
		2030年	—	314	314	350.84	350.84	—	—	385.06	381.03	0.895	—	0.824
9	宁夏	2020年	—	89.58	70.33	89.58	77.93	89.58	73.48	—	—	0.902	0.957	—
		2030年	—	114.24	67.4	114.24	77	114.24	72.83	—	—	0.875	0.925	—
10	海南	2000年	—	46.63	45.89	—	—	—	—	—	—	—	—	—
		2010年	—	55.19	54.55	—	—	—	—	—	—	—	—	—
		2020年	—	64.89	64.76	—	—	—	—	—	—	—	—	—
		2030年	—	72.53	72.34	—	—	—	—	—	—	—	—	—
11	内蒙古	2020年	—	—	229.13	—	213.51	—	—	—	—	1.073	—	—
		2030年	—	—	252.06	—	238.31	—	—	—	—	1.058	—	—
12	广东	2020年	—	—	557.2	—	559.5	—	521.9	—	568.16	0.996	1.068	0.981
		2030年	—	—	571.75	—	574.75	—	539.71	—	580.66	0.995	1.059	0.985
13	浙江	2010年	—	288.05	285.01	—	—	—	—	—	—	—	—	—
		2020年	—	301.04	298.36	—	—	—	—	—	—	—	—	—
14	湖北	2020年	—	411.89	408.05	463.85	442.46	519.32	454.62	572.32	460.73	—	—	—
		2030年	—	415.04	412.96	466.8	453.9	519.08	468.03	567.13	478.73	—	—	—
15	贵州	2000年	—	100.63	71.7	109.9	72.4	—	—	117.3	66.9	—	—	—
		2020年	—	157	167.8	166.6	168.6	—	—	175.4	156.7	—	—	—
		2030年	—	185.2	192.2	194.6	194.4	—	—	203.2	180.8	—	—	—

续表

序号	地区	水平年	方案	50%		75%		90%		95%		比例关系确定		
				需水量/(m^3/亩)	供水量/(m^3/亩)	需水量/(m^3/亩)	供水量/(m^3/亩)	需水量/(m^3/亩)	供水量/(m^3/亩)	需水量/(m^3/亩)	供水量/(m^3/亩)	75%	90%	95%
16	河南	2010 年	—	277. 22	259. 62	309. 31	278. 89	—	—	—	—	—	—	—
		2020 年	—	300. 19	281. 26	335. 67	303. 87	—	—	—	—	—	—	—
		2030 年	—	311. 27	295. 79	347. 93	320. 98	—	—	—	—	—	—	—
17	山西	2020 年	—	—	93. 9	—	—	—	—	—	—	—	—	—
		2030 年	—	—	99. 4	—	—	—	—	—	—	—	—	—
18	四川	2020 年	—	356	356	372. 4	365. 1	—	—	413. 2	357	—	—	—
		2030 年	—	369. 6	369. 6	383. 5	379. 9	—	—	421. 9	375. 8	—	—	—
19	天津	2020 年	—	43. 29	42. 97	44. 92	38. 82	—	—	44. 92	33. 4	—	—	—
		2030 年	—	47. 78	47. 78	48. 61	44. 29	—	—	48. 61	38. 89	—	—	—
20	新疆	2020 年	—	520. 83	515. 87	520. 83	505. 38	—	—	520. 83	496. 99	—	—	—
		2030 年	—	526. 31	526. 11	526. 31	515. 57	—	—	526. 31	507. 36	—	—	—
21	西藏	2020 年	—	—	—	—	—	—	—	—	—	1. 002	—	1. 007
		2030 年	—	—	—	—	—	—	—	—	—	1. 001	—	1. 002
22	内蒙古	2020 年	—	—	—	—	—	—	—	—	—	0. 974	—	1. 023
		2030 年	—	—	—	—	—	—	—	—	—	0. 988	—	0. 997
23	辽宁	2020 年	—	—	—	—	—	—	—	—	—	0. 932	—	0. 936
		2030 年	—	—	—	—	—	—	—	—	—	0. 936	—	0. 966
24	吉林	2020 年	—	—	—	—	—	—	—	—	—	0. 914	—	0. 953
		2030 年	—	—	—	—	—	—	—	—	—	0. 909	—	0. 962
25	黑龙江	2020 年	—	—	—	—	—	—	—	—	—	0. 923	—	0. 929
		2030 年	—	—	—	—	—	—	—	—	—	0. 555	—	0. 93

表 6-12　基于规划配水量确定的典型年型用水总量折算系数

地区	水资源综合规划（2020 年）		水资源综合规划（2030 年）		地区	水资源综合规划（2020 年）		水资源综合规划（2030 年）	
	75%	90%	75%	90%		75%	90%	75%	90%
北京	1.12	1.2	1.1	1.19	湖北	0.92	0.9	0.91	0.88
天津	1.11	1.29	1.08	1.23	湖南	—	—	—	—
河北	1	1	1.15	1.15	广东	1	1.07	0.99	1.06
山西	1	1	1	1	广西	0.89	0.86	0.89	0.82
内蒙古	0.97	1.02	0.99	1	海南	1	1	1	1
辽宁	0.93	0.94	0.94	0.97	重庆	—	—	—	—
吉林	0.91	0.95	0.91	0.96	四川	0.98	1	0.97	0.98
黑龙江	0.92	0.93	0.55	0.93	贵州	1	1.07	0.99	1.06
上海	—	—	—	—	云南	0.93	0.94	0.94	0.96
江苏	0.94	0.81	0.93	0.82	西藏	1	1.01	1	1
浙江	1	1	1	1	陕西	1.04	1.04	1.03	1.03
安徽	—	—	—	—	甘肃	1.07	1.07	1.06	1.06
福建	—	—	—	—	青海	—	—	—	—
江西	0.93	0.88	0.93	0.86	宁夏	0.9	0.96	0.88	0.93
山东	1.04	1.01	0.97	0.94	新疆	1.02	1.04	1.02	1.04
河南	0.93	0.93	0.92	0.92					

6.5.3　依据用水定额的折算系数计算

6.5.3.1　折算步骤

第 1 步：根据《中国农村统计年鉴》中的主要农作物播种面积，分析确定全国各省（自治区、直辖市）的主要农作物；

第 2 步：根据各省（自治区、直辖市）发布的不同作物不同年型下的灌溉定额，结合播种计算形成不同年型下的综合灌溉定额；

第 3 步：根据不同年型下综合灌溉定额的比例计算理论折算系数；

第 4 步：进一步考虑南北方的节水潜力系数，确定实际折算系数；

第 5 步：根据各省（自治区、直辖市）农业灌溉用水占全部用水总量的比例，根据灌溉水量折算系数推求全口径用水折算系数。

6.5.3.2 全国各省（自治区、直辖市）主要种植作物

根据《中国农村统计年鉴2009》中主要农作物播种面积，分析全国主要农作物种植结构，见表6-13。以各省（自治区、直辖市）主要农作物种植结构为基础，结合各省（自治区、直辖市）不同水文年型的农业用水定额，计算农业用水换算系数，这是指不同水文年型的灌溉用水定额相对于平水年份的比值。

表 6-13　全国各省（自治区、直辖市）主要农作物种植结构表

地区	（粮食作物+油料+棉花）/总播种面积	粮食作物/总播种面积	稻谷/粮食作物	小麦/粮食作物	玉米/粮食作物	大豆/粮食作物	马铃薯/粮食作物	油料作物/总播种面积	棉花作物/总播种面积	蔬菜和瓜类/总播种面积
北京	0.728	0.707	0.002	0.268	0.666	0.037	0.000	0.019	0.002	0.238
天津	0.800	0.674	0.052	0.359	0.541	0.041	0.000	0.004	0.122	0.193
河北	0.845	0.716	0.014	0.385	0.475	0.027	0.021	0.057	0.071	0.138
山西	0.911	0.846	0.000	0.231	0.461	0.062	0.054	0.045	0.020	0.073
内蒙古	0.884	0.783	0.019	0.097	0.452	0.155	0.122	0.101	0.000	0.046
辽宁	0.868	0.797	0.210	0.003	0.629	0.053	0.020	0.071	0.000	0.115
吉林	0.920	0.872	0.149	0.001	0.668	0.099	0.021	0.048	0.000	0.056
黑龙江	0.956	0.939	0.216	0.026	0.352	0.352	0.024	0.017	0.000	0.022
上海	0.530	0.488	0.561	0.298	0.022	0.023	0.000	0.039	0.003	0.371
江苏	0.809	0.698	0.424	0.394	0.076	0.044	0.000	0.078	0.033	0.170
浙江	0.607	0.515	0.728	0.047	0.021	0.043	0.045	0.084	0.008	0.291
安徽	0.877	0.731	0.340	0.357	0.111	0.147	0.001	0.107	0.039	0.100
福建	0.594	0.545	0.702	0.003	0.031	0.048	0.058	0.049	0.000	0.305
江西	0.818	0.670	0.911	0.003	0.004	0.028	0.000	0.133	0.014	0.108
山东	0.800	0.652	0.019	0.504	0.415	0.023	0.000	0.073	0.074	0.188
河南	0.829	0.683	0.063	0.544	0.299	0.048	0.000	0.109	0.038	0.142
湖北	0.787	0.533	0.510	0.248	0.126	0.026	0.039	0.193	0.061	0.156
湖南	0.758	0.598	0.843	0.006	0.059	0.019	0.019	0.141	0.019	0.149
广东	0.641	0.567	0.772	0.000	0.066	0.024	0.015	0.074	0.000	0.263
广西	0.558	0.526	0.693	0.001	0.174	0.033	0.005	0.031	0.000	0.183
海南	0.568	0.519	0.738	0.000	0.043	0.008	0.000	0.049	0.000	0.281
重庆	0.746	0.674	0.306	0.075	0.206	0.039	0.147	0.072	0.000	0.174
四川	0.806	0.677	0.316	0.199	0.208	0.034	0.087	0.127	0.002	0.124

续表

地区	（粮食作物+油料+棉花）/总播种面积	粮食作物/总播种面积						油料作物/总播种面积	棉花作物/总播种面积	蔬菜和瓜类/总播种面积
			稻谷/粮食作物	小麦/粮食作物	玉米/粮食作物	大豆/粮食作物	马铃薯/粮食作物			
贵州	0.732	0.624	0.234	0.088	0.252	0.044	0.213	0.107	0.000	0.131
云南	0.712	0.662	0.248	0.103	0.322	0.031	0.118	0.050	0.000	0.101
西藏	0.825	0.721	0.006	0.217	0.024	0.001	0.003	0.104	0.000	0.087
陕西	0.840	0.754	0.040	0.366	0.371	0.060	0.083	0.071	0.015	0.119
甘肃	0.799	0.696	0.002	0.352	0.240	0.033	0.235	0.089	0.014	0.107
青海	0.872	0.536	0.000	0.378	0.019	0.000	0.314	0.335	0.000	0.069
宁夏	0.744	0.674	0.095	0.264	0.260	0.020	0.263	0.070	0.000	0.140
新疆	0.786	0.426	0.037	0.581	0.301	0.043	0.011	0.058	0.302	0.087

经分析，全国各省（自治区、直辖市）主要作物见表6-14。

表6-14　全国各省（自治区、直辖市）主要作物的确定

地区	主要作物	地区	主要作物
北京	小麦、玉米	湖北	稻谷、蔬菜
天津	小麦、玉米	湖南	稻谷、油料和蔬菜
河北	小麦、玉米	广东	稻谷
山西	小麦、玉米	广西	稻谷、玉米和糖料蔗
内蒙古	小麦、玉米和大豆	海南	稻谷、蔬菜
辽宁	稻谷、玉米	重庆	稻谷、玉米和糖料蔗
吉林	稻谷、玉米和大豆	四川	稻谷、小麦、玉米和蔬菜
黑龙江	稻谷、玉米和大豆	贵州	稻谷、玉米、薯类和蔬菜
上海	稻谷、蔬菜	云南	稻谷、小麦、玉米、薯类和蔬菜
江苏	稻谷、小麦	西藏	稻谷、小麦和油菜
浙江	稻谷	陕西	小麦、玉米
安徽	稻谷、小麦、玉米和大豆	甘肃	小麦、玉米
福建	稻谷、蔬菜	青海	小麦、青稞、豆类、薯类和油料
江西	稻谷	宁夏	小麦、玉米和薯类
山东	小麦、玉米和蔬菜	新疆	小麦、玉米和棉花
河南	小麦、玉米		

6.5.3.3 基于定额的灌溉用水总量折算系数表

根据各省（自治区、直辖市）不同年型的综合灌溉定额，得出不同年型灌溉用水总量折算系数表（表 6-15）。因天津、山西、辽宁、吉林、上海、江苏、湖南、海南、重庆、四川、贵州、西藏、宁夏和新疆 14 个地区农业用水定额的资料不完善，本书根据邻近地区的农业灌溉定额进行近似推求。

表 6-15 基于定额的灌溉用水总量折算系数表

地区	25% 水平折算系数	37.5% 水平折算系数	62.5% 水平折算系数	75% 水平折算系数	90% 水平折算系数
北京	1.39	1.16	0.88	0.78	0.67
天津	1.34	1.25	0.83	0.71	0.65
河北	1.52	1.35	0.79	0.66	0.59
山西	1.34	1.25	0.83	0.71	0.65
内蒙古	1.33	1.18	0.87	0.76	0.67
辽宁	1.34	1.25	0.83	0.71	0.65
吉林	1.34	1.25	0.83	0.71	0.65
黑龙江	1.45	1.45	0.84	0.72	0.63
上海	1.4	1.43	0.77	0.63	0.57
江苏	1.4	1.43	0.77	0.63	0.57
浙江	1.32	1.14	0.89	0.81	0.71
安徽	1.4	1.47	0.75	0.68	0.59
福建	1.09	1.04	0.96	0.93	0.75
江西	1.11	1.05	0.95	0.9	0.7
山东	1.25	1.12	0.9	0.83	0.71
河南	1.33	1.16	0.88	0.78	0.67
湖北	1.11	1.09	0.93	0.85	0.77
湖南	1.15	1.08	0.93	0.88	0.8
广东	1.18	1.09	0.93	0.87	0.79
广西	1.11	1.05	0.95	0.91	0.83
海南	1.11	1.05	0.95	0.91	0.83
重庆	1.25	1.11	0.91	0.83	0.74
四川	1.25	1.11	0.91	0.83	0.74
贵州	1.18	1.09	0.93	0.86	0.77
云南	1.11	1.06	0.94	0.89	0.83
西藏	1.25	1.11	0.91	0.83	0.74
陕西	1.34	1.22	0.83	0.71	0.63
甘肃	1.18	1.1	0.92	0.85	0.77

续表

地区	25%水平折算系数	37.5%水平折算系数	62.5%水平折算系数	75%水平折算系数	90%水平折算系数
青海	1.25	1.11	0.91	0.83	0.74
宁夏	1.25	1.11	0.91	0.83	0.79
新疆	1.25	1.11	0.91	0.83	0.76

6.5.3.4 经修正后的灌溉用水总量折算

对于南方地区，实验站水稻非充分灌溉节水潜力为20%～25%。综合考虑大部分地区农民水稻灌溉习惯与节水条件，大田非充分灌溉较为现实的节水率为8%～10%，即μ为1.08～1.10。

对于北方地区，实验站小麦非充分灌溉节水潜力约为15%。综合考虑大部分地区农民水稻灌溉习惯与节水条件，大田非充分灌溉较为现实的节水率约为10%，即$\mu=1.10$。

节水潜力系数在水分偏枯年份进行考虑。

经过节水潜力系数修正后的用水总量折算系数如表6-16所示。

表6-16 经修正后的灌溉用水总量折算系数表

地区	25%水平折算系数	37.5%水平折算系数	62.5%水平折算系数	75%水平折算系数	90%水平折算系数
北京	1.39	1.16	0.88	0.78	0.70
天津	1.34	1.25	0.83	0.71	0.68
河北	1.52	1.35	0.79	0.66	0.62
山西	1.34	1.25	0.83	0.71	0.68
内蒙古	1.33	1.18	0.87	0.76	0.70
辽宁	1.34	1.25	0.83	0.71	0.68
吉林	1.34	1.25	0.83	0.71	0.68
黑龙江	1.45	1.45	0.84	0.72	0.66
上海	1.4	1.43	0.77	0.63	0.62
江苏	1.4	1.43	0.77	0.63	0.62
浙江	1.32	1.14	0.89	0.81	0.77
安徽	1.4	1.47	0.75	0.68	0.64
福建	1.09	1.04	0.96	0.93	0.81
江西	1.11	1.05	0.95	0.89	0.79
山东	1.25	1.12	0.9	0.83	0.75
河南	1.33	1.16	0.88	0.78	0.70
湖北	1.11	1.09	0.93	0.85	0.83
湖南	1.15	1.08	0.93	0.88	0.86
广东	1.18	1.09	0.93	0.87	0.85
广西	1.11	1.05	0.95	0.91	0.90

续表

地区	25%水平折算系数	37.5%水平折算系数	62.5%水平折算系数	75%水平折算系数	90%水平折算系数
海南	1.11	1.05	0.95	0.91	0.90
重庆	1.25	1.11	0.91	0.83	0.80
四川	1.25	1.11	0.91	0.83	0.80
贵州	1.18	1.09	0.93	0.86	0.83
云南	1.11	1.06	0.94	0.89	0.85
西藏	1.25	1.11	0.91	0.83	0.78
陕西	1.34	1.22	0.83	0.71	0.66
甘肃	1.18	1.1	0.92	0.85	0.81
青海	1.25	1.11	0.91	0.83	0.78
宁夏	1.25	1.11	0.91	0.83	0.83
新疆	1.25	1.11	0.91	0.83	0.80

6.5.3.5 全口径用水总量折算

根据修正后的灌溉用水总量折算系数和2012年各省（自治区、直辖市）农业灌溉用水量占总用水量的比例，得出全口径用水总量折算系数表（表6-17）。

表6-17 全口径用水总量折算系数表

地区	75%水平折算系数	90%水平折算系数	地区	75%水平折算系数	90%水平折算系数
北京	0.94	0.92	湖北	0.92	0.91
天津	0.85	0.84	湖南	0.93	0.92
河北	0.75	0.72	广东	0.93	0.92
山西	0.83	0.81	广西	0.94	0.93
内蒙古	0.82	0.78	海南	0.93	0.92
辽宁	0.81	0.79	重庆	0.95	0.94
吉林	0.81	0.79	四川	0.9	0.88
黑龙江	0.77	0.72	贵州	0.92	0.91
上海	0.94	0.94	云南	0.92	0.9
江苏	0.8	0.79	西藏	0.85	0.8
浙江	0.91	0.89	陕西	0.81	0.78
安徽	0.83	0.8	甘肃	0.88	0.85
福建	0.97	0.91	青海	0.86	0.82
江西	0.93	0.87	宁夏	0.85	0.85
山东	0.88	0.83	新疆	0.84	0.81
河南	0.88	0.83			

6.5.4 综合确定折算系数

6.5.4.1 三种类型折算系数汇总

根据以上三种方法得出来折算系数见表6-18。

表6-18 各类型折算系数汇总（全口径用水总量）

地区	统计数据		水资源综合规划		用水定额		地区	统计数据		水资源综合规划		用水定额	
	75%	90%	75%	90%	75%	90%		75%	90%	75%	90%	75%	90%
北京	1.06	1.03	1.12	1.2	0.94	0.92	湖北	0.97	0.9	0.92	0.9	0.92	0.91
天津	0.92	0.93	1.11	1.29	0.85	0.84	湖南	0.97	0.94	1	1	0.93	0.92
河北	1	0.99	1	1	0.75	0.72	广东	1.02	0.97	1	1.07	0.93	0.92
山西	1	1	1	1	0.83	0.81	广西	0.96	1.07	0.89	0.86	0.94	0.93
内蒙古	1.02	0.86	0.97	1.02	0.82	0.78	海南	0.99	0.93	1	1	0.93	0.92
辽宁	0.93	0.97	0.93	0.94	0.81	0.79	重庆	0.99	1.04	1	1	0.95	0.94
吉林	0.97	0.79	0.91	0.95	0.81	0.79	四川	0.98	0.94	0.98	1	0.9	0.88
黑龙江	0.99	0.99	0.92	0.93	0.77	0.72	贵州	0.97	0.99	1	1.07	0.92	0.91
上海	0.99	0.98	1	1	0.94	0.94	云南	1.11	1.03	0.93	0.94	0.92	0.9
江苏	0.98	0.94	0.94	0.81	0.8	0.79	西藏	1.14	1.2	1	1.01	0.85	0.8
浙江	0.96	0.94	1	1	0.91	0.89	陕西	0.97	0.99	1.04	1.04	0.81	0.78
安徽	0.98	0.95	1	1	0.83	0.8	甘肃	0.97	0.95	1.07	1.07	0.88	0.85
福建	0.98	0.94	1	1	0.97	0.91	青海	0.92	0.91	1	1	0.86	0.82
江西	0.98	0.91	0.93	0.88	0.93	0.87	宁夏	1	0.98	0.9	0.96	0.85	0.85
山东	0.86	0.81	1.04	1.01	0.88	0.83	新疆	0.96	0.94	1.02	1.04	0.84	0.81
河南	0.93	0.87	0.93	0.93	0.88	0.83							

6.5.4.2 三种方法综合原则和具体步骤

1. 综合原则

（1）考虑最严格管理本意，宁紧勿松。

（2）紧密结合区域实际，深入机理分析。

（3）考虑现实管理操作，不追求精细化。

（4）考虑数据现实基础，多源比较分析（如水利普查数据）。

2. 具体步骤

（1）以分省（自治区、直辖市）不同年型农业用水实际统计比例关系“确定的折算系数”为基准值，以分省水资源综合规划不同年型供水比例关系确定的折算系数为规划值，进行比对。

（2）基准值与规划值相差较小时，采取二者平均值作为最终折算系数。

（3）基准系数规划值差别较大时，深入分析二者差别的原因，并参考灌溉定额比例，综合确定最终折算系数。

（4）未获取规划值，直接引用实际统计比例。

（5）当折算系数大于 1 时，最终取值为 1。

3. 直接计算结果

各地区的折算系数见表 6-19。

表 6-19　各省（自治区、直辖市）75%和 90%年型折算系数表

地区	折算系数		地区	折算系数	
	75%	90%		75%	90%
北京	1.09	1.12	湖北	0.95	0.9
天津	1.02	1.11	湖南	0.97	0.94
河北	1	1	广东	1.01	1.02
山西	1	1	广西	0.93	0.97
内蒙古	1	0.94	海南	1	0.97
辽宁	0.93	0.96	重庆	0.99	1.04
吉林	0.94	0.87	四川	0.98	0.97
黑龙江	0.96	0.96	贵州	0.99	1.03
上海	0.99	0.98	云南	1.02	0.99
江苏	0.96	0.88	西藏	1.07	1.11
浙江	0.98	0.97	陕西	1.01	1.02
安徽	0.98	0.95	甘肃	1.02	1.01
福建	0.98	0.94	青海	0.92	0.91
江西	0.96	0.9	宁夏	0.95	0.97
山东	0.95	0.91	新疆	0.99	0.99
河南	0.93	0.9			

4. 折算系数最终确定

根据以上原则和步骤，得出综合后的折算系数，见表 6-20。

表 6-20　折算系数最终确定表

地区	折算系数		地区	折算系数	
	75%	90%		75%	90%
北京	1	1	湖北	0.95	0.9
天津	1	1	湖南	1	0.99
河北	1	1	广东	1	1
山西	1	1	广西	0.93	0.97
内蒙古	1	0.94	海南	1	0.97
辽宁	0.93	0.96	重庆	0.99	1

续表

地区	折算系数		地区	折算系数	
	75%	90%		75%	90%
吉林	0.94	0.87	四川	0.98	0.97
黑龙江	0.96	0.96	贵州	0.99	1
上海	0.99	0.98	云南	1	0.99
江苏	0.96	0.88	西藏	1	1
浙江	0.98	0.99	陕西	1	1
安徽	1	0.99	甘肃	1	1
福建	1	0.94	青海	0.92	0.91
江西	0.96	0.9	宁夏	0.95	0.97
山东	0.95	0.91	新疆	0.99	0.99
河南	0.93	0.9			

根据折算系数结果，初步可将31个省（自治区、直辖市）分为不需折算和需要折算两种类型（表6-21）。

表6-21　全国各省（自治区、直辖市）折算和不进行折算分类表

地区		折算系数		地区		折算系数	
		75%	90%			75%	90%
不进行折算的地区	北京	1	1	进行折算的地区	内蒙古	1	0.94
	天津	1	1		辽宁	0.93	0.96
	河北	1	1		吉林	0.94	0.87
	山西	1	1		黑龙江	0.96	0.96
	上海	0.99	0.98		江苏	0.96	0.88
	重庆	0.99	1		浙江	0.98	0.97
	贵州	0.99	1		安徽	0.98	0.95
	云南	1	0.99		福建	0.98	0.94
	广东	1	1		江西	0.96	0.9
	西藏	1	1		山东	0.95	0.91
	陕西	1	1		河南	0.93	0.9
	甘肃	1	1		湖北	0.95	0.9
	新疆	0.99	0.99		湖南	0.97	0.94
	—				广西	0.93	0.97
					海南	1	0.97
					四川	0.98	0.97
					青海	0.92	0.91
					宁夏	0.95	0.97

不同年型间可不进行折算的省（自治区、直辖市）共 13 个，主要可以分为几种类型：一是资源严重紧缺且地下水超采地区，应体现最严格水资源管理要求，如北京、天津、河北、山西；二是农业用水比重较低的地区，如上海；三是降水量很少地区，如新疆、甘肃等；四是降水量极丰地区，如广东；五是水利工程能力不足地区，如云南、贵重和重庆市等。

不同年型之间用水总量需要进行折算的省（自治区、直辖市）共 18 个，具有以下特点：①降水量处于中间区段；②不同年型降水差别较大；③农业用水比重较大；5 水利基础设施相对完善。

第 7 章　万元工业增加值用水量监测统计与管理研究

7.1　指标监测统计现状与问题分析

7.1.1　取水计量管理发展过程

长期以来，由于受经济社会条件、发展水平和思想意识的限制，我国取水计量管理工作进展缓慢。早在 20 世纪 80 年代前，我国取水还处于一种无序和无偿使用状态，工业企业用水大多取自自备水源，基本没有取水计量。随着我国节水工作的开展，国家开始认识到取水计量的重要性并采取了一系列措施。

1. 20 世纪 80 年代

1984 年，国务院在“关于大力开展城市节约用水的通知”规定：“各工业企业用水单位、生产车间和主要耗水设备，都要装表计量，根据用水定额核定用水计划。”这是我国首次以行政法规的形式规定工业企业用水要安装计量设施，计量取水、按量收费。

1988 年颁布的《水法》明确：“对城市中直接从地下取水的单位，征收水资源费；其他直接从地下或者江河、湖泊取水的，可以由省、自治区、直辖市人民政府决定征收水资源费。”水资源费的征收在一定程度上推动了取水计量装置工作。

2. 20 世纪 90 年代以来

20 世纪 90 年代以来，随着我国经济社会快速发展，城市化进程的加快以及人口的激增，水资源供需矛盾越来越突出，节水已上升为我国一项基本国策，作为水资源管理的一项重要基础性工作，取水计量管理得到进一步加强。

1993 年国务院颁布的《取水许可制度实施办法》第二十七条规定：“持证人应当依照取水许可证的规定取水，应当装置计量设施，按照规定填报取水报表。”

1998 年国务院《城市节约用水管理规定》（建设部令第 1 号发布）第十三条规定：“各用水单位应当在用水设备上安装计量水表，进行用水单耗考核，降低单位产品用水量；应当采取循环用水、一水多用等措施，在保证用水质量标准的前提下，提高水的重复利用率。”

2002 年国务院颁布的新《水法》第四十九条规定：“用水应当计量，并按照批准的用水计划用水。用水实行计量收费和超定额累进加价制度”。

2005 年《中国节水技术政策大纲》第 3. 8 条规定：“工业用水的计量、控制是用水统计、管理和节水技术进步的基础工作。重点用水系统和设备应配置计量水表和控制仪表。完善和修订有关的各类设计规范，明确水计量和监控仪表的设计安装及精度要求。重点用水系统和设备应逐步完善计算机和自动监控系统”。

2006 年 4 月 15 日，国务院颁布实施的第 460 号令《取水许可和水资源费征收管理条例》第四十三条规定：“取水单位或者个人应当依照国家技术标准安装计量设施，保证计量设施正常运行，并按规定填报取水统计报表。”

2008 年《取水许可管理办法》（水利部令第 34 号）第四十二条规定：“取水单位或者个人应当安装符合国家法律法规或者技术标准要求的计量设施，对取水量和退水量进行计量，并定期进行检定或者核准，保证计量设施正常使用和量值的准确、可靠。”

3. 新形势下的具体要求

2012 年的《国务院关于实行最严格水资源管理制度的意见》（国发〔2012〕3 号）明确要求“建立水资源管理责任和考核制度和健全水资源监控体系。抓紧制定水资源监测、用水计量与统计等管理办法，健全相关技术标准体系”。

2012 年水利部、财政部联合印发的《国家水资源监控能力建设项目实施方案（2012—2014 年）》（水资源〔2012〕411 号）提出：“项目分两期实施，一期工程总体目标是，用 3 年左右时间基本建立与水资源开发利用、用水效率和水功能区限制纳污等控制管理相适应的重要取水户、重要水功能区和大江大河主要省界断面 3 大监控体系，基本建立国家水资源管理系统，初步形成与实行最严格水资源管理制度相适应的水资源监控能力，逐步增强支撑水资源定量管理和对‘三条红线’执行情况进行考核的能力。”

2013 年 3 月，国务院印发《计量发展规划（2013—2020 年）》（国发〔2013〕10 号）提出：“需要不断提高各行业计量检测能力，夯实计量基础、完善计量体系、提升计量整体水平。”

7.1.2　万元工业增加值用水量现状与变化趋势

7.1.2.1　万元工业增加值用水量指标现状

2012 年的全国万元工业增加值用水量（2010 年可比价）73.4m^3 与 2010 年 90m^3 相比下降幅度为 18.4%。

各省（自治区、直辖市）万元工业增加值用水量大于 100m^3 有：西藏、贵州、湖北、安徽、湖南、江西和上海 7 地，用水量分别为 318m^3、191.1m^3、132.5m^3、132.1m^3、116m^3、103m^3 和 101.1m^3；小于 30m^3 有：山西、陕西、辽宁、河北、北京、山东和天津 7 地，用水量分别为 25.3m^3、20.9m^3、20.8m^3、20.7m^3、15.4m^3、11.9m^3 和 8.4m^3。2012 年各省（自治区、直辖市）万元工业增加值用水量指标情况，见表 7-1 和图 7-1。

表 7-1 2000~2012 年各省（自治区、直辖市）万元工业增加值用水量（2010 年可比价）

单位：m^3

地区	2000 年	2001 年	2002 年	2003 年	2004 年	2005 年	2006 年	2007 年	2008 年	2009 年	2010 年	2011 年	2012 年	2000~2012 年下降幅度/%	2000~2012 年均下降率/%
全国	206.5	190.5	173.3	158.4	148.3	139	128.7	117.1	106	97	90	82.4	73.4	64.5	8.26
北京	107.2	85.6	65.1	58.6	50	38.2	31.9	26.1	23.6	21.6	18.3	16.9	15.4	85.6	14.93
天津	59.3	44.7	39.1	36	30.9	23.3	19.3	15.8	12	12	11	9.5	8.4	85.8	15.03
河北	95.3	87	77.5	66.7	56	48.9	43	35.7	32.5	28.2	24.1	23.6	20.7	78.3	11.95
山西	104.2	92.9	83.5	74.4	62.3	51.6	49.3	39	33.8	26.9	27	26.1	25.3	75.7	11.13
内蒙古	125.6	124.8	112.5	100.4	78.9	67.9	66.9	57.7	51.8	44	40.2	35.8	31.3	75.1	10.93
辽宁	125.3	102.7	87	74.8	59.8	53	49.8	43	37.3	31.9	28.4	23.9	20.8	83.4	13.90
吉林	212.4	187.6	153.7	179.5	114.8	111.8	96.7	80.4	67.9	72.2	66.5	57.1	50.9	76.0	11.22
黑龙江	650.3	514.5	352.8	265.1	236.1	215.8	198.3	178.2	159	140.2	121.6	101.8	72.2	88.9	16.74
上海	368.8	325.4	284.3	229.3	213.8	199	169.6	157.9	143.7	151.2	129.8	117.7	101.1	72.6	10.22
江苏	291.6	263.5	235.5	211.5	211.7	204.1	185.3	163.5	135.5	114	99.5	89.1	79.2	72.8	10.29
浙江	135.4	124	109.9	99	85.7	79.5	74.6	65.8	57.2	49.2	47.2	44.4	40.7	69.9	9.53
安徽	298.2	367.8	356.7	369.9	331.1	295.4	293.2	255.2	221.9	212	173.9	140.1	132.1	55.7	6.56
福建	296.6	262.4	250.4	259.6	223.2	204.4	184.7	169.5	153.3	142.6	127	111.8	76	74.4	10.73
江西	612.5	494.4	473	402.9	377.4	289.9	240.3	230.2	199.8	150.4	133.8	120.6	103	83.2	13.81
山东	95.3	80.3	63.3	46.3	34.3	22.2	19.5	18	16.4	14.7	14.2	14	11.9	87.5	15.92
河南	147.8	132.2	116.7	99.4	86.1	80.5	71.3	63.5	55	51.7	46.5	41.7	39.7	73.1	10.38
湖北	431.2	378.1	353.7	340.6	308.2	267.9	242.3	234	201.1	181.8	174.1	150.3	132.5	69.3	9.37
湖南	357.7	328.8	323.1	338.8	328	293.8	253.3	214	183.9	161.4	142.3	128.2	116	67.6	8.96
广东	197.7	202.7	184.3	164.7	144.6	120.2	103.3	91.5	79.6	72.8	64.7	56.2	47.4	76.0	11.22
广西	474.1	487.8	437.4	337.8	322.9	285.7	244.3	204.7	187.9	170.3	143.1	127.5	85.3	82.0	13.32
海南	430.2	394.7	329.1	310.2	200.5	170.8	159	154.7	155.9	120.1	99.4	88.4	80.5	81.3	13.04

续表

地区	2000 年	2001 年	2002 年	2003 年	2004 年	2005 年	2006 年	2007 年	2008 年	2009 年	2010 年	2011 年	2012 年	2000～2012 年下降幅度/%	2000～2012 年均下降率/%
重庆	335.9	295.8	264.8	247.9	247.7	224.1	220.6	192.7	182.4	158.4	128.2	95.8	75.3	77.6	11.72
四川	339.7	334.7	311.9	270.5	224.9	187.1	156.2	132.8	114.1	102.4	84.7	71.4	52.4	84.6	14.42
贵州	441.1	429.4	447.7	443.2	388.2	334.8	282.2	286.4	278.3	260.5	226.3	171.9	191.1	56.7	6.73
云南	212.5	205.2	206.3	162.4	147.8	136.8	119.6	121.4	107.5	99.5	97.8	82.4	78.9	62.9	7.92
西藏	666	714.3	649.8	197.8	180.5	237.2	313	359.1	430.2	402.6	367.5	353.8	318	52.3	5.97
陕西	127	116.1	102.1	93.7	75.5	59.8	52.8	39.9	37.1	29.9	26.5	24.8	20.9	83.5	13.96
甘肃	385.4	332.8	306	261.6	220.7	180.1	155	117.6	101.8	96.6	85.7	82.9	73.6	80.9	12.89
青海	314.3	300	260.1	239.1	238.4	225.9	208.6	181.3	168.3	58.8	53.1	48.8	30.5	90.3	17.67
宁夏	303	248.6	195.8	154.4	118.7	107.5	90	76.2	62.7	66	64.1	61.5	56.8	81.3	13.02
新疆	176.2	143.8	142.9	101.9	83.4	66.8	61.1	57.9	53.8	54.4	51.8	52.2	45.6	74.1	10.65

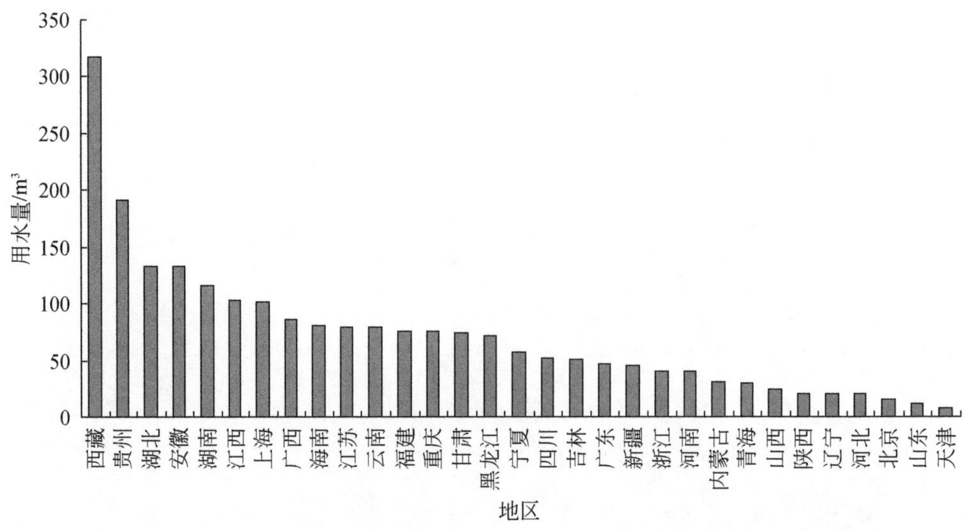

图 7-1　2012 年各省（自治区、直辖市）万元工业增加值用水量指标

7.1.2.2　万元工业增加值用水量变化趋势

1. 全国万元工业增加值用水量变化趋势

按 2010 年可比价，2012 年全国万元工业增加值用水量为 73.4m^3，与 2000 年 206.5m^3 相比下降幅度为 64.5%，年均下降率为 9%。2000～2012 年全国万元工业增加值用水量变化趋势，见图 7-2。

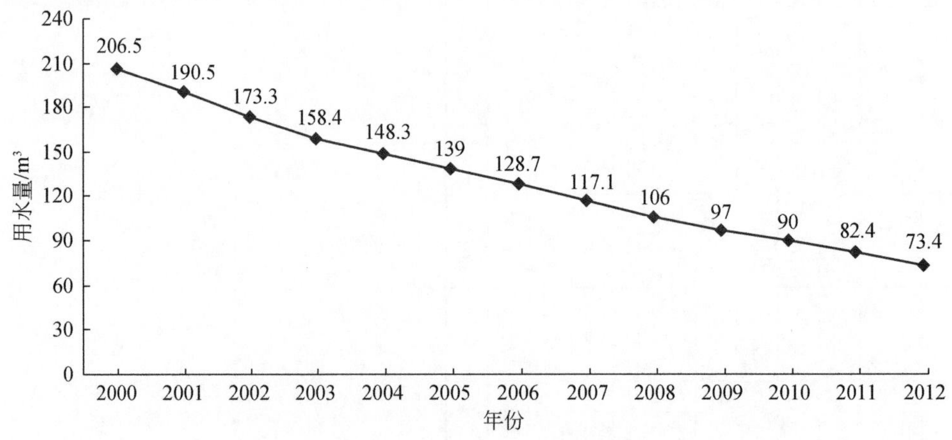

图 7-2　2000～2012 年全国万元工业增加值用水量变化趋势

2. 各省（自治区、直辖市）万元工业增加值用水量变化趋势

2000～2012 年各省（自治区、直辖市）万元工业增加值用水量（2010 年可比价）变化趋势，见图 7-3。

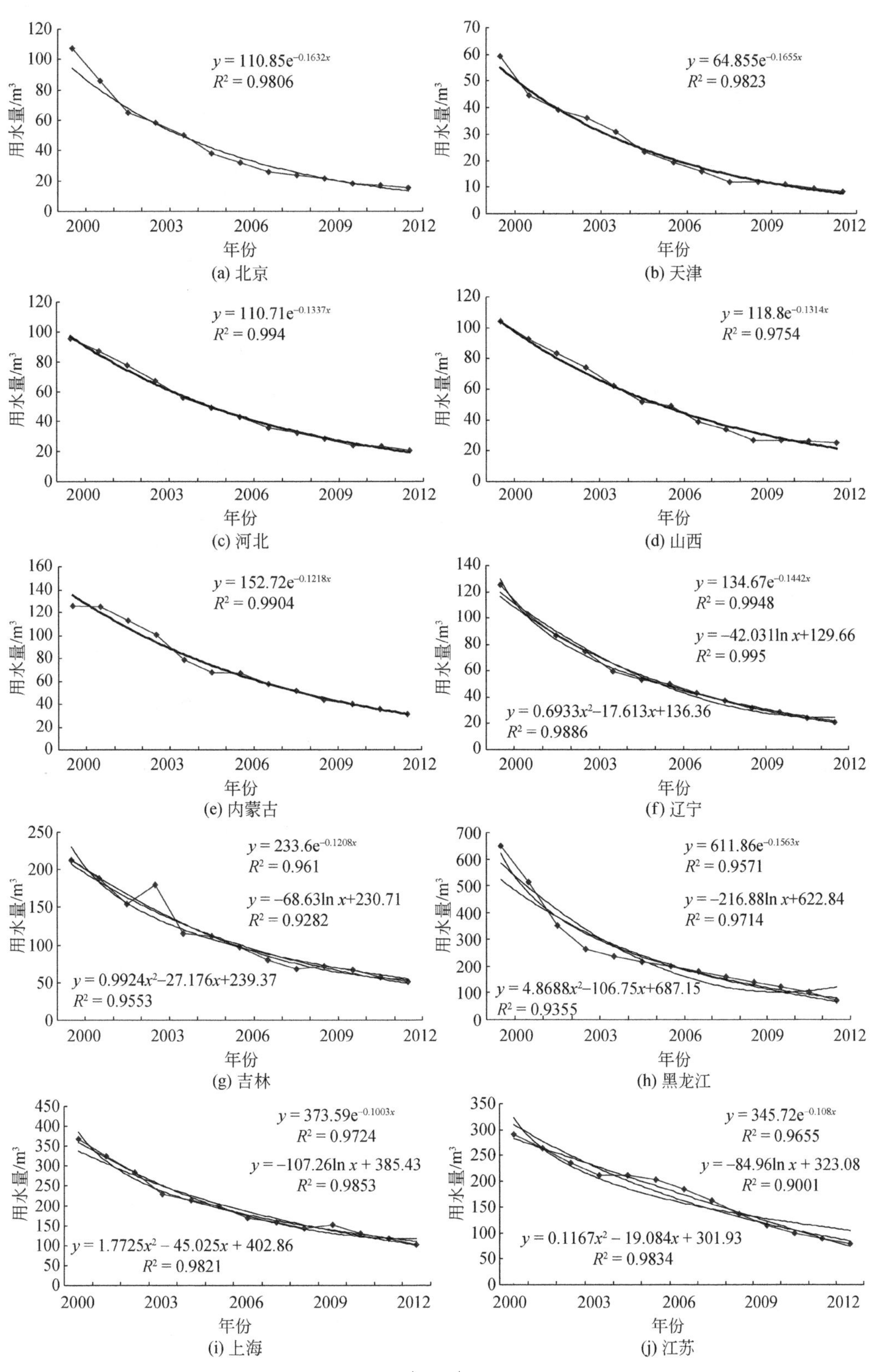

(a) 北京　(b) 天津　(c) 河北　(d) 山西　(e) 内蒙古　(f) 辽宁　(g) 吉林　(h) 黑龙江　(i) 上海　(j) 江苏

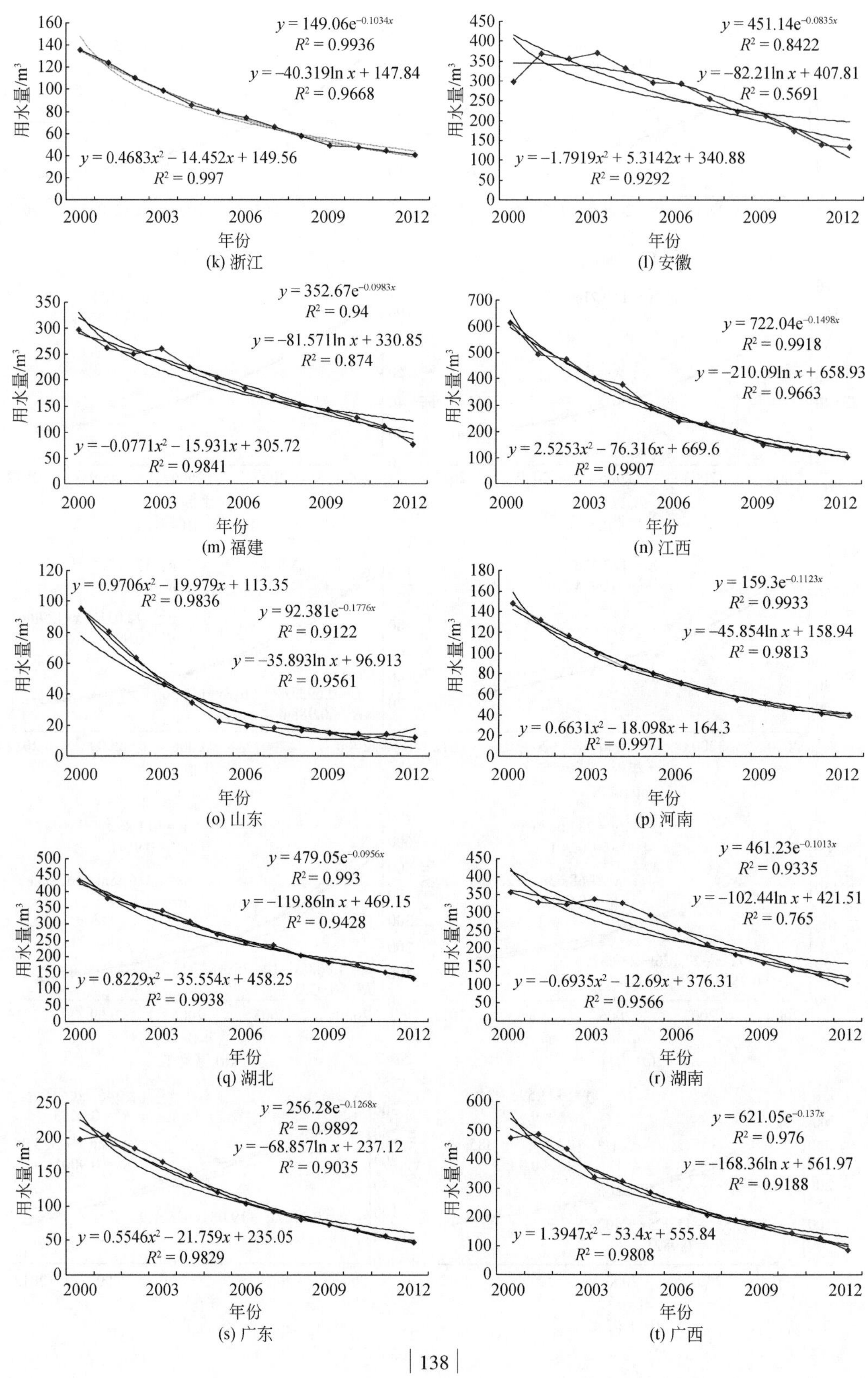

(k) 浙江　(l) 安徽

(m) 福建　(n) 江西

(o) 山东　(p) 河南

(q) 湖北　(r) 湖南

(s) 广东　(t) 广西

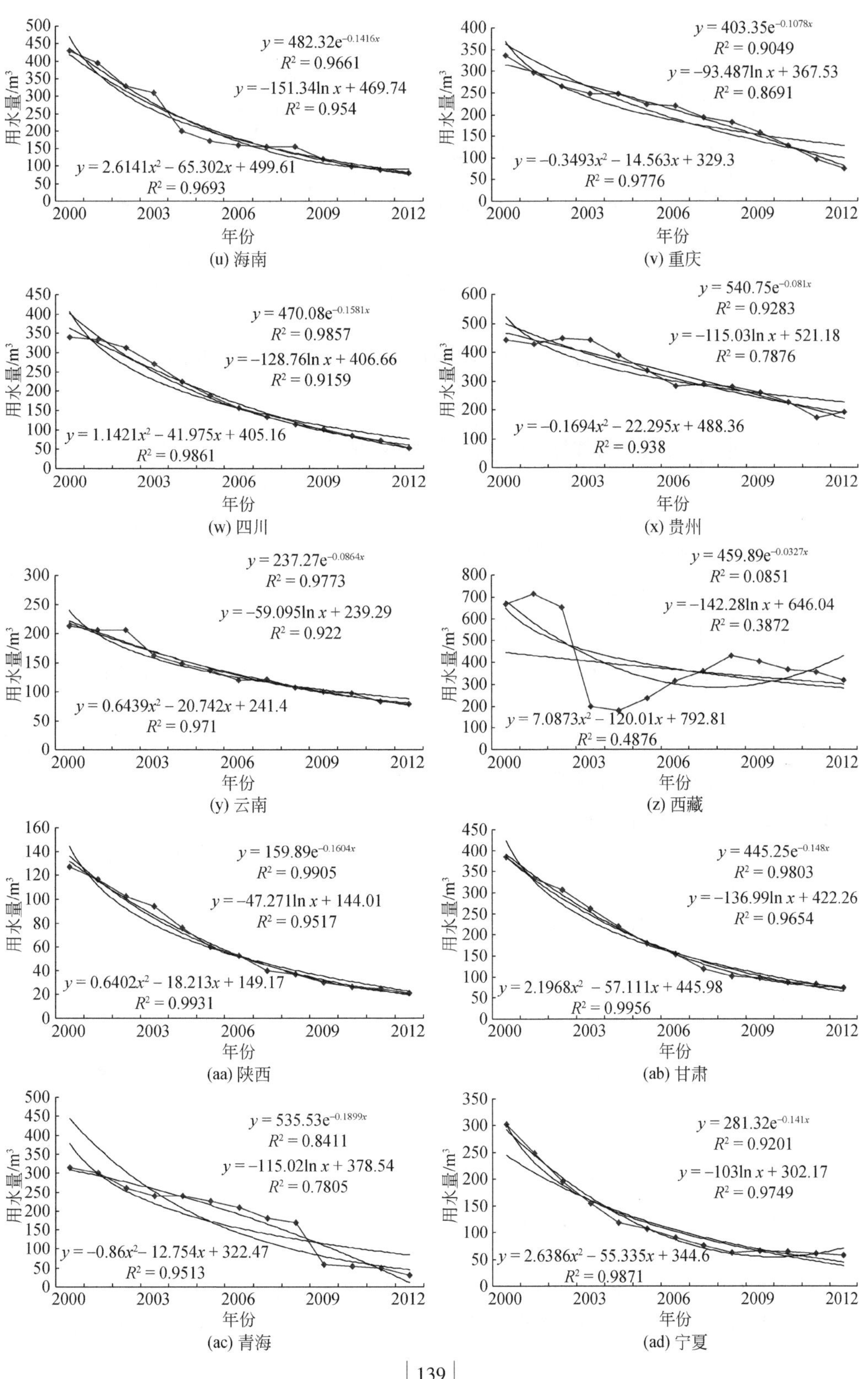

(u) 海南　(v) 重庆

(w) 四川　(x) 贵州

(y) 云南　(z) 西藏

(aa) 陕西　(ab) 甘肃

(ac) 青海　(ad) 宁夏

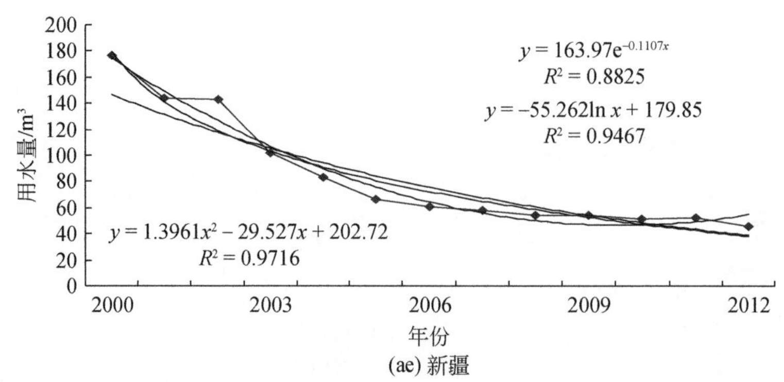

(ae) 新疆

图 7-3　2000 ~ 2012 年各省（自治区、直辖市）万元工业增加值用水量变化趋势

7.1.3　工业用水量监测统计现状与问题分析

7.1.3.1　工业用水量监测现状

1. 工业用水户监测情况

根据 2011 年水利普查成果，全国工业年取水量为 50 万 t、15 万 t 和 5 万 t 以上的用水大户分别约有 1 万个、1.8 万个和 4 万个，年取水量依次约占工业总用水量的 56%、59% 和 69%。

若对 2011 年取水量大于 5 万 t 的工业用水户全部实施监测计量，则全国有 24 个省（市、区）工业用水监测计量率可达到 50% 以上。

2. 工业取用水量监测计量设施

根据江苏、浙江、上海、福建、江西、广东、广西、云南、海南、湖南、湖北、安徽、山西、河南和陕西等省份的工业取用水与监测计量等情况看，取水计量设施选择的总体原则是根据取水量大小、管道条件、安装位置、安装条件等情况，再考虑性价比、管理方便、运行稳定等条件综合确定。在取水企业中使用的计量设备主要以水表、电磁流量计和超声波流量计为主流产品；水表有普通机械水表和智能水表，智能水表又分为卡式水表和远传水表。

根据调研情况，目前工业企业取水监测计量主要以水表、电磁流量计、超声波流量计三种计量设备为主，计时器和电度表使用较少。在北方缺水型地区取用地下水的，一般单管取水量较小，管径在 100mm 以下，大部分采用计时器、水表，近年逐步采用智能水表，其实无论北方还是南方，地下水的取水计量还是以水表为主，由于电磁流量计和超声波流量计用于地下取水计量成本较高，用水企业难以接受，而且超声波流量计对于小管径取水计量精度较差。

在南方地区大江大河中取水的，大中型取水户较多。取水管道一般在 300mm 以上的取水户，从性能价格比、安装维修的方便性等多方面考虑，较多采用超声波流量计。对于建设中的 100 ~ 300mm 取水管道，由于在建设期不存在破管影响取水的问题，效益好的企业采用电磁计量，效益差的企业选用水表。

此外，取用地表水的工业企业、用水户计量设施安装情况，好于取用地下水的用水户，由于安装经费来源、计量设施质量等问题，一些地区井水计量设施安装不到位，或缺乏监控技术手段，存在偷采的现象。国有集团企业、外资合资大公司及效益好的工业企业取水计量设施安装率高，历史遗留问题多、效益差的一些工业企业取水计量设施安装率较低。

有关工业企业取用水监测计量设施，见图 7-4。

(a)云南三环中化化肥有限责任公司(卡式水泵计量仪)

(b)中国华能集团福州电厂(智能超声波流量计)

(c)南宁邕源电力工业原水有限公司(插入式流量计)

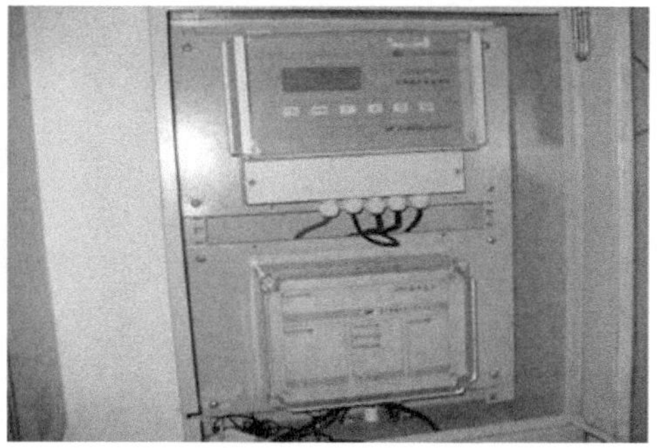

(d)武汉百步亭地热公司(智能超声波流量计)

(e)安徽晋煤金龙源化工公司(电磁流量计)

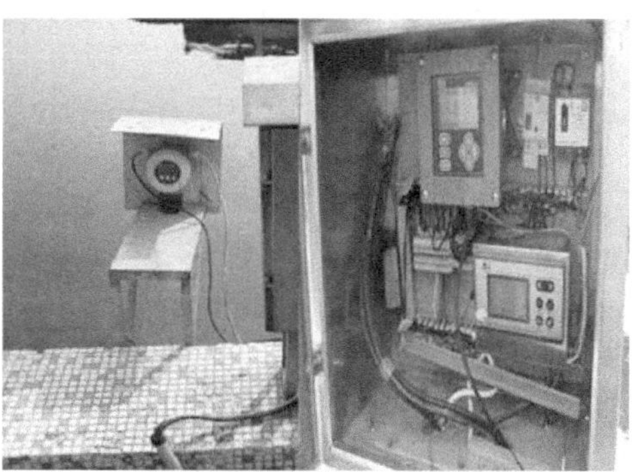

(f)浙江巨化集团公司(超声波流量计)

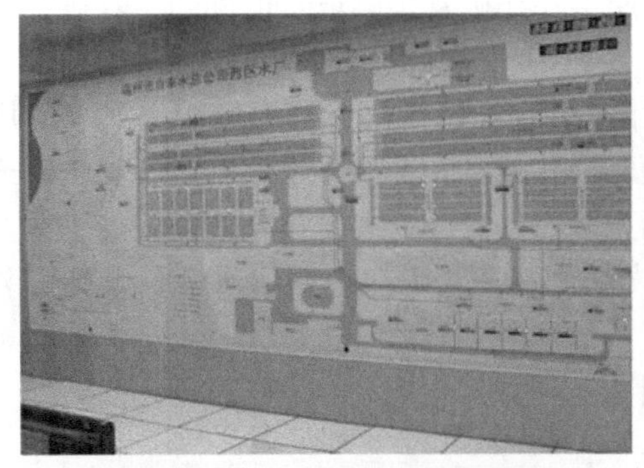

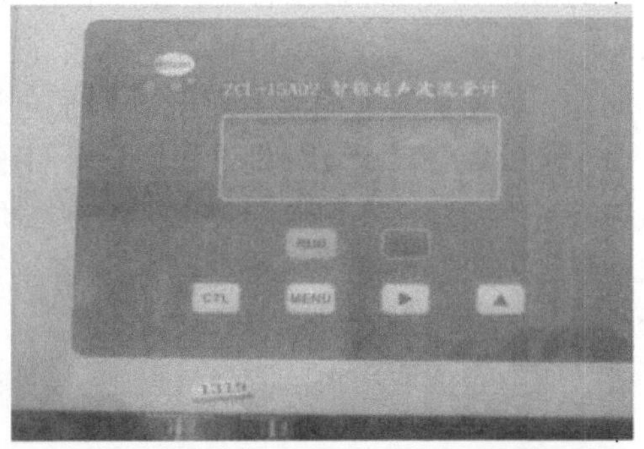

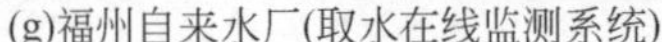

(g)福州自来水厂(取水在线监测系统)　　(h)广西南宁凤凰纸业公司(插入式智能超声波流量计)

图 7-4　有关工业企业取用水监测计量设施

3. 有关省份取工业监测计量设施调查情况

1）江苏

2000 年以来，先后完成了取水许可、水资源管理信息网络建设，全面推广智能水表和远传系统，实行“先交费、后用水”的管理模式。2009 年起启动建设全省水资源管理信息系统一期工程，整合各地建设的取水远程实时监控系统，对非农业年取水量 20 万 m^3 以上的地表水取水、6 万 m^3 以上的地下水取水进行在线监测。全省共新建、改造取水计量监控点 3392 个、监控站 2894 个、取用水户 2400 多个，对应取水许可总量 230 多亿 m^3，实现了对全省 90% 以上非农业取水量的实时在线监控。结合国家水资源监控能力建设项目，整合一期工程，对地表水年取水量 300 万 m^3 以上、地下水取水量 50 万 m^3 以上进一步完善，改造升级取水计量监控点 459 个、监控站 324 个、取用水户 260 个，重点改造升级管道取水计量设施，主要升级采用超声波、电磁式、远程水表等智能计量设施，重点取用水户取水许可总量 217. 2 亿 m^3，2013 年实际取水量 166. 3 亿 m^3，实现了对全省 85% 非农业取水量的在线监测，目前江苏所有国控监测点已经接入国家水资源监控信息平台，实现了互联互通和实时在线传输。

2）湖北

2012 年 12 月湖北国家水资源监控能力建设项目经过招投标，确定了监理公司和各标段的施工单位。2013 年 3 月项目开始施工，省级平台建设基本完成，监测点信息采集建设总体进展顺利。截至 2013 年 7 月全省 146 家取用水单位、336 个取水口监测点，已有 99 家取用水户、210 个监测点完成了安装任务，占总任务的 62. 5%；同时，湖北省水利厅发文对运行维护进行了规范，明确在线监控设施运行维护实行属地负责，初步提出了运行和维护要求。

3）安徽

取水户实时在线监控系统建设，按照取水规模大小、取水敏感程度，按照 3 年建成的目标，将 377 个在线监测点列为国家水资源监控能力建设项目，并专门开发了省级水资源取水实时监测与管理系统，目前已完成 270 余个国控点在线监测，基本涵盖省级直管的取用水户；开展了芜湖、全椒、固镇等非国控监测项目试点建设，2013 年芜湖对年用水量

10 万 m^3 以上所有取水户实现在线监控。

4）浙江

目前以水表、计时器和电磁流量计为主，辅之以超声波流量计、电度表等，于 2006 年启动计量监控设施安装改造工作，要求对年取水许可 50 万 m^3 以上取水户安装在线监控设施，2008 年，提出对公共制水企业和年取水量 10 万 m^3 以上的用户全部实行实时监控，至 2010 年已安装并接入省平台共 200 多个监控点，月监控取水量约 3.5 亿 m^3，占纳入取水许可管理取水量的 60% 以上，基本实现了重点用户取水实时监控。从总体来看，浙江以安装电磁流量计和机械水表为主，电能表和计时器在部分地方相对集中应用，年取水 50 万 m^3 以上取水户以安装电磁流量计为主。

5）广东

目前，全省核发工业取水户 1679 宗，已安装计量 1386 户。其中省级 12 宗、市级 384 宗、县级 1283 宗，计量安装率分别为 100%、98.7% 和 77.6%。珠江三角洲各地市工业计量安装率基本实现 100%。广东已建成了东江水量水质监控系统和省级取水户监管系统，省级发证取水户已基本实现在线监测。据省水资源监控能力建设情况统计，全省取水户约有 300 户已实施取水在线监控，非农业取水户在线监测水量约占全省非农业用水总量的 56%，其中已建设在线监测的国控点 114 户，2012 年取水水量 110 亿 m^3，占全省国控点年总取水量的 70%。

6）广西

按照国家水资源管理监控能力建设“三年完成”的目标，确定了项目建设总体实施方案和技术实施方案，建立了用水单位重点监控名录，主要是推进规模以上取水户取水在线监控工程建设。目前，全区已完成 400 多家取水户在线监控。

7）云南

目前，已投资 5000 万元，完成 38 家取水户的取水计量设施。定期和不定期到现场查看核验取水户的取水计量设施等是否完整和正常运行并记录备案；预计用 2 ~ 3 年时间在全省重点河流、重要涉水工程实现下泄生态流量实时监测，计划通过不断建设完善，在此监测平台上纳入水质监测、发电量监测、水量监测、防汛抗旱等项目，发挥在线监测的综合作用。

8）上海

2013 年年底，全市地表水取水有效计量率达 85% 以上；地下水取水有效计量率达 100%。2012 年已完成水利部试点项目即地表水取水实时监测与管理信息系统。根据日取水量的大小，在 2 万 m^3 以上的为市管单位，2 万 m^3 以下的为区县管理单位。市管单位装表率在 60% 以上，其中一般工业和公共供水行业装表率较高；而电力行业装表率相对较低。目前 1/3 以上的市管取水单位实现取水计量远程监测，其中公共供水企业全部实现远程传输，而电厂和一般工业实现远程传输的水量占比相对较低。各区县管理单位的有效计量率均在 80% 以上，取水信息的远程传输逐步完善。

9）重庆

工业企业取水监测计量与监督管理工作始于 2006 年，水利局利用财政专项资金在重庆30多家市管工业取水企业开展了试点工作。目前，国控水资源监控能力建设项目系统分为国家级和省级2级，市国家级项目总投资预算为4145万元，其中中央投资3600万元，地方配套545万元，于2012～2014年3年完成建设任务。现在已安装工业取水计量设施635套，计划在近期再安装200套。市控水资源监控能力建设项目分为三期工程：一期主要是建设年许可取水量为30万～300万m^3的取水口在线监测站260处；二期建设取水口在线监测点200处（年取水量为5万～30万m^3）；三期完善水资源监测能力建设系统。

10）山西

2003年，山西将工业企业取用水户计量和监测能力建设列入全省水资源管理工作重点。2006年，按照《山西省取水远程实时监控系统建设及总体规划》开展工业企业取水远程实时监控系统建设。目前，按照《山西省水资源实时监控系统建设方案》和《山西省远程监控系统监测站点建设和更新维护方案》有关要求，对已建监控点进行逐一梳理，进一步加强后期维护工作，提高系统运行效率。到2013年全省共安装工业企业取水计量监控设备3000余套，开展了全省工业企业865个重点取水户水量监测监控，2014年基本完成国控户监测点建设，在2016年对重点取用水户全部实现远程实时在线监控。

11）河北

自1999年开始，河北石家庄、承德、唐山等市开展了“水资源实时监控系统”建设试点工作。2007年承德作为全国18个城市先期开展了流域或区域水资源实时监控系统建设试点。2014年，河北将南水北调受水区对工业企业取水量进行计量监测，确定在1163处（年取水量大于10万m^3）新建2843个取用水量监测点。其中新建管道型自动监测站640个、水位型自动监测站9个、远传水表型自动监测站2194个。

12）湖南

2013年湖南启动了国家水资源监控能力建设。项目共分三期：一期和二期项目已经基本实施完毕；三期项目已完成招标工作，正在组织研究实施工作方案。2014年年底全部建设完成，共计302户523套水量在线监测设备安装及改造。长沙、株洲、湘潭等8市完成了水资源管理系统建设方案编制工作，其中岳阳、湘潭两市已经实施，共计21户36套水量在线监测设备安装及改造。

13）深圳

工业区域用水户基本全部通过市政管网从自来水厂取用自来水，或者是从政府投资的水源工程干管中取用原水。目前仅有8个直接取用地下水的工业取水户，年取水总量不超过10万m^3，安装了取水监测计量设施。目前，深圳水资源监控能力建设示范项目，新建28个水源地供水计量设施实时流量采集系统，2014年试运行，掌握了各供水企业及工业用水大户的取用水情况，加强对取水户的监管。

7.1.3.2 工业用水量统计现状

1. 工业用水统计情况

用水的计量、控制是水量统计、管理和节水技术进步的最重要基础性工作。长期以来，由于受经济条件、发展水平和思想意识的限制，我国取水计量装置工作进展缓慢。进入 20 世纪 80 年代以来，随着我国节水工作的开展，开始认识到计量取水的重要性并采取了一系列措施。1988 年颁布的《水法》、1993 年国务院颁布的《取水许可制度实施办法》、1998 年国务院批准的《城市节约用水管理规定》、2002 年颁布的新《水法》以及 2005 年《中国节水技术政策大纲》中都对取水计量作了相关规定，依法管理水资源、安装计量设施已成为一种法定措施。水资源费的征收在一定程度上推动了取水计量装置工作，2006 年 4 月 15 日，国务院颁布实施的第 460 号令《取水许可和水资源费征收管理条例》，对取水计量的管理起到了强化作用。全国层面的取水计量管理方面的法律法规、规范标准和规划文件主要有《中华人民共和国计量法》《用水单位水计量器具配备和管理通则》（GB/T 24789—2009）、取水计量技术导则（GB/T 28714—2012）及《企业水平衡测试通则》《企业用水统计通则》《中华人民共和国强制检定的工作计量器具检定管理办法》、《计量发展规划（2013 ~ 2020 年）》《国务院关于实现最严格水资源管理制度的意见》等。目前只有江苏、浙江、广西、山西和辽宁等少数省区制定并出台了取水计量管理办法，对计量设施选型、安装、运行的监督检查和管理作了具体规定，而大多省区只是在相关办法中对取水计量工作提出了一些要求。

2. 工业用水量统计制度

随着实施最严格水资源管理制度以来，制定了一系列促进工业用水管理的方针政策，各行业、各地方采取有效的措施，积极开展工业用水管理工作，有力地促进了工业领域水资源利用效率和效益的提高，工业用水控制工作取得了显著的进展。然而，我国至今尚未建立工业用水统计制度，基础信息统计与工业用水管理水平不相适应，难以满足我国实行工业用水总量控制的要求。

目前，我国已经在能源和环境领域分别建立了较为完善的统计报表制度，国家统计局每年公开定期发布《中国能源统计年鉴》和《中围环境统计年鉴》。由于在节能和环保领域均涉及水资源的利用，故在其统计制度中也相应纳入了部分工业用水的统计指标，涉及工业用水总量、新鲜用水量、重复用水量、工业用水重复率等。

水利部作为国家水行政主管部门，每年定期公开发布《中国水资源公报》，公布全国水资源状况及其开发利用情况。其中涉及工业用水的指标有工业用水量、万元工业增加值用水量等。为工业用水的统计提供了一些基础数据．也为工业用水管理提供了一定的信息支撑。

3. 工业用水量统计标准

一直以来，我国对于工业企业的用水统计和管理缺乏统一的国家标准，各行业企业的统计报表形式各异、统计项目千差万别、统计管理缺少规范，因此，给统计工作带来诸多不便，很难获得基本的、准确的、较完整的水量资料。随着我国用水总量控制工作的大力开展，从标准化的角度来完善工业用水统计管理的需求越来越强烈。

2006 年，《节水型企业评价导则》（GB/T 7119—2006）国家标准发布实施，其中提出了一些在进行工业企业节水评价中使用的技术考核指标，见表 7-2。

表 7-2 《节水型企业评价导则》的工业用水指标

指标名称		单位
一、取水量指标	单位产品取水量	m^3/t
	万元增加值取水量	m^3
二、重复利用指标	重复利用率	%
	直接冷却水循环率	%
	间接冷却水循环率	%
	冷凝水回用率	%
	废水回用率	%
三、用水漏损指标	用水综合漏失率	%
四、排水指标	达标排放率	%
五、非常规水资源利用指标	非常规水资源替代率	%

2011 年 4 月，《企业用水统计通则》（GBIT 26719—2011）国家标准正式发布。作为我国工业用水领域的重要基础标准，该标准专门针对工业企业规定了两个方面的内容，即统计报表中体现的各项基础数据和综合指标，以及对统计管理的要求。

1）用水统计项目和指标

用水统计必须建立在水计量的基础上。根据《用水单位水计量器具配备和管理通则》（CB 24789—2009）4.2 条水计量器具配备原则，按照取水、用水和排水分别进行统计。为了反映企业的用水效率和效益还需要统计部分生产指标，包括生产总值、工业增加值和产品产量。此外，选取了“取水量”“单位产品取水量”等 13 个能够反映企业用水节水情况的综合性指标并给出了计算方法和公式，见表 7-3。

表 7-3 《企业用水统计通则》的统计项目及指标

指标名称	单位	指标名称	单位
一、取水		④城镇污水再生水量	m^3
(1) 常规水资源		二、用水	
①地表水量	m^3	(1) 主要生产用水	m^3
②地下水量	m^3	①冷却用水	m^3
③自来水量	m^3	②洗涤用水	m^3
④外购水量	m^3	③锅炉用水	m^3
⑤外供水量	m^3	④工艺用水	m^3
(2) 非常规水资源		⑤其他	m^3
①海水量	m^3	(2) 辅助生产用水	m^3
②苦咸水量	m^3	①冷却用水	m^3
③矿井水量	m^3	②洗涤用水	m^3

续表

指标名称	单位	指标名称	单位
③其他	m^3	（2）工业增加值	万元
（3）附属生产用水	m^3	（3）产品产量	主产品单位
①办公	m^3	五、综合指标	
②绿化	m^3	（1）取水量	m^3
③食堂	m^3	（2）非常规水资源取水量	m^3
④浴室	m^3	（3）重复利用水量	m^3
⑤其他	m^3	（4）用水量	m^3
（4）非生产用水	m^3	（5）单位产品取水量	m^3
①基建	m^3	（6）单位产品非常规取水量	m^3
②居民生活	m^3	（7）单位产品用水量	m^3
③外供	m^3	（8）万元产值取水量	m^3
④消防	m^3	（9）万元增加值取水量	m^3
三、排水		（10）重复利用率	%
（1）总排水量	m^3	（11）外排水回用率	%
（2）外排水量	m^3	（12）水计量器具配备率	%
（3）回用水量	m^3	（13）水表计量率	%
四、生产指标			
（1）生产总值	万元		

2）统计报表及管理要求

考虑到各行业的特点和实际情况，对于统计报表，不作统一规范，标准中规定“企业宜根据本标准和实际用水状况自行编制统计报表”。

统计期一般为年报，有些企业还有季报或月报，为此标准规定“统计期为年报、月（或季）报”。

根据《企业统计管理制度》的要求，对于企业用水统计报表需要相应的文字说明，对表中数据进行充分的解释。为此，规定“编制统计报表应附有文字说明与分析报告，要做到月报有文字说明，季报、年报有分析报告，根据统计报表中各项主要指标反映的问题，说明产生的原因、影响，及其后果”。

本标准主要针对企业在一定统计期内（如月、季或年）的数据进行汇总记录，并不包括企业内次级用水单位及主要用水设备的原始数据记录和统计台账。为此，标准规定“企业可根据生产状况、用水特点自行编写原始数据记录表单和统计台账”。

考虑到与《用水单位水计量器具配备和管理通则》（GB 24789—2009）相匹配。并不是所有的统计数据都需要通过安装水计量器具进行检测，可以通过计算等间接方法统计。因此，规定“各项水量统计应采用水计量器具的数据，无法直接安装水计量器具检测数据可采用间接方法计量统计”。

4. 工业用水量统计数据来源

目前，我国各省区工业用水统计数据，是以区域用水量为对象，采取部分工业企业用水户调查，主要依靠指标定额法测算，并结合降水量、水资源量、取水许可、计划用水、水利工程及水资源调度等日常管理信息和经济社会统计信息校核统计获得。

工业用水量统计数据主要来源以下几个方面。

(1) 水资源公报。自1998年以来各省区每年编制一期，并向社会公布，主要反映上一年度全省水资源情势、开发利用和保护、供用水量等状况，其中涉及工业用水方面的指标的工业用水量、万元工业增加值用水量等数据。

(2) 2011年水利普查成果。为河湖基本情况、水利工程基本情况、经济社会用水情况、河湖开发治理保护情况、水土保持情况、水利行业能力建设情况、灌区专项和地下水取水井成果等。包括各地工业企业用水量数据。

(3) 水资源管理年报。汇总各省建设项目水资源论证、取水许可审批及监督管理、水资源费征收使用、水资源监测等情况。对于工业类建设项目，还包括工业企业取水量数据。

(4) 水务管理年报。为水务管理体制改革、水务管理职能、法规、城市供水和排水、企业情况、水务投资、城市供水水源及供水量、城市污水处理回用等，包括企业供水量数据。

5. 工业用水量统计方法

目前，工业用水统计方法包括：定额估算法、监测计量法、典型抽样调查法、其他辅助手段等。用水统计方法在水资源公报、取水许可管理、水资源规划编制等工作中都得到了应用。

水资源公报采用的是定期统计报表的方式，是一年一度用水统计工作的集中体现，当年的各行业用水量统计情况、用水结构统计情况在水资源公报中均得到统计。取水许可管理采用的是用水户逐个统计的方法。水资源规划编制现状年用水情况需要通过历年用水统计报表分析、重点调查等方法进行资料的获取；在需水预测中，需要参考历年用水统计的成果，采用统计描述法分析需水变化趋势，采用定额估算法预测未来规划水平年的需水量。

目前，我国用水统计工作包括常规的水资源公报编制和2011年的第一次水利普查工作。《水资源公报编制规程》中确定的用水量统计技术方法以定额估算法为主，水利普查中的经济社会用水调查所采用的技术方法以调查统计法为主。

1) 水资源公报编制的用水统计方法和特点

工业用水量包括火（核）电用水量和一般工业用水量。火（核）电用水量逐个统计；一般工业用水量按国有及规模以上和规模以下工业分别统计，采用一般工业增加值与万元工业增加值用水量的乘积确定，其中一般工业增加值采用统计部门的数据，万元工业增加值用水量参考以往数据，结合典型调查，考虑工艺改进和节水措施的影响确定。

统计方法优点：作为一项年度统计工作，水资源公报的统计在技术上相对成熟，在人员配备上主要以从事水资源管理的人员为主。公报成果公布前，会进行较为系统的技术复核，对用水量的趋势性、用水结构变化等均有详细的技术复核，防止成果出现突变，确有突变的地方，通过调查核实确定最终成果。

统计方法局限性：目前水资源公报用水统计以定额估算法为主。此外，万元工业增加值用水量的影响因素非常复杂，受到区域经济社会发展水平、水资源条件、工业内部产业结构、生产工艺节水水平等因素的影响，难以做到与实际情况相吻合。

2）水利普查的用水统计方法和特点

工业企业用水调查对用水大户全部调查，一般用水户采用抽样调查的方法。

统计方法优点：采用用水户调查的方法进行用水统计，数据来自用水终端，相对而言更加准确。统计调查的方法采用统计学抽样方法，根据用水行业的不同而定，用水大户逐一调查与一般用户抽样调查相结合，全部调查与典型调查相结合。用水量合理性分析时，考虑典型用水户的用水水平进行分析，贴合实际情况。

方法的局限性：抽样的代表性，典型调查数据的可靠性（从不同地区看、定额存在较大差异），对调查成果缺乏必要的技术复核。

7.1.3.3 指标监测计量统计问题分析

1. 缺乏完整的监测计量管理法规和办法

目前，明确提出实施取用水量监测计量管理的法规主要有国务院《取水许可和水资源费征收管理条例》、水利部《取水许可监督管理办法》、国务院《关于实行最严格水资源管理制度的意见》，以及各省区有关水资源管理条例等，但是这些法规办法只规定取水户应当安装计量设施的义务，没有强制性措施，可操作性差，缺乏约束力。监测计量管理涉及面较广，影响因素多，问题复杂，需要制定专门、系统、全面的法规和办法进行监督和管理。

江苏、浙江、广西等制定了取水计量管理办法，对计量设施选型、安装运行、监督检查和管理作了具体规定。一些省区有的只是在相关办法中对取水计量工作提出了一些要求，有的则没有对取水计量做出要求。需要制定出台《最严格水资源管理制度考核指标监测计量统计管理办法》。

2. 工业用水计量统计制度尚未有效建立

在现有的统计制度中，不论是《中国水资源公报》，还是《中国统计年鉴》《中国城市建设统计年鉴》《中国能源统计年鉴》和《中国环境统计年鉴》等，有关工业用水的统计信息均不能满足工业用水量及万元工业增加值用水量核算对基础信息数据的需求，并且由于所采用的统计样本和统计方法不尽相同，得到的统计数据也难以一致，造成数据之间的矛盾。

建立健全工业用水监测计量统计制度已是当务之急，应尽快开展长期系统性的工业用水数据采集工作，建立工业用水统计数据库，对工业用水数据进行统一管理，形成具有权威性和公信力的工业用水统计年报，为工业用水量及万元工业增加值用水量核算提供真实可靠的数据支持。

3. 缺乏完善的工业用水监测计量技术标准体系

工业用水监测计量技术标准体系是获取规范统一、口径一致的监测计量或统计数据的前提。只有在统一技术标准体系下，才能使各地获取的数据具有可比性，考核结果也更加公正、客观。技术标准体系不是一蹴而就的，需要经过系统研究与测试。在此情况下，可暂以技术标准规范性文件替代，以明确口径、折算方法及其他技术要求等。

当前数据校核制度缺乏，难以保证监测计量统计过程中数据的相对准确性、客观性。可选取与考核指标相关的多组数据，利用它们之间的相关性，从不同角度检验考核指标数据的合理性，建立健全以全面调查、抽样调查、重点调查等各种调查方法相结合的统计调查体系。同时，各级部门责任分摊，协同配合。

4. 取水监测计量设施建设覆盖率未达要求

据初步统计，全国约50%左右的工业企业取用水进行监测计量。从调查情况看：按地域，下游好于中游，中好优于上游；按城市规模，大城市好于小城市，小城市好于边远乡镇；按企业规模，规模以上的大企业优于小企业，规模以下的企业优于乡镇小企业；按管理效益，管理效益好的企业好于管理效益差的企业。

部分企业对取水计量安装或整改存在抵触行为，认为安装取水计量设施加重企业负担，或者认为安装计量装置后会多交水资源费，采取了托、推、抵触等消极方式。一些老旧工业企业，在建设初期的设计过程中未充分考虑发展情况，没有设计预留安装位置，出现目前工况条件差，无法正常安装计量设施的现象。

5. 部分取水监测计量设施技术不达标

目前，监测计量设施门类众多、型号不一、准确度不等、部分工业企业取水监测计量技术配备要求不够，质量不过关。尤其对于特殊生产用水，监测计量的性能达不到生产工艺和试验环境要求。

碰到雷雨天气时会使IC卡水表损坏严重；IC卡水表安装后经不起高速水流冲出和冬季低气温等因素影响，极易损坏；计量数字精度不够准确，遇到有变频设备情况下，不走水，计量照样显示；部分地下水监测计量设施存在技术缺陷，受到抽水瞬时的压力较大和紊流的影响，导致计量精度不高，甚至导致设施损坏；监测计量设施防作弊功能较差，有的取用水单位在水计量设施上做手脚，导致水计量设施漏跑水。以上问题给监测计量、计划用水、节约用水、征收水资源费和日常监督管理工作带来困难。

6. 监测计量设施选型和安装需进一步规范

在监测计量设施选型上，一些企业借口成本高、企业效益差等原因，购买一些价格便宜但并不适合其取水管道口径或提水设施性能及水流水质条件的计量器具来安装，精度不符合要求，计量结果不可靠。

由于河道水质比自来水差，一些取水计量设施对取水条件的适应性不强，获取的数据与实际存在偏差。在调研中发现，有些计量设施安装时没有采取必要的过滤或拦污措施，导致计量器具易堵塞，影响计量数据准确性，甚至造成计量器具损坏；水表和流量计安装时上下游要留有足够的直管段，并保持满管流，调研中发现在装的水表或流量计有的未留足直管段，水流在经过流量计时未形成均匀流场，导致计量精度不高。取水计量选型和安装不规范造成后续周期检修和校准工作难度大。

7. 监测计量设施运行维护、检修体系尚不完善

取水计量设施的正常运行需按照规程进行后期的维护和检修，完整的后续服务体系为取水计量管理工作提供基本保障。在调研中发现，部分在用的取水计量设施由于现场安装的设计和布局未考虑仪表的拆卸和维护空间，未考虑进行现场检测所需的管理要求等因素，不能满足计量检修单位在实验室和现场开展检定、维修或校准要求，影响了取水计量仪表量值溯源的可靠性。

虽然近几年各地加大了取用水监测计量设施投资，但缺乏正常运行和维护的稳定资金渠道，缺口较大，造成建成后的运行维护经费落实困难，并缺少专业的监测计量设施维修服务队伍，严重影响监测计量工作的开展。此外，部分取水企业坚持提出“谁负责安装，谁负责检定”的原则，要求建设单位对安装取水计量设施设备按照有关规定进行定期检定。水行政主管部门缺乏对水计量设施的校验手段，受机构、资金和技术等条件的限制，未能定期对工业企业取水计量设施进行校验。

8. 监测计量监督管理基础薄弱与能力不足

取水监测计量监督管理作为一项量大面广、管理对象千差万别的工作，水资源管理部门要承担大量的监督管理工作。在调研中发现，有些地区取水口数量多，计量设施类型多样，监督管理任务重，各级水资源管理人员配备和技术力量不足，对于边远地区计量设施进行巡回检查需要投入大量人力物力，难以实现对取水计量设施运行管理的全面监督。

受监管刚性不足、地方行政干预等多方面因素影响，取水户计量监控建设与运行维护的主体责任难以落实，取水户计量监控设施常态化监管难度较大，部分地区和取水户还存在较大的工作阻力。一些地方的主管部门只重视取水计量设施安装，却放松了安装后的监督管理，长期不进行检查，对取水计量设施不正常的取水户没有责令其及时纠正。对安装于取水口、用于结算水资源费的计量器具，没有督促取水户按规定进行强制检定计量器具备案登记和定期检定。

在监管思路上仍摆脱不了传统粗放型管理的思维方式，表现在具体工作上只注重表面的、肤浅的、形式的工作，忽视内在的、基础的、深层次的计量管理工作。没有建立完善的计量监督管理机制，有些地区没有从法规建设、监督管理、用水报告、市场维修服务方面同时入手，难以对监测计量管理工作形成强有力的支撑。

9. 统计工作重复交叉与难度高强度大

目前，监测计量管理体系、程序、计量数据记录等不够规范，统计报表台账制度不完善。虽然各地已建立了一些水资源统计制度，各地市填报的工业用水量数据质量也有所提高，但现有的统计方法仍然存在重复、交叉统计等问题；统计上报途径也无法准确反应用水量的真实性，增加了基层统计工作的强度。同时，由于缺乏完整的监测手段与数据统计方法，某些方面的统计操作难度较大。一些中小规模企业没有建立完整的计量器具及用水台账，无计量设施操作规程，导致水量计量数据不真实，监测计量达标率符合国家标准的企业不足 20%，甚至将用水计量设施当摆设，不计量、不统计。

随着我国最严格水资源管理制度的深入推进，特别是责任考核制度的建立，传统的主要依靠定额指标法测算用水量的技术方法已不能适应最严格水资源管理的要求，亟须提升用水量统计信息的系统性、准确性和时效性，改进和规范统计技术方法。

7.1.4 监测指标统计改进方法

7.1.4.1 基本思路与技术方法

1. 基本思路

结合国家水资源监控能力建设、取水许可管理制度，借鉴水利普查、水资源公报编制的经验和方法，以工业用水统计的科学性和监测计量的可操作性为要求，提高监测指标统计的精确性。

其核心是将工业用水统计从以往的定额指标推算逐步过渡到取用水大户监测计量和一般用水户典型抽样与综合推算相结合的技术思路上，以准确、及时、有效地计算工业用水量和万元工业增加值用水量。

2. 技术方法

监测统计分为两大块：一是工业用水量按照重点用水户逐一统计；二是非重点用水户抽样调查加综合推算的方式获得工业全口径毛用水量。具体步骤如下。

(1) 构建工业用水户统计对象网络，确定重点用水户和非重点样本用水户名录。

(2) 对重点用水户通过在线计量、水表计量、台账建设等方式获取用水量和产值指标。

(3) 对非重点样本用水户，通过水表计量、台账建设等方式获取用水量和产值，推求样本用水户单位用水量指标。

(4) 通过国家统计信息获取地区工业产值，结合重点用水户填报产值和非重点样本用水户的用水定额，分析推算非重点用水户的工业产值和用水量。

(5) 计算区域工业用水输水损失量，与上述重点、非重点用水户工业用水量相加，计算区域工业用水量。

(6) 通过国家统计信息获取地区工业增加值，依据地区工业用水量和地区工业增加值，计算地区万元工业增加值用水量。

7.1.4.2 指标监测统计内容

1. 工业用水户

(1) 用水户基本情况：企业名称、单位代码、行业类别等。

(2) 取水情况：分水源（地表、地下、其他、自来水）的用水量、取水口计量情况、取水许可情况等。

(3) 排放情况：排水量、排放去向等情况。

(4) 经济指标：工业总产值、装机容量、产品类型、产品产量等。

2. 公共供水户

(1) 供水户基本情况：企业名称、单位代码等。

(2) 取水情况：分水源（地表、地下、其他）的取水量；取水计量情况等。

（3）供水情况：分行业的供水量和售水量。

7.1.4.3 统计表审核

1. 资料收集

收集与数据审核有关的水利普查成果、水资源分区信息、用水定额等资料。根据资料分析设定每项指标审核的参数范围，主要资料清单如下。

（1）省级行政区套水资源一级区工业用水指标参考值。

（2）统计年鉴有关产值指标。

（3）电力统计年鉴有关电力装机容量等数据。

（4）城乡建设统计年鉴有关自来水供水数据。

（5）省级行政区已颁布的用水定额标准。

（6）水利统计年鉴中有关水利工程供水数据。

2. 审核要点

（1）指标完整性。审核必填项指标是否填写完整，重点审核总产值、装机容量和用水量的完整性。

（2）指标一致性。对比名录表和统计表的数量关系，若数据不一致，应根据填写的数据说明分析其产生的原因，如企业倒闭、停产等。

（3）指标合理性。审核总产值、装机容量和用水量等指标是否存在异常值。火核电企业可依据装机容量和用水量计算单位装机用水量，分析其合理性。非火核电企业可依据总产值和用水量计算万元工业总产值用水量，分析其合理性。对指标异常的企业还需分析主要产品的单位用水量，并与当地发布的用水定额进行比较，分析其合理性。

7.1.5 工业取用水监测计量设备选型与维护技术

7.1.5.1 取水计量设施选型条件

目前，我国在取水企业中使用的计量设备主要有水表、电磁流量计和超声波流量计主流产品；水表有普通机械水表和智能水表，智能水表又分为卡式水表和远传水表。

1. 普通机械水表

水表是利用水流推动涡轮、叶轮等活动元件，使之旋转以连续确定水量的流量计。水表也可以从型式上分为干式水表、湿式水表及介于干式与湿式之间的封液式水表。

湿式水表结构简单，价格偏低，维修方便，通用化程度高，始动流量小，但由于表盘易污染，在水质差的场合不宜采用。干式水表则可以克服湿式水表的缺点，且抗冻性能要比湿式水表强，但结构稍复杂，价格略高，且各厂家都是独立设计，通用化程度较低。这两种水表均计量准确、性能可靠，一般按供水管径选购相应口径的水表。

封液式水表既具有湿式水表始动流量小的优点，又具有干式水表读数清晰的优点，抗污能力强，使用寿命长，但是价格比干式水表和湿式水表高。

机械式水表存在易磨损、使用寿命短、精度低、稳定性不高等缺点。

2. 智能水表

智能水表是近年来以自动控制技术和信息网络技术为支撑，以信息化管理需求为依托而发展起来的高新技术产品，在工业取水计量中得到广泛应用，在实现管理者和用户间的沟通与服务中起到承上启下的作用，是二者间实现互动交流的平台，是普通机械水表产品的延伸，其核心计量基表绝大部分仍是机械水表，虽然该类型水表其他部件技术很先进，但受制于核心计量基表水平的制约，其应用状况达不到产品预期设计的效果。智能水表分为卡式智能水表和远传水表两种。

1）卡式智能水表

卡式智能水表系统由水表基表、读写卡、后台处理系统三部分组成。卡式智能水表是以带有发信装置的水表为计量基表，以读写卡为媒体，加装控制器和电控阀所组成的一种具有预付费功能的水量计量仪表。卡式智能水表除了具有普通水表的特性，可对用水量进行记录和电子显示外，还能够在计量的过程中按照约定自动对用水量进行控制，同时具有用水数据存储的功能，解决了人工抄表的繁杂及不能充分计量等问题，解决了人工抄表产生的误抄、漏抄、估抄等误差，其价格高于普通水表，低于超声波和电磁流量计。但是在使用中也存在计量数据反馈不及时、依靠电池维持工作等问题。

2）远传水表

智能远传水表是以普通的机械式水表为基础，加上电子采集模块而组成，电子模块完成信号采集、数据处理、存储并将数据通过通信线路上传给中继器、或手持式抄表器。表体采用一体设计，可以实时的将用户用水量记录并保存，每块水表都有唯一的代码，当智能水表接收到抄表指令后可即时将水表数据上传给管理系统。实际上远传水表计量取水量是由远传水表、数据存储与通讯系统、后台软件操作系统三部分完成的，即在线监测取水计量系统。远传水表只是一个带有电子模块的机械水表。远传水表计量取水量是一个系统的工作，远传水表实现取水口取水量计量，数据存储与通信系统实现数据的采集与传输，后台软件实现取水量的统计分析及用水情况的跟踪。

远传水表比卡式智能水表在技术上有新的突破，在使用中主要有以下优点：一是实时监控用水情况，不但解决了人工抄表存在的问题，而且实现了水资源管理部门对取水户取水量的实时跟踪和掌控，能够及时了解用户的用水规律，动态掌握水表的运行状况，得出企业的用水高峰，为水资源管理部门实行水资源的配置和调度提供基础数据。二是及时发现用水问题。远传水表发生异常问题时，通过后台软件操作系统能够及时发现，从而采取有效措施，将损失控制在最小范围内，降低漏失率。三是查找水表口径与流量不匹配现象。通过安装远传水表监测系统，对取水量进行数据分析、跟踪，能够发现口径与流量不匹配的现象，通过水表取水密集监控和后台软件流量分析系统，可以计算出水表是否长时间运行在其常用流量范围内。

由于远传水表是利用现代先进的通信、科技、计算机技术通过数据采集、传输实现自动抄表，其系统的应用包括计量设施、网络和计算机等硬件，还包括系统软件的研发，前期投入经费比较高，后期数据维护等工作量比较大，很大程度上受到通信网络投入的制约。在后台软件操作系统上，现行软件上各水利管理部门在服务模式、收费方式，以及在数据接口等方面存在较大差别，因此，后台软件系统具有个性化、相互不兼容的特点。此外，后台操作系统是水资源管理者单方面从用户方实时获得相关数据，如用水量等，而取水户不能实时查询到自己的用水和缴费情况，这种数据交流的单向性造成了双方获取信息的不对称，制约了双方互动的效能。如果后台软件是以服务网页的形式展示取水户的实时取水量，取水户可以通过登录服务网页随时查询自己的用水和缴费情况，使水资源管理部门的服务更贴近用户，就能促进水资源管理者和取水户双方的和谐关系。

3. 电磁流量计

电磁流量计是根据法拉第电磁感应定律制成的一种测量导电液体体积流量的仪表。由于其独特的优点，目前被广泛地应用于酸、碱、盐等腐蚀性介质，易燃易爆介质，以及化工、医药、食品等工业中的浆液流量的测量，并形成了独特的应用领域。电磁流量计的优点：一是测量导管内无可动部件或突出于管内的部件，因而压力损失小，几乎等于零；二是输出电流和流量之间具有线性关系，且不受液体的物理性质变化和流动状态的影响，对流体的雷诺数和液体的运动黏度没有要求，流速范围广；三是传感元件不与测量介质接触，反应迅速；四是电磁流量计的测量精度高，其测量精度为1%，测量范围大；五是口径范围广，可从几毫米到3m，可测正反双向流量，也可测脉动流量，仪表输出本质上是线性的。

但电磁流量计也存在缺点：一是被测液体必须是导电的液体，一般要求其电导率在1×10^{-2}S/m以上；二是受导管衬里材料的限制，一般使用的温度范围为0～200℃，因电极是嵌在导管上的，电磁流量计的工作压力也受到—定的限制；三是测量管内电极上的沉积会导致一定误差，需加强定期检查和清洗工作；四是投资相对较高，而且随着管径的增大投资增加。

4. 超声波流量计

超声波流量计是利用声波在流体中的传播特性来测量流量的流量计。超声波在流动的流体中传播时，就载上了流体流速的信息，利用接收到的超声波信号可测量流体中的流量。超声波流量计的测量准确度几乎不受被测流体温度、压力、黏度、密度等参数的影响。目前在用的超声波流量计有接触式（外缚式）和非接触式（插入式）两种，使用面较广的是非接触式。

超声波流量计由换能器和转换器组成，采用非接触式测量，换能器安装在管道外壁，检测元件不与被测介质接触。主要优点：一是将检测元件置于管壁外而不与被测流体接触，并且不破坏流体的流场，没有压力损失；二是分辨率高，流速变化响应快，对流体的压力、黏度、温度、密度和电导率不敏感，测量精度几乎不受被测流体的温度、压力、黏度、密度等参数的影响，无零点漂移问题，测量条件不变时仪表的重复性好；三是仪表的安装、检定均不影响管路系统及设备的正常运行；四是采用多声道方式时，可以缩短要求的直管段长度而仍能保证较高的测量精度，特别是超声波法可以从厚的金属管道外侧测量管道内流动液体的流速，无需对原有管子进行任何加工，是一种很有发展前途的非接触式流量测量方法；五是测量口径范围大，一般为0.5～5m，有的可达10m。可适用于各种工作压力直到数十兆帕。其量程比可达 20：1，测量准确度在±（0.5% ~5%）。

超声波流量计目前所存在的缺点主要是可测流体的温度范围受超声波换能器及换能器与管道之间耦合材料耐温程度的限制。一是测量线路比一般流量计复杂（超声波流量计只有在集成电路技术迅速发展的前提下，才能得到实际应用的原因）；二是价格昂贵；三是当流体中含有过大、过多颗粒时，超声波的衰减就增大；四是管径越小，测量误差越大，因而在大管径、大流量场合应用得较多，而且仪表的价格随管径的变化不大，是粗大管道流量测量的理想仪表。

5. 取水计量技术发展趋势

随着科技的发展，工业取水计量技术不断更新和应用，水流量的计量越来越简单，计量技术呈以下发展趋势。

（1）应用微型计算机技术及网络技术新型的流量计都具有智能化和网络化的功能，通过采用单片机和专用软件实现高精度的测量。

（2）采用新器件提高仪表的性能，干扰和噪声是影响流量计测量的重要因素，如何有效地将微弱的信号从背景噪声中分离出来并进行处理是提高仪表性能的关键。DSP 器件和电路可以提供模拟信号处理以外更多的技术方案。某些企业已经在使用嵌入技术和 DSP 器件改良电磁流量计的转换器。

（3）电磁兼容技术得到进一步的重视。泵房电机等电气设备的电磁辐射及大功率电气设备引起的电网波动等，是影响智能化流量计正常工作的主要因素。抗 ESD 的 PCD 电路板布局和布线技术、开关电源电磁干扰抑制 EMI 技术、PCB 屏蔽和接地技术等已经得到不同程度的应用。

（4）声呐流量计用于单相流和多项流以及浆料的精确可靠的运行，适用与各种管道尺寸的经济流量测量，与各种管道材料和管道规格兼容。其优点是简便、快速安装、最小的表面处理，无需耦合胶，重量轻等。

（5）专用计量软件的作用越来越重要，采用专用计量软件的流量计能够高精度、宽范围的计量流量。并能提供一些特殊情况下的补偿计算功能。

（6）更好的操作性、更方便的接线和操作将是自动化仪表的发展方向。重点是仪表的可靠性和精确度，可靠性包括质量可靠和可维修性，维修代价不大是较好的选择，同时因测量仪表本身性能好，并不能代表测量效果好，需要考虑测量仪表的精确度。仪表的选型应该避免片面追求仪表的高性能和高精确度，还应该在满足要求的情况下，选择可靠性高、维修方便、费用最省的方案。

6. 监测计量设备选型适用条件

（1）安装和维护。超声流量计最方便，安装不需要工艺停车，而普通机械水表和电磁流量计都要停车才能安装。

（2）测量介质。机械水表一般只计量自来水，电磁流量计测量的介质必须是导电的，而超声波的测量范围最广。

（3）精度。电磁流量计最高，一般可达 0.5 级，超声流量计次之，一般为 1 级，机械水表精度最差。

（4）稳定性。一般电磁流量计最好，其次是水表，超声波流量计最差。

（5）价格。超声波和电磁流量计相比，一般小管径上电磁流量计有优势，大管径则是超声波流量计有优势，而机械水表的价格最便宜。

（6）大口径管道直径在 300mm 以上的建议用电磁流量计，它适用于圆形、矩形、梯形和任意形状的管道、明渠、暗沟或河道的流量测量；小口径管道直径在 200mm（含）以下的，建议用远传水表，水表比流量计要精确，如果是自来水，建议使用远传水表。

（7）无法安装直接测量仪表的站点可以考虑使用机组特性曲线推算的方法。

7.1.5.2 取水计量设施的维护技术

1. 通用要求

（1）为了保证取水计量的稳定性，所有的工业取水计量器具在使用过程中都要按照说明书定期维修保护。

（2）除了仪器设施的定期维护和检定之外，建立完善的管理检查制度是维护的关键，取水管理部门或取水部门均应制定管理检查制度。

（3）管理检查制度应包含运维管理机构的职责、运维管理的具体工作内容、运维管理档案文件的收集处理要求、运维管理经费的落实、运维管理考核办法、培训与技术交流、运维管理过程中特殊情况的处理等内容。

（4）取水计量设施实行定期更新制度，到期应当强制更新。水表更新周期一般为 3 年，超声波流量计一般为 5 年，电磁流量计和涡街流量计一般为 10 年。计量设施运行过程中出现损坏，能修复的应当及时修复；不能修复的，应当按规定予以更换。

（5）每月对现场站点至少进行一次巡查，对测站设备进行全面的检查、维护，发现问题及时处理，并做好记录。

（6）为保证取水计量系统工作的连续性，应按照测站总数的 5% 配备备件。

2. 水表

水表计量结构是水表的基础，计量结构各部件的动作，必须协调一致，动作须灵活，否则影响指示结构的正确性。水表的检修，主要是零部件的更换，对超限不标准零部件全部实行更换。

3. 电磁流量计

（1）电磁流量计容易受周围电力设备的漏地电流影响，在使用中要做好与周围电势的隔绝，减少干扰电势。

（2）对使用很久的电磁流量计应定期维护清洗，清除电极和内衬的结垢，防止导管内壁沉积垢层，影响测量精度。

（3）在环境比较恶劣的条件下使用时，信号插座易被腐蚀绝缘、破坏，平时使用时要加强维护。

（4）平时不得轻易打开电磁流量计的外壳以免信号线移动，长期停用时应切断电源，保持清洁，不遭受水淋。

（5）水温范围通常由衬里的材料决定，常用的温度为 0 ~ 120℃，而在 10℃ 以下时，应防止结霜，在 120℃以上时需要采取冷却措施。

4. 超声波流量计

（1）超声波流量计的精度除取决于发射频率外，水体中反射体颗粒浓度、粒径大小、性质、粒子的分布及流速分布等因素的变化对测量精度均有影响，所以难以在使用前预先准确调整。因而在精度要求较高的场合，需要对超声波流量计进行现场校准后，再投入使用。

（2）超声波流量计安装于管外，不干扰流体流动，无压力损失，拆装与维修传感器时不必中断生产过程，具有较好的使用维护性。

（3）超声波流量计显示不正常，出现故障时，首先应检查发射器和电缆是否良好，其次检查电源电压和仪器电路，可结合超声波流量计的自检功能对故障原因做出正确判断。

7.2 指标监测统计关键支撑技术研究

7.2.1 指标跟踪分析方法

万元工业增加值用水量指标，是指生产每万元工业增加值的工业用水量，为工业用水量与工业增加值的比值，宏观上通常用来表示工业生产的用水效率。

从某一地区工业用水效率变化情况来看，初期阶段工业用水效率发展进程比较缓慢，其万元工业增加值用水量降低的也比较慢；随着工业技术的不断改革和发展，工业用水效率会不断地提高和进步，该阶段万元工业增加值用水量降低速度会大幅度增加；在发展的后期阶段，工业用水效率又会变得难以提高，万元工业增加值用水量将会趋于某一数值。

万元工业增加值用水量指标，主要与水资源禀赋及供水条件、现状用水结构及工业用水效率、区域经济社会发展水平及产业结构、节水潜力及节水投入水平、水价等密切相关。在国内外有关文献分析研究基础上，万元工业增加值用水量变化跟踪分析，主要有趋势分析法、弹性系数分析法、重复利用率分析法和影响因素分析法等。

7.2.1.1 趋势分析法

趋势预测法是国内外迄今为止研究最多，也最为流行的定量预测方法。万元工业增加值用水量，均随着时间变化呈现逐年变小的变化态势，与时间具有明显的相关性，因此，非常符合趋势法的特性。根据已知的历史万元工业增加值用水量拟合一条相关程度非常高的曲线，这条曲线能反映万元工业增加值用水量的时间序列变化趋势，然后按照这个变化趋势曲线，预测未来的万元工业增加值用水量。

国内外研究的趋势分析法主要是根据历史资料来推测未来的时间序列方法，主要包括多项式、指数曲线、对数曲线和生长曲线等多种模型。

1. 指数模型

采用 W 表示万元工业增加值用水量，则 $\mathrm{d}W/\mathrm{d}t$ 表示万元工业增加值用水量绝对变化速度，$\mathrm{d}W/W\mathrm{d}t$ 表示工业增加值用水量相对变化速度。

假设每年万元工业增加值用水量相对变化速度保持恒定不变，则可以得到 W 的通解为指数模型：

$$W(t) = C\mathrm{e}^{kt} \tag{7-1}$$

若假设每年万元工业增加值用水量相对变化速度为线性变化，则可以得到 W 的另一通解：

$$W(t) = C\mathrm{e}^{ax^2+bx} \tag{7-2}$$

利用式 7-1 和式 7-2 来拟合万元工业增加值用水量序列，必须满足其各自的假设，即万元工业增加值用水量相对速度保持恒定或线性变化。但对于具体某一地区来说，单年的万元工业增加值用水量相对变化速度会因随机性变化很大，不能完全满足假设，在该情况下，可以利用滑动平均或几何平均法来分析序列潜在的变化规律。

2. 多项式模型

多项式拟合是指寻找一条平滑的曲线，最不失真地去表现测量数据。构造一个函数来近似表达数表的函数关系，由于函数构造方法的不同，有许多的逼近方法，一般常用最小平方逼近（最小二乘法理论）来实现曲线的拟合。

对于给定的数据点 $(x_i,\ y_i)$，$1 \leqslant i \leqslant N$，可用下面的 n 阶多项式进行拟合，即：

$$f(x) = a_0 + a_1x + a_2x^2 + \cdots + a_n \times n = \sum_{k=0}^{n} a_kx^k \tag{7-3}$$

为了使拟合出的近似曲线能尽量反映所给数据的变化趋势，要求所有数据点上的残差：$|\delta_i| = |f(x_i) - y_i|$ 都较小。为达到上述目标，可以令上述偏差的平方和最小，即称这种方法为最小二乘原则，利用这一原则确定拟合多项式的方法即为最小二乘法多项式拟合。

3. Logistic 模型

在描述生物生长规律时，常用 Logistic 模型来表述，其表达式为

$$P(t) = M/(1 + A\mathrm{e}^{-kt}),\ A = (M - P_0)/p_0 \tag{7-4}$$

式中，P 为某种生物的总体数量；M 为环境能承载该种生物的上限；k 为相对增长率；P_0 为某种生物的初始数量。

该模型的含义为：当某一物种生长初期，由于空间和食物充足，则该物种相对生长速度为一恒定值，但当生物数量发展到一定程度时，同物种之间的竞争会使得生物发展空间和食物来源不足，因此，其相对增长率会变缓，最终生物总数趋于某一上限。

如果某一地区工业用水效率发展经历了初期、发展及后期 3 个阶段，就可以对 Logistic 模型进行一定的对称平移变换，用变换得到的公式对该地区的万元工业增加值用水量序列进行拟合。具体变换结果如下式：

$$P(t) = M' + P'_0/(1 + M'/(M' - p'_0)\mathrm{e}^{k't}) \tag{7-5}$$

式中，P'_0 为初始值；M' 为下限；k' 为相对变化率，$k>0$。对式（7-4）求导可得

$$dP/dt = -k(P-M)[1-(P-M)/p_0] \tag{7-6}$$

可以看出，最初阶段万元工业增加值用水量下降比较缓慢，之后下降速度逐渐变快，最后又减慢，直至趋于某一稳定的下限。

4. 年均递减率模型

万元工业增加值用水量整体上的递减趋势可用年平均递减率来预测，其表达式为

$$W(t) = W_0(1-r)^n \tag{7-7}$$

式中，$W(t)$ 为某地区预测年的万元工业增加值用水量；W_0 为基准年的万元工业增加值用水量；r 为万元工业增加值用水量年均下降率；n 为起始年至预测年的间隔年数。

7.2.1.2 弹性系数和重复利用率分析法

1. 弹性系数分析法

弹性系数法是在一个因素发展变化预测的基础上，通过弹性系数对另一个因素的发展变化作出预测的一种间接预测方法。弹性系数被用来表示两个因素各自相对增长率之间的比率。弹性系数法计算公式为

$$w_2 = w_1\left[k\left(\frac{x_2}{x_1}\right)^{\frac{1}{n}} - k + 1\right]^n \tag{7-8}$$

式中，k 为万元工业增加值用水量弹性系数；w_1、w_2 分别为起始年、预测年工业用水量；x_1、x_2 分别为起始年、预测年工业增加值；n 为起始年至预测年间隔的年数。

通过分析工业用水量、工业增加值增长变化的趋势，确定未来万元工业增加值用水量的弹性系数，再采用上述公式就可计算出预测年工业需水量和相对应的万元工业增加值用水量。

2. 重复利用率分析法

根据《城市与工业节约用水理论》，可以利用工业用水重复利用率提高法预测万元工业增加值用水量，计算公式为

$$q_2 = (1-k)^n q_1 \frac{1-u_2}{1-u_1} \tag{7-9}$$

式中，q_1、q_2分别为起始年、预测年万元工业增加值用水量；u_1、u_2分别为起始年、预测年工业用水重复利用率；k 为反映技术进步的系数；n 为起始年至预测年的间隔年数。

7.2.1.3 影响因素分析法

影响万元工业增加值用水量的因素较多，主要有水资源禀赋及供水条件、现状用水结构及工业用水效率、区域经济社会发展水平及产业结构、生产工艺、节水投入水平、水价等。因此，需要对影响因素作全面的定性定量分析，筛选关键的影响因素，确定能综合反映万元工业增加值用水量指标变化的相互依存、相互协调关系，为指标的跟踪变化预测提供依据。

首先，定性筛选万元工业增加值用水量影响因素；其次，采用主成分分析法对定性筛选的影响因素进行定量分析，计算影响贡献率，确定关键影响因素；然后，根据关键影响

因素，采用多元回归分析方法，跟踪预测未来的万元工业增加值用水量。

1. 主成分分析法

1）基本原理

主成分分析是模式识别中的一种降维映射方法，主要是将多维空间的信息在低维（2 维或 3 维）空间表现出来，消除众多信息相互重叠的部分。它将原始变量进行转换，通过原始变量指标的线性组合，优化组合系数，使新的变量指标之间相互独立且代表性好。

如在一个指标体系中，有 n 个样本 m 个变量，形成指标矩阵 $\boldsymbol{X}=[x_{ij}]$（$i=1, 2, \cdots, n$; $j=1, 2, \cdots, m$）。

它们的综合指标为 z_1，z_2，…，z_p（$p\leqslant m$），则：

$$\begin{cases} z_1 = l_{11}x_1 + l_{12}x_2 + \cdots + l_{1m}x_m \\ z_2 = l_{21}x_1 + l_{22}x_2 + \cdots + l_{2m}x_m \\ \vdots \\ z_p = l_{p1}x_1 + l_{p2}x_2 + \cdots + l_{pm}x_m \end{cases} \tag{7-10}$$

式中，z_i和 z_j互不相关，z_1 为 x_1 的一切线性组合的方差最大者，并且彼此互不相关。这些新变量 z_1，z_2，…，z_p就是原来变量的第一、第二、…、第 p 主成分。其中 z_i在总方差中占的比例最大，依次递减，实际分析中，常根据需要选取前几个最大的主成分，这样既减少了变量数目，又简化了变量间的关系。

2）主要分析步骤

（1）选取指标及指标的同趋化处理。

通过以上指标选取，对与评价目的呈负相关的指标进行同趋化处理。用 $1/x$ 或 $1-x$ 代替原指标，保证所有指标得分都对评价目标作正贡献。

（2）采集数据样本。

设样本数据为 n，对每个样本收集到的指标数据进行趋同化处理后可得到的矩阵为

$$\boldsymbol{Y} = \begin{bmatrix} Y_{11} & Y_{12} & \cdots & Y_{1m} \\ Y_{21} & Y_{22} & \cdots & Y_{2m} \\ \cdots & \cdots & \cdots & \cdots \\ Y_{n1} & Y_{n2} & \cdots & Y_{nm} \end{bmatrix} \tag{7-11}$$

式中，Y_{ij}代表第 i 个样本第 j 项评价指标数值。

（3）指标标准化处理。

由于各指标数据量纲都不一致，数量间的差异很大，需要将不同度量的指标转化为同度量的指标，使各指标具有可比性。公式如下：

$$X_{ij} = \frac{Y_{ij} - \mathrm{EY}_j}{\sqrt{\mathrm{DY}_j}} \tag{7-12}$$

式中，$\mathrm{EY}_j = \frac{1}{n}\sum_{i=1}^{n} Y_{ij}$；$\mathrm{DY}_j = \frac{1}{n-1}\sum_{i=1}^{n}(Y_{ij} - EY_j)^2$。其中，$i = 1, 2, \cdots, n$；$j = 1, 2, \cdots, m$。

（4）计算相关矩阵。

将处理后的指标进行相关性分析，设 r_{ij} 为原来变量 x_i 与 x_j 的相关系数，其计算公式为

$$r_{ij}=\frac{\sum_{k=1}^{n}(x_{ki}-\bar{x}_i)(x_{kj}-\bar{x}_j)}{\sqrt{\sum_{k=1}^{n}(x_{ki}-\bar{x}_i)^2\sum_{k=1}^{n}(x_{kj}-\bar{x}_j)^2}} \tag{7-13}$$

可得相关系数矩阵：

$$\boldsymbol{R}=\begin{bmatrix} r_{11} & r_{12} & \cdots & r_{1m} \\ r_{21} & r_{22} & \cdots & r_{2m} \\ \cdots & \cdots & \cdots & \cdots \\ r_{n1} & r_{n2} & \cdots & r_{nm} \end{bmatrix} \tag{7-14}$$

整理得到：$\boldsymbol{R}=XXT/(n-1)$，为实对称矩阵。

（5）计算特征值和特征向量。

利用上述相关系数矩阵 R，求特征方程 $|\lambda I-R|=0$ 的 m 个特征值 $\lambda_i(i=1, 2, \cdots, m)$，按其大小顺序排列，即 $\lambda_1\geqslant\lambda_2\geqslant\cdots\geqslant\lambda_m\geqslant0$；然后分别求出特征向量 $e_i(i=1, 2, \cdots, m)$。

（6）计算主成分贡献率及累计贡献率。

主成分贡献率：

$$H_i=\lambda_i/\sum_{k=1}^{m}\lambda_k,\ (i=1, 2, \cdots, m) \tag{7-15}$$

累计贡献率：

$$\mathrm{TH}_k=\sum_{k=1}^{p}\lambda_k/\sum_{k=1}^{m}\lambda_k \tag{7-16}$$

（7）选择主成分并计算主成分载荷。

设定对主成分所包含的总体信息程度，即累计贡献率。一般若前 p 个主成分提供了 85%～95%的信息量，则取特征值 λ_1，λ_2，…，λp。所对应的第一、第二、…、第 p（$p\leqslant m$）个主成分，变量数由 m 减至 p 个，产生了降维的效果。

主成分载荷：

$$M(z_k, x_i)=\sqrt{\lambda_k}e_i,\ (i, k=1, 2, \cdots, m) \tag{7-17}$$

可进一步计算主成分值：

$$Z=\begin{bmatrix} z_{11} & z_{12} & \cdots & z_{1m} \\ z_{21} & z_{22} & \cdots & z_{2m} \\ \cdots & \cdots & \cdots & \cdots \\ z_{n1} & z_{n2} & \cdots & z_{nm} \end{bmatrix} \tag{7-18}$$

由此可对影响因子归类，按照主成分代表的类别进行系统分析。

3）综合分析

根据地区万元工业增加值用水量影响因素指标的系列数据，按照主成分分析方法，计算得到影响要素相关系数矩阵、特征值、各个主成分的贡献率及累计贡献率，进行关键影

响因素指标定量综合分析。

2. 多元回归分析法

在回归分析中，如果有两个或两个以上的自变量，就称为多元回归。事实上，一种现象常常是与多个因素相联系的，由多个自变量的最优组合共同来预测或估计因变量，比只用一个自变量进行预测或估计更有效，更符合实际。地区万元工业增加值用水量受到水资源禀赋及供水条件、现状用水结构及工业用水效率、区域经济社会发展水平及产业结构、生产工艺、节水投入水平、水价等多种因素的影响，表现在线性回归模型中的解释变量有多个，这样的模型被称为多元线性回归模型。

多元线性回归模型的一般形式为

$$Y = \beta_0 + \beta_1 x_1 + \beta_2 x_2 + \cdots + \beta_K X_K + \varepsilon,\ \varepsilon \sim N(0,\ \delta^2) \tag{7-19}$$

多元性回归模型的参数估计，与一元线性回归方程一样，也是在要求误差平方和为最小的前提下，用最小二乘法或最大似然估计法求解参数。

设（x_{11}，x_{12}，…，x_{1p}，y_1），…，（x_{n1}，x_{n2}，…，x_{np}，y_n）是一个样本，用最大似然估计法估计参数：

取 b'_0，b'_1，…，b'_p，当 $b_0 = b'_0$，$b_1 = b'_1$，$b_p = b'_p$时，

$Q = \sum_{i=1}^{n}(y_i - b_0 - b_1 x_{i1} - b_2 x_{i2} - \cdots - b_p x_{ip})^2$ 达到最小。经化简、引人入矩阵等计算最大似然估计值，最后多元线性回归方程为

$$Y' = b'_0 + b'_1 x_1 + b'_2 x_2 + \cdots + b'_p X_p \tag{7-20}$$

7.2.2 典型区选取及基本情况

7.2.2.1 经济社会发展情况

江苏位于我国大陆东部沿海中心、长江下游，东濒黄海，土地总面积为 10.2 万 km^2，耕地面积 468.8 万 hm^2。江苏综合经济实力在全国一直处于前列，2012 年 GDP 达到 54 058 亿元，占全国 GDP 的 10.4%，居全国第二，人均 GDP 达到 6.82 万元，高于全国 75%。全省工业增加值 2.39 万亿元，规模以上工业产值 12.01 万亿元。财政总收入 1.48 万亿元，城镇居民人均可支配收入 29 677 元，农村居民纯收入12 202 元。

江苏十一届人大四次会议政府工作报告，明确提出，“十二五”时期将全面建成更高水平小康社会，苏南等有条件的地方率先进入基本现代化，率先全面建设小康社会。

1. GDP 与产业结构

2012 年江苏 GDP（当年价）达到 54 058 亿元，其中第一产业值为 3418 亿元、第二产业值为 27 122 亿元、第三产业值为 23 518 亿元，产业结构比例为 6.3∶50.2∶43.5。

从 2000 ~ 2012 年，全省产业结构比例由 2000 年的 12∶51.7∶36.3 变化为 2012 年的 6.3∶50.2∶43.5，第一产业比例明显下降，第二产业比例先升后下降，第三产业比例稳步上升。产业结构仍然呈现“二、三、一”的发展态势。江苏 GDP 与产业结构，见表 7-4

和图 7-5。

表 7-4　江苏 GDP 与产业结构

年份	GDP/亿元				产业结构比例/%		
	第一产业	第二产业	第三产业	小计	第一产业	第二产业	第三产业
2000	1 031	4 436	3 116	8 583	12.0	51.7	36.3
2001	1 082	4 907	3 522	9 512	11.4	51.6	37.0
2002	1 119	5 551	3 962	10 632	10.5	52.2	37.3
2003	1 106	6 787	4 567	12 461	8.9	54.5	36.7
2004	1 315	8 770	5 427	15 512	8.5	56.5	35.0
2005	1 461	10 355	6 489	18 306	8.0	56.6	35.4
2006	1 545	12 251	7 849	21 645	7.1	56.6	36.3
2007	1 816	14 306	9 619	25 741	7.1	55.6	37.4
2008	2 100	16 664	11 549	30 313	6.9	55.0	38.1
2009	2 262	18 566	13 629	34 457	6.6	53.9	39.6
2010	2 540	21 754	17 131	41 425	6.1	52.5	41.4
2011	3 065	25 203	20 842	49 110	6.3	51.3	42.4
2012	3 418	27 122	23 518	54 058	6.3	50.2	43.5

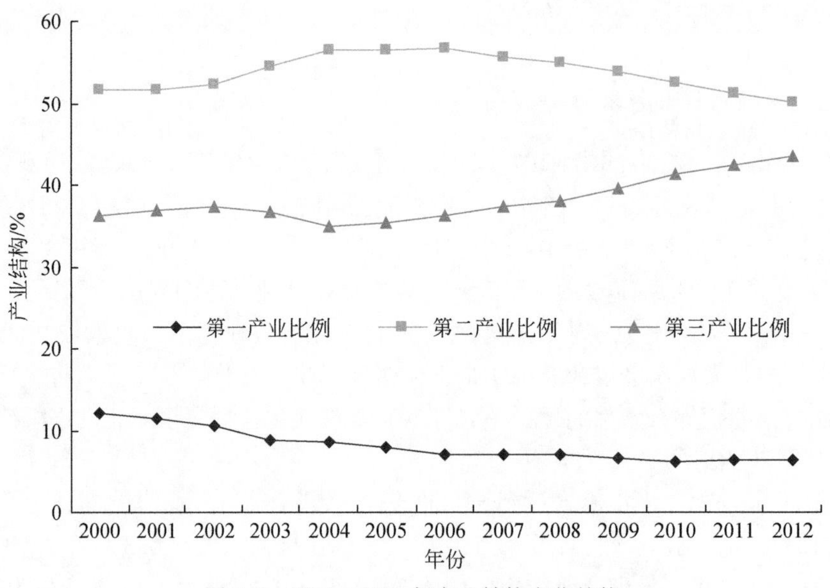

图 7-5　2000 ~ 2012 年产业结构变化趋势

与全国东部、中部、西部发展具有明显的梯度特征相似，江苏苏南、苏中、苏北三大区域的发展也不平衡。苏南包括南京、镇江、常州、无锡和苏州 5 市，苏中包括扬州、泰州和南通 3 市，苏北包括淮安、宿迁、连云港、盐城和徐州 5 市。《江苏省国民经济和社会发展第十二个五年规划纲要》确定了全省区域发展的新战略方针：统筹兼顾，推进城乡区域协调发展，特别要在更高层次上实现苏南、苏中、苏北区域协调发展。

2012 年苏南、苏中、苏北 GDP 分别为 33 381 亿元、10 193 亿元和 12 183 亿元。三次产业结构比例，苏南为 2. 3 ∶ 51. 5 ∶ 46. 2，苏中为 7 ∶ 53 ∶ 40；苏北为 12. 7 ∶ 47. 5 ∶ 39. 8。

按 2010 年可比价，2003 ~ 2012 年江苏各地区 GDP，见表 7-5。

表 7-5　江苏各地区 GDP（2010 年可比价）　　单位：亿元

地区	2003 年	2004 年	2005 年	2006 年	2007 年	2008 年	2009 年	2010 年	2011 年	2012 年
南京	2 062	2 358	2 884	3 228	3 687	4 003	4 475	5 079	5 706	6 539
无锡	2 487	2 901	3 304	3 786	4 282	4 681	5 281	5 735	6 388	6 872
徐州	1 185	1 353	1 443	1 675	1 929	2 224	2 528	2 912	3 298	3 647
常州	1 179	1 359	1 539	1 812	2 112	2 378	2 666	3 014	3 325	3 605
苏州	3 665	4 259	4 868	5 604	6 457	7 428	8 188	9 135	9 950	10 906
南通	1 317	1 514	1 745	2 045	2 388	2 721	3 039	3 431	3 788	4 139
连云港	459	514	583	680	773	867	996	1 181	1 310	1 456
淮安	550	618	673	774	897	1 041	1 187	1 374	1 569	1 744
盐城	994	1 076	1 245	1 410	1 591	1 772	2 028	2 309	2 573	2 833
扬州	847	973	1 155	1 287	1 498	1 727	1 964	2 207	2 442	2 663
镇江	839	964	1 037	1 195	1 389	1 566	1 769	1 967	2 146	2 388
泰州	759	871	1 013	1 186	1 349	1 518	1 757	2 028	2 249	2 453
宿迁	364	414	462	549	646	757	875	1 053	1 226	1 382
全省	16 707	19 174	21 951	25 231	28 998	32 683	36 753	41 425	45 970	50 627

2. 工业化进程和产业结构

江苏的苏南、苏中、苏北地区的第一产业比重由南向北逐步上升。第二产业为苏南的主导产业，第三产业比重也已达 46% 以上，说明苏南的产业结构较为优化；苏中和苏北地区第二产业虽然占比重较大，但第一产业人口比重较高，苏北地区达 37%，说明其产业结构较不合理。

目前，苏南已进入较发达经济阶段，接近工业化高级阶段，苏中处在工业化初期向中期的迈进阶段，苏北则处于从初级产品生产向工业化初期的过渡阶段。苏南经济的内生动力和外部推力较强，投资、消费和净出口三大需求对经济增长的支撑强度高于苏中，苏中的外商投资总额和民资投资逐步攀升，而苏北尚处于启动阶段。

按 2010 年可比价，2003 ~ 2012 年江苏各地区工业增加值，见表 7-6。

表 7-6　江苏各地区工业增加值（2010 年可比价）　单位：亿元

地区	2003 年	2004 年	2005 年	2006 年	2007 年	2008 年	2009 年	2010 年	2011 年	2012 年
南京	782	915	1 098	1 219	1 429	1 513	1 665	1 966	2 263	2 631
无锡	1 175	1 369	1 676	1 919	2 181	2 398	2 691	2 928	3 278	3 558
徐州	435	490	556	668	797	941	1 081	1 244	1 429	1 595
常州	557	650	758	902	1 060	1 194	1 321	1 501	1 674	1 819
苏州	1 883	2 299	2 652	3 071	3 484	3 975	4 328	4 820	5 259	5 795
南通	539	642	713	847	1 034	1 204	1 339	1 538	1 742	1 907
连云港	135	160	175	219	262	300	347	423	490	558
淮安	185	209	227	267	325	395	457	526	626	706
盐城	347	375	413	491	584	691	802	917	1 052	1 204
扬州	345	408	495	572	690	811	927	1 054	1 175	1 287
镇江	371	438	507	598	697	799	910	1 019	1 113	1 253
泰州	300	355	427	518	609	714	838	962	1 072	1 184
宿迁	96	114	133	168	214	261	310	379	476	565
全省	7 150	8 424	9 830	11 459	13 366	15 196	17 016	19 277	21 649	24 062

7.2.2.2　用水量状况

1. 总用水量

2012 年，江苏总用水量为 522.2 亿 m^3。其中，生产用水 514.2 亿 m^3，占总用水量的 93.1%；居民生活用水 34.7 亿 m^3，占 6.3%；城镇环境用水 3.3 亿 m^3，占 0.6%。

在生产用水 514.2 亿 m^3 中，第一产业用水 305.3 亿 m^3，占生产用水的 59.4%；第二产业用水 195.2 亿 m^3，占 37.9%，其中，火（核）电工业用水 143 亿 m^3，一般工业用水 50.1 亿 m^3；第三产业用水 13.7 亿 m^3，占 2.7%。

1980 年以来，全省总用水量总体呈缓慢上升趋势，2012 年总用水量 522.2 亿 m^3，比 1980 年 435.0 亿 m^3 增加 20%，主要是 2000 年后随着经济社会快速发展，用水总量增长较快。其中，生活用水量呈持续增加趋势，工业用水呈先升后降趋势，农业用水为先降后升趋势。1980 ~ 2012 年全省用水量及组成变化趋势，见表 7-7 和图 7-6。

表 7-7　1980 ~ 2012 年江苏用水量　单位：亿 m^3

年份	农业用水量	工业用水量	生活用水量	总用水量
1980	356.0	65.0	14.0	435.0
1985	339.0	83.0	20.0	442.0
1990	322.0	101.0	26.0	449.0
1995	304.0	120.0	32.0	456.0
2000	261.4	142.4	41.8	445.6

续表

年份	农业用水量	工业用水量	生活用水量	总用水量
2001	280. 8	143. 2	42. 5	466. 4
2002	289. 2	145. 5	44. 0	478. 8
2003	223. 1	155. 8	42. 6	421. 5
2004	288. 5	182. 6	43. 5	514. 6
2005	267. 3	209. 6	40. 8	517. 7
2006	274. 1	222. 2	43. 9	540. 2
2007	272. 1	227. 2	46. 0	545. 3
2008	291. 1	211. 3	46. 9	549. 3
2009	304. 1	196. 5	48. 6	549. 2
2010	308. 2	193. 8	50. 2	552. 2
2011	310. 3	192. 9	53. 0	556. 2
2012	305. 4	193. 1	53. 7	552. 2

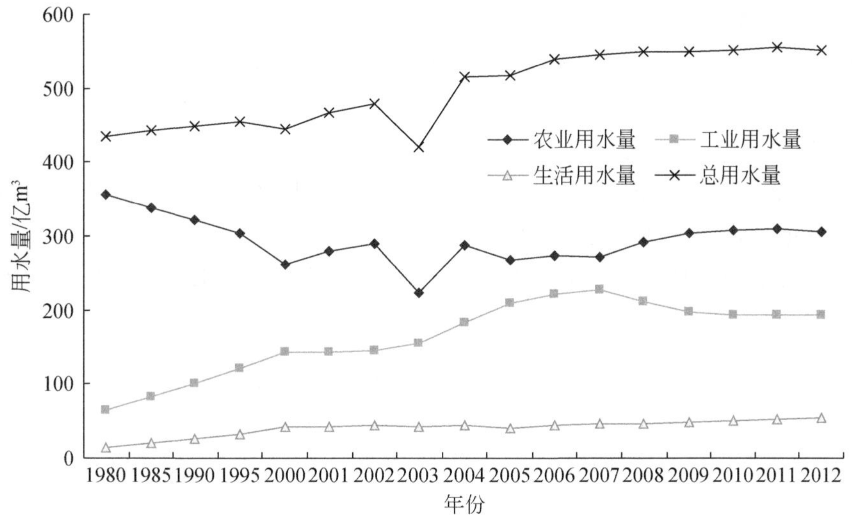

图 7-6　1980 ~ 2012 年江苏用水量变化趋势

2012 年全省总用水量为 522. 2 亿 m³，其中苏州用水量最大，为 85. 8 亿 m³，占 15. 5%；盐城次之 56. 1 亿 m³ 占 10. 2%；常州、连云港和宿迁不到 30 亿 m³，约占 5%。2003 ~ 2012 年各地区用水量变化趋势，见表 7-8。

表 7-8　江苏各地区总用水量　　单位：亿 m³

地区	2003 年	2004 年	2005 年	2006 年	2007 年	2008 年	2009 年	2010 年	2011 年	2012 年
南京	45. 0	53. 5	52. 3	54. 4	59. 7	50. 1	43. 6	43. 1	45. 1	44. 2
无锡	31. 7	36. 2	37. 4	37. 7	41. 8	44. 4	41. 7	41. 8	39. 5	39. 3

续表

地区	2003年	2004年	2005年	2006年	2007年	2008年	2009年	2010年	2011年	2012年
徐州	33.4	38.0	34.7	41.9	34.7	36.9	40.8	43.8	43.1	43.7
常州	21.7	27.1	23.1	23.6	31.0	28.6	28.4	28.5	28.9	29.9
苏州	53.4	64.4	75.2	87.6	96.2	84.4	82.3	83.7	87.6	85.8
南通	40.1	49.6	51.3	48.9	47.4	50.0	44.3	44.7	44.6	47.1
连云港	19.8	25.3	23.4	29.0	25.0	25.1	30.8	30.0	31.7	28.5
淮安	24.9	34.2	32.5	34.6	29.4	32.4	36.6	34.9	34.3	32.2
盐城	38.5	50.1	54.2	50.5	51.2	54.3	54.6	53.7	52.9	56.1
扬州	28.9	40.6	39.0	39.1	41.0	42.3	43.5	44.4	43.1	41.0
镇江	38.1	44.0	44.4	44.1	38.5	36.4	33.5	33.0	32.9	34.5
泰州	17.0	27.4	29.8	26.6	29.0	42.5	40.9	41.6	42.1	40.9
宿迁	28.9	24.0	20.4	22.3	20.3	21.8	28.1	28.9	30.4	28.9
全省	421.4	514.4	517.7	540.3	545.2	549.1	549.1	552.1	556.2	552.1

2. 工业用水量

2012年全省工业用水量193.1亿m^3，其中火（核）电用水量143亿m^3，占74.1%；一般工业用水量50.1亿m^3，占25.9%。见表7-9。

在工业用水量中，苏州最大，为61.2亿m^3，占31.4%；其次为无锡、镇江，分别为25亿m^3和20亿m^3，占13%和10.3%；南京、南通、扬州、泰州为10亿~20亿m^3，占6%~9%；其他地区不到6亿m^3。火（核）电用水量地区分布与工业用水量基本一致。2003~2012年江苏各地区工业用水量和火（核）电用水量变化趋势，分别见表7-9~表7-11。

表7-9　2012年江苏各地区工业用水量　　单位：亿m^3

地区	工业用水量/亿m^3	其中			
		火（核）电用水量/亿m^3	比例/%	一般工业用水量/亿m^3	比例/%
南京	16.6	9.2	55.5	7.4	44.5
无锡	25.0	19.1	76.1	6.0	23.9
徐州	4.2	0.7	16.6	3.5	83.4
常州	12.2	8.3	67.8	3.9	32.2
苏州	61.2	51.6	84.3	9.6	15.7
南通	15.8	11.5	73.3	4.2	26.7
连云港	2.1	0.2	9.3	1.9	90.7
淮安	4.8	3.0	63.2	1.8	36.8
盐城	5.4	2.7	49.8	2.7	50.2
扬州	13.2	10.5	79.7	2.7	20.3

续表

地区	工业用水量/亿 m³	其中			
		火（核）电用水量/亿 m³	比例/%	一般工业用水量/亿 m³	比例/%
镇江	20.0	17.0	85.4	2.9	14.6
泰州	11.4	9.1	80.5	2.2	19.5
宿迁	1.4	0.1	3.6	1.3	96.4
全省	193.3	143.0	745.1	50.1	554.9

表 7-10　2003～2012 年江苏各地区工业用水量　　单位：亿 m³

地区	2003 年	2004 年	2005 年	2006 年	2007 年	2008 年	2009 年	2010 年	2011 年	2012 年
南京	23.3	27.3	30.5	30.5	31.3	21.3	18.1	17.1	16.6	16.6
无锡	15.7	18.2	20.6	20.9	25.6	29.0	26.0	25.6	25.1	25.0
徐州	6.8	7.3	8.0	8.0	6.6	4.9	4.4	4.2	4.2	4.2
常州	6.6	8.4	8.5	7.6	14.9	12.8	12.5	12.4	12.3	12.2
苏州	27.7	36.1	48.2	62.5	71.1	60.0	56.8	56.8	61.3	61.2
南通	19.4	20.1	21.3	21.3	17.7	17.0	15.7	15.8	15.8	15.8
连云港	3.2	3.3	4.0	4.0	3.3	3.3	2.1	2.1	2.1	2.1
淮安	5.8	7.7	8.3	8.3	3.9	5.1	5.0	4.8	4.8	4.8
盐城	5.4	6.8	7.4	6.2	6.0	5.6	5.6	5.3	5.3	5.4
扬州	11.5	12.5	13.7	13.6	14.2	13.2	13.9	14.2	13.2	13.2
镇江	25.5	29.8	32.0	32.0	25.8	23.6	21.3	20.3	19.6	20.0
泰州	1.6	3.6	3.7	3.7	3.3	12.5	12.2	12.2	11.3	11.4
宿迁	3.3	1.6	1.8	1.8	1.5	1.1	1.1	1.2	1.4	1.4
全省	155.8	182.7	208.0	220.4	225.2	209.4	194.7	192.0	193.0	193.3

表 7-11　2003～2012 年江苏各地区火（核）电工业用水量　　单位：亿 m³

地区	2003 年	2004 年	2005 年	2006 年	2007 年	2008 年	2009 年	2010 年	2011 年	2012 年
南京	12.1	15.9	18.8	18.8	20.8	12.2	9.2	9.2	9.2	9.2
无锡	9.5	11.8	13.6	14.0	18.9	22.4	19.4	19.1	19.1	19.1
徐州	2.5	2.9	3.6	3.6	2.3	1.1	0.7	0.7	0.7	0.7
常州	2.4	4.1	4.1	3.2	10.5	8.5	8.3	8.3	8.3	8.3
苏州	17.5	25.6	37.1	51.3	60.1	50.2	48.1	47.6	51.6	51.6
南通	15.1	15.6	16.7	16.7	13.2	12.8	11.5	11.5	11.5	11.5
连云港	1.0	1.0	1.7	1.7	1.1	1.4	0.2	0.2	0.2	0.2
淮安	3.9	5.7	6.3	6.3	2.1	3.3	3.2	3.0	3.0	3.0
盐城	2.8	4.1	4.7	3.5	3.3	3.0	2.9	2.7	2.7	2.7
扬州	8.9	9.8	10.9	10.8	11.5	10.5	11.3	11.5	10.5	10.5
镇江	22.4	26.6	28.7	28.7	22.5	20.4	18.3	17.4	16.7	17.0

续表

地区	2003 年	2004 年	2005 年	2006 年	2007 年	2008 年	2009 年	2010 年	2011 年	2012 年
泰州	0.4	1.4	1.4	1.4	1.0	10.2	10.0	10.0	9.1	9.1
宿迁	1.2	0.3	0.6	0.5	0.3	0.1	0.1	0.1	0.1	0.1
全省	99.7	124.8	148.2	160.5	167.6	156.1	143.2	141.3	142.7	143.0

3. 工业行业用水效率

2010 年江苏工业分行业用水定额中，在 38 个行业中，电力、热力的生产和供应业、非金属矿采选业等，用水定额很高；煤炭开采和洗选业、石油和天然气开采业、黑色金属矿采选业、有色金属矿采选业、食品制造业、饮料制造业和造纸及纸制品业等，用水定额较高；而通信设备和计算机及其他电子设备制造业、仪器仪表及文化办公用机械制造业、交通运输设备制造业、电气机械及器材制造业、废弃资源和废旧材料回收加工业等，用水定额较低。江苏各工业行业用水效率见表 7-12。

表 7-12　2010 年江苏工业行业用水效率

序号	行业类别	工业产值 /亿元	用水量 /万 m^3	用水效率 /(m^3/万元)
1	煤炭开采和洗选业	279.65	18 000	64.4
2	石油和天然气开采业	67.05	2 500	37.3
3	黑色金属矿采选业	61.27	2 500	40.8
4	有色金属矿采选业	6.92	350	50.6
5	非金属矿采选业	157.45	31 000	196.9
6	农副食品加工业	2 253.57	18 000	8.0
7	食品制造业	411.76	12 000	29.1
8	饮料制造业	606.89	14 000	23.1
9	烟草制品业	346.57	600	1.7
10	纺织业	5 962.49	70 000	11.7
11	纺织服装、鞋、帽制造业	2 622.8	15 000	5.7
12	皮革、毛皮、羽毛（绒）及其制品业	471.28	3 000	6.4
13	木材加工及木竹藤棕草制品业	1 097.26	3 000	2.7
14	家具制造业	195.84	1 800	9.2
15	造纸及纸制品业	1 118.42	20 000	17.9
16	印刷业和记录媒介的复制	286.36	1 500	5.2
17	文教体育用品制造业	524.33	2 100	4.0
18	石油加工、炼焦及核燃料加工业	1 496.56	8 000	5.3
19	化学原料及化学制品制造业	9 170.96	85 000	9.3
20	医药制造业	1 419.43	11 000	7.7

续表

序号	行业类别	工业产值/亿元	用水量/万 m^3	用水效率/(m^3/万元)
21	化学纤维制造业	1 682. 74	15 000	8. 9
22	橡胶制品业	717. 1	4 000	5. 6
23	塑料制品业	1 486. 38	5 500	3. 7
24	非金属矿物制品业	2 610. 78	25 000	9. 6
25	黑色金属冶炼及压延加工业	7 117. 94	38 000	5. 3
26	有色金属冶炼及压延加工业	2 905. 11	6 600	2. 3
27	金属制品业	3 543. 9	15 000	4. 2
28	通用设备制造业	6 182. 82	16 000	2. 6
29	专用设备制造业	3 321. 86	9 000	2. 7
30	交通运输设备制造业	6 452. 22	9 000	1. 4
31	电气机械及器材制造业	8 750. 31	13 000	1. 5
32	通信设备、计算机及其他电子设备制造业	12 932	25 000	1. 9
33	仪器仪表及文化、办公用机械制造业	1 723. 04	2 500	1. 5
34	工艺品及其他制造业	396. 98	1 500	3. 8
35	废弃资源和废旧材料回收加工业	223. 01	350	1. 6
36	电力、热力的生产和供应业	3 174. 72	1 412 000	444. 8
37	燃气生产和供应	191. 71	2 200	11. 5
38	建筑业	1 546. 17	19 000	12. 3

7. 2. 2. 3 万元工业增加值用水量指标

2012 年江苏万元工业增加值用水量（2010 年可比价）为 80. 2m^3，与 2003 年相比下降幅度为 63. 2%，其中地区内最大下降幅度为 92. 8%，最小为 28. 3%。2003 ~ 2012 年全省年均下降率为 10. 5%，其中地区最大年均下降率为 25. 4%，最小为 3. 6%。

按 2010 年可比价，2003 ~ 2012 年江苏及各地区万元工业增加值用水量指标，见表 7-13。

表 7-13　江苏各地区万元工业增加值用水量　　单位：m^3

地区	2003 年	2004 年	2005 年	2006 年	2007 年	2008 年	2009 年	2010 年	2011 年	2012 年
全省	217. 9	216. 8	211. 5	192. 3	168. 5	137. 8	114. 3	99. 5	89. 1	80. 2
南京	298. 4	298. 3	277. 8	250. 2	219. 0	141. 0	108. 5	86. 9	73. 4	63. 0
无锡	133. 4	132. 9	122. 7	109. 0	117. 4	121. 0	96. 6	87. 3	76. 5	70. 3
徐州	156. 0	148. 4	144. 2	119. 8	82. 9	52. 3	40. 5	33. 9	29. 5	26. 4
常州	118. 2	128. 6	112. 5	84. 6	140. 5	107. 1	94. 7	82. 7	73. 2	67. 3

续表

地区	2003 年	2004 年	2005 年	2006 年	2007 年	2008 年	2009 年	2010 年	2011 年	2012 年
苏州	147.2	157.0	181.5	203.5	204.1	151.0	131.1	117.8	116.5	105.6
南通	360.5	313.1	298.9	251.5	171.1	141.5	117.6	102.5	90.4	82.6
连云港	237.1	208.6	227.9	182.7	124.2	108.7	59.4	48.4	41.8	36.7
淮安	311.0	368.2	365.5	311.4	121.1	128.7	108.6	90.4	76.1	67.5
盐城	155.7	180.6	179.8	127.1	102.9	80.9	69.5	57.9	50.7	44.5
扬州	333.8	306.9	276.2	237.8	206.1	162.7	150.3	135.0	112.5	102.7
镇江	688.4	680.9	629.9	534.6	370.3	295.2	234.4	198.8	176.5	159.2
泰州	53.3	100.8	85.9	70.5	54.2	174.3	145.7	126.9	105.7	95.9
宿迁	342.4	138.8	137.3	103.9	71.1	42.1	34.6	31.9	28.4	24.6

7.2.3 典型地区指标跟踪变化分析

7.2.3.1 趋势法分析成果

趋势分析法主要是根据历史资料来推测未来的时间序列方法，分别采用指数曲线拟合和年均递减率方法，进行万元工业增加值用水量趋势预测分析。

1. 曲线拟合趋势法分析成果

利用式（7-1），对表 7-13 系列数据，拟合江苏省及各地区万元工业增加值用水量的指数曲线趋势，见图 7-7。

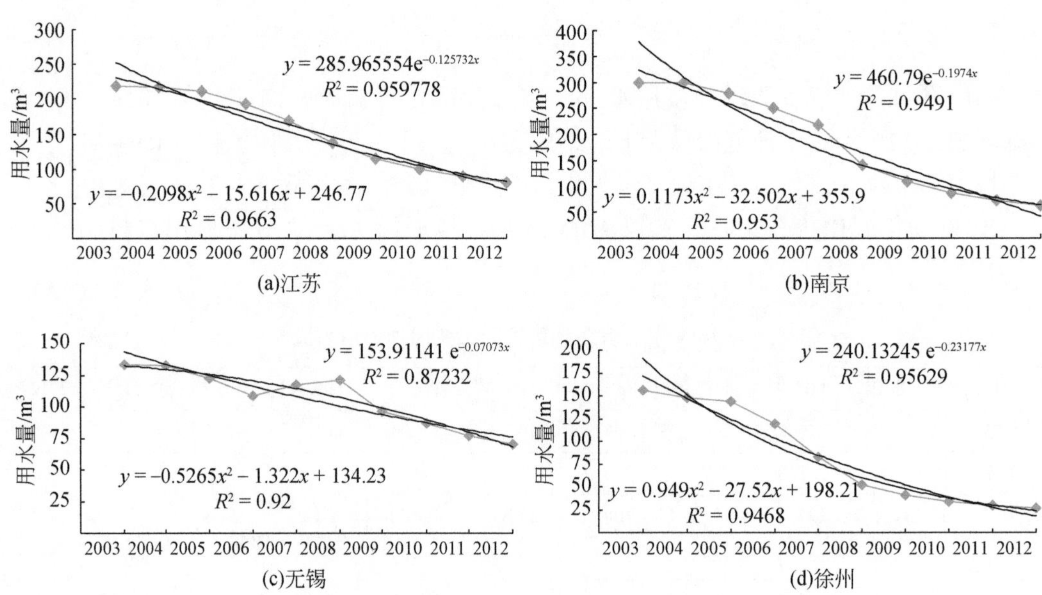

(a)江苏 (b)南京 (c)无锡 (d)徐州

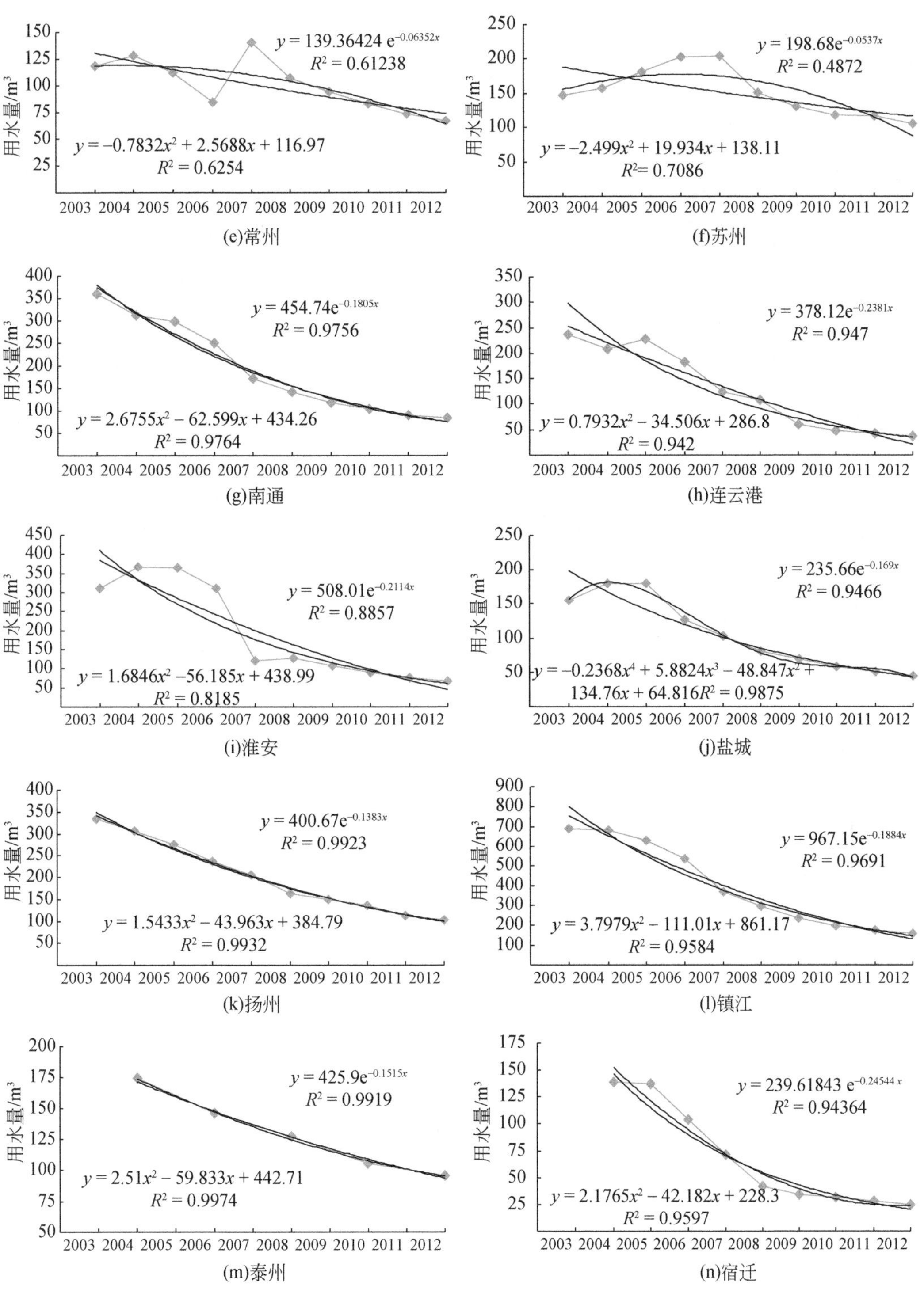

图 7-7　江苏省及地区万元工业增加值用水量曲线拟合趋势

根据江苏及各地区万元工业增加值用水量曲线拟合，预测2012年指标值，见表7-14。

由表7-14可见，采用指数曲线拟合趋势分析法，2012年万元工业增加值用水量指标的预测值与实际值相对误差，除徐州、宿迁大于10%外，其他地区均不到10%。

表7-14　万元工业增加值用水量指标曲线拟合与预测

地区	指数曲线拟合	相关系数 / R^2	2012年预测值 /(m³/万元)	2012年实际值 /(m³/万元)	相对误差 /%
全省	$y=285.965554e-0.125732x$	0.960	81.3	80.2	1.4
南京	$y=460.79e-0.1974x$	0.949	64.3	63.0	2.0
无锡	$y=153.91141e-0.07073x$	0.872	75.7	70.3	7.6
徐州	$y=240.13245e-0.23177x$	0.956	23.7	26.4	-10.4
常州	$y=139.36424e-0.06352x$	0.612	73.8	67.3	9.7
苏州	$y=198.68e-0.0537x$	0.487	115.8	105.6	9.7
南通	$y=454.74e-0.1805x$	0.976	75.2	82.6	-9.0
连云港	$y=378.12e-0.2381x$	0.947	35.0	36.7	-4.7
淮安	$y=508.01e-0.2114x$	0.886	61.6	67.5	-8.7
盐城	$y=235.66e-0.169x$	0.947	43.5	44.5	-2.3
扬州	$y=400.67e-0.1383x$	0.992	100.8	102.7	-1.9
镇江	$y=967.15e-0.1884x$	0.969	147.6	159.2	-7.3
泰州	$y=425.9e-0.1515x$	0.992	93.1	95.9	-2.9
宿迁	$y=239.61843e-0.24544x$	0.944	20.6	24.6	-16.4

2. 年均递减率趋势法分析成果

利用式（7-7），计算2003～2010年江苏万元工业增加值用水量指标年均下降率，并预测2012年万元工业增加值用水量，见表7-15。

表7-15　江苏万元工业增加值用水量指标年均递减率拟合与预测

地区	2012年预测值/(m³/万元)	2012年实际值/(m³/万元)	相对误差/%
全省	79.6	80.2	-0.9
南京	61.1	63.0	-3.1
无锡	73.9	70.3	5.0
徐州	24.5	26.4	-7.1
常州	71.6	67.3	6.4
苏州	110.5	105.6	4.7
南通	77.6	82.6	-6.0
连云港	33.4	36.7	-9.2
淮安	63.5	67.5	-5.8

续表

地区	2012 年预测值/(m^3/万元)	2012 年实际值/(m^3/万元)	相对误差/%
盐城	43.6	44.5	-2.0
扬州	104.2	102.7	1.4
镇江	150.5	159.2	-5.5
泰州	92.5	95.9	-3.6
宿迁	21.5	24.6	-12.8

由表 7-15 可见，采用年均递减率趋势分析法，2012 年江苏万元工业增加值用水量指标的预测值与实际值相对误差，除宿迁大于 10% 外，其他地区均不到 10%。

7.2.3.2 弹性系数法分析成果

利用弹性系数分析法的式（7-8）计算 2003 ~ 2010 年江苏及各地区万元工业增加值用水量指标弹性系数，并预测 2012 年工业用水量和万元工业增加值用水量，见表 7-16。

表 7-16 江苏及各地区万元工业增加值用水量指标弹性系数法预测

地区	2012 年预测值/(m^3/万元)	2012 年实际值/(m^3/万元)	相对误差/%
全省	82.9	80.2	3.4
南京	59.0	63.0	-6.4
无锡	78.6	70.3	11.7
徐州	24.2	26.4	-8.4
常州	75.3	67.3	12.0
苏州	108.6	105.6	2.9
南通	79.9	82.6	-3.3
连云港	33.7	36.7	-8.3
淮安	64.7	67.5	-4.1
盐城	44.0	44.5	-1.1
扬州	112.8	102.7	9.8
镇江	155.3	159.2	-2.5
泰州	107.7	95.9	12.3
宿迁	20.9	24.6	-15.1

由表 7-16 可见，采用弹性系数分析法，2012 年江苏万元工业增加值用水量指标的预测值与实际值相对误差，除无锡、常州、泰州和宿迁大于 10% 外，其他地区均不到 10%。

7.2.3.3 影响因素法分析成果

1. 影响因素定性分析

影响江苏万元工业增加值用水量指标的因素较多，经综合分析，定性选取与指标密切相关的影响因子，主要包括火（核）电用水量占工业用水量比重、工业用水量占总用水量比重、人均工业用水量、人均 GDP、工业增加值占 GDP 比重、工业发电量、工业用水量增长率、工业增加值增长率、工业用水重复率、工业废水排放量 10 个影响因子，见表 7-17。

表 7-17　万元工业增加值用水量的影响因素

变量	影响因子	单位
X_1	火（核）电用水量占工业用水量比重	—
X_2	工业用水量占总用水量比重	—
X_3	人均工业用水量	m^3/人
X_4	人均 GDP	元/人
X_5	工业增加值占 GDP 比重	
X_6	工业发电量	亿 kW · h
X_7	工业用水量增长率	%
X_8	工业增加值增长率	%
X_9	工业用水重复利用率	%
X_{10}	工业废水排放量	万 t

2. 影响因素数据

根据江苏及各地区资料收集情况，GDP 和工业增加值为 2010 年可比价，2003 ~ 2012 年高用水行业用水量占工业用水量比重等 8 个影响因子系列数据，见表 7-18（因篇幅所限，仅列出全省、无锡市和扬州市数据）。

表 7-18　2003 ~ 2012 年影响因子数据

地区	年份	火（核）电用水量占工业用水比重	工业用水量占总用水量比重	人均工业用水量/万 m^3	人均 GDP/万元	工业增加值占 GDP 比重	工业用电量/(亿 kW · h)	工业用水量增长率/%	工业增加值增长率/%
		X_1	X_2	X_3	X_4	X_5	X_6	X_7	X_8
江苏	2003	0.638	0.370	0.021	2.24	0.428	1 185	7.1	17.8
	2004	0.683	0.355	0.024	2.55	0.439	1 452	17.2	17.8
	2005	0.713	0.402	0.027	2.89	0.448	1 771	13.8	16.7
	2006	0.728	0.408	0.029	3.30	0.454	2 089	6.0	16.6
	2007	0.744	0.413	0.029	3.75	0.461	2 415	2.2	16.7
	2008	0.745	0.381	0.027	4.21	0.465	2 503	-7.0	13.7
	2009	0.736	0.354	0.025	4.71	0.463	2 631	-7.1	12.0
	2010	0.736	0.347	0.024	5.26	0.465	3 052	-1.4	13.3
	2011	0.740	0.347	0.024	5.82	0.471	3 385	0.5	12.3
	2012	0.741	0.350	0.024	6.39	0.475	3 562	0.1	11.1

续表

地区	年份	火（核）电用水量占工业用水比重	工业用水量占总用水量比重	人均工业用水量/万 m^3	人均 GDP/万元	工业增加值占 GDP 比重	工业用电量/(亿 kW·h)	工业用水量增长率/%	工业增加值增长率/%
		X_1	X_2	X_3	X_4	X_5	X_6	X_7	X_8
无锡	2003	0.603	0.494	0.034	5.40	0.472	214.5	6.6	17.2
	2004	0.649	0.502	0.039	6.21	0.472	264.2	16.0	16.5
	2005	0.663	0.550	0.036	5.84	0.507	308.3	13.0	22.4
	2006	0.668	0.555	0.035	6.39	0.507	368.1	1.8	14.5
	2007	0.736	0.612	0.042	7.06	0.509	424.9	22.4	13.6
	2008	0.772	0.653	0.047	7.58	0.512	421.7	13.3	10.0
	2009	0.748	0.623	0.041	8.43	0.510	427.6	-10.4	12.2
	2010	0.746	0.611	0.040	8.99	0.511	488.7	-1.7	8.8
	2011	0.760	0.634	0.039	9.93	0.513	508.5	-1.9	12.0
	2012	0.761	0.637	0.039	10.63	0.518	499.2	-0.2	8.5
扬州	2003	0.770	0.398	0.024	1.79	0.407	50.2	3.6	13.6
	2004	0.779	0.308	0.026	2.05	0.419	58.5	8.7	18.2
	2005	0.795	0.350	0.030	2.52	0.428	64.9	9.2	21.3
	2006	0.794	0.347	0.030	2.85	0.445	74.1	-0.4	15.7
	2007	0.807	0.347	0.032	3.32	0.461	86.7	4.6	20.7
	2008	0.795	0.312	0.029	3.82	0.470	91.6	-7.2	17.5
	2009	0.808	0.320	0.031	4.32	0.472	100.0	5.5	14.3
	2010	0.812	0.320	0.032	4.95	0.477	118.1	2.1	13.6
	2011	0.797	0.307	0.030	5.47	0.481	130.3	-7.0	11.5
	2012	0.797	0.322	0.030	5.96	0.483	132.4	0.0	9.6

3. 影响因素定量分析

采用的主成分分析方法，根据表 7-18 中的 2003 ~ 2012 年的火核电用水量占工业用水量比重等 8 个影响因子系列数据，计算影响因素贡献率和载荷，分析万元工业增加值用水量指标的关键影响因素。

分别对江苏、无锡和扬州 3 个地区，利用式（7-10）~ 式（7-16）进行计算，得到万元工业增加值指标影响因素主成分特征值及贡献率，见表 7-19。

由表 7-19 可知，江苏、无锡和扬州 3 个地区的万元工业增加值用水量指标影响因素第一、第二、第三主成分的累计贡献率已达到 85% 以上，达到分析要求。根据主成分载荷计算公式（7-17）和式（7-18），得到主成分载荷矩阵。见表 7-20。

表 7-19　指标影响因素主成分特征值及贡献率

主成分	全省			无锡			扬州		
	特征值	贡献率/%	累计贡献率/%	特征值	贡献率/%	累计贡献率/%	特征值	贡献率/%	累计贡献率/%
一	3. 392 7	42. 408	42. 408	3. 380 9	42. 796	42. 796	3. 389 5	43. 455	43. 455
二	2. 223 2	27. 790	70. 199	2. 231 8	28. 251	71. 047	2. 238 3	28. 696	72. 151
三	1. 218 7	15. 234	85. 433	1. 171 5	14. 830	85. 877	1. 115 8	14. 305	86. 457
四	1. 164 8	14. 560	99. 993	1. 112 8	14. 086	99. 963	1. 056 1	13. 540	99. 997
五	0. 000 6	0. 007 0	100. 00	0. 002 9	0. 037 0	100. 00	0. 000 2	0. 003 0	100. 00

表 7-20　指标影响因素主成分载荷矩阵

影响因子	变量	全省			无锡			扬州		
		第一主成分	第二主成分	第三主成分	第一主成分	第二主成分	第三主成分	第一主成分	第二主成分	第三主成分
火（核）电用水量占工业用水量比重	X_1	-0. 375	0. 033	-0. 852	0. 520	0. 108	-0. 761	-0. 600	0. 160	0. 685
工业用水量占总用水量比重	X_2	-0. 767	-0. 342	0. 404	0. 751	0. 170	0. 524	0. 776	0. 003	-0. 516
人均工业用水量	X_3	0. 901	0. 008	-0. 016	-0. 876	-0. 084	-0. 168	0. 829	-0. 198	0. 266
人均 GDP	X_4	-0. 355	0. 468	0. 723	0. 352	0. 451	-0. 730	-0. 381	-0. 511	-0. 671
工业增加值占 GDP 比重	X_5	-0. 375	-0. 852	0. 033	0. 518	-0. 764	0. 103	-0. 602	0. 679	0. 166
工业发电量	X_6	-0. 342	0. 404	-0. 767	0. 173	0. 524	0. 752	0. 014	-0. 513	0. 776
工业用水量增长率	X_7	0. 902	0. 008	-0. 016	-0. 876	-0. 085	-0. 168	0. 829	-0. 201	0. 264
工业增加值增长率	X_8	-0. 356	0. 723	0. 468	0. 354	-0. 730	0. 448	-0. 386	-0. 671	-0. 505

从表 7-19 和表 7-20 的江苏、无锡和扬州 3 个地区的万元工业增加值用水量指标影响因素主成分贡献率和载荷值，可以看出以下内容。

第一主成分：指标影响贡献率达到 43% 左右，其中影响因子 X_2（工业用水量占总用水量比重）、X_3（人均工业用水量）、X_7（工业用水量增长率）这 3 个变量的载荷系数分别为 0. 77、0. 9 和 0. 9，与第一主成分都有较强的正相关或负相关，表明这些影响因子虽然作用方向不同，但在第一主成分中具有很强的影响效力。

第二主成分：指标影响贡献率为28%左右，其中影响因子 X_5（工业增加值占 GDP 比重）、X_8（工业增加值增长率）这两个变量的载荷系数分别为 0.85 和 0.72，与第二主成分都有较强的正相关或负相关，表明这些影响因子虽然作用方向不同，但在第二主成分中具有较强的影响效力。

第三主成分：指标影响贡献率为14%左右，其中影响因子 X_1［火（核）电用水量占工业用水量比重］、X_4（人均 GDP）、X_6（工业发电量）这 3 个变量的载荷系数分别为 0.85、0.72 和 0.77，与第三主成分都有较强的正相关或负相关，表明这些影响因子虽然作用方向不同，但在第三主成分中具有较强的影响效力。

从以上主成分贡献率和载荷值的分析，表明 X_2、X_3、X_5、X_7、X_8 等影响因子，是万元工业增加值用水量指标的关键影响因素。

4. 多元回归分析法成果

针对上述得到的关键影响因素（X_2、X_3、X_5、X_7、X_8），采用多元线性回归模型中的式（7-17）和式（7-18）等，对表 7-21 和表 7-22 中系列数据，进行江苏和各地区万元工业增加值用水量指标的影响因子多元回归组合拟合，并预测 2012 万元工业增加值用水量。见表 7-21。

表 7-21　万元工业增加值用水量指标多元回归拟合与预测

地区	多元回归拟合		相关系数 /R^2	2012 年预测值 /(m^3/万元)	2012 年实际值 /(m^3/万元)	相对误差 /%
全省	①	$Y=-135.58-144.54X_3+44.58X_7+1965.11X_8$	0.927	80.0	80.2	-0.2
	②	$Y=-181.04+335.73X_2-2838.04X_3+1901.51X_8$	0.930	79.2		-1.3
	③	$Y=779.81+518.27X_2-2035.17X_5+742.80X_8$	0.967	76.5		-4.6
南京	①	$Y=781.88+7048.59X_3-2147.04X_5+136.84X_7$	0.953	61.0	63.0	-3.2
	②	$Y=600.58+7711.54X_3-1870.66X_5+334.28X_8$	0.959	59.0		-6.4
无锡	①	$Y=105.05-395.93X_2+5203.50X_3+217.67X_8$	0.896	72.7	70.3	3.4
	②	$Y=335.67+3324.00X_3-812.80X_5+363.20X_8$	0.835	74.4		5.9
徐州	①	$Y=548.42+12189.17X_3-1302.25X_5-94.40X_8$	0.992	27.8	26.4	5.2
	②	$Y=468.10+441.48X_2-1108.00X_5+30.46X_7$	0.993	25.9		-1.8
常州	①	$Y=896.41+3720.22X_3-1910.34X_5+407.90X_8$	0.841	64.7	67.3	-3.8
苏州	①	$Y=38.33-264.55X_2+4286.23X_3+349.34X_8$	0.935	112.3	105.6	6.4
南通	①	$Y=-639.72+1725.62X_2+6450.53X_3+137.49X_8$	0.868	84.3	82.6	2.1
	②	$Y=1179.19+800.26X_2-2973.28X_5+206.97X_7$	0.919	76.9		-6.9
连云港	①	$Y=722.26+491.26X_2-1887.35X_5+63.16X_7$	0.977	33.8	36.7	-7.9
淮安	①	$Y=858.38+1203.89X_2-2401.92X_5+56.10X_7$	0.981	64.5	67.5	-4.4
盐城	①	$Y=-272.27+2665.24X_2+10643.27X_3-94.09X_8$	0.973	47.8	44.5	7.4

续表

地区	多元回归拟合		相关系数 $/R^2$	2012年预测值/(m^3/万元)	2012年实际值/(m^3/万元)	相对误差/%
扬州	①	$Y=1\ 568.83+5\ 110.31\ X_3-3\ 335.36\ X_5-50.36\ X_7$	0.991	108.3	102.7	5.4
	②	$Y=1\ 451.94+901.48\ X_3-2\ 881.03\ X_5+210.66\ X_8$	0.994	106.5		3.7
	③	$Y=1362.29+113.41\ X_2-2\ 723.75\ X_5+254.43\ X_8$	0.994	107.0		4.1
镇江	①	$Y=1641.62+6\ 891.29\ X_3-3\ 653.41\ X_5+36.69\ X_7$	0.989	160.9	159.2	1.0
	②	$Y=-381.59+13\ 398.46\ X_3+91.88\ X_7-2\ 385.51\ X_8$	0.958	166.3		4.4
	③	$Y=8947.60+8\ 947.60\ X_3-2\ 892.58\ X_5-986.67\ X_8$	0.989	153.4		-3.7
泰州	①	$Y=429.74+7\ 058.69\ X_3-1146.74\ X_5+458.83\ X_8$	0.939	97.4	95.9	1.6
	②	$Y=288.46+717.02\ X_2-892.60\ X_5+425.68\ X_8$	0.916	101.2		5.5
宿迁	①	$Y=60.63+65\ 914.83\ X_3-547.22\ X_5-62.70\ X_7$	0.981	26.2	24.6	6.4

由表7-21可见，采用影响因素分析法，2012年万元工业增加值用水量指标的预测值与实际值相对误差，除苏州、连云港、盐城和宿迁大于5%外，其他地区均不到5%。

7.2.3.4 方法比较分析

1. 趋势分析法

趋势分析法适应于与时间紧密相关的数据系统，它的前提是假定事物的过去会同样延续到未来，即假定历史和未来变化态势受到的影响因素基本一致。

该方法的优点是充分考虑时间序列发展趋势及影响因素，可以根据指标发展趋势，选择不同的趋势分析模型（多项式、指数曲线、对数曲线和年均递减率等），使预测结果能更好地符合变化实际。并且系列数据只涉及历史的工业用水量和工业增加值，容易获取、计算简单、管理成本低。缺点是假定历史和未来变化态势受到的影响因素基本一致，都是渐进变化的，没有考虑发生突然跳跃时的变化，而实际上影响万元工业增加值用水量变化的因素是复杂多样的，可能与未来发展变化规律、发展水平及变化规律不完全一致。

2. 弹性系数和重复利用率分析法

弹性系数和重复利用率分析法用来表示两个因素各自相对增长率之间的比率，适应于工业用水量弹性系数和重复利用率等数据较易获得预估算的系统。

该方法的优点是直观、易行，是目前常用的方法，也是全国水资源综合规划技术大纲细则中推荐的方法。并且计算简单，管理成本低。缺点是预测年的弹性系数和重复利用率难以确定，需要对不同地区、不同工业行业的节水潜力进行深化分析，数据获取难度大。

3. 影响分析因素法

影响因素分析法是一种全过程综合分析的方法，需要定性定量分析影响因子，周密计算确定关键影响因素，适应于与工业发展密切相关的系列数据较齐全的系统。

该方法的优点是可以将政策变化、工业结构调整等综合因素充分反映到计算过程中，分析过程完备、计算精度较高、预测成果误差较小。缺点是需要完整的经济社会、产业结构、用水结构、工业用水量等大量系列数据，数据获取工作量大。

7.3 指标数据复核技术方法及实例

7.3.1 数据复核基本要求

7.3.1.1 核算口径与原则

1. 核算口径

工业用水量及万元工业增加值用水量调查统计采用《全国水资源综合规划》口径，2000 年以后的火（核）电企业直流冷却取水要折算成耗水量，在统计火（核）电工业用水量时应采用其耗水量。

工业企业取用的淡化海水、再生水等应作为非常规水源计入统计范围。工业企业直接利用的海水和卤水不计入工业用水量统计范围，但可单独列出。水力发电用水属于河道内用水，也不计入工业用水量统计范围。

2. 核算原则

（1）统计口径相一致性的原则。其一为工业企业用水量应与该工业企业经济指标统计口径对应一致；其二为用水量应和供水量统计口径对应一致，用水量计量点应与供水计量点一致。

（2）多源核对、综合平衡的原则。目前我国工业用水量数据主要来源有统计年鉴（年报）、相关规划、水利普查等。《中国水资源公报》是全口径、全覆盖数据，其他统计年鉴是部分数据或相关数据。目前规划类数据主要包括《水资源综合规划》等。普查类数据主要有全国水利普查等。需要对这些统计数据进行相互核对、综合平衡分析。

（3）典型调查、点面结合的原则。对工业用水大户、部分高用水行业，开展典型调查和专项统计，分析这些用户或行业用水基本规律；根据相关典型调查或统计数据，分析其他用水户或用水行业的用水定额等，建立这些用水户或行业用水量统计推算主要参数或测算方法。做到典型调查与点面结合。

（4）存量、增量、减量分别核算的原则。存量主要为某一基准下的用水量，如 2011 年水利普查工业用水量当年数据；增量则为 2011 年后新取用水户增加的用水量，可以通过取水许可、供水工程、水费等途径推算增加的水量，要准确反映各地区、各行业新增产能的工业用水新增需求量；减量主要为 2011 年后份因企业关停并转或采取了节水措施所减少的用水量，可以通过典型调查、报表等方式获得。

（5）区域供用水平衡原则。可以从区域角度，通过用水端及供水端相互统计及区域水量综合平衡等方式复核检验。

7.3.1.2 核算路线

监测统计与数据复核技术方法：一是工业用水量统计与核算方法；二是万元工业增加值用水量核算方法。核算路线见图 7-8。

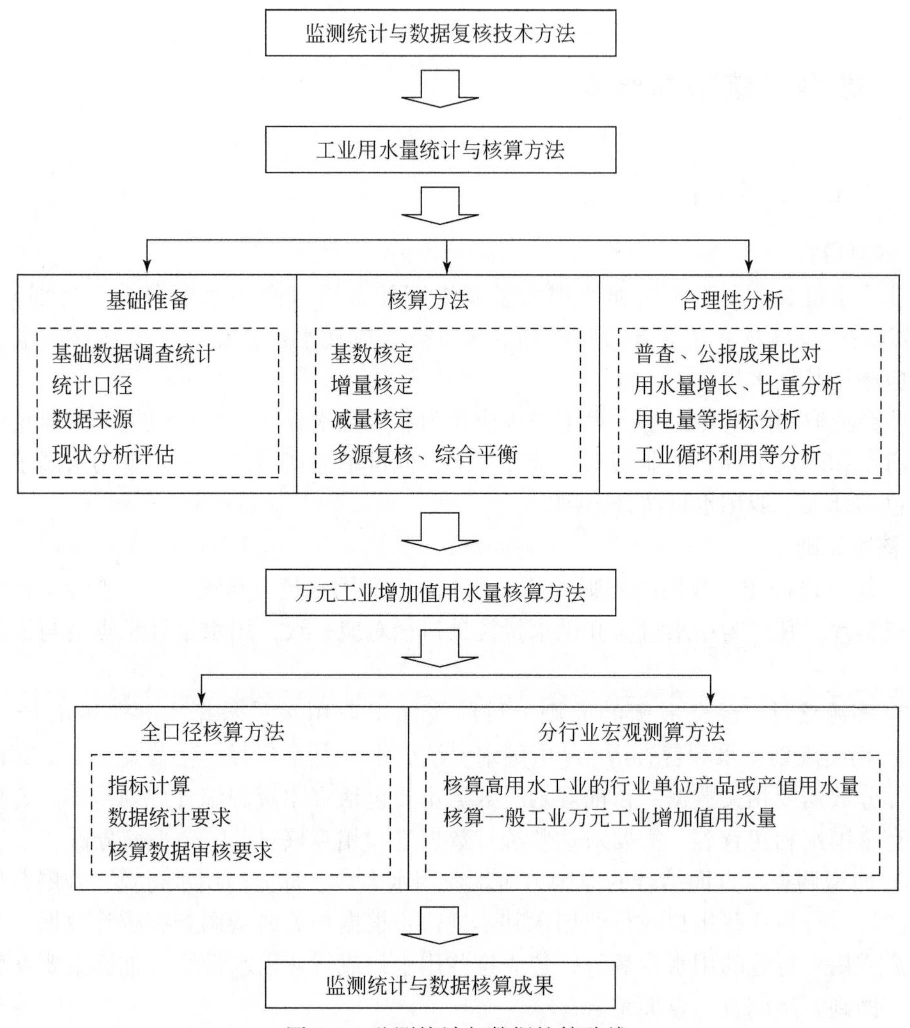

图 7-8 监测统计与数据核算路线

7.3.2 工业用水量核算方法

7.3.2.1 基础准备

1. 基础数据调查统计

做好核算的基础性工作，收集整理基础数据，包括：全国和各省（自治区、直辖市）

统计年鉴有关工业产品产值和电力指标，历年供水用水量、工业用水量和高用水行业用水量，用于新增量核算的基础资料和工业项目取水许可、水资源论证统计台帐，省级行政区已颁布的用水定额标准，核算期重大节水减排项目清单及相关验证文件等。

2. 统计口径与数据来源

（1）分析国内外现有的工业用水量统计方法，特别是结合我国实际情况，分析评估水资源公报、水利普查、水资源综合规划和用水户监测资料中的数据来源及其精度。从用水户角度、供水角度、水资源收费角度等统计分析工业用水量的各类方法，分析数据来源及其可靠性，比较各类方法的适用性和优缺点。

（2）工业用水户按照取水来源，可分为自备水源用水户、管网用水户和混合用水户。自备水源用水户的用水量以水源取水口（包括水井井口）为计量点统计，为毛用水量；管网用水户的用水量以入户总表（水表）为计量点统计，为净用水量，总表前的输水损失通过综合分析公共供水户管网损失水量统一分摊处理（不单独进行统计），毛用水量等于净用水量与总表前输水损失水量之和；混合用水户的用水量按照自备水源用水量和管网用水量分别统计毛用水量后加和。

（3）按照《国民经济行业分类》（GB/T 4754—2011），工业行业共有 41 个大类（大类代码为 06 ~46），除电力热力的生产和供应业（大类代码：44）中的水力发电企业不列入统计范围，以及水的生产和供应业（大类代码：46）单独统计外，其他均应统计。

（4）目前工业用水数据一般采用水利部门公布的数据。工业用水户可按高用水和一般工业用水户进行调查，高用水工业一般分为火核电、石油石化、钢铁、纺织、造纸、化工、食品等行业。对规模以上企业工业用水量应以计量监测统计数据为基础，根据企业名录，全面逐户调查统计；对规模以下企业可采用抽样调查和指标分析相结合的方法，采用打捆方式统计估算其工业用水量。

3. 现状分析评估

调查分析各地区工业发展与工业结构、布局状况，分析工业增加值、主要工业产品等工业产值产量历年变化趋势；调查分析各地区工业用水主要特征，分析工业用水量及万元工业增加值用水量指标等工业用水指标的时空变化特点和趋势。

7.3.2.2 核算方法

（1）基数核定。主要对 2011 年水利普查数据进行合理核定。分区分析核定的合理性，注意直流冷却的火核电用水调整。

（2）增量核定。对新投产工业项目，取水许可、水费征收、水表计量等方面提出核定方法。

（3）减量核定。可结合重大工业节水减排工程项目，跟踪各地区核算期工业布局、产业结构调整变化，清查淘汰关闭的生产线或工艺设备，分行业、分地区核实工业节水量，提出具体核定方法。

（4）多源复核、综合平衡。从其他统计数据等方面，复核、推算及综合平衡，提出核定方法。

7.3.2.3 工业用水量合理性分析

（1）工业用水总量应与水资源公报、取水许可、水利普查中经济社会用水普查成果进行对比，分析用水的合理性。

（2）对工业用水量增长速度及其地区分布、高用水行业用水量增长速度进行监测核查，并与历史增长率和时空分布进行比较，分析其合理性。根据年度经济形势变化、工业产业结构变化和新增重点用水户的情况分析用水增长有无突变情况。

（3）对工业用水量占总用水量的比重、高用水行业用水量占工业用水量的比重和人均工业用水量等相关指标进行监测核查。

（4）对工业用电量等与工业用水量密切相关指标进行监测，跟踪分析趋势。

（5）对工业用水循环利用状况、工业结构调整及节水技术改造重点项目落实情况及节水量进行监测核查。

（6）对用于工业的海水、矿井水等非常规水源利用情况进行监测，跟踪分析可能的替代新鲜水量。

7.3.2.4 重点取用水户工业用水合理性分析

（1）火（核）电工业企业主要指标。根据水利普查、2012 年度水资源公报、取水许可管理等资料，复核火（核）电企业用水量的合理性；将重点取用水户的装机容量（发电量）与电力统计年鉴发布的装机容量（发电量）进行对比分析；计算火（核）电工业的单位装机容量用水量，根据火（核）电冷却方式等信息判断火（核）电用水指标的合理性。

（2）一般工业企业主要指标。根据水利普查、取水许可管理等资料，复核一般工业企业用水量的合理性；计算一般工业企业取用水户的产值合计值占区域工业总产值的比重，判别产值信息的合理性；分行业计算万元工业产值用水量指标，判断用水指标的合理性。

（3）公共供水户主要指标。将公共供水户的取水量和外供水量信息与城建部门的自来水供给量信息进行对比，分析数据合理性。

（4）综合分析。分析重点取用水户［火（核）电和一般工业企业］占工业总用水量的比重，并与水利普查比较判别重点取用水户用水量的合理性。

7.3.3 万元工业增加值用水量核算方法

根据工业行业的用水特点，可采用两种途径进行万元工业增加值用水量分析核算。一是全口径核算方法，即采用全部工业用水量与对应的全部工业增加值进行核算；二是分行业宏观核算方法，分高用水工业行业和一般工业行业分别进行核算。

7.3.3.1 全口径核算方法

采用全部工业用水量与全部工业增加值的比值计算万元工业增加值用水量。收集各地区历年工业增加值和可比价指数，计算以某一水平年可比价为基准的万元工业用水量增长率，并分析其合理性。

1. 指标计算

（1）通过典型调研及根据全国水利普查成果、水资源公报、统计部门年鉴和工业统计年鉴等相关数据资料，分析核算两种情况下万元工业增加值用水量。

（2）在可比价基础上，按照水资源公报编制技术要求，核算各地区万元工业增加值用水量指标；按照《全国水资源综合规划》口径要求，对直流式火（核）电取水量经折耗处理后，核算各地区万元工业增加值用水量指标，并分析对比分析。

（3）其与水资源公报的主要差异为部分省份火力发电企业直流冷却用水要折算成耗水量计算。

2. 数据统计与复核要求

（1）工业增加值一般按重点工业（火核电和一般工业）和公共供水户工业企业分别统计，也可按照火核电工业、全部国有及规模以上（不含火核电工业）和规模以下工业等 3 类分别进行统计。

（2）经济社会指标复核。主要复核工业总产值和工业增加值两项指标。通过与当年国民经济与统计发展公报及上一年统计年鉴数据的比较，复核工业总产值、工业增加值（包括火核电和非火核电）及其增长率的合理性。增加值率为工业增加值与工业总产值的比值（一般为 0.25 ~0.40），可以用来分析工业经济指标的合理性。

（3）水力发电用水属于河道内用水，工业增加值应扣除水电的增加值。GDP 和工业增加值可直接采用统计部门数据，并应分别按当年价和折算到基期的可比价进行统计。

（4）工业用水量应按新水取用量统计，不包括企业内部的重复利用水量。工业用水量一般按重点工业［火（核）电和一般工业］用水量、公共供水户的工业供水量及非重点用水户工业供水量进行统计（非重点用水户工业供水量在无法统计获得情况下，可根据相关资料推算）。工业用水量也可按火核电工业、全部国有及规模以上［不含火（核）电工业］和规模以下工业分类统计用水量。规模以上企业一般指年主营业务收入 2000 万元及以上的工业企业。

（5）对于直流式冷却的火电机组应分别统计其取水量和耗水量，在统计火（核）电工业用水量时应采用其耗水量。

3. 核算数据审核要求

数据审核除要从全面性、完整性、规范性、一致性、合理性、准确性 6 方面进行数据质量检查外，还要利用经验判断、资料对比、奇异值审核等方法进行审核。

一是根据国民经济核算制度，利用统计系统专业数据与有关部门数据对工业各行业增加值、GDP 和工业增加值占 GDP 比重等经济数据质量进行监测复核。

二是对工业用水量增长速度、工业增加值增长速度进行监测核算。

三是对区域内的万元工业增加值用水量指标空间分布进行对比检验复核，对于与分布格局存在明显差异的地区，找出主要原因及合理性。

四是对比指标历史变化趋势，对各省份万元工业增加值用水量等指标及其降低率进行监测复核，对于偏离合理范围较大的指标应进行重点分析和检查核实。

五是通过工业用电量和钢铁、造纸等大宗耗水工业产品产量与工业用水量的相关分析，进行数据变化对比检查。

7.3.3.2 分行业宏观核算方法

根据工业行业的用水特点，对高用水工业行业和一般工业行业分别进行核算。采用调查、统计等方法，充分利用全国水利普查成果、典型用水户取水计量监测、全国城市供水信息系统、第二次经济普查成果、月季年工业统计等基础资料，对全国各省（自治区、直辖市）的万元工业增加值用水量进行核算。

1. 核算高用水工业的行业单位产品或产值用水量

（1）依据《国民经济行业分类与代码》（GB/T 4754）规定的行业划分，结合区域产业结构特点和经济发展水平及工业结构、工业用水量组成情况，以水利普查等有关统计资料为基础，收集统计部门和取水许可管理等工业企业信息，分析确定各省（自治区、直辖市）高用水工业的分行业组成名录和重点企业名录。

（2）按以往典型用水户取水量监测资料确定分行业典型用水户用水量，以经济普查、典型用水户产品调查统计等资料确定该典型用水户产品产量，从而得到分行业单位产品或产值用水量，并建立分行业单位产品或产值用水量指标标本库。

（3）根据工业统计部门的月、季、年报公布的分行业产品总产量，结合调查统计确定的高用水工业用水量及指标标本库对比分析，分析测算各省（自治区、直辖市）分行业单位产品或产值用水量指标。

（4）结合国家和行业协会、省级行政区颁布的工业产品和行业用水定额标准，判断单位产品或产值用水量数据的合理性。

2. 核算一般工业万元工业增加值用水量

（1）以 2011 年水利普查中工业用水普查成果为依据，对高用水工业与一般工业的用水量进行分离修订，分析建立一般工业的万元工业增加值用水量指标标本库。

（2）根据近 10 多年全国及各省（自治区、直辖市）的水资源公报统计的工业用水量系列数据，分析 31 个省份工业用水变化趋势，确定用水量变化时间趋势关系式。

（3）根据月、季、年报公布的各行业工业增加值，统计各省（自治区、直辖市）一般行业的工业增加值，结合已确定的一般工业用水总量指标及指标标本库、趋势分析对比，核算各省（自治区、直辖市）一般工业万元工业增加值用水量。

7.3.4 数据复核实例分析

以江苏为实例，根据资料收集的情况，分别采用全口径复核和指标跟踪分析方法，对 2013 年全省及 13 地区的工业经济指标、用水量指标和万元工业增加值用水量指标进行复核分析。

7.3.4.1 工业经济指标复核

按 2010 年可比价，2013 年江苏工业增加值为 26 504 亿元，规模以上工业总产值为 132 317 亿元。2003 ~2013 年工业增加值和规模以上工业产值，见表 7-22 和表 7-23。

表 7-22 江苏各地区工业增加值 单位：亿元

地区	2003 年	2004 年	2005 年	2006 年	2007 年	2008 年	2009 年	2010 年	2011 年	2012 年	2013 年
南京	782	915	1 098	1 219	1 429	1 513	1 665	1 966	2 263	2 631	2 951
无锡	1 175	1 369	1 676	1 919	2 181	2 398	2 691	2 928	3 278	3 558	3 850
徐州	435	490	556	668	797	941	1 081	1 244	1 429	1 595	1 860
常州	557	650	758	902	1 060	1 194	1 321	1 501	1 674	1 819	1 916
苏州	1 883	2 299	2 652	3 071	3 484	3 975	4 328	4 820	5 259	5 795	6 179
南通	539	642	713	847	1 034	1 204	1 339	1 538	1 742	1 907	2 125
连云港	135	160	175	219	262	300	347	423	490	558	650
淮安	185	209	227	267	325	395	457	526	626	706	805
盐城	347	375	413	491	584	691	802	917	1 052	1 204	1 348
扬州	345	408	495	572	690	811	927	1 054	1 175	1 287	1 405
镇江	371	438	507	598	697	799	910	1 019	1 113	1 253	1 429
泰州	300	355	427	518	609	714	838	962	1 072	1 184	1 295
宿迁	96	114	133	168	214	261	310	379	476	565	691
全省	7 150	8 424	9 830	11 459	13 366	15 196	17 016	19 277	21 649	24 062	26 504

表 7-23 江苏各地区规模以上工业产值 单位：亿元

地区	2003 年	2004 年	2005 年	2006 年	2007 年	2008 年	2009 年	2010 年	2011 年	2012 年	2013 年
南京	2 987	3 701	4 356	4 975	6 044	6 917	7 155	8 764	10 236	11 722	12 647
无锡	3 910	5 155	6 130	7 543	9 334	10 988	11 407	13 204	14 395	14 805	15 160
徐州	864	1 073	1 317	1 731	2 238	3 042	3 785	5 205	6 871	9 103	10 521
常州	1 818	2 268	2 685	3 492	4 442	5 522	6 295	7 529	8 176	9 193	10 068
苏州	5 924	8 233	10 622	13 292	16 611	19 911	21 343	25 094	27 459	29 459	30 393
南通	1 338	1 806	2 298	3 127	4 207	5 517	6 413	7 516	8 580	10 135	11 352
连云港	252	325	368	491	726	1 041	1 383	1 971	2 600	3 498	4 131
淮安	421	508	610	842	1 090	1 341	1 707	2 483	2 907	4 051	4 708
盐城	906	1 002	1 177	1 461	1 926	2 688	3 252	4 009	4 310	5 692	6 455
扬州	997	1 273	1 553	2 006	2 705	3 759	4 692	5 856	6 695	7 377	8 499
镇江	1 018	1 209	1 427	1 727	2 239	2 971	3 409	4 266	5 148	6 257	7 197
泰州	877	1 124	1 304	1 765	2 367	3 153	3 966	5 004	5 746	7 304	8 502

续表

地区	2003 年	2004 年	2005 年	2006 年	2007 年	2008 年	2009 年	2010 年	2011 年	2012 年	2013 年
宿迁	167	167	210	306	449	622	835	1 158	1 505	2 304	2 685
全省	21 479	27 844	34 057	42 758	54 378	67 472	75 642	92 059	104 628	120 900	132 318

按2010年可比价，2013年全省工业增加值比2012年增长10.1%，2003～2013年全省工业增加值年均增长率为14.2%，2010～2013年均增长率为11.9%；全省规模以上工业产值年均增长率为19.9%，20010～2013年均增长率为12.9%。见表7-24。

表7-24　江苏及各地区工业经济指标增长率　　单位：亿元

地区	工业增加值		规模以上工业总产值		2013 年工业增加值率
	2003～2013 年均增长率/%	2010～2013 年均增长率/%	2003～2013 年均增长率/%	2010～2013 年均增长率/%	
南京	14.2	14.5	15.5	13.0	0.23
无锡	12.6	9.6	14.5	4.7	0.25
徐州	15.6	14.4	28.4	26.4	0.18
常州	13.2	8.5	18.7	10.2	0.19
苏州	12.6	8.6	17.8	6.6	0.20
南通	14.7	11.4	23.8	14.7	0.19
连云港	17.0	15.4	32.3	28.0	0.16
淮安	15.8	15.2	27.3	23.8	0.17
盐城	14.5	13.7	21.7	17.2	0.21
扬州	15.1	10.1	23.9	13.2	0.17
镇江	14.4	11.9	21.6	19.1	0.20
泰州	15.8	10.4	25.5	19.3	0.15
宿迁	21.8	22.2	32.0	32.4	0.26
全省	14.0	11.2	19.9	12.9	0.20

由表7-24可见，2013年全省工业增加值率为0.20，其中南京、无锡、苏州、盐城、镇江和宿迁的工业增加值率为0.20～0.26，徐州、常州、南通、淮安、连云港、淮安、扬州和泰州的工业增加值率为0.15～0.22。

目前，江苏的苏南地区已进入较发达经济阶段，接近工业化高级阶段，苏中处在工业化初期向中期的迈进阶段，苏北则处于从初级产品生产向工业化初期的过渡阶段。从上述分析，工业增加值、规模以上工业产值基本合理，工业增加值率略微偏低。

7.3.4.2　工业用水量复核

2013年江苏工业用水量为193.05亿m^3，其中火（核）电用水量143.64亿m^3，占74.4%；一般工业用水量49.41亿m^3，占25.6%，见表7-25。2003～2013年江苏各地区工业用水量，见表7-26。苏州工业用水最大，为61.50亿m^3，占全省31.9%；其次无锡、镇江分别为25.50亿m^3和19.8亿m^3，占全省13.2%和10.3%；南京、常州、南通、扬州、泰州为10亿~20亿m^3，占6%~9%；其他地区不到6亿m^3。火（核）电用水量主要集中在苏州、无锡、镇江、南通、扬州和南京沿江地区。从上述分析，工业用水量基本合理。

表7-25　2013年江苏各地区工业用水量　　单位：亿m^3

地区	工业用水量/亿m^3	其中			
		火（核）电用水量/亿m^3	比例/%	一般工业用水量/亿m^3	比例/%
南京	16.00	8.84	55.3	7.16	44.8
无锡	25.50	19.89	78.0	5.61	22.0
徐州	4.10	0.60	14.6	3.50	85.4
常州	12.40	8.50	68.5	3.90	31.5
苏州	61.50	52.01	84.6	9.49	15.4
南通	15.90	11.72	73.7	4.18	26.3
连云港	2.00	0.14	7.0	1.86	93.0
淮安	4.60	2.85	62.0	1.75	38.0
盐城	5.60	2.64	47.1	2.96	52.9
扬州	13.10	10.42	79.5	2.68	20.5
镇江	19.80	16.93	85.5	2.87	14.5
泰州	11.25	9.04	80.4	2.21	19.6
宿迁	1.30	0.06	4.6	1.24	95.4
全省	193.05	143.64	74.4	49.41	25.6

表7-26　2003~2013年江苏各地区工业用水量　　单位：亿m^3

地区	2003年	2004年	2005年	2006年	2007年	2008年	2009年	2010年	2011年	2012年	2013年
南京	23.3	27.3	30.5	30.5	31.3	21.3	18.1	17.1	16.6	16.6	16.0
无锡	15.7	18.2	20.6	20.9	25.6	29.0	26.0	25.6	25.1	25.0	25.5
徐州	6.8	7.3	8.0	8.0	6.6	4.9	4.4	4.2	4.2	4.2	4.1
常州	6.6	8.4	8.5	7.6	14.9	12.8	12.5	12.4	12.3	12.2	12.4
苏州	27.7	36.1	48.2	62.5	71.1	60.0	56.8	56.8	61.3	61.2	61.5
南通	19.4	20.1	21.3	21.3	17.7	17.0	15.7	15.8	15.8	15.8	15.9
连云港	3.2	3.3	4.0	4.0	3.3	3.3	2.1	2.1	2.1	2.1	2.0
淮安	5.8	7.7	8.3	8.3	3.9	5.1	5.0	4.8	4.8	4.8	4.6
盐城	5.4	6.8	7.4	6.2	6.0	5.6	5.6	5.3	5.3	5.4	5.6
扬州	11.5	12.5	13.7	13.6	14.2	13.2	13.9	14.2	13.2	13.2	13.1
镇江	25.5	29.8	32.0	32.0	25.8	23.6	21.3	20.3	19.6	20.0	19.8
泰州	1.6	3.6	3.7	3.7	3.3	12.5	12.2	12.2	11.3	11.4	11.3

续表

地区	2003 年	2004 年	2005 年	2006 年	2007 年	2008 年	2009 年	2010 年	2011 年	2012 年	2013 年
宿迁	3.3	1.6	1.8	1.8	1.5	1.1	1.1	1.2	1.4	1.4	1.3
全省	155.8	182.6	207.9	220.3	225.3	209.4	194.5	191.9	192.9	193.1	193.1

从表 7-26 可以看出，2010 年以后全省及各地区工业用水量变化不大，处于平稳波动过程。

7.3.4.3 指标数据复核分析

1. 指标考核分析

按 2010 年可比价，2003 ~ 2013 年江苏及各地区万元工业增加值用水量指标，见表 7-27。

表 7-27 江苏及各地区万元工业增加值用水量 单位：m^3

地区	2003 年	2004 年	2005 年	2006 年	2007 年	2008 年	2009 年	2010 年	2011 年	2012 年	2013 年
南京	298.4	298.3	277.8	250.2	219.0	141.0	108.5	86.9	73.4	63.0	54.2
无锡	133.4	132.9	122.7	109.0	117.4	121.0	96.6	87.3	76.5	70.3	66.2
徐州	156.0	148.4	144.2	119.8	82.9	52.3	40.5	33.9	29.5	26.4	22.0
常州	118.2	128.6	112.5	84.6	140.5	107.1	94.7	82.7	73.2	67.3	64.7
苏州	147.2	157.0	181.5	203.5	204.1	151.0	131.1	117.8	116.5	105.6	99.5
南通	360.5	313.1	298.9	251.5	171.1	141.5	117.6	102.5	90.4	82.6	74.8
连云港	237.1	208.6	227.9	182.7	124.2	108.7	59.4	48.4	41.8	36.7	30.8
淮安	311.0	368.2	365.5	311.4	121.1	128.7	108.6	90.4	76.1	67.5	57.1
盐城	155.7	180.6	179.8	127.1	102.9	80.9	69.5	57.9	50.7	44.5	41.5
扬州	333.8	306.9	276.2	237.8	206.1	162.7	150.3	135.0	112.5	102.7	93.2
镇江	688.4	680.9	629.9	534.6	370.3	295.2	234.4	198.8	176.5	159.2	138.6
泰州	53.3	100.8	85.9	70.5	54.2	174.3	145.7	126.9	105.7	95.9	86.9
宿迁	342.4	138.8	137.3	103.9	71.1	42.1	34.6	31.9	28.4	24.6	18.8
全省	217.9	216.8	211.5	192.3	168.5	137.8	114.3	99.5	89.1	80.2	72.8

2013 年全省万元工业增加值用水量为 72.8m^3，比 2010 年下降幅度为 26.8%。与“十二五”期间国家 2015 年比 2010 年下降幅度考核指标 30% 比较，已基本实现目标，指标值较合理。见表 7-28。

表 7-28 江苏万元工业增加值用水量下降幅度对比分析 单位：m^3

地区	万元工业增加值用水量		2010 ~ 2013 年均下降率/%	2013 年与 2010 年相比下降幅度/%	2015 年国家下降幅度考核指标/%
	2010 年	2013 年			
南京	86.9	54.2	14.6	37.6	—
无锡	87.3	66.2	8.8	24.1	—

续表

地区	万元工业增加值用水量		2010～2013 年均下降率/%	2013 年与 2010 年相比下降幅度/%	2015 年国家下降幅度考核指标/%
	2010 年	2013 年			
徐州	33.9	22.0	13.4	35.0	—
常州	82.7	64.7	7.8	21.7	—
苏州	117.8	99.5	5.5	15.5	—
南通	102.5	74.8	10.0	27.0	—
连云港	48.4	30.8	14.0	36.4	—
淮安	90.4	57.1	14.2	36.8	—
盐城	57.9	41.5	10.5	28.3	—
扬州	135.0	93.2	11.6	30.9	—
镇江	198.8	138.6	11.3	30.3	—
泰州	126.9	86.9	11.9	31.5	—
宿迁	31.9	18.8	16.1	41.0	—
全省	99.5	72.8	9.9	26.8	30

2. 指标跟踪分析

根据万元工业增加值用水量指标跟踪分析方法，得到 2013 年江苏及各地区万元工业增加值用水量指标理论值，计算 2013 年指标实际值与理论值的相对误差，见表 7-29。

表 7-29　2013 年江苏万元工业增加值用水量指标误差分析　　单位：m^3

地区	跟踪分析指标理论值				指标实际值	相对误差（实际值/预测值）/%			
	指数趋势法	年均递减率法	弹性系数法	影响因素法		指数趋势法	年均递减率法	弹性系数法	影响因素法
南京	52.8	51.2	51.9	51.0	54.2	2.7	5.9	4.5	6.4
无锡	70.5	67.9	75.3	64.2	66.2	-6.0	-2.5	-12.0	3.2
徐州	18.8	20.8	20.0	23.4	22.0	17.5	5.8	10.0	-5.8
常州	69.3	66.6	73.7	69.1	64.7	-6.6	-2.8	-12.2	-6.3
苏州	109.7	107.1	106.2	107.6	99.5	-9.3	-7.0	-6.3	-7.5
南通	62.8	67.5	75.0	82.9	74.8	19.2	10.8	-0.2	-9.8
连云港	27.6	27.7	26.1	32.3	30.8	11.6	11.1	17.9	-4.9
淮安	49.9	53.2	54.9	61.6	57.1	14.6	7.3	4.1	-7.2
盐城	36.7	37.9	37.3	43.3	41.5	13.1	9.7	11.4	-4.0
扬州	87.8	91.6	106.1	90.1	93.2	6.2	1.8	-12.1	3.5
镇江	122.3	130.9	132.6	126.1	138.6	13.3	5.8	4.5	9.9
泰州	80.0	82.7	101.3	96.3	86.9	8.6	5.0	-14.2	-9.8

续表

地区	跟踪分析指标理论值				指标实际值	相对误差（实际值/预测值）/%			
	指数趋势法	年均递减率法	弹性系数法	影响因素法		指数趋势法	年均递减率法	弹性系数法	影响因素法
宿迁	16.1	17.6	16.9	19.7	18.8	16.8	6.8	11.3	-4.6
全省	71.7	71.1	76.1	78.5	72.8	1.6	2.4	-4.2	-7.3

由表7-29可知，2013年江苏及各地区万元工业增加值用水量指标实际值与理论值的相对误差绝对值，其中，指数趋势法和弹性系数法在20%以内，年均递减率法在12%以内，影响因素法在10%以内。表明2013年江苏及各地区万元工业增加值用水量指标，处于2003年以来的趋势变化通道内，指标值较合理。

7.4 本章小结

（1）根据2011年水利普查成果，全国工业年取水量50万t、15万t和5万t以上的用水大户分别有约1万个、1.8万个和4万个，年取水量依次约占工业总用水量的56%、59%和69%。目前工业企业取水监测计量主要以水表、电磁流量计、超声波流量计三种计量设施为主，计时器和电度表使用较少。地表水取水计量以电磁流量计和超声波流量计为主，地下水以水表为主。

（2）我国各地工业用水统计数据，是以区域用水量为对象，采取部分工业企业用水户调查，主要依靠指标定额法测算，并结合降水量、水资源量、取水许可、计划用水、水利工程及水资源调度等日常管理信息和经济社会统计信息校核统计获得。统计方法包括定额估算法、监测计量法、典型抽样调查法及其他辅助手段等。

（3）指标监测计量统计问题，主要表现在：缺乏完整的监测计量管理法规和办法，工业用水计量统计制度尚未有效建立，缺乏完善的工业用水监测计量技术标准体系，取水监测计量设施建设覆盖率未达要求，部分取水监测计量设施技术不达标，监测计量设施选型和安装需进一步规范，监测计量设施运行维护、检修体系尚不完善，监测计量监督管理基础薄弱与能力不足和统计工作重复交叉与难度高强度大等方面。

（4）取水企业中使用的监测计量设备主要以水表、电磁流量计和超声波流量计为主流技术，通过测量介质、精度、稳定性、安装和维护等方面，提出了工业取用水监测计量设备选型适用条件与维护技术。同时，对于工业取水管道输水，当管径小于等于300 mm时宜计量输水水量，当管径大于300 mm时宜计量输水流量过程等。

（5）在分析全国及各省（自治区、直辖市）万元工业增加值用水量变化趋势分析基础上，本书提出了指标趋势分析法、弹性系数分析法和影响因素分析法3类跟踪预测分析方法，并对江苏及13个地区进行了实例应用，比较了各类分析方法的优缺点和适用性。影响因素分析法，根据各地经济社会、产业结构、用水结构、工业用水量等，对指标影响因素作全面的定性分析，筛选关键的影响因素，采用主成分分析法对影响因素进行定量分析，计算影响贡献率，确定关键影响因素，并采用多元回归分析方法，跟踪预测未来的万元工业增加值用水量，是一种合适的指标跟踪分析方法。

（6）从指标的数据核算口径和原则、数据来源，以及工业用水量核算方法思路和合理性分析等方面，本书提出了万元工业增加值用水量指标的全口径和分行业宏观复核技术方法。以江苏为例，对 2013 年全省及 13 个地区的万元工业增加值用水量指标进行了复核：结果表明 2013 年全省万元工业增加值用水量为 72.8m^3，与 2010 年相比下降幅度为 26.8%，与“十二五”期间国家 2015 年比 2010 年下降幅度考核指标 30% 比较，已基本实现目标；按照影响因素分析法跟踪分析，2013 年全省及各地区万元工业增加值用水量指标实际值与预测值的相对误差绝对值在 10% 以内，处于 2003 年以来的趋势变化通道内，指标值较合理。

第8章　农田灌溉水有效利用系数监测统计技术方法与方案设计

农田灌溉水有效利用系数是表征农田灌溉水利用效率的一个指标，是指某次或某一时间内被农作物利用的净灌溉水量与水源渠首处总灌溉引水量的比值，它与灌区自然地理条件、灌溉规模、工程状况、用水管理水平、灌水技术等因素有关，也是“三条红线”的一项重要指标。

为跟踪测算分析农田灌溉水有效利用系数变化情况，科学评价节水灌溉发展成效与节水潜力，自2006年起连续7年在全国范围内，分别在大型、中型、小型、纯井灌区选取样点灌区，开展了系数测算分析工作。但由于全国灌区数量众多、类型复杂，缺乏与对各省（自治区、直辖市）进行考核相适应的有效监测网络，不足以支撑水资源管理“三条红线”考核体系。因此，构建有效的农田灌溉水有效利用系数监测网络，确定有关指标监测方法，研究指标统计技术方法，提出指标管理制度，进一步规范用水效率监测与统计工作，对于推动“十二五”目标任务的顺利完成，为对各省（自治区、直辖市）灌溉水有效利用系数等指标年度目标进行考核提供可靠依据，进一步增强各级政府、各部门对加强农田水利建设的责任感、紧迫感，大力推进节水灌溉，促进水资源可持续利用有重要意义。

8.1　指标监测统计关键支撑技术研究

8.1.1　灌溉水有效利用系数影响因素分析

影响灌溉用水效率的因素很多，但主要因素可以归纳为灌区的气候条件、灌区的规模、节水灌溉工程状况、灌溉管理水平4个方面。

8.1.1.1　不同气候区域灌区对灌溉水有效利用系数的影响

根据有关资料，南方省份的灌溉水有效利用系数明显低于北方省份，这与南北之间的农业气象与水资源的丰沛差异有极大关系。华北地区水资源短缺，节水工程面积和井灌区面积比例大，灌溉管理水平高，是我国灌溉水有效利用系数最高的地区；东北地区虽然节水灌溉面积比例还达不到全国平均水平，但其纯井灌区和小型灌区面积比例较大，因此，其灌溉水有效利用系数明显高于全国平均水平；东南沿海地区以中小型灌区为主，而且节水灌溉面积比例和水资源重复利用率较高，其灌溉水有效利用系数是我国南方最高的地区；西北地区灌区规模主要以大中型、长距离输水灌区为主，区内各省份灌溉条件差异较大，其灌溉水有效利用系数明显低于华北地区；中南部地区灌溉条件较好，但其节水灌溉工程面积比例是我国最低的地区，灌溉水有效利用系数较低；西南地区水资源丰富，地形地貌复杂，且以山区为主，节水灌溉面积的比例与灌溉管理水平较低，是我国灌溉水有效利用系数最低的地区。

8.1.1.2 不同规模灌区对灌溉水有效利用系数的影响

灌区规模对灌溉水有效利用系数有显著的影响。灌区规模不同，相应的渠系复杂程度和管理水平也有所不同，渠系输水损失也不相同，由此导致灌溉水有效利用系数存在一定差异。一般来说，灌区规模越大，灌溉水有效利用系数就越低，反之亦然。

在影响灌溉水有效利用系数的各个环节中，渠系水利用系数随灌区规模大小不同而变化，规模大的灌区由于渠系级别多、渠道总长度长、配水建筑物多、调度运行复杂、管理难度大，故渠系水利用系数较低，从而使灌溉水有效利用系数降低。

8.1.1.3 不同节水灌溉工程状况对灌溉水有效利用系数的影响

节水灌溉工程面积对灌溉水有效利用系数的提高起着重要作用。通过渠首、灌溉渠系与骨干排水工程的配套改造，可以直接影响灌区引水、输水、配水和排水过程，减少输水损失，提高渠系用水效率；通过采用先进的灌溉技术、土地平整、优化畦田规格等可以提高田间用水效率，进而提高全灌区的灌溉水有效利用系数。

据相关研究可知，北方地区由于资源性缺水，多数省份在节水灌溉工程上投入力度较大，系数随节水灌溉工程面积所占比例增大而增加。而南方地区水资源相对丰沛，虽然节水灌溉面积系数随节水灌溉工程面积所占比例增大而增加，但由于水资源相对丰沛，节水意识不强，总体系数要低于北方地区。

8.1.1.4 不同灌溉管理水平对灌溉水有效利用系数的影响

通过加强灌区管理，合理调度，优化配水，可以减少输水过程中的跑水、漏水和无效退水；制定合理的水价政策，可以提高用户的节水意识，影响用水行为，减少水资源浪费；推行用水户参与灌溉管理，可以调动用水户的节水积极性。以上措施都可以提高灌溉水有效利用系数。

华北地区水资源紧缺，灌溉管理水平较高，土地平整度也好，因此，其灌溉水有效利用系数在全国是最高的。西北地区水资源紧缺，灌溉管理精细，其灌溉水有效利用系数较高。

8.1.2 不同因素对系数的影响分析

为了进一步研究哪些主要因素对灌溉用水效率的影响程度，并兼顾所能搜集到的统计资料，本书分别筛选出降水量，节水灌溉工程面积，小型、纯井灌区面积，用水者协会控制面积 4 种影响因子进行分析，详见表 8-1。

表 8-1　灌溉用水效率影响因素分析考虑的主要影响因素

项目		因素	单位
目标变量		灌溉用水有效利用系数	1
影响因子	气候条件	年降水量	mm
	工程状况与技术水平	节水灌溉工程面积	万亩
	灌区规模与类型	小型、纯井灌区面积	万亩
	管理水平	用水者协会控制面积	万亩

由于气候条件中降水条件对灌溉水量和灌溉水利用情况有重要的影响，因此，本书以各省（自治区、直辖市）现状年降水量与全国多年平均降水量的比值来表征不同省份气候条件的差异；节水灌溉工程面积占有效灌溉面积的比例可以综合反映不同省（自治区、直辖市）的节水灌溉技术水平和工程状况；小型、纯井灌区面积占有效灌溉面积的比例可以综合反映不同省（自治区、直辖市）的灌区规模和类型；用水者协会在灌区中控制的灌溉面积比例大小可以直观的反映灌区的管理状况和水平。

对所有选定的影响因素进行指标无量纲化处理，并建立多元线性回归模型：

$$Y = b_0 + b_1x_{i1} + b_2x_{i2} + b_3x_{i3} + b_4x_{i4} \tag{8-1}$$

式中，Y 为灌溉用水有效利用系数；x_{i1} 为降水量水平；x_{i2} 为节水灌溉工程面积水平；x_{i3} 为小型、纯井灌区面积水平；x_{i4} 为用水者协会控制面积水平；b_0 、b_1、b_2、b_3、b_4 为未知数。

计算结果见表 8-2 ~ 表 8-4。

表 8-2　多元线性回归拟合度评价表

线性回归系数	拟合优度	标准误差	观测值
0.648	0.420	0.05	31

表 8-3　多元线性回归方差分析

方差分析	自由度	样本平方和	样本数据评价平方和	F 统计量	p 值
回归分析	4	0.073 7	0.018 4	4.711 9	0.005 0
残差	26	0.101 7	0.003 9	—	—
总计	30	0.175 4	—	—	—

表 8-4　多元线性回归模型及其显著性检验表

指标	回归系数	标准误差
b_0	0.384	0.047
b_1	−0.020	0.016
b_2	0.050	0.025

续表

指标	回归系数	标准误差
b_3	0.070	0.030
b_4	0.032	0.025

表 8-2 给出了多元线性回归模型的拟合度，其中，回归系数 $R=0.648$，拟合优度 $R^2=0.420$，说明灌溉用水有效利用系数在 64% 以上的变动可被该模型解释，表明模型拟合度较好。

表 8-3 给出了 F 检验值：$F=4.7119$，当显著性水平 $\alpha=0.05$ 时，$F0.05\ (4, 26)=2.74$，显然 $F>F0.05$，说明回归效果显著。

由表 8-4 可以得出此次多元线性回归模型的方程：

$$Y=0.384-0.020x_{i1}+0.050x_{i2}+0.070x_{i3}+0.032x_{i4} \tag{8-2}$$

式中，x_{i1} 为降水量水平；x_{i2} 为节水灌溉工程面积水平；x_{i3} 为小型、纯井灌区面积水平；x_{i4} 为用水者协会控制面积水平。

由多元线性回归模型可以明显看出，各主要影响因素对灌溉用水有效利用系数的影响权重从大到小依次为小型纯井灌区面积水平、节水灌溉工程面积水平、用水者协会控制面积水平、降水量水平，影响权重分别为 0.070、0.050、0.032、0.020。其中，降水量水平与灌溉用水有效利用系数呈负相关关系，其余均为正相关关系。

8.1.3 不同分区灌溉水有效利用系数的差异性分析

考虑农业气象条件、地形地貌、灌区特点等因素，将全国分为华北地区、西北地区、东北地区、中部地区、东南沿海地区和西南地区 6 个具有各具特色的分区。

华北地区包括北京、天津、河北、河南、山西和山东 6 省（直辖市），该分区处于半干旱和半湿润地区，经济发达，人口集中，是我国水资源供需矛盾最为突出的地区。东北地区包括黑龙江、吉林和辽宁 3 省，基本为温带、寒温带大陆性季风气候区，年均降水量为 534 ~ 680mm，区域水资源条件相对较好，土地资源丰富，平原地区多，土地平整度较好。东南地区包括福建、浙江、江苏、上海、广东、海南 6 省（直辖市），属于亚热带海洋性季风气候，降水量平均达 1200mm 以上，河流较多，水资源量丰沛。西北地区包括陕西、甘肃、宁夏、内蒙古、青海、新疆 6 省（自治区）和新疆生产建设兵团，该分区气候干燥，降水稀少，水资源贫乏，缺水严重。中部地区包括湖南、湖北、安徽和江西 4 省，区域内降水相对丰沛均匀，水资源调蓄能力较强，水土资源相对协调，大中型灌区面积比例较大。西南地区包括云南、贵州、四川、重庆、广西和西藏 6 省（自治区、直辖市），区域内降水丰沛，河流众多，水资源量丰富，但经济相对落后。

据相关研究表明，我国南方地区的灌溉水有效利用系数要明显低于北方地区；东南地区灌溉水有效利用系数是我国南方最高的地区；西北地区灌溉水有效利用系数明显低于华北和东北地区；中部地区灌溉水有效利用系数较低；灌溉水有效利用系数最低的区域是西南地区。具体情况如下。

8.1.3.1 华北地区

华北地区灌溉水有效利用系数是我国最高的地区，主要原因在于该区域水资源紧缺，土地资源相对较好，平原面积广阔，土地平整度好，灌溉管理水平较高，节水灌溉工程面积相对较大，喷滴灌等节水灌溉技术应用广泛。另外，该区井灌面积比例远大于其他地区，而且经济相对较发达，近年来中央和地方投入了大量的资金进行灌区节水改造。

8.1.3.2 东北地区

东北地区灌溉水有效利用系数高于全国平均水平。该区域水资源条件相对较好，区内大中型平原灌区主要以引水自流灌溉为主，受工程条件等限制，灌溉用水管理粗放；节水投入不足，节水灌溉工程面积占总灌溉面积的比例不足30%。但由于小型灌区和井灌区灌溉水有效利用系数一般大于大型灌区和中型灌区，而该区域小型和井灌区面积比例远大于大型和中型灌区面积，因此，灌溉规模效应显著提升了区域整体灌溉水有效利用系数。同时，该地区纯井灌区中的低压管道输水、喷灌和微灌等节水灌溉工程面积比例较高，而且大型、中型和小型灌区中的提水灌溉比例也较高，都有利于提高灌溉管理水平与灌溉水有效利用系数。

8.1.3.3 东南地区

东南地区虽然降水丰富，但区内河流水系比较分散，而且河短流急，流域面积较小，调蓄能力严重不足，工程性缺水比较严重。该区山地和丘陵较多，以小型灌区为主，大量梯田的水重复利用提高了灌区的灌溉水有效利用系数；同时，该区经济发达，管理水平较高，各省份现有工程质量较好，有一定的节水灌溉发展潜力，灌溉水有效利用系数较高。该区域相对南方其他地区灌溉水有效利用系数较高。

8.1.3.4 西北地区

西北地区面积广阔，经济较落后，不同地区水资源条件、灌溉条件差异较大，但该区整体水资源严重短缺，比较重视节水灌溉技术推广；近年来国家与地方投入了大量资金进行灌区节水改造，灌区工程设施相对完好。

8.1.3.5 中部地区

中部地区水资源条件较好，调蓄能力较强，灌溉条件较好，而且大中型灌区面积比例较大。从区内灌区水源来看，自流较多，提水很少，用水管理相对粗放；同时，该区节水灌溉工程面积较少。因此，该区域灌溉水有效利用系数低于全国平均水平。

8.1.3.6 西南地区

西南地区水资源丰富，但地形地貌复杂，灌溉条件较差，经济落后，节水灌溉工程面积比例较小，灌溉管理水平较低；同时，区内四川、云南和西藏等省（自治区）大中型灌区灌溉面积超过 60%，高于全国平均 49% 的水平。因此，该区域是我国灌溉水有效利用系数最低的地区。区域内各省（自治区）灌溉水有效利用系数有明显差异。

8.1.4 不同区域灌溉水有效利用系数影响因素及其变化

为保持研究系列的一致性，同时考虑到所能获取的数据资料，在研究全国 6 大分区之间的主要影响因素时，同样选择这 4 个影响因子。

8.1.4.1 降水量

从全国 6 大分区测算结果来看，各分区系数的不同与南北方之间的气候及水资源的丰沛差异有极大关系。华北、东北地区水资源比较短缺，发展节水灌溉积极性较高，且注重灌区的管理水平，其灌溉用水有效利用系数相对较高；中部和西南地区属湿润地区，降雨量大，水资源相对丰富，对农田灌溉要求不迫切，发展节水灌溉积极性不高，对灌溉用水管理不够重视，因此，灌溉用水有效利用系数较低，特别是西南地区，降雨量很大，水资源特别丰富，只是在季节性干旱时才需灌溉，且经济落后灌溉用水管理水平很低，是我国灌溉用水有效利用系数最低的地区。

8.1.4.2 小型、纯井灌区面积占比

小型、纯井灌区面积占比的大小对灌溉用水有效利用系数有着直接影响，从分区测算结果来看，各区域灌溉用水有效利用系数随着小型、纯井灌区有效灌溉面积占比的增加有明显的增长趋势。东北和华北地区的小型、纯井灌区有效灌溉面积占比是所有分区中较高的两个，分别达到 76.4%、59.6%，其灌溉用水有效利用系数也比其他分区高，达到 0.546、0.603；而中部和西南地区的小型、纯井灌区有效灌溉面积占比只有 40% 左右，所以其灌溉用水有效利用系数相对较低。

8.1.4.3 节水灌溉工程面积占比

从全国 6 大分区测算结果来看，节水灌溉工程面积占有效灌溉面积的比例对灌溉用水有效利用系数有一定影响。东南地区的上海、江苏、浙江和海南 4 个省（直辖市）的节水工程面积比例都远超过了全国平均水平，保证了其灌溉用水的高效利用，其灌溉用水有效利用系数都在 0.50 以上，高于南方其他地区。而中部地区的湖南、湖北、江西、安徽 4 省节水灌溉工程面积比例较小，低于全国平均值，该区域灌溉用水有效利用系数平均为 0.465，低于全国平均水平。

8.1.4.4 用水者协会控制面积占比

农民用水者协会是经民主选举产生的自我管理、自主经营的群众性管水组织。他的建立可以促进灌区高效用水格局的形成，促进节水灌溉工作的全面发展，促进灌溉调度水平

的不断提高，这是农业综合开发水利建设与管理的需要，是深化管理体制改革的需要，是传统水利向现代水利、可持续发展迈进的需要。西南地区由于地形地貌复杂，灌溉条件较差，经济落后，用水者协会控制面积的比例较小，灌溉管理水平较低，是我国灌溉用水有效利用系数最低的地区。

8.2 农田灌溉水有效利用系数测算分析方法

8.2.1 农田灌溉水有效利用系数测算分析工作流程

受工作量和工作条件限制，在测算分析各省份①灌溉水有效利用系数时，以各省份样点灌区测算分析结果作为不同规模灌区灌溉水有效利用系数的平均值为基础，推算各省份灌溉水有效利用系数。

各省份在对灌区综合调研的基础上，选择代表不同规模与类型（大型、中型、小型灌区和纯井灌区，下同）的典型灌区作为样点灌区，搜集整理样点灌区有关资料，并开展必要的田间观测，通过综合分析，得出样点灌区灌溉水有效利用系数。以此为基础，得到不同规模与类型灌区的灌溉水有效利用系数平均值；分析计算出各省份平均值；最后，由各省份数据推算全国的灌溉水有效利用系数。具体思路如下。

（1）各省份对灌区情况进行整体调查，分类统计灌区的灌溉面积、工程与用水状况等，确定代表不同规模与类型、不同工程状况、不同水源条件与管理水平的样点灌区，构建本省份灌溉水有效利用系数测算分析网络。

（2）搜集整理各样点灌区的灌溉用水管理、气象、灌溉试验等相关资料，并进行必要的田间观测，分析计算样点灌区的灌溉水有效利用系数。以此为基础，根据不同规模灌区灌溉水有效利用系数和分类灌区灌溉用水情况，分析推算全区大型、中型、小型、纯井灌区的灌溉水有效利用系数的平均值。

（3）根据各省份不同规模与类型灌区年毛灌溉用水量和平均灌溉水有效利用系数，加权平均得到本省份灌溉水有效利用系数的平均值。

（4）根据各省份年毛灌溉总用水量和灌溉水有效利用系数平均值，加权平均得出全国灌溉水有效利用系数的平均值。

8.2.2 灌区灌溉水有效利用系数测算方法的确定

为了避免传统测算分析中存在的困难与问题，同时满足提高测算灌溉水有效利用系数精度的要求，在总结以往研究成果和经验的基础上，选用首尾测算法来确定灌溉水有效利用系数。首尾测算法是通过分析测算得到的最终输入到田间的有效灌溉水量和用于灌溉的

① 为描述方便，将 31 个省（自治区、直辖市）和新疆建设兵团按照省的概念进行描述，本章后同

引水总量两者的比值来表示。

首尾测算法适应目前我国灌区管理的实际情况，便于测算统计分析。以一年作为测算分析时段，通过统计当年灌溉总用水量、各种作物的实灌面积，测算分析各种作物的亩均净灌溉用水量，经计算得出灌区该年度的灌溉水有效利用系数。该方法不仅克服了传统测量方法中工作量大，需要大量人力、物力才能完成的缺点，又弥补了只测量典型渠段容易引起较大误差的不足。

8.2.3 灌区灌溉水有效利用系数计算

灌区某时段的灌溉水有效利用系数可表示为该时段内灌区田间净灌溉总用水量与从灌溉系统取用的毛灌溉总用水量的比值。计算公式如下：

$$\eta_w = \frac{W_j}{W_a} \tag{8-3}$$

式中，η_w 为灌区灌溉水有效利用系数；W_j 为灌区净灌溉总用水量（m^3）；W_a 为灌区毛灌溉总用水量（m^3）。

8.3 农田灌溉水有效利用系数监测网络设计及数据管理

8.3.1 农田灌溉水有效利用系数监测网络

8.3.1.1 样点灌区选择基本原则

样点灌区的选取应根据动态代表性原则。为使测算分析得到的灌溉水有效利用系数具有可比性，各测算年度的样点灌区应尽量保持稳定，一般不宜进行调整。如果各灌区工程改造与管理水平等因素变化，会造成不同规模与类型的样点灌区与全省同类灌区的平均变化情况存在较大差异，则应对该规模与类型的样点灌区的代表性进行分析，必要时进行调整，以使将各测算年度的该规模与类型的样点灌区综合起来能够代表当年同类灌区的平均水平。影响灌溉水有效利用系数的因素较多。对于一个灌区来说，灌溉工程状况与管理水平是关键因素，而其与工程节水改造投入密切相关，故样点灌区的动态代表性可以将有效灌溉面积的亩均节水改造投入作为判别指标，分类进行判断。

（1）当年度样点灌区的亩均节水改造投入增加值与全省同类灌区的亩均节水改造投入增加值相差≤10%时，即认为将该规模与类型灌区的样点灌区综合起来仍能代表全省同类灌区的平均状况，参与平均值计算分析的样点灌区不作调整。

（2）当二者相差>10%时，则应对参与计算的样点灌区进行调整，使二者相差在10%之内；再以调整后的该类样点灌区灌溉水有效利用系数测算分析值为基础，计算全省同类灌区的灌溉水有效利用系数平均值。

如果具有充分的资料，也可采用其他方法判断样点灌区的动态代表性并作合理调整，但应以该类样点灌区的灌溉水有效利用系数能够代表本省同类灌区灌溉水有效利用系数的平均情况为原则。

为了能够使样点灌区具有动态代表性，并以测算成果为基础由点到面分析估算不同规模、不同类型、不同工程状况与管理水平灌区的灌溉水有效利用系数，进而推算各省份乃至全国的现状灌溉水有效利用系数值，样点灌区的选择依据如下。

1）灌区规模

灌区规模对灌溉水有效利用系数影响显著，因此，可根据灌区灌溉面积的大小将灌区分为大型灌区（≥30 万亩）、中型灌区（1 万 ~ 30 万亩）和小型灌区（<1 万亩）三种规模；考虑到井灌区灌溉方式的独特性，将纯井灌区也作为一种规模来对待。因此，应选择大型灌区、中型灌区、小型灌区、纯井灌区 4 种不同灌溉规模的灌区作为样点灌区代表。在选择样点灌区时，应综合考虑工程设施状况、管理水平、灌溉水源条件（提水、自流引水）、作物种类和种植结构、地形地貌等因素。同类型样点灌区重点兼顾不同工程设施状况和管理水平等，确保选择的样点灌区综合后能代表全省该类型灌区的平均情况。

2）灌溉水源条件

灌溉水源条件也是灌区灌溉水有效利用系数的重要影响因素之一。对于地表水灌溉灌区，通常按取水方式分为两种：提水灌溉和自流引水灌溉。相对而言，提水灌溉的灌溉水有效利用系数较高，自流引水灌溉的灌溉水有效利用系数较低。因此，应选择不同灌溉水源条件的样点灌区。

3）纯井灌区的不同输配水灌溉方式

纯井灌区往往采用提水灌溉，但是其输配水灌溉方式却存在着很多类型，包括土渠、渠道防渗、低压管道、喷灌、微灌等。不同的输配水方式在灌溉过程中的水量损失不相同，造成灌溉水有效利用系数差异较大。因此，应选择不同灌溉方式的纯井灌区作为样点。

4）工程条件与管理水平

工程运行和管理水平好坏对样点灌区灌溉用水水平有很大影响。一般来说，工程运行状况良好，管理水平较高，则灌区灌溉水有效利用系数也较高，反之较低。因此，在同规模灌区中选择样点灌区时，应考虑这些影响因素。

5）作物种植结构和地形地貌

在选择样点灌区时，除了考虑灌区工程设施状况与管理水平现状、灌溉水源条件（提水、自流引水）和灌溉类型（土渠、渠道防渗、低压管道、喷灌、微灌）外，作物种植结构和地形地貌等因素也是进行样点灌区选择时所必须考虑的因素。

6）技术条件

翔实可靠的基础信息是衡量样点灌区灌溉用水水平的前提，合理的测算分析结果必须建立在良好的基础信息资料收集上。这就要求选择的典型样点灌区应具有一定的观测资料、灌溉试验资料、灌溉用水管理资料等，并具备相应的技术力量。

7）灌区类型与个数

如果选择的样点灌区类型和个数太多，工作内容繁重；太少则代表性不足，不能完全反映灌区实际灌溉用水水平。因此，选择的不同灌溉规模样点灌区的类型与个数应能够代表各省份不同灌溉规模灌区灌溉用水的平均状况。

8.3.1.2 样点灌区选择基本要求

样点灌区选择应考虑样点灌区的代表性、可操作性等，监测网络以各省份样点灌区为基础构建，各省份样点灌区按照以下要求选择确定。

样点灌区应按照大型（≥30 万亩）、中型（1 万~30 万亩）、小型（<1 万亩）灌区和纯井灌区 4 种不同规模与类型选取。同时，综合考虑工程设施状况、管理水平、灌溉水源条件（提水、自流引水）、种植结构、地形地貌等因素。同类型样点灌区重点兼顾不同工程设施状况和管理水平等，使选择的样点灌区综合后能代表全省该类型灌区的平均情况。

详实可靠的基础信息是衡量样点灌区灌溉用水水平的前提，合理的测算分析结果必须建立在良好的基础信息资料收集上。这就要求选择的典型样点灌区应具有一定的观测资料、灌溉试验资料、灌溉用水管理资料等，并具备相应的技术力量。

8.3.1.3 样点灌区选择要求

样点个数应依据以下具体要求确定。

（1）大型灌区。所有大型灌区均纳入样点灌区测算分析范围，即大型灌区全部作为样点灌区。

（2）中型灌区。按有效灌溉面积大小分为 3 个档次：中（一）型 1 万~5 万亩、中（二）型 5 万~15 万亩、中（三）型 15 万~30 万亩。每个档次的样点灌区个数不应少于本省份相应档次灌区总数的 5%。同时，样点灌区中应包括提水和自流引水两种水源类型，样点灌区有效灌溉面积总和应不少于本省份中型灌区有效灌溉面积的 10%。

（3）小型灌区。样点灌区个数应根据本省份小型灌区（或小型水利工程控制的灌溉区域）的实际情况确定；同时，样点灌区应包括提水和自流引水两种水源类型，不同水源类型的样点灌区个数应与该类型灌区数量所占的比例相协调。有条件的省份可以根据自然条件、社会经济状况、作物种类等因素分区选择样点灌区。

（4）纯井灌区。一般应以单井控制面积作为一个样点灌区（测算单元）。样点灌区个数应根据本省份纯井灌区实际情况确定，样点灌区数量以能代表纯井灌区灌溉水有效利用系数的整体情况为原则。鉴于纯井灌区范围大、井数多的特点，应根据土渠、渠道防渗、低压管道、喷灌、微灌等不同灌溉技术形式分类选择代表性样点，同一种灌溉技术形式至少选择 3 个样点灌区。

8.3.2 测算分析网络构建

影响灌溉水有效利用系数的因素较多，主要有灌溉工程状况、灌水技术、管理水平、灌区的类型和规模、灌区的自然条件等。鉴于我国自然气候、水资源条件以及不同省份的灌区构成、工程状况、管理水平等变化较大，为了更好地反映实际情况，首先以我国的31个省（自治区、直辖市）和新疆生产建设兵团测算分析为单元，然后，以样点灌区为基础构建测算分析网络；参考不同气候、种植结构等因素，分为华北地区、西北地区、东北地区、中部地区、东南沿海地区和西南地区6个具有各具特色的区域，进而形成与全国的网络体系。具体构建过程如下。

各省份按照本省份在对不同规模灌区全面调查分析的基础上，根据本省份实际情况与样点灌区的选择原则，确定代表本省份大型、中型、小型灌区和纯井灌区的样点灌区，形成省级测算分析网络体系，各省份灌溉水有效利用系数以此网络体系为基础进行汇总分析；在省级测算分析网络的基础上，根据分区特点，确定分区灌溉水有效利用系数计算分析样点体系和全国网络体系，并以此为基础动态跟踪灌溉水有效利用系数的变化情况。为便于比较分析，该网络体系应具有一定的稳定性，对由工程状况、管理水平变化引起的个别样点进行数据分析时应进行合理调整，以确保基于样点的测算与统计分析成果始终代表灌溉水有效利用系数的平均状况。测算分析与评价网络体系既要保持稳定，又要在年度间进行合理微调，使其代表灌溉水有效利用系数的年度实际情况。全国灌溉水有效利用系数测算分析网络体系构建过程见图8-1。

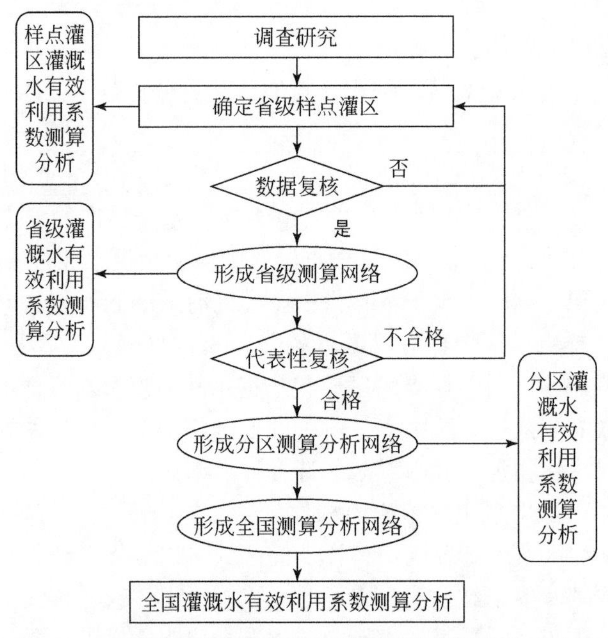

图8-1　全国灌溉水有效利用系数测算分析网络构建过程

2013年，全国灌溉水有效利用系数测算分析网络中样点灌区共3081处，有效灌溉面积共31 374.3万亩。

各省份选择大型灌区样点灌区446处，有效灌溉面积26 436.5万亩。其中，提水样点灌区70处，有效灌溉面积3181万亩；自流引水样点灌区376处，有效灌溉面积23 255.5

万亩。

各省份选择中型灌区样点灌区 790 处，有效灌溉面积 4172. 6 万亩。其中，提水样点灌区 185 处，有效灌溉面积 1059. 9 万亩；自流引水样点灌区 605 处，有效灌溉面积 3112. 7 万亩。

各省份选择小型灌区样点灌区 1237 处，有效灌溉面积 374. 8 万亩。

各省份选择纯井灌区样点灌区 608 处，有效灌溉面积 390. 5 万亩。其中，土质渠道输水地面灌、防渗渠道输水地面灌、管道输水地面灌、喷灌、微灌样点数分别为 168 处、78 处、192 处、94 处、76 处，有效灌溉面积分别为 205. 1 万亩、17 万亩、35. 2 万亩、113. 9 万亩、19. 3 万亩。

全国样点灌区总体符合上述选择原则及要求，大型灌区除特殊情况外均纳入测算分析范围；中型灌区满足数量和面积比例的要求；小型和纯井灌区基本满足在全省范围内考虑不同土壤类型、不同种植结构、不同气候条件等方面选取样点的要求。

8. 3. 3　监测网络构建

8. 3. 3. 1　监测网络构建原则

监测网络构建应按照样点灌区代表性、监测可行性和样点稳定性等原则选择。在选择过程中，要考虑省级区域内灌溉面积的分布、灌区节水改造等情况，尽量使所选的样点灌区基本反映该区域基本特点。

（1）综合考虑灌区的地形地貌、土壤类型、工程设施、管理水平、水源条件（提水、自流引水）、作物种植结构等因素，所选样点灌区能代表该区域范围内同规模与类型灌区。

（2）样点灌区应配备量水设施，具有能开展测算分析工作的技术力量及物资，保证及时方便、可靠地获取测算分析基本数据。

（3）样点灌区要保持相对稳定，使监测工作能连续进行，获取的数据具有年际可比性。

8. 3. 3. 2　监测网络构建方案

农田灌溉水有效利用系数测算分析网络中的样点灌区已按照样点灌区代表性、监测可行性和样点稳定性等原则进行选择，并考虑了灌区在省级区域内的分布、灌区节水改造等情况。即，所选样点灌区充分反映了各省份不同规模与类型灌区的整体特点。因此，指标监测网络的典型样点灌区就按照分层抽样的方法从测算分析网络中进行抽取。

分层抽样是把总体分为同质的、互不交叉的类型，然后在各类型中独立抽取样本。适用于层间有较大的异质性，而每层内的个体又具有同质性的总体，能提高总体估计的精确度，在样本量相同的情况下，其精度高于简单抽样和系统抽样；能保证“层”的代表性，避免抽到“差”的样本。

在典型样点灌区抽样过程中，充分考虑并遵循以下原则。

（1）典型样点灌区的地形地貌、气候条件，在所在区域具有代表性。

（2）典型样点灌区种植的作物种类在区域内具有代表性。

（3）典型样点灌区的基础设施条件较好，能为指标监测提供必要条件。

（4）若灌区内有灌溉试验站，优先选择。

目前，全国大型灌区（30 万亩及其以上）和重点中型灌区（5 万 ~ 30 万亩）的有效灌溉面积占全国有效灌溉面积的 42% 以上，年毛灌溉用水量约占全国农田年灌溉用水总量的 50%，渠首量水设施相对完备。全国纯井灌区有效灌溉面积约占全国有效灌溉面积的 1/4，毛灌溉用水量约占全国灌溉用水量的 14%；边界一般明确，管理相对简单，尤其是管道输水地面灌、喷灌、微灌的配套设施优于普通地面灌溉，易于开展灌溉监测相关工作；而其他一般类型灌区缺少管理单位、比较分散等，进行有效监测比较困难。因此，对于占全国有效灌溉面积和用水量约 2/3 的 5 万亩以上和纯井灌区选择典型样点灌区数量应略多；对于其他类型灌区，在目前条件不具备的情况下，应适当控制监测数量，今后根据实际情况逐步完善。具体情况如下。

考虑到我国不同地区的气候特点及其代表性，对于大型、重点中型灌区，各省份分别按现有测算分析样点灌区数量的 15% 选择典型样点灌区，计算数不足 1 处的按 1 处选择。

对于 5 万亩以下的中型灌区、小型灌区，各省份分别按现有测算分析样点灌区数量的 10% 选择典型样点灌区，数量一般不少于 3 处；若全区现有样点灌区不足 3 处，则应全部选择灌区样点。

对于纯井灌区，各省份分别按现有测算分析样点灌区的 10% 选择典型样点灌区，数量一般不少于 10 处，计算数不足 10 处的按 10 处选择；若全区现有样点灌区不足 10 处，则将全部选择为典型样点灌区。选择典型样点灌区时，应充分考虑纯井灌区灌溉形式，重点选择该地区主要灌溉形式，且每种灌溉形式最少不少于两处。

在典型样点灌区典型田块选取时，要确保田块的边界清楚、形状规则、面积适中。综合考虑作物种类、灌溉方式、畦田规格、地形、土地平整程度、土壤类型、灌溉制度与方法、地下水埋深等方面的代表性。此外，选取数量一般不少于日常测算分析典型田块数量的 1/3。

8.3.4 监测数据管理

8.3.4.1 基础数据管理

1. 样点灌区原始资料检查

1）完整性检查

（1）检查各测点和典型田块的观测资料是否齐全完整。

（2）对统计、定线、数据整理表和数据文件及整编成果进行全面检查，检查图表填写、签名等是否齐全。

(3) 检查自动采集记录的数据是否连续，有无缺测；检查自动采集仪器的校测记录。

2) 合理性检查

(1) 水量测点数据要与其上下游测站进行对比检查，检查是否存在异常数据。

(2) 各类作物的种植面积、每次灌溉面积与历年资料和其他部门（农业、统计）的资料进行对比。

(3) 亩均灌溉用水量与历年实灌资料或实验成果进行对比检查。

3) 一致性检查

(1) 检查上下游测点之间、各典型田块之间的数据在时间上是否一致。

(2) 检查灌溉面积统计时间与灌水时间是否一致。

2. 基础数据观测与记录制度

观测人员必须严格遵守国家有关水文、土壤含水率等技术标准、规范和规程，严格按照系数测算分析工作的有关要求开展系数指标数据的观测与记录，确定观测内容、目的及观测方法。

对于定时观测的项目，观测人员应携带记录本与测具提前到达现场，做好准备工作，正点测记，严禁任意提前或拖后。严禁在数据观测、记录、计算、资料汇总、统计中弄虚作假。

对于现场测记的数据一律用硬质铅笔记录，做到书写工整，字迹清晰，项目齐全，严禁擦改、涂改、字上改字。凡规定校测、校读和能够校测校读的数据，均应在现场一测一校，发现问题现场改正或即时采取补救措施。对于自动采集仪器，要定时校测，经常检查仪器设备运行状况，确保其正常运行。观测结束后，必须做好观测仪表、工具的整理、维护、保管、检校工作。

3. 原始记录及资料成果整理

必须使用设定的专用记录本（表）填写观测记录，并分页编码，写明观测地点、测站名称、日期、观测校核者姓名、使用仪器及编号等项目。必须同时记录影响观测资料精度、质量的各种因素和主要原因，供分析资料时参考。

观测资料应在当天进行计算整理，加强原始资料的校核工作，严格一算两校核手续，原始资料的计算，必须由两人对算复核，发现问题要及时核实或补测。

观测所用记录本（表）要按时间顺序进行编号，存档保存。所有观测资料要有专人管理，严禁伪造，并分门别类集中保存在资料柜中，严防丢失、烧毁、损坏、严重污染，并做好电子文档的备份工作。

4. 观测成果质量控制

观测人员应相对固定，必须遵守数据观测与记录制度，以及观测器具的保养和使用管理制度，熟练掌握指标数据的观测、分析方法。定期检校仪表器具，使之符合精度及安装要求。对观测结果应及时复查、核实，确保资料的真实可靠。

观测资料应在当天进行计算整理，原始资料的计算要严格按照一算两校核手续。及时研究分析影响观测资料精度、质量的因素和原因，发现问题及时改正。提交的各类成果资料必须经技术主管审核。

5. 测算分析工作责任分工

灌区系数测算工作实现统一组织领导与责任分工相结合的制度，成立测算工作领导小组。

测算工作领导小组人员组成：设有专管机构的样点灌区主要负责人任组长，为第一责任人；其他样点灌区和纯井灌区的领导小组组长由所在县（市、区）水利（务）局长担任；测算单位的分管负责人任副组长，为主要责任人；相关科室负责人为工作人员。

领导小组组长负责组织制定有关测算工作制度、人员安排，做出工作部署，确保测算工作顺利进行；副组长负责组织测算方案的编制和落实，对各类成果资料把关；业务科室负责人具体负责测算方案的编制，数据观测、审核制度和数据质量控制办法的落实；其他测验人员对采集的数据负责。

8.3.4.2 各省份测算分析数据处理与管理

本书选择统计调查方法，对全国各省份不同规模样点灌区有关数据进行收集与整理。

1. 数据处理方法与原则

（1）数据合理、代表性强。在收集数据过程中，将数据进行分类制表、绘图，从中可以发现一些潜在的规律和特征，对于明显存在问题的数据与有关省份进行求证、核实，力求数据的合理性与代表性。

（2）前后格式、类型统一性。在对不同类型数据进行分类过程中，对于分类不正确的数据进行整合，对异常点进行舍弃，力求数据整理前后所具备条件的一致性，并保持各单元之间的数据格式和类型统一。

（3）引用数据的一致性。引用别人发表的次级数据应注意其条件的适用性、方法一致性与原理相似性。在数据收集过程中，由于个别省份的有关数据缺失，在数据来源可靠的前提下查阅相关资料，对原有数据进行补充完善。

2. 各省份测算分析数据汇总与分析

各样点灌区将有关数据整理汇总后上报所在省水利（水务）厅（局）。由于所报数据不可避免地会存在差错、异常等情况，首先要调查这些数据资料产生的背景，鉴别其真实性和可靠性，经甄别、去伪存真、修正和处理后，由各省份将测算数据录入灌溉水有效利用系数分析测算信息系统。该信息系统具备校核与灌溉水有效利用系数有关的各项指标的基本功能，通过指标校核可得出各类样点灌区数量、灌溉面积等指标是否满足要求，不同规模与类型灌区灌溉水有效利用系数之间的关系是否符合一般规律，灌区毛灌溉定额是否合理，并将校核结果输出，便于技术人员进行人为判断。

1）人工监测管理

人工监测指标管理包括以下两种：一种是直接在样点灌区搜集未经处理的原始数据资料，如典型田块数量、作物种类、典型田块实际灌溉次数、灌水量、计划湿润层深度、土壤含水率变化，以及井灌区的机井开启历时等指标；另一种是已经初步整理的资料，如灌区内不同作物的亩均净灌溉用水量、不同作物播种面积、实际灌溉面积、灌区内非灌溉用水量、灌溉渠道排（弃）水等。

在进行人工监测时，必须坚持实事求是的原则，同时要深入实际，全面了解情况，以取得准确、及时、完整的统计资料。具体要求如下。

（1）准确性：统计资料必须真实地反映客观实际，经过记录、校核、复核等程序，确保搜集的资料客观真实、准确可靠。

（2）及时性：要在规定的时间内按时提供资料，使统计资料及时满足不同时间指标监测需要。

（3）完整性：要在规定时间内搜集完整、齐全、不重复的监测资料。

2）自动监测与遥感监测管理

自动计量是按照指标监测任务的要求，对需要长时间观测或人工不能及时采集的基础数据运用自动计量设施进行搜集的过程，其中渠道计量中的闸门开度、闸门上下游水位、标准断面或特设量水设施的水位等均是时间连续、数据极易发生波动的指标，需要借助自动计量设备进行观测，以得到相对准确的指标信息。

对上述信息资料，应由国家指标监测信息平台根据要求及时录入有关数据库，做好备份与存储，并建立健全资料保存、责任分工等管理制度，确保数据安全可靠。

基础数据经技术人员判断无误后，将数据保存，建立数据库，并利用该系统完成省级灌溉水有效利用系数的测算分析与评价。然后，各省份组织专家对省级测算分析与评价成果进行审核，编写省级灌溉水有效利用系数测算分析与评价成果报告。

3. 各省份测算分析成果审核

水利部组织有关专家对各省份上报的测算分析成果进行复核，对相关成果的完整性、规范性、一致性、合理性进行审核。

1）完整性审核

一是审核各省份上报成果资料是否存在漏报、错报现象；二是审核各省份测算分析成果文字报告是否严格按照要求编写；三是审核灌溉水有效利用系数、灌溉面积、灌溉用水量等指标填写是否完备。

2）规范性审核

一是审核样点灌区选取、典型田块灌溉水量量测、灌溉水有效利用系数测算分析过程等是否按照规定执行；二是审核成果文字报告中概念理解是否准确，数据表示形式、样点灌区分布图绘制等是否符合要求等。

3）一致性审核

审核成果文字报告、附表及数据库中各项指标值是否一致。

4）合理性审核

一是审核样点灌区调整的合理性，分析样点灌区调整前后代表性变化情况；二是审核样点灌区灌溉水有效利用系数测算成果与工程状况、投资、管理水平等条件变化关联性；三是通过纵向、横向对比分析，从节水灌溉工程投入、亩均灌溉用水量等方面，审核省级区域灌溉水有效利用系数测算分析数据与成果的合理性。

灌溉水有效利用系数测算分析数据与成果审核采取内业审核和外业审核相结合的方式进行，以内业审核为主，外业审核为辅，流程如图 8-2 所示。对于测算分析成果的完整性、规范性、一致性、合理性审核，主要通过内业审核方式进行，典型抽查与核查采用外业方式进行。对测算分析成果中奇异值采用电话沟通核实，对有关问题电话解释不清楚的以及测算分析成果存在重大问题的省份，采取约谈或实地调研的方式进行核查。

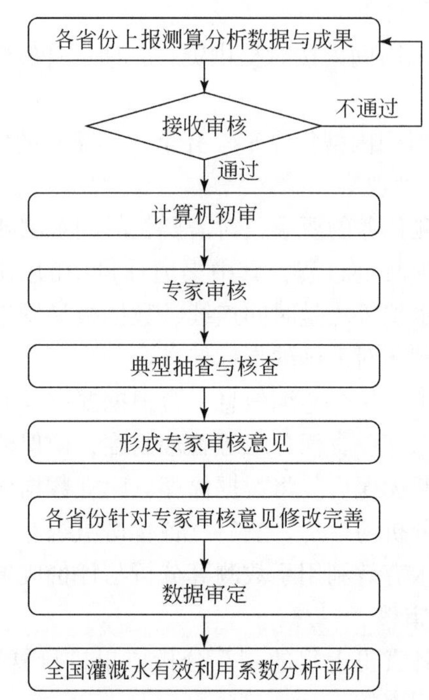

图 8-2　灌溉水有效利用系数测算分析数据与成果审核工作流程图

4. 全国数据汇总、分析与管理

在各省份上报的灌溉水有效利用系数测算分析与评价成果报告以及数据库的基础上，由水利部专题组进行汇总分析，完成全国测算分析成果。利用全国灌溉水有效利用系数分析管理信息系统能对有关数据进行有效管理，并实时登录、查询、统计与分析。

信息系统包括样点灌区信息管理、气象站信息管理、全省灌区统计信息管理、全省灌溉水有效利用系数测算、测算分析成果合理性检查、成果表的导出、成果数据库的导入导出等功能。该系统可查询各省份样点灌区分类统计信息、全省灌区分类统计信息，各省份及全国灌溉面积、各省份灌溉用水量、各省份灌溉水有效利用系数年际比较、不同地区灌溉水有效利用系数横向比较等，可以通过图表形式呈现在系统界面，亦可以通过表格形式导出，便于用户查询、统计、分析。

8.3.4.3　灌溉水有效利用系数监测制度管理

为加强农田灌溉水有效利用系数测算分析工作管理，提高测算分析成果质量，根据有关文件精神制定相关工作评价办法，运用科学的量化指标和统一的评价标准，由水利主管部门对各省份系数测算分析工作进行综合评价。

综合评价将遵循客观公正、评价有据、统一标准的原则，依据各省份相关文件、报告、信息、专家意见等对系数测算分析工作进行评价，并参考水利部各省份测算分析工作抽查情况。从人员组织、队伍建设、技术支持、基础资料、监督检查、审查把关等方面对各省份系数测算分析工作进行评价。

评价工作将邀请农田水利、水资源方面的专家，对各省份上一年度农田灌溉水有效利用系数测算分析工作进行综合评价。评价结果按照既定的相关指标、条款及评分标准进行打分。

以制度要求各省份水行政主管部门加强对本区测算分析工作的监督检查力度，对测算分析成果严格把关，确保测算分析过程和成果的质量。同时，水利部还将组织人员对各省份系数测算分析工作过程进行核查，加强过程管理。

核查采用事中抽查和事后复查两种形式。

事中抽查由水利部选择抽查样本，组织相关专家人员，监督指导抽查实施，各省级水利主管部门、测算分析工作具体承担单位配合。抽查工作开展前，应提出抽查指标、抽查方法及评价标准等，重点对所抽省份或灌区的组织领导、技术力量、技术培训、测算分析过程等进行检查，其中，样点灌区毛灌溉用水量、净灌溉用水量的测定过程是抽查的重点内容。

事后复查重点针对测算分析成果在审查时存在异议或明显错误的省份或样点灌区，水利部将组织相关专家人员，到现场进行核查，重点核查样点灌区量测设备配备情况、典型田块选取情况、原始资料记录情况，全省灌溉水量、灌溉面积等数据获取情况。

8.4 农田灌溉水有效利用系数相关指标及其监测方法

8.4.1 监测指标

8.4.1.1 毛灌溉用水量

灌区年毛灌溉总用水量指灌区全年从水源取用的且仅仅用于农田灌溉的总水量。对于灌区供水用途单一，且水源相对集中、供水情况简单时，灌区年毛灌溉用水总量根据水源供水量测资料统计汇总即可。对于诸如灌区水源多用途供水等一些特殊情况还应视情况具体分析灌区毛灌溉用水总量。

与灌区毛灌溉用水量有关的监测主要有三部分：一是水源引水量；二是灌区排（弃）水量，以及用于其他行业的非农田灌溉用水量；三是中间汇流到输水渠道的水量。

8.4.1.2 净灌溉用水量确定

净灌溉用水量针对旱作充分灌溉、旱作非充分灌溉、水稻常规灌溉和水稻节水灌溉等几种主要灌溉方式，分别按下述方法进行净灌溉定额测算分析。

由于灌区范围一般较大，尤其是大中型灌区中不同区域气候气象条件、灌溉用水情况等差异明显，应在灌区内分区域进行净灌溉用水量分析测算，再以分区结果为依据汇总分析整个灌区净灌溉用水量。

首先需在样点灌区内选取典型田块，然后依照一定方法测算分析典型田块年亩均净灌溉用水量，进而分析计算样点灌区年净灌溉用水量。净灌溉用水量应根据典型田块灌水前后计划湿润层土壤含水率变化或田面水层深度变化，结合典型田块灌溉面积来确定亩均净灌溉用水量；再根据调查统计的灌区内不同作物的实际灌溉面积计算灌区净灌溉用水量。同时，需要明确典型田块的作物种类，以及灌水前后计划湿润层的土壤含水率。

此外，还应考虑特殊条件下的情况处理。例如，存在套种情况时，一般以满足主体作物的需水为主，其净灌溉定额可根据主体作物种植情况按前述方法确定；实灌面积以套种作物实灌面积计。若灌区有洗碱要求，则在测算灌溉净用水量时必须考虑洗碱水量，洗碱过程中的漫溢水量视为损失量，不予考虑。有些灌区采用井渠双灌，井灌区和渠灌区交错重叠，无法明确区分。这时可将灌溉系统作为一个整体进行考虑，分别统计井灌提水量和渠灌引水量，以两者之和作为灌区灌溉总用水量。

8.4.2 相关指标监测

8.4.2.1 毛灌溉用水量相关指标监测

1）渠道水量计量

渠道量水主要包括灌区水源引水量、排（弃）水量、非灌溉用水量等3种指标。灌区排（弃）水量以及非灌溉用水量均需从毛灌溉用水量中扣除。

根据不同的量水设施，灌区常用的量水方法有水工建筑物量水（包括堰闸、跌水、渡槽、倒虹吸等）、特设量水设备量水（包括简易量水槛、无喉道量水槽、长喉道量水槽、平底量水槽、三角剖面堰等）、流速仪量水、标准断面水位流量关系量水以及浮标法量水5种方法。对于灌区水源引水量、排（弃）水量、非灌溉用水量可根据实际情况选取水工建筑物、特设量水设备、流速仪、标准断面水位流量关系等量水方法。

若典型样点灌区已纳入国家水量监测网络，则该灌区的水源引水量可采用该网络的水量监测值。

2）机井取水计量

井口取水量主要是以水表计量为主，可根据流量、取水时间来计算水量，对于带有远传功能的水表可安装无线数据传输装置。

3）渠道汇流计量

渠道汇流是指在灌区灌溉季节，降水径流纳蓄到渠道的水量，主要包括降雨强度、降雨时长、汇流面积 3 个监测指标。其中，降雨强度是指单位时段内的降雨量；降雨时长是指产生有效降雨的时间；汇流面积是指某次降雨过程在渠道集雨面积内产生径流的面积。对于渠道汇流水量应进行降水径流分析，将进入渠系并用于灌溉的水量计入年毛灌溉用水总量中。其中，降雨强度和降雨时长两个指标在有气象站的典型田块可采用气象站资料，若无此条件则应通过人工观测记录或自计式雨量站进行获取。有条件的可同时进行人工观测和自动计量，将两者核对以获得相对准确的降雨资料。汇流面积通过调查统计、查阅工程设计资料等方式获取。

8.4.2.2 样点灌区毛灌溉用水量计算

灌区毛灌溉用水总量是指灌区全年从水源（一个或多个）取用的用于农田灌溉的总水量，该水量应通过实测确定。样点灌区年毛灌溉用水量量测中几种情况处理。

1）一般情况

当通过灌区渠道同时为其他用户供水时，灌区年毛灌溉总用水量应等于灌区全年从水源取用的总水量，减去除农田灌溉以外其他任何用途的取水量。其他任何用途的取水量包括渔业用水、畜牧用水、工程保护、防洪除险等需要的渠道（管路）弃水量等，同时还包括这部分水量应分摊的从其各自取水口到灌区水源取水口之间的渠系（管路）损失水量。

2）有塘坝或其他水源联合供水的灌区

灌区内塘堰坝的蓄水一部分来自当地降雨产生的地表径流，这部分水量如果用来灌溉，应计入灌区毛灌溉总用水量中。

当利用灌区内塘坝作为调节容量，由灌区渠系补水的，不跨年度又被用于灌溉的水量，不做重复计算；跨年度的水量，按上述作为当年其他用户用水量从当年灌区取水总量中扣除；来年又被用来灌溉使用的，作为当地降雨径流水量计入来年的灌溉总用水量中。

3）灌区渠系纳蓄雨水用于灌溉情况

有些灌区在雨季存在当地降雨产生的地表径流进入渠系纳蓄的现象，应进行降水径流分析，将进入渠系用于灌溉的水量计入到年毛灌溉总用水量中。

4）其他

对于有淋洗盐碱要求的灌区，在测算净灌溉用水量时应扣除淋洗盐碱用水。洗碱用水净定额通过灌区试验资料或生产经验总结确定。对于采用地表水与地下水互补的“井渠结合”灌区，可分别观测记录井灌提水量和渠灌引水量，以两者之和作为灌区总的灌溉用水量。

8.4.2.3 净灌溉用水量相关指标监测

1. 典型田块确定

在选择样点灌区时，特别是将大型、中型样点灌区作为典型田块时，宜首先对灌区有效灌溉面积进行片区划分，然后再在片区内选择典型田块。片区的数量，可根据灌区规模确定。对于小型、纯井灌区，可以不划分片区。对于每个片区，按照片区内种植结构、耕作和灌溉习惯、田间平整度等因素，选择不少于 3 个典型田块，并尽量在灌区上游、中游、下游均匀布置典型田块，且年际间应相对固定。典型田块应边界清楚、形状规则、面积适中；同时综合考虑作物种类、灌溉方式、畦田规格、地形、土地平整程度、土壤类型、灌溉制度与方法、地下水埋深等方面的代表性。有固定的进水口和排水口（一般来说，水稻在灌溉过程中不排水，将排水作为特殊情况考虑，不选串灌串排的田块），配备量水设施。对于播种面积超过灌区总播种面积 10% 以上的作物种类，须分别选择典型田块。

2. 典型田块净灌溉用水量量测

对于典型田块亩均净灌溉用水量优先采用直接量测法测量，暂不具备实测条件的灌区也可采用观测分析法。

1）直接量测法

直接量测法是在每次灌水前后按《灌溉试验规范》（SL13—2004）有关规定，观测典型田块内不同作物年内相应生育期内计划湿润层的土壤质量含水率或体积含水率（或田间水层变化），计算典型田块该次灌水的亩均净灌溉用水量。观测分析法需观测实际进入典型田块田间的年亩均灌溉用水量，再根据当年气象资料、作物种类等情况，依据水量平衡原理计算典型田块某种作物当年的净灌溉定额。然后，对二者进行比较判断，得出典型田块年亩均净灌溉用水量。

旱田净灌溉用水量监测指标是计划湿润层的土壤含水率，该指标在每次灌水前后的变化与净灌溉用水量的计算结果有直接关系，是各类指标中最重要的指标之一。称重法（即烘干法）是唯一可以直接测量土壤水分的方法，也是目前国际上通用的标准方法。若条件允许可采用土壤水分自动监测系统对典型田块的土壤含水率进行实时自动监测，并结合烘干法对自动监测结果进行校核。

水田净灌溉用水量监测指标是田间水层变化，该指标在每次灌水前后的变化与净灌溉用水量的计算结果有直接关系。田间水层变化观测前，需按照相关试验规范及测算分析要求，合理布设典型田块中的固定测量点，并设置型号统一的固定标尺。在每次灌水前后进行田间观测，并记录前后水深变化。若条件允许可采用自动水深计量设备对典型田块的水层变化进行实时自动监测，并须结合实地观测对自动监测结果进行校核。若灌水前典型田块中未见水层，则需按照旱田净灌溉用水量监测方法对田间土壤含水率进行测定，并换算补水水层深度，计入该次灌水量。

2）观测分析法

在灌溉水有效利用系数测算过程中，判断充分灌溉还是非充分灌溉是准确获得典型田块年亩均净灌溉用水量的前提条件。首先，观测实际进入典型田块田间的年亩均灌溉用水量，再根据当年气象资料、作物种类等情况，依据水量平衡原理计算典型田块某种作物当年的净灌溉定额。然后，对二者进行比较判断，得出典型田块年亩均净灌溉用水量。

根据灌水方式选择观测设备和观测方法。渠道输水在典型田块进水口设置量水设施，观测某次灌水进入典型田块的水量。在有排水的典型田块，同时在田块排水口设置量水设施观测排水量。管道输水在管道出水口处安装计量设备，计量每次进入典型田块的水量，同时在田块排水口设置量水设施量测排水量。喷灌在控制典型田块的喷灌系统管道上加装水量计量设备，计量喷头的出水量，在按照喷头的喷洒系数计算灌水量。对于滴灌、小管出流等灌溉类型，可在控制典型田块的支管安装计量设备，计量典型田块某次灌溉用水量。

3）其他

尚不具备直接量测和观测条件的小型灌区和纯井灌区，可通过收集与典型田块种植作物和灌溉方式相同的当地（或临近地区）灌溉试验站灌溉试验结果，或者灌区规划、可行性研究报告等资料中不同水平年的净灌溉定额，结合当地灌溉经验拟定复核当年降水年型的灌溉制度（灌水次数、灌水定额、灌溉定额等）。在此基础上对典型田块进行实地调查，了解当年的实际灌水次数和每次灌水量，通过与灌溉制度比较，推测典型田块年亩均灌溉用水量，并参考上述方法确定典型田块年亩均净灌溉用水量。

然后根据观测与分析得出的某种作物典型田块的年亩均净灌溉用水量、不同分区不同作物种类灌溉面积，得出样点灌区年净灌溉用水总量。

在许多灌区，往往采用两种或多种作物间作套种。在套种期间，一般以满足主体作物的需水为主，其净灌溉定额可根据主体作物种植情况按前述方法确定；实灌面积以套种作物实灌面积计。非套种期间按照单种作物的实际情况计算净灌溉定额。

8.4.2.4 样点灌区净灌溉用水量计算

根据观测与分析得出的某种作物典型田块的年亩均净灌溉用水量，计算某灌区同区域或同种灌溉类型各种作物的年净灌溉用水量，再根据灌区内不同分区不同作物种类灌溉面积，结合不同作物在不同分区的年亩均净灌溉用水量，计算得出样点灌区年净灌溉用水总量。

8.4.3 其他相关指标校核

8.4.3.1 区域作物耗水量相关指标校核方法

日常测算分析得出的典型田块净灌溉用水量，需与通过灌区尺度或者省域尺度的 ET 监测和土壤含水率监测得到的数据进行对比，以在宏观层面校核整个灌区以及全省的作物耗水量和净灌溉用水量。

灌区不同作物的播种面积与灌区的用水量有直接关系。因此，需要调查确定灌区不同作物播种面积、每次灌水的实际灌溉面积，为校核典型样点灌区以及全省净灌溉用水量提供参考依据。

遥感（RS）作为一种高新技术，正被广泛应用于对地观测活动中，在不同时空尺度下的农作物空间格局动态变化监测中发挥了重要作用，尤其在土地利用以及作物产量估测等方面已经取得巨大进展。目前，基于遥感的作物种植结构识别、土壤墒情监测、作物需水量预测、作物耗水量监测、旱情监测等方面的研究已成为国内外的热点。

近年来，我国卫星遥感技术飞速发展，卫星遥感观测的频次、数据覆盖面以及数据源的互补性得到了显著提高，30m×30m 卫星遥感数据已经实现向全社会免费使用，数据成本大大降低，可以精确、快速、大范围、可重复调查灌区基础信息和关键水分参数的有效途径，从而为高效可靠的灌区基础信息调查和相关水分参数反演提供了坚实的数据基础。通过采用遥感技术，结合地面观测和综合分析，可以快速、准确地获取灌区田间尺度的用水参数（有效降水量、土壤含水量、蒸散发量等）和作物参数信息（种植结构、作物产量），及时掌握灌区种植结构，动态监测灌区实际灌溉面积等宏观指标，全面掌握灌区作物及用水参数状况及变化趋势，是改善灌区灌溉用水管理的重要手段。

结合灌区用水管理和监测需求，采用基于遥感的区域蒸散量监测的蒸散发分析模型（ETWatch）。在高分辨率、空间变异较小、地物类别可分的情况下使用 SEBAL 模型（一种遥感反演 ET 数据软件）与 Landsat TM（美国陆地探测卫星系统）多波段数据反演晴好日蒸散，而在中低分辨率、空间变异大、混合像元占多数的情况下使用 SEBS 模型（估算大气湍流通量和蒸发比）与 MODIS（中分辨率成像光谱仪）多波段数据反演晴好日蒸散。利用逐日气象数据与遥感反演参数，获得逐日连续的蒸散分布图。通过数据融合模型，将中低分辨率的蒸散时间变化信息与高分辨率的蒸散空间差异信息相结合，构建高时空分辨率的蒸散数据集，生产地块尺度的（10～100m）的蒸散发数据，在此基础上，分析灌区蒸散发的时空变化规律。

遥感蒸散发反演数据的可靠性与精度是灌溉用水效果评价等工作的基础，有必要建立地表蒸散发的时空尺度扩展方法。另外，在天气情况无法满足遥感蒸散发反演要求时，可直接采用彭曼公式计算蒸散发，以弥补遥感数据时间序列不足的问题。

8.4.3.2 灌区尺度作物播种面积、灌溉面积指标校核方法

灌区作物播种面积指实际播种或移植有农作物的面积。灌区的作物种类、不同作物的播种面积与灌区的用水量有直接关系。作物播种面积统计有以下两个特点：一是我国农田主要是家庭经营模式，土地较分散零碎，地块面积统计不精确；二是作物播种面积受农户主观意愿和市场调节影响，年际间变化较大。目前，播种面积统计主要依靠农业部门报表填写，各级上报，并经地方政府认可后，配合抽样调查方法进行核对后确定。

同样，实际灌溉面积是灌溉效益评价的基础指标，是区域水资源管理的重要指标，统计实际灌溉面积也是灌区管理的重要环节。现行实际灌溉面积统计主要依靠逐级调查统计上报的方法确定，或通过灌区年灌溉用水量结合灌溉定额进行推算，准确性和时效性较差。

1）作物播种面积监测方法

不同作物在特定生长期与其他作物在光谱和纹理上存在显著差异。农作物种植面积的遥感提取是在收集分析不同农作物光谱特征的基础上，通过遥感影像记录地表信息，识别

农作物类型，统计农作物种植面积。遥感测量技术一定程度上能解决现有工作中准确性差和实效性低的问题。

利用遥感监测灌区作物种植结构，主要是通过获取不同类型植被的光谱、植被指数（VI）、叶面积指数（LAI）和生物量（biomass）等信息来进行，将基于多源、多种分辨率卫星遥感数据，通过构建多时相的植被指数（NDVI）等指数时间序列数据，利用光谱耦合技术，依据年内 NDVI 变化曲线峰值数目，可以得到灌区不同时期的作物种植制度信息，获取农作物种植结构空间分布信息。

根据灌区尺度遥感资料的精度要求，可选择中巴地球资源卫星（CBERS）遥感数据，并辅之以其他遥感数据、地面采集数据与谷歌地球（GoogleEarth）等数据资源，建立不同尺度下的灌区不同作物种植面积遥感快速提取技术与模型方法。通过现场调查、全球定位系统（GPS）定位、典型灌溉信息的地面光谱仪数据采集等，对遥感灌溉面积调查结果进行精度验证，在此基础上，分析灌区不同作物种植面积。

2）实际灌溉面积监测方法

国内外相关研究表明，大区域范围的归一化植被指数（NDVI）与植被覆盖度存在显著的线性关系。作物生长初期选择与土壤水分密切相关的水分亏缺指数（WDI）来反应土壤水分变化，获取土地灌溉范围及灌溉时间，其中降水资料可用来去除降水造成的 WDI 变化。通过 NDVI 可以反映出作物的不同生育期植物冠层的背景影响，如土壤、潮湿地面、雪、枯叶、粗糙度等植被覆盖度的空间差异性。通过长时间遥感数据序列数据叠加分析，可获得灌区灌溉面积和灌溉次数信息。

8.4.4 监测指标的转化与统计计算方法

8.4.4.1 典型样点灌区净灌溉用水量

（1）亩均净灌溉用水量。该指标可通过监测数据与灌区日常测算分析得出的数据进行对比校核后得到。

（2）灌区实际灌溉面积。该指标可通过灌区遥感反演数据与调查统计得出的数据进行对比校核后得到。

（3）灌区净灌溉用水量（田间尺度得出）。该指标通过亩均净灌溉用水量和灌区实际灌溉面积，计算得出灌区净灌溉用水量（田间尺度得出）。

（4）灌区净灌溉用水量（灌区尺度遥感得出）。该指标可通过实际灌溉面积，以及通过遥感 ET 监测与土壤含水率变化得到的灌区尺度作物耗水量进行对比校核得到。

（5）典型灌区灌区净灌溉用水量。根据（3）、（4）分别得出的两个指标经相互校核得到典型灌区净灌溉用水量。

8.4.4.2 典型样点灌区毛灌溉用水量

通过监测手段得到水源引水量、非灌溉用水量、渠道汇流水量，与日常测算分析的指标进行校核，可得到典型样点灌区毛灌溉用水量。

8.4.4.3 灌溉水有效利用系数计算方法

根据灌区净灌溉用水量和毛灌溉用水量，可计算得出典型样点灌区灌溉水有效利用系数，结合测算分析未选为典型样点灌区的灌溉水有效利用系数，以及各样点灌区的毛灌溉用水量，可得出全省不同规模与类型灌区灌溉水有效利用系数。再根据各省份不同规模与类型灌区年毛灌溉用水量，可得出由典型样点灌区分析得到的全省灌溉水有效利用系数。具体流程详见图8-3。

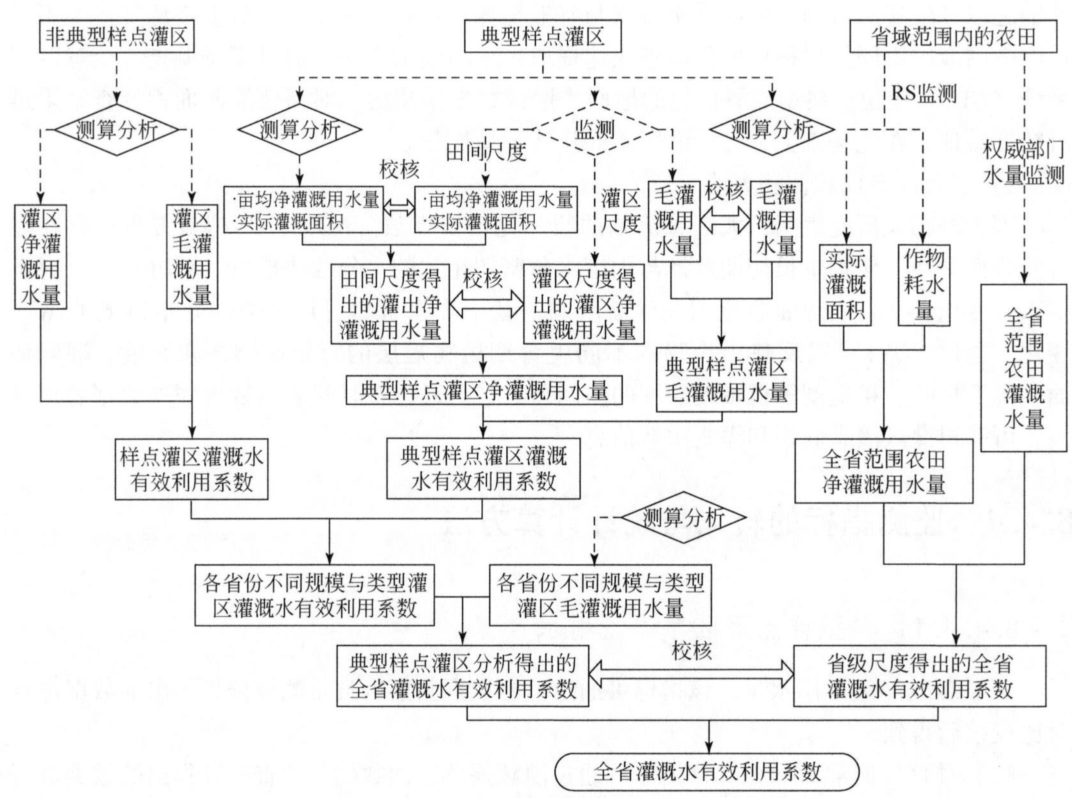

图8-3 灌溉水有效利用系数监测流程

省域灌溉水有效利用系数是指省级区域内灌溉面积上灌溉水有效利用系数的平均值，而灌区灌溉面积由众多大、中、小各种规模和类型的灌区组成，在实际工作中，当灌区数量较多时，限于人力物力，不可能对每一个灌区的灌溉水有效利用系数进行测算分析，为了能够正确反映省级区域灌溉水有效利用系数的平均水平，可以将省级区域内灌区按影响系数的关键因素分为几种类型或组，在每个组中选取样点灌区进行测算分析，以样点灌区测算值为基础，推处该类型灌区或组的灌溉水有效利用系数的平均值，进而利用不同类型或组中灌区的毛灌溉水量为权重，计算得出省级区域灌溉水有效利用系数的加权平均值。总之，在省级区域内选取样点灌区进行测算，以样点灌区测算结果为基础，以点带面，推算全省灌溉水有效利用系数平均值。

另外，利用多光谱遥感反演和遥感监测蒸散发技术从宏观层面对全省的作物播种面积、实际灌溉面积反演、蒸散发、土壤含水率变化等指标进行估算，并进行分析、对比、验证。再根据权威部门水量监测数据中有关农田灌溉水量的数据，即可得到宏观尺度下全省灌溉水有效利用系数。将此结果与典型样点灌区分析得到的全省灌溉水有效利用系数进行校核，最终可得全省灌溉水有效利用系数。

8.5 实例应用

8.5.1 T市农田灌溉及用水情况

8.5.1.1 农业灌溉总体情况

T市农业灌溉主要水源为地表水、地下水和再生水。农业灌溉用水保证率低，灌溉水质差，灌溉用水紧张的局面日趋严峻。

2015年度全市灌溉面积共482.54万亩（含全部灌溉面积），其中耕地灌溉面积为465.89万亩，园林、草地等灌溉面积为16.65万亩。全市灌区灌溉面积共468.11万亩（不含50亩以下灌溉面积），耕地灌溉面积为458.43万亩，园林、草地等灌溉面积为9.68万亩。

8.5.1.2 不同规模与水源类型灌区情况

全市灌区共8701处，总灌溉面积为468.11万亩，有效灌溉面积为463.31万亩。其中，地表水灌区共630处，灌溉面积为390.42万亩，纯井灌区共8071处，灌溉面积为77.69万亩。

全市总灌溉面积为482.54万亩，灌区总灌溉面积为468.11万亩，占全市灌溉面积97%，相差14.43万亩。差值指50亩以下的非灌区灌溉面积。

大型灌区1个（大于30万亩），灌溉面积为41.8万亩，全部为提水灌溉。中型灌区79个（1万~30万亩），灌溉面积为245.52万亩，全部为提水灌溉。其中，1万~5万亩67个，灌溉面积为161.97万亩；5万~15万亩11个，灌溉面积为67.53万亩；15万~30万亩1个，灌溉面积为16.02万亩。小型灌区550个（50~10000亩），灌溉面积为103.10万亩。纯井灌区8071个，灌溉面积为77.69万亩。

8.5.1.3 不同规模与水源类型灌区灌溉面积与灌溉用水情况

全市不同规模和水源类型灌区现状灌溉用水情况见表8-5。

表 8-5　T 市不同规模和水源类型灌区现状灌水情况表

<table>
<tr><th colspan="2">灌区类型</th><th>年灌溉引水量/万 m³</th><th>水源类型合计/万 m³</th></tr>
<tr><td colspan="2">大型灌区</td><td>24 387.29</td><td>24 468.687</td></tr>
<tr><td rowspan="3">中型灌区</td><td>1 万～5 万亩</td><td>26 790.88</td><td rowspan="3">34 330.663</td></tr>
<tr><td>5 万～15 万亩</td><td>3 776.78</td></tr>
<tr><td>15 万～30 万亩</td><td>3 844.41</td></tr>
<tr><td colspan="2">小型灌区</td><td>20 894.61</td><td>20 894.610</td></tr>
<tr><td colspan="2">纯井灌区</td><td>15 066.04</td><td>15 066.040</td></tr>
<tr><td colspan="2">合　计</td><td>94 760.01</td><td>94 760.000</td></tr>
</table>

8.5.2　样点灌区的选择

样点灌区按照大型（≥30 万亩）、中型（1 万～30 万亩）、小型（<1 万亩）和纯井灌区 4 种不同规模与类型进行分类选取。在选择样点灌区时，综合考虑工程设施状况、管理水平、灌溉水源条件（提水、自流引水）、作物种类和种植结构、地形地貌等因素。

按照样点灌区应具有代表性、可行性和稳定性等原则，满足样点灌区数量和灌溉面积要求，确定不同类型的典型代表。

1）大型灌区典型代表灌区的确定

根据水利部的工作要求，所有大型灌区均纳入样点灌区测算分析范围，即大型灌区的总个数即为样点灌区个数。T 市≥30 万亩的大型灌区仅有 1 个。

2）中型灌区典型代表灌区的确定

T 市按设计灌溉面积（A 中型）大小分为 3 个档次，即 1≤A 中型<5、5≤A 中型<15、15≤A 中型<30 万亩，每个档次的样点灌区数量不应少于市级区域相应档次灌区总数的 5%，各档次样点灌区设计灌溉面积不应少于市级区域相应档次灌区设计灌溉面积的 10%。同时，每个档次的样点灌区中应包括提水和自流引水两种水源类型，且数量和有效灌溉面积选取比例与市级区域该档次比例相协调。

T 市中型灌区与样点数量、有效灌溉面积对比分析见表 8-6。

表 8-6　2015 年 T 市中型灌区及样点数量对比分析表

<table>
<tr><th colspan="2" rowspan="2">中型灌区规模</th><th colspan="3">全市</th><th colspan="2">样点</th><th rowspan="2">数量比/%</th><th rowspan="2">面积比/%</th></tr>
<tr><th>个数</th><th>有效灌溉面积/万亩</th><th>规模比/%</th><th>个数</th><th>有效灌溉面积/万亩</th></tr>
<tr><td rowspan="3">中型灌区（1 万～30 万亩）</td><td>1 万～5 万亩</td><td>67</td><td>158.12</td><td>65.32</td><td>5</td><td>11.92</td><td>7</td><td>7.5</td></tr>
<tr><td>5 万～15 万亩</td><td>11</td><td>65.48</td><td>28.06</td><td>2</td><td>12.51</td><td>18</td><td>19.11</td></tr>
<tr><td>15 万～30 万亩</td><td>1</td><td>16.02</td><td>6.62</td><td>1</td><td>16.02</td><td>100</td><td>100</td></tr>
<tr><td colspan="2">全市</td><td>79</td><td>239.62</td><td>100</td><td>8</td><td>40.45</td><td>10</td><td>16.88</td></tr>
</table>

3）小型灌区典型代表灌区的确定

T 市小型灌区 550 个，有效灌溉面积 102.16 万亩，根据本市小型灌区的实际情况确定，参考自然条件、社会经济状况、作物种类、灌溉类型等因素分区选择样点灌区。综合考虑，选择小型典型样点 10 个，有效灌溉面积 4.39 万亩。

4）纯井灌区典型代表灌区的确定

以单井控制面积作为一个样点灌区（测算单元）。样点灌区（测算单元）个数将根据 T 市纯井灌区实际情况确定，样点灌区数量以能代表纯井灌区灌溉水有效利用系数的整体情况为原则。根据土渠、渠道防渗、低压管道、喷灌、微灌等不同灌溉工程形式分类选择代表性样点。按照要求，同一种灌溉工程形式至少选择 3 个样点灌区。2015 年 T 市纯井灌区综合考虑区域、土壤、作物等因素，井灌区典型样点共选 15 个，有效灌溉面积合计 0.15 万亩。

T 市不同规模灌区及样点数量如表 8-7 所示。

表 8-7　T 市不同规模灌区及样点数量与分布

灌区类型		全部		样点	
		个数	有效灌溉面积/万亩	个数	有效灌溉面积/万亩
大型灌区（≥30 万亩）		1	41.80	1	41.80
中型灌区（1 万～30 万亩）	1 万～5 万亩	67	158.12	5	12.11
	5 万～15 万亩	11	65.48	2	12.51
	15 万～30 万亩	1	16.02	1	16.02
	合计	79	239.62	8	40.64
小型灌区（<1 万亩）		550	102.16	10	4.39
纯井灌区		8 071	79.73	15	0.15
全市总计		8 701	702.93	34	127.62

8.5.3　样点灌区灌溉水有效利用系数测算分析

8.5.3.1　样点灌区测算分析方法

采用首尾测算分析方法，对样点灌区灌溉水有效利用系数进行测计算，即直接用灌入田间可被作物吸收利用的水量（净灌溉用水量）与灌区从水源取用的灌溉总水量（毛灌溉用水量）的比值来计算灌区灌溉水有效利用系数，计算公式如下：

$$\eta=\frac{W_{净}}{W_{毛}} \tag{8-4}$$

式中，η 为灌区灌溉水有效利用系数；$W_{净}$ 为灌区净灌溉用水总量（m^3）；$W_{毛}$ 为灌区毛灌溉用水总量（m^3）。

分别对 T 市大型灌区、中型灌区、小型灌区和井灌区样点进行测算分析，得出各典型样点灌区现状灌溉水有效利用系数测算值。

首先选取典型田块，然后依照一定方法测算分析典型田块年亩均净灌溉用水量，进而分析计算样点灌区年净灌溉用水量，最后，以样点灌区年净灌溉用水量、年毛灌溉用水量为基础，分析计算样点灌区灌溉水有效利用系数。

1. 典型田块选择

典型田块要边界清楚、形状规则、面积适中；综合考虑作物种类、灌溉方式、畦田规格、地形、土地平整程度、土壤类型、灌溉制度与方法、地下水埋深等方面的代表性；有固定的进水口和排水口（一般来说，水稻在灌溉过程中不排水，将排水作为特殊情况考虑，不选串灌串排的田块）；配备量水设施。对于播种面积超过灌区总播种面积 10% 以上的作物种类，须分别选择典型田块。

大型灌区应至少在上游、中游、下游有代表性的斗渠控制范围内分别选取，每个灌区需观测的作物种类至少选取 3 个典型田块。

中型灌区样点灌区应至少在上游、下游有代表性的农渠控制范围内分别选取，每个灌区需观测的作物种类至少选取 3 个典型田块。

小型灌区样点灌区应按照作物种类、耕作和灌溉制度与方法、田面平整程度等因素选取典型田块，每种需观测的作物种类至少选取两个典型田块。

纯井样点灌区应按照土质渠道地面灌、防渗渠道地面灌、管道输水地面灌、喷灌、微灌 5 种类型进行选取，在同种灌溉类型下每种需观测的作物至少选择两个典型田块。

2. 典型田块亩均净灌溉用水量观测与分析方法

典型田块亩均净灌溉用水量优先采用直接量测法测量。在灌溉水有效利用系数测算过程中，判断是充分灌溉还是非充分灌溉是准确获得典型田块年亩均净灌溉用水量的前提条件。首先，观测实际进入典型田块田间的年亩均灌溉用水量，再根据当年气象资料、作物定额标准等情况，依据水量平衡原理计算典型田块某种作物当年的净灌溉定额。然后，对二者进行比较判断，得出典型田块年亩均净灌溉用水量。

3. 样点灌区年净灌溉用水总量测算

根据观测与分析得出的某种作物典型田块的年亩均净灌溉用水量，计算某灌区同区域或同种灌溉类型第 i 种作物的年净灌溉用水量，计算公式如下：

$$w_i = \frac{\sum_{l=1}^{N} w_{田净l} A_{田l}}{\sum_{l=1}^{N} A_{田l}} \tag{8-5}$$

式中，w_i 为样点灌区同片区或同灌溉类型第 i 种作物的亩均净灌溉用水量（m^3/亩）；$w_{田净l}$为同片区或同灌溉类型第 i 种作物第 l 个典型田块亩均净灌溉用水量（m^3/亩）；$A_{田l}$为同片区或同灌溉类型第 i 种作物第 l 个典型田块灌溉面积（亩）；N 为同片区或同灌溉类型第 i 种作物典型田块数量（个）。

再根据灌区内不同分区不同作物种类灌溉面积，结合不同作物在不同分区的年亩均净灌溉用水量，计算得出样点灌区年净灌溉用水总量 $W_{样净}$，计算方法如下。

1）大型、中型、小型灌区样点灌区年净灌溉用水总量

计算公式如下：

$$W_{样净} = \sum_{j=1}^{n} \sum_{i=1}^{m} w_{ij} A_{ij} \tag{8-6}$$

式中，$W_{样净}$为样点灌区年净灌溉用水总量（m^3）；w_{ij}为样点灌区 j 个片区内第 i 种作物亩均净灌溉用水量（m^3/亩）；A_{ij}为样点灌区 j 个片区内第 i 种作物灌溉面积（亩）；m 为样点灌区 j 个片区内的作物种类（种）；n 为样点灌区片区数量（个），大型灌区 $n=3$，中型灌区 $n=2$，小型灌区 $n=1$。

2）纯井样点灌区年净灌溉用水总量

计算公式如下：

$$W_{样净} = \sum_{k=1}^{p} \sum_{i=1}^{m} w_{ik} A_{ik} \tag{8-7}$$

式中，$W_{样净}$为样点灌区年净灌溉用水总量（m^3）；w_{ik}为样点灌区第 k 种灌溉类型第 i 种作物亩均净灌溉用水量（m^3/亩）；A_{ik}为样点灌区第 k 种灌溉类型第 i 种作物灌溉面积（亩）；m 为样点灌区第 k 种灌溉类型作物种类数量（种）；p 为样点灌区灌溉类型数量，$p=1\sim5$（种），包括土质渠道地面灌、防渗渠道地面灌、管道输水地面灌、喷灌、微灌。

4. 样点灌区年毛灌溉用水总量计算

灌区年毛灌溉用水总量是指灌区全年从水源（一个或多个）取用的用于农田灌溉的总水量，该水量通过实测确定。样点灌区年毛灌溉用水总量的计算公式如下：

$$W_{样毛} = \sum_{i=1}^{n} W_{样毛i} \tag{8-8}$$

式中，$W_{样毛}$为样点灌区年毛灌溉用水总量（m^3）；$W_{样毛i}$为样点灌区第 i 个水源取水量（m^3）；n 为样点灌区水源数量（个）。

对大型、中型、小型典型样点灌区，从一、二级河道取水口处计量灌水期内毛灌溉用水量，采用流速仪法。对纯井典型样点灌区，在井口处安装水表计量每次灌溉水量。

8.5.3.2 T 市样点灌区灌溉水有效利用系数测算分析

通过测算分析，得出 T 市典型样点灌区灌溉水有效利用系数，如表 8-8 所示。

表 8-8 T 市典型样点灌区灌溉水有效利用系数

灌区规模	典型样点灌区名称	2015 年灌溉水有效利用系数	备注
大型	T 市 A 灌区	0.586 2	30 万亩以上
中型	独流灌区	0.701 9	1 万～5 万亩
	大邱庄灌区	0.691 4	1 万～5 万亩
	上马台灌区	0.686 3	1 万～5 万亩
	中塘镇一灌区	0.714 2	1 万～5 万亩
	大北灌区	0.730 2	1 万～5 万亩

续表

灌区规模	典型样点灌区名称	2015 年灌溉水有效利用系数	备注
中型	唐官屯灌区	0. 714 7	5 万～15 万亩
	崔黄口灌区	0. 612 2	5 万～15 万亩
	潮南灌区	0. 614 8	15 万～30 万亩
小型	大麦沽灌区	0. 721 3	<1 万亩
	于潮灌区	0. 723 7	<1 万亩
	兴家坨灌区	0. 724	<1 万亩
	南淮淀灌区	0. 725 7	<1 万亩
	毛毛匠灌区	0. 728	<1 万亩
	倒流灌区	0. 721 2	<1 万亩
	李茂灌区	0. 719 2	<1 万亩
	青甸村至永乐村灌区	0. 729 3	<1 万亩
	黄津庄村至马庄村灌区	0. 707 9	<1 万亩
	小潘庄村至马道村灌区	0. 720 2	<1 万亩
纯井灌区	徐官屯村井灌区	0. 857 1	土渠
	小高庄村纯井灌区	0. 898	土渠
	前侯尚纯井灌区	0. 810 4	土渠
	杨庄子村 1 号渠道防渗	0. 669 4	防渗渠道
	杨庄子村 2 号渠道防渗	0. 618 1	防渗渠道
	大王古庄镇董家庄防渗渠道	0. 659 2	防渗渠道
	秀金屯村低压管道	0. 853 2	低压管灌
	利尚屯管灌	0. 784 3	低压管灌
	独流纯井灌区	0. 822 7	低压管灌
	良王庄乡喷灌	0. 941 7	喷灌
	李善庄喷灌	0. 938 8	喷灌
纯井灌区	利尚屯村喷灌	0. 969 1	喷灌
	东安村微灌	0. 974 5	微灌
	马营村微灌	0. 961 5	微灌
	利尚屯微灌	0. 949 3	微灌

8. 5. 4　市级灌溉水有效利用系数测算分析成果

根据 T 市大型、中型、小型、纯井灌区等不同类型灌区的毛灌溉用水总量和平均灌溉水有效利用系数，按水量加权平均得到 T 市当年灌溉水有效利用系数的平均值。

8.5.4.1 大型灌区灌溉水有效利用系数测算分析

T 市大型灌区仅有 1 处为自流引水灌区。其灌溉水有效利用系数即代表 T 市大型灌区灌溉水有效利用系数。大型灌区灌溉水有效利用系数为 0.5862。

8.5.4.2 中型灌区灌溉水有效利用系数测算分析

首先以样点灌区测算值为基础，按算数平均法，分别计算 1 万 ~5 万亩、5 万 ~15 万亩、15 万 ~30 万亩各规模灌区的灌溉水有效利用系数平均值；然后按统计的 1 万 ~5 万亩、5 万 ~15 万亩、15 万 ~30 万亩灌区年毛灌溉用水量加权平均得到全省中型灌区的灌溉水有效利用系数平均值。计算公式如下：

$$\eta_{w\text{中型}} = \frac{\eta_{1\sim5} W_{1\sim5} + \eta_{5\sim15} W_{5\sim15} + \eta_{15\sim30} W_{15\sim30}}{W_{1\sim5} + W_{5\sim15} + W_{15\sim30}} \tag{8-9}$$

式中，$\eta_{1\sim5}$、$\eta_{5\sim15}$、$\eta_{15\sim30}$分别为 1 万 ~5 万亩、5 万 ~15 万亩、15 万 ~30 万亩灌区的灌溉水有效利用系数平均值；$W_{1\sim5}$、$W_{5\sim15}$、$W_{15\sim30}$分别为 1 万 ~5 万亩、5 万 ~15 万亩、15 万 ~30 万亩灌区的年毛灌溉用水量。

经计算得出 T 市中型灌区灌溉水利用率均值为 0.6902。

8.5.4.3 小型灌区灌溉水有效利用系数测算分析

小型灌区灌溉水有效利用系数平均值 $\eta_{w\text{小型}}$按照小型样点灌区算术平均值进行计算。

经计算得出 T 市小型灌区灌溉水有效利用系数均值为 0.7221。

8.5.4.4 井灌区灌溉水有效利用系数测算分析成果

按不同灌溉工程类型的年毛灌溉用水量加权平均计算全省纯井灌区的灌溉水有效利用系数平均值，计算公式如下：

$$\eta_{w\text{井}} = \frac{\eta_{\text{土}} W_{\text{土}} + \eta_{\text{管}} W_{\text{管}} + \eta_{\text{防}} W_{\text{防}} + \eta_{\text{喷}} W_{\text{喷}} + \eta_{\text{微}} W_{\text{微}}}{W_{\text{土}} + W_{\text{管}} + W_{\text{防}} + W_{\text{喷}} + W_{\text{微}}} \tag{8-10}$$

式中，$\eta_{\text{土}}$、$\eta_{\text{管}}$、$\eta_{\text{防}}$、$\eta_{\text{喷}}$、$\eta_{\text{微}}$ 分别为土渠、低压管道、渠道防渗、喷灌、微灌 5 种灌溉工程类型样点灌区的灌溉水有效利用系数算数平均值；$W_{\text{土}}$、$W_{\text{管}}$、$W_{\text{防}}$、$W_{\text{喷}}$、$W_{\text{微}}$ 分别为土渠、低压管道、渠道防渗、喷灌、微灌 5 种类型纯井灌区的年毛灌溉用水量。

经计算样点灌区土渠、渠道防渗、低压管道、喷灌、微灌样点灌区灌溉水有效利用系数分别为 0.8552、0.6489、0.8201、0.9499、0.9618。

经加权计算得出全市井灌区灌溉水有效利用系数均值为 0.7914。

省级区域灌溉水有效利用系数 $\eta_{\text{省}}$ 是指省级区域年净灌溉用水量 $W_{\text{省净}}$与年毛灌溉用水量 $W_{\text{省毛}}$的比值。在已知各规模与类型灌区灌溉水有效利用系数和年毛灌溉用水量的情况下，省级区域灌溉水有效利用系数按下式计算：

$$\eta_{\text{省}} = \frac{\eta_{\text{省大}} W_{\text{省大}} + \eta_{\text{省中}} W_{\text{省中}} + \eta_{\text{省小}} W_{\text{省小}} + \eta_{\text{省井}} W_{\text{省井}}}{W_{\text{省大}} + W_{\text{省中}} + W_{\text{省小}} + W_{\text{省井}}} \tag{8-11}$$

式中，$W_{省大}$、$W_{省中}$、$W_{省小}$、$W_{省井}$分别为省级区域大型、中型、小型灌区和纯井灌区的年毛灌溉用水量（万 m^3）；$\eta_{省大}$、$\eta_{省中}$、$\eta_{省小}$、$\eta_{省井}$分别为省级区域大型、中型、小型灌区和纯井灌区的灌溉水有效利用系数。

T 市将按照大型、中型、小型、纯井不同规模灌区，分别统计毛灌溉用水量，与各种规模下的灌溉水有效利用系数进行加权平均得到全市平均灌溉水有效利用系数见表 8-9。

表 8-9　2015 年 T 市灌溉水有效利用系数汇总表

灌区规模与类型		灌区个数	有效灌溉面积/万亩	实灌面积/万亩	毛灌溉用水量/万 m^3	灌溉用水有效利用系数
大型灌区		1	41.8	34.09	24 387.29	0.586 2
中型灌区	1 万～5 万亩	67	158.12	115.35	26 790.88	0.704 8
	5 万～15 万亩	11	65.48	67.93	3 776.78	0.663 5
	15 万～30 万亩	1	16.02	15.08	3 844.41	0.614 8
	合计	79	239.62	198.36	34 412.06	0.690 2
小型灌区		550	102.16	95.19	20 894.61	0.722 1
纯井灌区		8 071	79.73	72.78	15 066.04	0.791 4
总计		8 701	463.31	400.42	94 760.00	0.686 6

8.6　本章小结

（1）农田灌溉水有效利用系数是表征农田灌溉水利用效率的一个指标，与灌区自然地理条件、灌溉规模、工程状况、用水管理水平、灌水技术等因素有关，本书初步分析了影响灌溉水有效利用系数变化的 4 个影响因素，年降水量、节水灌溉工程面积、小型和纯井灌区面积、用水者协会控制面积的影响权重，各主要影响因素对灌溉用水有效利用系数的影响权重从大到小依次为小型和纯井灌区面积、节水灌溉工程面积、用水者协会控制面积、降水量。其中，降水量与灌溉用水有效利用系数呈负相关关系，其余均为正相关关系。

（2）制定了农田灌溉水有效利用系数测算分析方法，明确了样点灌区选择原则，规定了不同规模与类型样点灌区数量、面积比例、调整要求，并在实践中逐步形成了相对完善的农田灌溉水有效利用系数测算分析网络。

（3）依照系数测算分析工作流程和指标监测需求，制定了一套详细的管理制度，以规范系数监测过程中的各个环节。从相关指标基础数据的获取方式与途径、基础数据的分析处理与管理、测算分析结果的审核把关、成果校核等方面严格控制系数监测成果的科学性、合理性、可靠性。

（4）考虑农业气象条件、地形地貌、灌区特点等因素，分析研究了华北地区、西北地区、东北地区、中部地区、东南沿海地区和西南地区 6 个特色分区灌溉水有效利用系数差异并对形成原因进行了初步分析。

第9章 水功能区水质达标率监测统计技术方法与方案设计

9.1 指标监测统计现状与问题分析

水质评价，是通过一定的数理方法与手段对某一水环境区域进行环境要素分析，并对其作出定量描述。通过水质评价，可以了解和掌握水质变化趋势，反映水体的污染状况和程度，为水资源的利用、保护、规划和管理提供科学依据。由于不同类型的水功能区的作用不尽相同，所关注的水质指标同样有所差异，因此，在水质评价工作之前，有必要先对水质评价指标进行筛选。下面集中阐述水质评价指标的筛选原则。

9.1.1 水质评价指标的筛选

在我国《地表水环境质量标准》（GB 3838—2002）中，依据环境功能和保护目标，将地表水水域按功能高低分为5类，涵盖了自然保护区、饮用水源地、渔业、工业和农业等用水水域，从Ⅰ类到Ⅴ类水质指标数值逐级降低。依据这个标准，可以对全国所有河流水系、城市的水体进行分级分类评价，能够整体反映我国水环境质量状况，同时也可以考核地方政府对环境保护工作的成绩和不足，有利于水环境质量的分级管理，落实目标责任制。但是，该标准对5类水域功能均规定了24项污染物的限值，由于5类水域功能目的与用途的多样性，有些项目的选择与功能分级不存在对应关系或对应关系不明显，这就使得在采用所有指标评价我国地表水质时出现了一定程度的混乱。例如，我国南方许多饮用水源地按粪大肠菌群指标判别，水域功能区应为劣Ⅴ类，水体已失去使用功能，但实际上通过自来水厂常规处理后即能达到饮用水的标准；总氮、总磷作为水体富营养化的指示指标，对评价湖库水体的自然生态变化具有重要意义，但将其用作划分水质类别的指标时，则会造成许多重要水体的类别降为Ⅳ类、Ⅴ类甚至劣Ⅴ类，表观上已失去了作为集中饮用水源的功能，但实际上总氮、总磷的浓度水平对人体健康基本没有影响。因此，根据我国地表水体的基本状况和水体评价的主要目的，将水环境功能区进行合理地分类并选择代表性的评价指标，同时规范水环境功能区的达标评价方法，才能做到客观、真实、科学地反映我国地表水体的水质状况，进而有效地保护地表水环境。

根据我国国情和地表水环境质量状况，我国的水环境功能区可分为自然保护区、饮用水源地、渔业用水、农业用水、工业用水和景观渔业用水六类。国外发达国家和国际组织主要是根据水体的污染特征和污染程度来确定水质评价标准的限值和评价方法，并不是将标准中所有项目均作为常规监测项目，这是值得我们借鉴的。同时，受经济与技术条件的限制，我国也不可能将所有的基本项目进行监测，因此，应当结合我国国情，对水环境功能区的评价项目进行筛选。依据历年来水质评价因子的污染分担率，分别对河流和湖库的常规监测项目进行了筛选。水环境功能区达标评价项目原则上采用所有常规监测项目，由于不同的功能区对不同的项目要求不同，在节约人力、物力又不影响功能评价的原则上，对不同的功能区评价项目可适当减少和补充。

（1）工业用水对水质要求不高，溶解氧、挥发酚、金属类项目的含量高低对该功能影响不大。

（2）考虑到镉对人体的危害性，对渔业用水增加镉考核。

（3）由于盐类物质会导致土壤板结、盐碱化和降低肥力，对农业用水增加金属镉和全盐量的监测；其他重金属浓度超过Ⅴ类水质标准限值时也参加评价。此外，鉴于我国水环境以 COD、氨氮等有机污染为主，因此，供农业用水增加 COD 和氨氮两项指标参与评价。

（4）为不影响人体健康，对景观娱乐用水增加粪大肠菌群的考核。

（5）饮用水水源保护区和自然保护区对水质要求高，要求所有限定的评价项目均参与评价。综合上述分析，根据不同环境功能区对水环境质量的要求，评价项目至少包括表 9-1 的要求。

表 9-1　不同类型水功能区评价指标

<table>
<tr><th>水功能区类型</th><th>评价指标</th><th>备注</th></tr>
<tr><td>自然保护区</td><td>除 pH、溶解氧、高锰酸盐指数、BOD5、氨氮、汞、铅、挥发酚、石油类外，增加本地区特征污染因子，湖泊水库应包括营养状态</td><td>其他指标超过Ⅲ类标准时应加密监测并参与评价</td></tr>
<tr><td>饮用水源保护区</td><td>pH、溶解氧、氨氮、石油类、高锰酸盐指数、汞、铅、挥发酚、BOD5；GB 3838—2002 表 3 规定的指标；湖泊水库应包括营养状态</td><td>其他指标超过Ⅲ类标准时应参与评价，集中供水水源可以不考虑卫生学指标</td></tr>
<tr><td>渔业用水区</td><td>pH、溶解氧、氨氮、石油类、高锰酸盐指数、挥发酚、汞、镉、铜</td><td>其他指标超过 GB 11607—1989 中渔业水质标准时应参加评价</td></tr>
<tr><td>工业用水区</td><td>pH、氨氮、石油类、COD；湖泊水库应包括营养状态</td><td rowspan="2">其他重金属超过Ⅳ类标准限值时应参与评价</td></tr>
<tr><td>景观娱乐用水区</td><td>pH、溶解氧、氨氮、石油类、高锰酸盐指数；人体直接接触的水域应包括粪大肠菌群；湖泊水库应包括营养状态</td></tr>
<tr><td>农业用水区</td><td>pH、石油类、汞、铅、镉、氨氮、COD 和硫化物</td><td>其他指标超过 GB 5084—1992 中农田灌溉水质标准限值时应参加评价</td></tr>
</table>

水环境功能达标评价必须在水环境功能分类的基础上进行，目的在于评价各类功能水域的主要水环境质量项目是否满足功能要求。混合区和过渡区不作水环境功能区达标评价。水环境功能区达标评价按 GB 3838—2002 中水域功能和标准分类的要求执行。湖库营养状态与水环境功能区达标要求的关系见表 9-2。

表 9-2 湖库营养状态与水环境功能区达标要求

水功能区类型	水质标准	水体营养状态
自然保护区	Ⅰ类	贫营养～中营养
饮用水源保护区	Ⅲ类	贫营养～轻度富营养
渔业用水区	Ⅲ类	贫营养～中度富营养
工业用水区	Ⅳ类	贫营养～轻度富营养
景观娱乐用水区	Ⅴ类	贫营养～轻度富营养
农业用水区	Ⅴ类	不作要求

水质评价需要基于水质监测数据，因此，要通过对水质数据的处理提取出水功能区水质代表值，其方法应按以下规定确定。

（1）只有一个水质代表断面的水功能区，应以该断面的水质数据作为水功能区的水质代表值。

（2）有多个水质监测代表断面的缓冲区，应以省界控制断面监测数据作为水质代表值。

（3）有多个水质监测代表断面的饮用水源区，应以最差断面的水质数据作为水质代表值。

（4）有两个或两个以上代表断面的其他水功能区，应以代表断面水质浓度的加权平均值或算术平均值作为水功能区的水质代表值。采用加权方法时，河流应以流量或河流长度作权重，湖泊应以水面面积作权重，水库应以蓄水量作权重。

目前，业内已经形成几十种水质评价方法。这些方法基本上可分为三大类，分别是指数评价法、基于数学综合模式的水质分类分级方法、基于多元统计分析的水质综合指标确定方法。

9.1.2 指数评价法

指数评价法是将常规检测的几种水污染物浓度简化为单一的概念性指数值形式，并分级表征水污染程度和水质量状况，其理论基础是最小限制定律和等值性原理。指数评价法可分为单因子指数法和综合指数法。

9.1.2.1 单因子指数法

1965 年，Horton 提出了水质评价的质量指数法（QI），标志着水质评价工作的开始。《地表水环境质量标准》（GB 3838—2002）中对水质评价的要求是：根据应实现的水域功能类别选取相应类别标准进行单因子评价，评价结果应说明水质达标情况，超标的应说明超标项目及超标倍数。可见，单因子评价方法仍是最基本的评价方法。单因子法的基本思想是：在所有参与综合水质评价的水质指标中，选择水质最差的单项指标所属类别来确定所属水域综合水质类别。我国在水质监测公报中，便采用单因子评价法评价水体综合水

质。评价过程为

$$P_i = C_i/C_0 \tag{9-1}$$

式中，P_i 为单因子指数；C_i 为某污染物实测浓度；C_0 为水功能区限制浓度。

9.1.2.2 综合指数法

综合指数法是国内外较常采用的一种水质评价方法，综合性和可比性强。指数的处理不同，决定了指数法的不同形式。综合指数法发展至今，已经有数十种计算模式问世，各具有鲜明的特点。它虽然是一种较古老的方法，但若对这些指数的计算模式进行适当的综合运用，扬长避短，仍不失为一种具有较高应用价值的环境质量评价方法。综合指数法在监测数据和评价标准之间运算后得出一个综合指数，以此代表水体的污染程度，作为水质评定尺度。它对水体质量作出定量描述，只要项目、标准、监测结果可靠，综合评价从总体上可以基本反映水体污染的性质和程度。下面系统介绍国内外常见的 8 种综合指数法。

1. 简单叠加型指数法

简单叠加型指数法认为环境质量是由各要素共同决定，当不清楚这些要素相对作用大小或已知作用相当时，或各分指数相差不大时，仍然可以用指数的简单叠加，直接作为综合指数。公式为

$$\mathrm{CI} = \sum_{i=1}^{n} (C_i/S_i) \tag{9-2}$$

式中，CI 为综合指数值；C_i 为指标 i 实测值；S_i 为指标 i 相应国家标准值或限值；n 为评价指标数目。

这是一种较早提出的方法，其不足在于：综合指数值与入选指标的种类和数量有很大关系，缺乏可比性；当分指数较多时，会掩盖最大分指数或超标分指数的作用。目前仅在严格条件下使用。例如，Tsegaye 等采用简单叠加模式，选取几个有代表性的指标评价美国阿拉巴马州 Wheeler 湖盆地河流的水质状况。

2. 算术均值型指数法

算术均值型指数法与简单叠加法类似，但不受纳入指标数目的影响，增加了一定的可比性。公式为

$$\mathrm{CI} = 1/n \sum_{i=1}^{n} (C_i/S_i) \tag{9-3}$$

3. 加权平均型指数法

加权平均型指数法依据各评价指标的相对重要程度，对各分指数赋予不同的权值，并体现在综合指数的计算式中，构思合理。这是有别于其他综合指数法的突出优点。计算式为

$$\mathrm{CI} = \sum_{i=1}^{n} W_i(C_i/S_i) \tag{9-4}$$

式中，W_i 为第 i 项指标的权重值。

但是，综合指数值会不可避免地低于最大分指数，特别是当超标指标数较多或超标倍数较大时，掩盖污染的问题可能会越发严重；另外，一个准确而客观的权重值是不易获取

的。因而，建议仅在评价指标不多的时候使用该方法。

4. 平方和的平方根法

平方和的平方根法又叫向量指数模式法。该法通过分指数的平方，强调了超标分指数的影响，弱化了合格分指数（$I_i \leqslant 1$）的影响，有一定的合理性。其计算式为：

$$\mathrm{CI} = \sqrt{\sum_{i=1}^{n}(C_i/S_i)^2} \tag{9-5}$$

从式（9-5）可以看出：当超标分指数越多、超标倍数越大时，综合指数值会明显大于最高分指数；另外，综合指数值与纳入的指标个数有关，因而缺乏可比性。

5. 最大值法

最大值法，其实就是计算式中含有最大分指数项的一系列方法，不同程度地突出了最大分指数的影响。

1）内梅罗指数法（即 Nemerow 指数法）

内梅罗法是最大值法中最典型的和应用最广的，公式如下：

$$\mathrm{CI} = \sqrt{(I_{i\max}^2 + \bar{I}_i^2)/2} \tag{9-6}$$

式中，$\bar{I}_i$ 为所有分指数的算术平均值；$I_{i\max}$ 为所有分指数中的最大值。

具体方法可以参考如下。

（1）参加评分的项目，应不少于规定的监测项目，但不包括细菌学指标。

（2）首先进行各单项组分评价，划分组分所属质量类别。对各类别按表 9-3 规定分别确定单项组分评价分值 I_i。

表 9-3　水质单项组分评分

类别	Ⅰ类	Ⅱ类	Ⅲ类	Ⅳ类	Ⅴ类
I_i	0	1	3	6	10

（3）计算综合评分值，公式为

$$I = \sqrt{\frac{\bar{I}^2 + I_{\max}^2}{2}} \tag{9-7}$$

式中，$\bar{I}$ 为各单项组分评分值 F_i 的平均值；$I_{\max}$ 为单项组分评价分值 I_i 中的最大值。

（4）根据 I 值按表 9-4 确定水质量级别。

表 9-4　水质分级

级别	优良	良好	较好	较差	极差
I 值	<0.80	0.80～2.50	2.50～4.25	4.25～7.20	>7.20

内梅罗指数法兼顾了最高分指数和平均分指数的影响，具有一定的合理性。但该法仍具有如下缺点：仅仅考虑了最高分指数，没有充分考虑在若干大值情况下，次大值的作用；综合指数值仍然低于最大分指数，仍然无法完全掩盖污染的危险性；分指数最大，未

必危害性最大，因而该法没有考虑到参评指标对人体健康和环境质量的相对影响。综上考虑，该法可运用与评价水中健康危害不明显的指标，如感官和一般化学指标。

2）改良内梅罗指数法

针对内梅罗指数法未考虑各评价指标相对危害性的缺点，于富荣等根据《污水综合排放标准》（GB 8978—1996）中的限值大小，按照一定的公式计算各指标的权重值，并以权重最大的分指数 I_{iw} 对最大分指数 $I_{i\max}$ 进行校正。公式如下：

$$\mathrm{CI}=\sqrt{(I_{i\max}'^{2}+\bar{I}_i^2)/2} \tag{9-8}$$

式中，$I_{i\max}'=(I_{i\max}+I_{iw})/2$，$I_{i\max}'$ 为校正后的最大分指数。

该方法的缺点对 $I_{i\max}$ 的校正往往会降低最大分指数的影响，对于具有较重健康危害的指标就得不偿失。

考虑到内梅罗指数法仅仅考虑了分指数最大的超标项，李春生等提出将所有传统公式中的最大分指数项改成超标项，并对超标项设置了增补系数。增补系数的计算采用了边秀兰等所确定的水质指标加权数值。改进公式如下：

$$\mathrm{CI}=\sqrt{(\bar{I}_i^2+\Phi\sum_{j=1}^{n}I_j^2)/(m+1)} \tag{9-9}$$

式中，$\Phi=\sum_{j=1}^{m}\sqrt{W_j/W_m}$，$j$ 为任一项超标项目；m 为超标项目数；Φ 为增补系数，W_j 为第 j 超标项的权重值；W_m 为超标项中最小的权重值。然而随着超标项的增多，综合指数值会明显大于最大分指数值。

3）几何均数法（姚式指数法）

徐幼云根据原上海医科大学姚志麒教授推导的大气质量指数，提出下列水质指数公式：

$$\mathrm{CI}=\sqrt{I_{i\max}\bar{I}_i} \tag{9-10}$$

与内梅罗法相比，该方法对平均分指数给予了更多考虑，因而算得的综合指数值稍低于内梅罗法算得的综合指数值。

4）基于几何均数法的改进

袁志彬等提出了一种基于几何均数法的改进公式，即在原公式里增加了对超标分指数的“惩罚项”，具有一定的合理性。计算公式为

$$\mathrm{CI}=\sqrt{I_{i\max}\bar{I}_i}\times\prod I_j \tag{9-11}$$

式中，$\prod I_j$ 为惩罚项，表示所有超标项分指数的连乘。随着超标项的增多，综合指数值会明显大于最大分指数。

5）最差因子判别法

这是一种特殊的最大值法。可用公式表达为：$\mathrm{CI}=I_{i\max}$。

该方法认为环境质量是由质量最差的指标决定的，因而直接以最大分指数值作为综合指数值。该方法不存在掩盖污染的问题，且计算简单，人们可以根据需要自由地调整评价指标的种类和数目，但信息损失量较大。该方法可以运用于对饮用水中某些健康危

害较大的指标评价，比如毒理学指标。Nagels 等在新西兰的饮用水质评价中也采用了这种思想。

6. 混合加权法

混合加权法基于客观赋权法的原理，根据各分指数的相对数值大小赋予不同的权值，采取类似于加权平均的方法来计算综合指数，具有一定的合理性。混合加权法的计算式为

$$\mathrm{CI} = \sum\nolimits_1 W_i^1 \times I_i + \sum\nolimits_2 W_i^2 \times I_i \tag{9-12}$$

式中，I_i 为分指数；$\sum_1$ 为所有 $I_i > 1$ 求和；$\sum_2$ 为所有 I_i 求和；$W_i^1 = I_i / \sum I_i$，$I_i > 1$；$W_i^2 = I_i / \sum I_i$，一切 I_i；$\sum_1 W_i^1 = 1$，$\sum_2 W_i^2 = 1$，W_i^1 和 W_i^2 组成权系数。

该评价模式能保证：当有超标项时，综合指数值一定超标。缺点是：当某一项超标分指数较大，而其余各分指数较小时，综合指数值将接近或等于两倍最大分指数，且随着超标项的增多，综合指数值会明显高于最高分指数；它所依赖的客观赋权法，并不具有生物学意义。

7. 余分指数合成法

余分指数合成法是李祚泳在总结多种综合指数法的基础上提出的全新评价方法。该方法首先将所有分指数按 $K \leqslant I_i \leqslant K+1$ 分成 K 级，再逐级构造 K 级综合指数，最后再逐级综合求得综合指数。

可以证明，当所有分指数满足 $I_i \leqslant 1$ 时，则用该方法计算的综合指数 CI 满足 $I_{i\max} \leqslant \mathrm{CI} \leqslant 1$；若所有分指数满足 $1 \leqslant I_i < 2$，则 $I_{i\max} \leqslant \mathrm{CI} < 2$，以此类推；若部分 $I_i > 1$，部分 $I_i \leqslant 1$，CI 的数值大小与最高一级综合指数值大小关系更显著，在最大分指数上下以较小幅度浮动，“略高”表示对超标项的适当惩罚，“略低”表示对占相当比例的低值的适当考虑。该方法具有相当的合理性，可运用于饮用水中具有较大危害性的指标评价。

该法的缺点在于：当所有分指数均未超标时，求得的综合指数值虽仍小于 1，但会高于最大分指数；随着指标项数的增多，手工计算颇为不便。

8. 指数转换法

对于水源地水质评价，参考《地表水环境质量标准》（GB 3838—2002）的五级划分原则，李凡修等和王文强提出采用转换指数法，建立了一套评价级别的划分原则。

首先，定义转换指数为：$r_i = S_{i\max} - S_{i\min}$。其中，$S_{i\max}$ 为《地表水环境质量标准》（GB 3838—2002）中 i 指标的最高级限值，$S_{i\min}$ 为 i 指标可能的最低值，假定 $S_{i\min} = 0$。然后将所有评价指标的各等级限值均除以 r_i 作为规范化后的限值，并以此作为“分指数”，按一定的指数评价模式计算每个级别的综合指数；再运用同样的指数评价模式，计算实测的综合指数；最后与各级别的综合指数比较，确定水质评价等级。

该方法的优点在于，把综合指数的计算和评价级别的划分统一起来，大大改善了等级划分的科学性和合理性。值得推广应用。

9. *W* 值法

W 值水质评价法不仅能直观地表示所监测项目的项数、超标项数及项目，还可真实地反映水体污染水平。其方法简单、直观。*W* 值评价法的主要特点是用各项污染物质的污染

值，进行数学上的归纳和统计，从而得出一个较简单的数值来表示水体的污染程度并据此进行水体污染的分类和分级。该方法的顺序是：首先，赋予各项监测值以“评分数”，将“评分数”转化成“数学模式”；其次，对水质进行“污染分级”，写出“污染表示式”后，计算出水体的“综合污染指数”。

评价步骤如下。

1）确定监测项目

为全面评价地表水体，原则上对所有基本项目全部监测。一般情况下，DO、BOD_5、COD、挥发酚、CN^-、Cu、As、Hg、Cd、Cr^{+6}、NH^{+4}-N、ABS、石油类 13 项是必须监测的。

2）评分标准

根据国家地表水质单一项目或毒物的分级评分标准。将单一项目或污染物的含量分Ⅰ、Ⅱ、Ⅲ、Ⅳ、Ⅴ级，评分时一般给予 10 分、8 分、6 分、4 分、2 分。最理想的是 10 分，最差的是 2 分。除了 DO、BOD_5、COD、Cu 为饮用水标准外，DO、BOD_5、COD 是根据大量实际监测资料确定的，Cu 为水产用水标准；Ⅱ级除 ABS 外，等于或小于水产用水标准。Ⅲ级为地表水标准；Ⅳ级为农用灌溉用水标准；大于农用灌溉用水标准的数值为Ⅴ级。

3）数学模式

采用数学模式可以概括性地表示水质监测的总项数和各级别的项数。其写法为 $SN_{10}^{n}N_{8}^{n}N_{6}^{n}N_{4}^{n}N_{2}^{n}$，其中，$S$ 为监测总项数；$N_{10}^{n}N_{8}^{n}N_{6}^{n}N_{4}^{n}N_{2}^{n}$ 分别为监测值得 10 分、8 分、6 分、4 分、2 分的项数。其中得 4 分和 2 分的项数为超过地表水标准的项数。

4）污染分级

地表水质的综合评价分 5 级，即 $W1$ 级为第 1 级（优秀级），也叫饮用级；$W2$ 级为第 2 级（良好级），也叫水产级；$W3$ 级为第 3 级（标准级），也叫地表级；$W4$ 级为第 4 级（污染级），也叫污灌级；$W5$ 级为第 5 级（污染级），也叫弃水级。水质的分级标准以污染最重的两项来确定，在诸项监测指标中，用两个最小评分值之和除以 2。如所得商数为奇数，则进为相邻的偶数，用该偶数所在的级别来评价水质。

5）污染表达式

采用“污染表达式”可以清楚地表示监测项数、污染级别和超标项数。其写法是：$S\mathrm{WJ}-C$ 其中 S 为监测总项数；WJ 为污染级别；C 为超地表水质的监测值可以是一次的，也可以是多次的平均值，如月平均值、年平均值。WJ 表示一次测值，WJ 表示多次测值的平均值。不同符号的 WJ 表示它们的可信程度。

6）综合污染指数

采用综合污染指数可以表示水体的污染程度，其写法如下：

$$P = \sum_{i=1}^{n} b \cdot \mathrm{WJ} \tag{9-13}$$

式中，P 为水体的综合污染指数；n 为监测点数；b 为监测点所控制的水域面积占整个水域面积的比例；WJ 为各监测点的污染级别。P 值范围从 1 ~ 5，数值越大，污染愈严重，且能如实地反映水体的污染水平。

此外，评价标准可以采用国家《地表水环境质量标准》(GB 3838—2002)，以水体各项监测指标实测值对照水质类别进行评分。Ⅰ、Ⅱ、Ⅲ、Ⅳ、Ⅴ类水质分别得 10 分、8 分、6 分、4 分、2 分。以最低 2 个单项得分之和确定该水体的水质类别。Ⅰ类：最低 2 项评分之和为 20 或 18；Ⅱ类：最低 2 项评分之和为 16 或 14；Ⅲ类：最低 2 项评分之和为 12 或 10；Ⅳ类：最低 2 项评分之和为 8 或 6；Ⅴ类：最低 2 项评分之和为 4。

但是，W 值法评价水质有其不足的地方。以 DO 为例，原方法中当 DO 为 7.49mg/L 时，认为是Ⅱ类水，W 值为 8；当 DO 为 7.51mg/L 时，认为是Ⅰ类水，W 值为 10。两者差别仅为 0.02mg/L，但 W 值却相差了 2。另外，只要 6.00mg/L≤DO<7.50mg/L，不管是 7.49mg/L 还是 6.01mg/L，都认为是Ⅱ类水，W 值都为 8。当两者相差 1.48mg/L 时，而 W 值却相同。这是不合理的。又如 BOD_5，原方法中检测值为 2.99mg/L 时认为是Ⅰ类水，W 值为 10；但检测值为 3.01mg/L 时却认为是Ⅲ类水，W 值为 6，仅相差 0.02mg/L，但 W 值却相差了 4，这也是不够客观的。

借鉴隶属度的概念，根据检测值更接近的水质标准来确认其类型。以 DO 为例，当检测值大于 6.73mg/L 时，如 6.80mg/L，相比Ⅱ类水水质标准 6.00mg/L，6.80mg/L 更接近Ⅰ类水的水质标准 7.50mg/ L，该方法便认为是Ⅰ类水，W 值为 10。同理，当 5.50mg/L≤DO<6.73mg/L 时，认为是Ⅱ类水，W 值为 8；当 4.00mg/L≤DO<5.50mg/L 时，认为是Ⅲ类水，W 值为 6；当 2.50mg/L≤DO<4.00mg/L 时，认为是Ⅳ类水，W 值为 4；当 DO<2.50mg/L 认为是Ⅴ类水，W 值为 2。如果检测值正好在上述标准规定的两类水水质标准的中值，如 6.725mg/L 或 5.50mg/L 时，取较差的那一类，即分别为Ⅱ类、Ⅲ类，W 值相应地取 8 分、6 分。如果某项评价指标的不同类水质标准相同，如 BOD_5，Ⅰ类和Ⅱ类水质标准都是 3.00mg/L，则取 0 与 3.00 的中值 1.50，检测值小于 1.50mg/L，认为是Ⅰ类水，W 值为 10；若 1.50mg/L≤BOD_5<3.50mg/L，认为是Ⅱ类水，W 值为 8。Ⅲ、Ⅳ、Ⅴ类水质评价方法和上述评价方法相同。当 $x_{i,j+1} \neq x_{i,j}$时，数值越大水质越好的指标（如 DO）的水质类别可用数学式表达为

$$M_i = \begin{cases} 1 & x > x_{i,1} \\ j + [2(x_{i,j} - x)/(x_{i,j} - x_{i,j+1})] & x_{i,j} \geqslant x > x_{i,j+1} \\ 5 & x \leqslant x_{i,5} \end{cases} \tag{9-14}$$

数值越大水质越差的指标（如 BOD_5）的水质类别可写为数学式：

$$M_i = \begin{cases} 1 & x < x_{i,1} \\ j + [2(x - x_{i,j})/(x_{i,j+1} - x_{i,j})] & x_{i,j} \leqslant x < x_{i,j+1} \\ 5 & x \geqslant x_{i,5} \end{cases} \tag{9-15}$$

式中，M_i为第 i 个评价指标的水质类别；j 为水质类别（Ⅰ～Ⅳ），x 为监测值；$x_{i,j}$为第 i 个评价指标的第 j 类水质标准，中括号为取整。

9.1.3 基于数学综合模式的水质分类分级方法

1974 年我国提出用数学模式综合评价水污染，该模式是根据某些水质指标值，通过所建立的数学模型，对某水体的水质等级进行综合评判，为水体的科学管理和污染防治提供决策依据。数学模式综合评价法的理论基础为模糊理论、灰色理论、未确知数学理论等不确定性方法理论。代表性的方法有模糊综合评价法、灰色关联度法、物元可拓法、人工神经网络法、熵值法等。

9.1.3.1 模糊综合评价法

模糊综合评价法是常用的水质评价方法。河流总体的综合水质评价是水环境治理中的重要基础性工作。通过对水质监测数据的合理评价，才能制定科学的整治规划，采取有效的措施。可以说河流综合水质评价的合理性会直接影响决策。目前常用的河流水质评价方法较多，且各具优缺点。在水环境质量综合评价中，模糊评判法和层次分析法相结合的模糊层次分析法得到了广泛应用。模糊理论能很好地反映水环境质量级别的模糊性与连续性，层次分析法能够将评价者对复杂系统的定性分析进行定量化处理，两者的结合很好地解决了隶属度与权重的问题。

模糊综合评价是以模糊数学为基础，应用模糊关系合成的原理，将一些边界不清，不易定量的因素定量化，进行综合评价的一种方法，又称模糊综合评判。

所谓模糊是指边界不清晰，这种边界不清的模糊概念，是事物的一种客观属性，是事物的差异之间存在的中间过渡过程。例如，n 级水和 m 级水的边界是无法用一个绝对的判据划分，因为它是一个连续渐变的过程。同时水环境系统是一个多因素耦合的复杂系统，各因素间关系错综复杂，表现出极大的不确定性和随机性，因此，为得到合理的水环境质量评价结果，引入模糊数学的概念符合水质评价的客观要求。

由于水体环境本身存在大量不确定性因素，各个项目的级别划分、标准确定都具有模糊性，因此，模糊数学在水质综合评价中得到了广泛应用。模糊评价法的基本思路是：由监测数据建立各因子指标对各级标准的隶属度集，形成隶属度矩阵，再把因子的权重集与隶属度矩阵相乘，得到模糊积，获得一个综合评判集，表明评价水体水质对各级标准水质的隶属程度，反映了综合水质级别的模糊性。模糊综合评价法的计算步骤如下：

1）确定评价因素（指标）集

$$U = \{u_1, u_2, \cdots, u_n\} \tag{9-16}$$

即 n 个评价指标。

2）确定评语集

$$V = \{v_1, v_2, \cdots, v_m\} \tag{9-17}$$

即等级集合。每个等级可对应一个模糊子集。一般情况下，m 取［3，7］中整数，具体等级可以根据评价内容用适当的语言描述。例如，评价地区的生态环境状况可取 $V =$ {好，较好，一般，较差，差}，等等。

3）建立隶属函数，确定模糊关系矩阵 $\boldsymbol{R}$

模糊数学使用精确的数学方法去表现和处理现实世界中客观存在的模糊现象，应用模糊数学的基本概念，确定因素集中每一个指标隶属于集合的程度，称为隶属度。隶属函数和隶属度是模糊数学中最基本的概念。构造了等级模糊子集后，就要逐个对被评价事物从每个因素 u_i 上进行量化，即确定从单因素来看被评价事物对各等级模糊子集的隶属度（$\boldsymbol{R} \mid u_i$）进而得到模糊关系矩阵

$$\boldsymbol{R} = \begin{bmatrix} R \mid u_1 \\ R \mid u_2 \\ \cdots\cdots \\ R \mid u_n \end{bmatrix} = \begin{bmatrix} r_{11}, & r_{12}, & \cdots, & r_{1m} \\ r_{21}, & r_{22}, & \cdots, & r_{2m} \\ \cdots & \cdots & \cdots & \cdots \\ r_{n1}, & r_{n2}, & \cdots, & r_{nm} \end{bmatrix} \tag{9-18}$$

矩阵 $\boldsymbol{R}$ 中第 i 行第 j 列元素 r_{ij} 表示某个被评事物从因素 u_i 来看 v_j 等级模糊子集的隶属度。一个被评事物在某个因素 u_i 方面的表现是通过模糊向量（$\boldsymbol{R} \mid u_i$）= $\{r_{i1}, r_{i2}, \cdots, r_{in}\}$ 来刻画的。而在其他评价方法中多是由一个指标实际值来刻画的，因此，从这个角度来讲模糊综合评价要求有更多的信息。

如何建立隶属函数，至今仍无统一方法可循，主要根据实际经验来进行对应法则的探求。隶属函数一般采用“降半梯形”的函数。对于越小越优型指标（除 DO 外），其表达式见式（9-19）~式（9-21）所示。

Ⅰ级：

$$F(x) = \begin{cases} 1 & x \leqslant S_{i(j)} \\ \dfrac{S_{i(j+1)} - x}{S_{i(j+1)} - S_{i(j)}} & S_{i(j)} < x < S_{i(j+1)} \\ 0 & x \geqslant S_{i(j+1)} \end{cases} \tag{9-19}$$

Ⅱ-（m−1）级：

$$F(x) = \begin{cases} 0 & x \leqslant S_{i(j)} \\ \dfrac{x - S_{i(j-1)}}{S_{i(j)} - S_{i(j-1)}} & S_{i(j)} < x < S_{i(j+1)} \\ \dfrac{S_{i(j+1)} - x}{S_{i(j+1)} - S_{i(j)}} & x \geqslant S_{i(j+1)} \end{cases} \tag{9-20}$$

m 级：

$$F(x)=\begin{cases}0 & x \leqslant S_{i(j-1)} \\ \dfrac{x-S_{i(j-1)}}{S_{i(m)}-S_{i(j-1)}} & S_{i(j-1)}<x<S_{i(m)} \\ 1 & x \geqslant S_{i(m)}\end{cases} \tag{9-21}$$

其中，$i=1, 2, \cdots, n$；$j=1, 2, \cdots, m$。

对于 DO，其基本表达式不变，只需改变条件中符号的方向。

以往的研究中，“S_{ij}”通过各等级“j”的上限值相对于评价因子“i”来确定。这样的评价标准集“S”为｛Ⅰ、Ⅱ、Ⅲ、Ⅳ、Ⅴ｝，但这样的评价集将比Ⅴ类水质高的污染归为Ⅴ类，降低了污染的严重性。尽管有学者提出应用指数法评价劣Ⅴ类水质的方法，但在模糊层次分析法中还没有划分出劣Ⅴ类水质。

以 TN 为例，假设其值为 1.2 mg/L，按以往的计算方法，Ⅲ类水质的隶属度为 0.6，而按照国家地表水质标准，Ⅲ类水质的范围在（0.5，1.0］mg/L。计算结果与国家地表水质标准相违背。因此，这种方法是不合理的，提出以水质标准上下限的中间值为界限“S_{ij}”计算隶属度。这样做的好处有以下两点：第一，符合国家标准。上面假设值通过改进方法计算，Ⅳ类水质的隶属度为 0.9，在国家标准Ⅳ类水质范围内。第二，可以得到 6 个隶属函数，克服了本书提到不能评价劣Ⅴ类水质的弊端。以 TN 为例，其水质级别区间分别为（0，0.2］、(0.2，0.5］、(0.5，1］、(1，1.5］、(1.5，2］，分别计算其中间值得 0.1、0.35、0.75、1.25、1.75，变量“S_j”可分别取值 0.1、0.35、0.75、1.25、1.75、2。以往的和改进的方法的区别如图 9-1 所示。

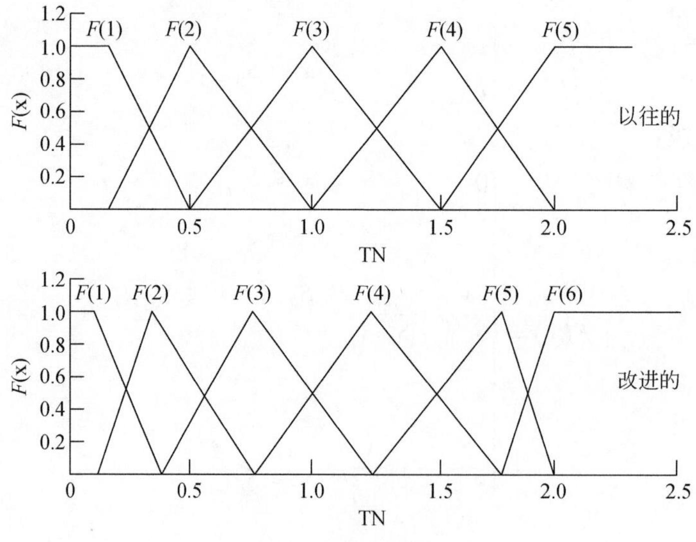

图 9-1　隶属度函数图

将各监测断面的监测数据代入前面确定的隶属函数中，就可以计算其隶属度，建立每个断面的单因子模糊评价矩阵：

$$\boldsymbol{R}=\begin{bmatrix} r_{11} & \cdots & \cdots & r_{m1} \\ r_{21} & \cdots & \cdots & r_{m2} \\ \cdots & \cdots & \cdots & \cdots \\ r_{n1} & \cdots & \cdots & r_{mn} \end{bmatrix} \tag{9-22}$$

4）确定评价因素的模糊权向量 $\boldsymbol{A}=\{a_1, a_2, \cdots, a_n\}$

一般情况下，n 个评价因素对评价事物并非是同等重要的，各方面因素的表现对总体表现的影响也是不同的，因此，在合成之前要确定模糊权向量。在模糊评价中，权向量 $\boldsymbol{A}$ 中的元素权向量 a_i 本质上是因素 u_i 对模糊子集的隶属度，而且在合成之前要归一化，可采用专家咨询法、层次分析法、熵值法等。

权重是表示各指标的相对重要程度，或表示一种效益替换另一种效益的比例系数。合理确定和适当调整指标权重，体现了决策指标体系中，各评价因素轻重有度、主次有序，更能增加决策指标的科学性。确定指标权重的方法有很多，概括起来有两大类：主观赋权法和客观赋权法。主观赋权法是根据专家、决策者主观经验判断，用某种特定的法则测算出指标权重的方法；客观赋权法是根据决策矩阵提供的评价指标的信息，用某种特定的法则确定指标权重的方法。主观赋权法依赖经验和判断，有一定的主观性，其中主要方法有两两比较法、Delphi 法、语气算子法、最小平方法等。客观赋权法是依据指标客观信息量的大小确定权重，是根据指标值所包含的信息量的大小，确定指标权重，在一定程度上避免了主观随意性。在综合评价中，运用信息嫡评价所获系统信息的有序程度及信息的效用值是很自然的，统计物理中的嫡值函数形式对于信息系统是一致的。

权重具体计算的方法常用的有层次分析法（AHP）等。层次分析法是 20 世纪 70 年代提出的一种对复杂现象的决策思维进行系统化、模型化、数量化的方法，又称为多层次权重分析决策法，即把复杂的问题，尤其是那些人的定性判断起重要作用的、难以精确定量的问题分解为不同的组成因素，将指标按不同层次聚集、组合，形成一个多层次的分析结构模型，最后把系统分析归结为最低层相对于最高层的相对重要性权重的确定或相对优劣次序的排序问题。层次分析法的计算步骤如下。

（1）建立递阶层次结构。首先，把复杂问题分解为元素的不同组成部分，把这些元素按属性不同分成若干组，以形成不同层次。同一层次的元素作为准则，对下一层次的某些元素起支配作用，同时它又受上一层次元素的支配。

（2）构造两两比较判断矩阵。在建立递阶层次结构以后，上下层次之间元素的隶属关系就被确定了。假定上一层次的元素 C_k 作为准则，对下一层次的元素 A_1，A_2，…，A_n 有支配关系，目的是在准则 C_k 之下按相对重要性赋予 A_1，A_2，…，A_n 相应的权重。大多数情况下，直接得到这些元素的权重并不容易，往往需要通过适当的方法来导出它们的权重。AHP 所用的便是两两比较的方法。

在这一步中，决策要反复回答一个问题：针对准则 C_k，两个元素 A_i 和 A_j 哪一个更重要些，重要多少。需要对重要多少赋予一定数值。这里使用 1 ~ 9 的比例标度，它们的意义见表 9-5。

表 9-5　标度的含义

标度值	含义
1	表示两个元素相比，具有同样重要性
3	表示两个元素相比，一个元素比另一个元素稍微重要
5	表示两个元素相比，一个元素比另一个元素明显重要
7	表示两个元素相比，一个元素比另一个元素强烈重要
9	表示两个元素相比，一个元素比另一个元素极端重要

注：2、4、6、8 为上述相邻判断的中值。

除了上述的方法，比较矩阵还可以根据实测值进行确定。为了使各因子有可比性，用单项污染指数法对数据进行处理。对越小越优型指标，计算公式为 $d_i=\dfrac{c_i}{c_{oi}}$；对越大越优型指标，计算公式为 $d_i=\dfrac{c_{oi}}{c_i}$。其中，d_i、c_i 和 c_{oi} 分别为第 i 个评价指标的标度值、实测浓度、各级浓度标准值的均值。

c_{oi} 通常有两种取值方法，一种是采用国家Ⅲ类水质标准，另一种是取 5 类标准值的算术平均值。由于各级水质标准值之间的变化幅度不同，上述两种方法显然是不合理的。马玉杰等针对这一问题提出了用聚类权法确定各指标在不同级别中的权重。由于隶属函数的各取值区间是各级标准值之差，因此，利用加权平均算法确定 c_{oi}，以各等级水质标准的中间值和各级水质标准上下限的差值与总距离的比例为权重。以 TN 为例，其水质级别区间分别为（0，0.2]、（0.2，0.5]、（0.5，1]、（1，1.5]、（1.5，2]，则有：

$$C_{oi}=\frac{(0.2-0)\times 0.1+(0.5-0.2)\times 0.35+(1-0.5)\times 0.75+(1.5-1)\times 1.25+(2-1.5)\times 1.75}{(0.2-0)+(0.5-0.2)+(1-0.5)+(1.5-1)+(2-1.5)}=1$$

其他指标均依照该方法该行计算，假设选择了溶解氧（DO）、高锰酸盐（COD^{Mn}）、化学需氧量（COD）、生化需氧量（BOD）、总氮（TN）、总磷（TP）、氨氮（NH_3-N）、挥发酚、汞（Hg）等指标，计算结果列于表 9-6。

表 9-6　水质指标的 C_{oi} 值

C_{oi}	COD^{Mn}	COD	BOD	NH_3-N	挥发酚	Hg	TP	TN	Co，DO
C_{oi}值	7.5	20	5	1	0.05	0.0005	0.2	1	3.48

如对某条河流进行水质评价时，只需要分析两层，即目标层和指标层，选择溶解氧（DO）、高锰酸盐（COD^{Mn}）、化学需氧量（COD）、生化需氧量（BOD）、总氮（TN）、总磷（TP）、氨氮（NH_3-N）、挥发酚、汞（Hg）9 种指标进行权重分析计算。根据上述公式计算出每个指标的 d_i 值，然后构建比较矩阵 $\boldsymbol{A}$，比较矩阵 $\boldsymbol{A}$ 如表 9-7 所示。

表 9-7 水质指标比较矩阵

矩阵 (A)	COD^{Mn}	COD	BOD	NH_3-N	挥发酚	Hg	TP	TN	DO
CODMn	1	$\frac{d_{COD^{Mn}}}{d_{COD}}$	$\frac{d_{COD^{Mn}}}{d_{BOD}}$	$\frac{d_{COD^{Mn}}}{d_{NH_3-N}}$	$\frac{d_{COD^{Mn}}}{d_{\text{挥发酚}}}$	$\frac{d_{COD^{Mn}}}{d_{Hg}}$	$\frac{d_{COD^{Mn}}}{d_{TP}}$	$\frac{d_{COD^{Mn}}}{d_{TN}}$	$\frac{d_{COD^{Mn}}}{d_{DO}}$
COD	$\frac{d_{COD}}{d_{COD^{Mn}}}$	1	$\frac{d_{COD}}{d_{BOD}}$	$\frac{d_{COD}}{d_{NH_3-N}}$	$\frac{d_{COD}}{d_{\text{挥发酚}}}$	$\frac{d_{COD}}{d_{Hg}}$	$\frac{d_{COD}}{d_{TP}}$	$\frac{d_{COD}}{d_{TN}}$	$\frac{d_{COD}}{d_{DO}}$
BOD	$\frac{d_{BOD}}{d_{COD^{Mn}}}$	$\frac{d_{BOD}}{d_{COD}}$	1	$\frac{d_{BOD}}{d_{NH_3-N}}$	$\frac{d_{BOD}}{d_{\text{挥发酚}}}$	$\frac{d_{BOD}}{d_{Hg}}$	$\frac{d_{BOD}}{d_{TP}}$	$\frac{d_{BOD}}{d_{TN}}$	$\frac{d_{BOD}}{d_{DO}}$
NH_3-N	$\frac{d_{NH_3-N}}{d_{COD^{Mn}}}$	$\frac{d_{NH_3-N}}{d_{COD}}$	$\frac{d_{NH_3-N}}{d_{BOD}}$	1	$\frac{d_{NH_3-N}}{d_{\text{挥发酚}}}$	$\frac{d_{NH_3-N}}{d_{Hg}}$	$\frac{d_{NH_3-N}}{d_{TP}}$	$\frac{d_{NH_3-N}}{d_{TN}}$	$\frac{d_{NH_3-N}}{d_{DO}}$
挥发酚	$\frac{d_{\text{挥发酚}}}{d_{COD^{Mn}}}$	$\frac{d_{\text{挥发酚}}}{d_{COD}}$	$\frac{d_{\text{挥发酚}}}{d_{BOD}}$	$\frac{d_{\text{挥发酚}}}{d_{NH_3-N}}$	1	$\frac{d_{\text{挥发酚}}}{d_{Hg}}$	$\frac{d_{\text{挥发酚}}}{d_{TP}}$	$\frac{d_{\text{挥发酚}}}{d_{TN}}$	$\frac{d_{\text{挥发酚}}}{d_{DO}}$
Hg	$\frac{d_{Hg}}{d_{COD^{Mn}}}$	$\frac{d_{Hg}}{d_{COD}}$	$\frac{d_{Hg}}{d_{BOD}}$	$\frac{d_{Hg}}{d_{NH_3-N}}$	$\frac{d_{Hg}}{d_{\text{挥发酚}}}$	1	$\frac{d_{Hg}}{d_{TP}}$	$\frac{d_{Hg}}{d_{TN}}$	$\frac{d_{Hg}}{d_{DO}}$
TP	$\frac{d_{TP}}{d_{COD^{Mn}}}$	$\frac{d_{TP}}{d_{COD}}$	$\frac{d_{TP}}{d_{BOD}}$	$\frac{d_{TP}}{d_{NH_3-N}}$	$\frac{d_{TP}}{d_{\text{挥发酚}}}$	$\frac{d_{TP}}{d_{Hg}}$	1	$\frac{d_{TP}}{d_{TN}}$	$\frac{d_{TP}}{d_{DO}}$
TN	$\frac{d_{TN}}{d_{COD^{Mn}}}$	$\frac{d_{TN}}{d_{COD}}$	$\frac{d_{TN}}{d_{BOD}}$	$\frac{d_{TN}}{d_{NH_3-N}}$	$\frac{d_{TN}}{d_{\text{挥发酚}}}$	$\frac{d_{TN}}{d_{Hg}}$	$\frac{d_{TN}}{d_{TP}}$	1	$\frac{d_{TN}}{d_{DO}}$
DO	$\frac{d_{DO}}{d_{COD^{Mn}}}$	$\frac{d_{DO}}{d_{COD}}$	$\frac{d_{DO}}{d_{BOD}}$	$\frac{d_{DO}}{d_{NH_3-N}}$	$\frac{d_{DO}}{d_{\text{挥发酚}}}$	$\frac{d_{DO}}{d_{Hg}}$	$\frac{d_{DO}}{d_{TP}}$	$\frac{d_{DO}}{d_{TN}}$	1

对于 n 个元素来说，得到两两比较判断矩阵 $\boldsymbol{A}$

$$\boldsymbol{A} = (a_{ij})_{n\times n} \tag{9-23}$$

判断矩阵具有如下性质：

① $$a_{ij} > 0$$

② $$a_{ij} = \frac{1}{a_{ji}} \tag{9-24}$$

（3）计算单一准则下元素的相对权重。这一步要解决在准则 C_k 下，n 个元素 A_1，A_2，…，A_n 排序权重的计算问题，并进行一致性检验。对于 A_1，A_2，…，A_n 两比较得到判断矩阵 $\boldsymbol{A}$ 的解特征根问题。

$$\boldsymbol{A}w = \lambda_{\max} w \tag{9-25}$$

所得到的 w 经正规化后作为元素 A_1，A_2，…，A_n 在准则 C_k 下排序权重，这种方法被称为排序权向量计算的特征根方法。$\lambda_{\max}$存在且唯一，w 可以由正分量组成，除了差一个常数倍数外，w 是唯一的。

$\lambda_{\max}$ 和 w 的计算一般采用幂法，其步骤如下：

设初值向量 $\boldsymbol{w}_0$，如 $\boldsymbol{w}_0 = \left(\frac{1}{n}\ \frac{1}{n}\cdots\ \frac{1}{n}\right)^{\mathrm{T}}$

对于 $k = 1，2，3，…，n$，计算

$$\overline{w} = Aw_{k-1} \tag{9-26}$$

式中，w_{k-1} 为经归一化所得到的向量。

对于事先给定的计算精度，若满足

$$\max \left| w_{ki} - w_{(k-1)i} \right| < \varepsilon \tag{9-27}$$

则停止计算，否则继续。式中，w_{ki} 为 w_k 的第 i 个分量。

计算

$$\lambda_{\max} = \frac{1}{n} \sum_{i=1}^{n} \frac{w_{ki}}{w_{(k-1)i}} \tag{9-28}$$

$$w_{ki} = \frac{w_{ki}}{\sum_{j=1}^{n} \overline{w}_{kj}} \tag{9-29}$$

在精度要求不高的情况下，可以用近似方法计算 $\lambda_{\max}$ 和 w ，这里介绍两种方法。

①和法。

第一步，A 的元素按列归一化；

第二步，将 A 的元素按行相加；

第三步，所得到的行和向量规一化得排序权向量 w ；

第四步，按式（9-30）计算 $\lambda_{\max}$ 。

$$\lambda_{\max} = \sum_{i=1}^{n} \frac{(Aw)_i}{nw} \tag{9-30}$$

②根法。

第一步，A 的元素按行相乘；

第二步，所得到的乘积分别开 n 次方；

第三步，将方根向量归一化即得排序权向量 w ；

第四步，按式（9-30）计算 $\lambda_{\max}$ 。

特征根方法是 AHP 中最早提出的排序权向量计算方法，使用广泛。近年来，不少学者提出了排序向量计算的其他一些方法，如最小二乘法、对数最小二乘法、上三角元素法等，这些方法在不同场合下运用各有优点。

在得到 $\lambda_{\max}$ 后，需要进行一致性检验，其步骤如下。

计算一致性指标 CI：

$$\mathrm{CI} = \frac{\lambda_{\max} - n}{n - 1} \tag{9-31}$$

式中，n 为判断矩阵的阶数。

计算平均随机一致性指标 RI。平均随机一致性指标是多次（500 次以上）重复进行随机判断矩阵特征值的计算之后取算术平均数得到的。

计算一致性比例 CR：

$$\mathrm{CR} = \frac{\mathrm{CI}}{\mathrm{RI}} \tag{9-32}$$

当 CR<0.1 时，一般认为判断矩阵的一致性是可以接受的。

（4）计算各层元素的组合权重。为了得到递阶层次结构中每一层次中所有元素相对于总目标的相对权重，需要把第三步的计算结果进行适当的组合，并进行一致性检验。这一步骤是由上而下逐层进行的。最终计算结果得出最低层次元素，即决策方案优先顺序的相对权重和整个递阶层次模型的判断一致性检验。

假定已经计算出第 $k-1$ 层元素相对于总目标的组合排序权重向量 $a^{k-1}=(a_1^{k-1}, a_2^{k-1}\cdots, a_m^{k-1})^{\mathrm{T}}$，第 k 层再把第 $k-1$ 层第 j 个元素作为准则下元素的排序权向量为 $b_j^k=(b_{1j}^k, b_{2j}^k\cdots, b_{nj}^k)^{\mathrm{T}}$，其中不受支配的元素权重为零。令 $B_k=(b_1^k, \cdots, b_m^k)$，则第 k 层 n 个元素相对于总目标的组合排序权重向量由式（9-33）给出：

$$a^k=B^k a^{k-1} \tag{9-33}$$

排序的组合权重公式：

$$a^k=B^k\cdots B^3 a^2 \tag{9-34}$$

式中，a^2 为第二层次元素的排序向量；$3\leqslant k\leqslant h$；h 为层次数。

对于递阶层次组合判断的一致性检验，需要类似地逐层计算 CI。若分别得到了第 $k-1$ 层次的计算结果 CI_{k-1}，RI_{k-1} 和 CR_{k-1}，则第 k 层的相应指标为

$$\mathrm{CI}_k=(\mathrm{CI}_k^1, \cdots, \mathrm{CI}_k^m)a^{k-1} \tag{9-35}$$

$$\mathrm{RI}_k=(\mathrm{RI}_k^1, \cdots, \mathrm{RI}_k^m)a^{k-1} \tag{9-36}$$

$$\mathrm{CR}_k=\mathrm{CR}_{k-1}+\frac{\mathrm{CI}_k}{\mathrm{RI}_k} \tag{9-37}$$

式中，CI_k 和 RI_k 分别为在 $k-1$ 层第 i 个准则下判断矩阵的一致性指标和平均随机一致性指标。当 $\mathrm{CR}_k<0.10$，认为递阶层次在 k 层水平上整个判断有满意的一致性。

AHP 的最终结果是得到相对于总的目标各决策方案的优先顺序权重，并给出这一组合排序权重所依据的整个递阶层次结构所有判断的总的一致性指标，据此可以做出决策。

（5）模糊复合运算。综合评价的结果由单因素权重矩阵 $\boldsymbol{A}$ 和模糊矩阵 $\boldsymbol{R}$ 复合运算得到，即 $\boldsymbol{B}=\boldsymbol{A}\cdot\boldsymbol{R}$。常用的运算因子有四种，即取大取小法、相乘取大法、取小相加法、相乘相加法。四种方法的具体表达式如下。

取大取小法：

$$b_k=\bigvee_{j=1}^{m}(a_j\wedge r_{jk})\quad (k=1, 2, \cdots, K) \tag{9-38}$$

相乘取大法：

$$b_k=\bigvee_{j=1}^{m}(a_j\cdot r_{jk})\quad (k=1, 2, \cdots, K) \tag{9-39}$$

取小相加法：

$$b_k=\sum_{j=1}^{m}(a_j\wedge r_{jk})\quad (k=1, 2, \cdots, K) \tag{9-40}$$

相乘相加法：

$$b_k=\sum_{j=1}^{m}(a_j\cdot r_{jk})\quad (k=1, 2, \cdots, K) \tag{9-41}$$

式中，$\wedge$ 为复合运算时取最小值；$\vee$ 为复合运算中取最大值；即两个模糊运算 $\wedge$ 和 $\vee$，

其规则为 $\boldsymbol{A} \wedge \boldsymbol{B} = \min\{\boldsymbol{A},\ \boldsymbol{B}\}$ ，$\boldsymbol{A} \vee \boldsymbol{B} = \max\{\boldsymbol{A},\ \boldsymbol{B}\}$ 。b_k 为样本对第 k 级标准的隶属度。a_j 为第 j 个参评因子的权重。r_{jk} 为第 j 个因子对第 k 级标准的隶属度。

对于同一对象集，按照模糊综合评价模型的基本算法，采用不用的数学模型进行计算，得到的评价结果可能有差别，这是符合客观实际的。所以在进行实际问题的模糊综合评价时，可以采用四种算法分别得出不同的结果，然后进行分析比较。

（6）对模糊综合评价结果向量进行分析。每一个被评事物的模糊综合评价结果都表现为一个模糊向量，它不是一个点值，因而可以提供的信息比其他方法更丰富。若对多个事物进行比较排序，就需要进一步处理这个结果向量，一般由以下几种方法。

最大隶属度原则

设模糊综合评价结果 $B = (b_1,\ b_2,\ \cdots,\ b_m)$ ，若 $b_r = \max\limits_{1 \leqslant j \leqslant m}\{b_j\}$ ，则被评事物总体上来讲隶属于第 r 等级，这就是最大隶属度原则。

模糊向量单值化

如果给各等级赋以分值，然后用 B 种对应的隶属度将分值加权求平均就可以得到一个点值，便于排序比较。

设给 m 个等级依次赋以分值 $c_1,\ c_2,\ \cdots,\ c_m$ ，一般情况下（等级由高到低或由好到差），$c_1 > c_2 > \cdots > c_m$ 。且间距相等，则模糊向量可单值化为

$$c = \frac{\sum\limits_{j=1}^{m} b_j^k c_j}{\sum\limits_{j=1}^{m} b_j^k} \tag{9-42}$$

式中，k 为待定系数（ $k = 1$ 或 $k = 2$），目的是控制较大的 b_j 所起的作用。

以上两种处理方法可依据评价目的来选用，如果只需给出某事物一个总体评价结论，则用第一种方法；如果需要对多个评价对象进行序化，可选用第二种方法。

9.1.3.2　灰色关联度法

灰色系统理论认为，人们对客观事务的认识具有广泛的灰色性，即信息的不完全性和不确定性。灰色关联度法是系统态势的量化比较分析，是将一个因素的样本数据为依据用灰色关联度来描述因素间关系的强弱大小和次序的。如果样本数据间反映出因素变化的事态基本一致，则他们关联度较大；反之，关联度较小。基于传统的灰色关联度法，许多学者针对该法提出了一些改进，改正了传统方法的一些不足与局限性。

1. 传统的灰色关联度法

传统的灰色关联度法的计算步骤如下。

根据《地表水环境质量标准》（GB 3838—2002）对于水质评价而言，评价参数为 $X_1 = \{X_1(1),\ X_1(2),\ \cdots,\ X_1(n)\}$ ，$X_2 = \{X_2(1),\ X_2(2),\ \cdots,\ X_2(n)\}$ ，$X_5 = \{X_5(1),\ X_5(2),\ \cdots,\ X_5(n)\}$ 。其中，n 为参评水质指标个数，对于数值越大污染越严重的指标（如高锰酸盐指数），X_i = Ⅰ类水质标准/Ⅴ类水质标准，以此类推。对于数值越小污染越严重的指标（如 DO），X_i = Ⅴ类水质标准/Ⅰ类水质标准。待评价的水体水质实测值用同

样的方法进行量化，得到 $X_0=\{X_0(1), X_0(2), \cdots, X_0(n)\}$。

X_0 与 X_i 在第 k 点的关联系数为

$$\eta_i(k)=\frac{\Delta_{\mathrm{Min}}+\lambda\cdot\Delta_{\mathrm{Max}}}{\Delta_i(k)+\lambda\cdot\Delta_{\mathrm{Max}}} \tag{9-43}$$

式中，$\Delta_i(k)=|X_i(k)-X_0(k)|$；$\Delta_{\mathrm{Min}}=\underset{i}{\mathrm{Min}}\ \underset{k}{\mathrm{Min}}|X_i(k)-X_0(k)|$；$\Delta_{\mathrm{Max}}=\underset{i}{\mathrm{Max}}\ \underset{k}{\mathrm{Max}}|X_i(k)-X_0(k)|$。而 $\Delta_i(k)=|X_i(k)-X_0(k)|$ 称为第 k 个指标 X_0 与 X_i 的绝对差。由于评价标准并非具体数值，而是 1 个区间，$a_i(k)$ 和 $b_i(k)$ 为指标 k 第 i 个级别的上限和下限，对Ⅴ级水质标准，只有上限 $a_i(k)$ 而没有下限 $b_i(k)$，从而定义 $\Delta_i(k)$ 的计算方法：

$$\Delta_i(k)=\begin{cases}a_i(k)-X_0(k) & X_0(k)<a_i(k)\\ 0 & a_i(k)\leqslant X_0(k)\leqslant b_i(k)\\ X_0(k)-b_i(k) & X_0(k)>b_i(k)\end{cases} \tag{9-44}$$

式中，$\eta_i(k)$ 为 X_i 对 X_0 的 k 指标关联系数；λ 为分辨系数，一般取 0.5。

至此，可以求出 X_0、X_i 对应的关联系数，对 $\eta_i(k)$ 求平均值，得到关联度：

$$r(X_0, X_i)=\frac{1}{n}\sum_{k=1}^{n}\eta_i(k) \tag{9-45}$$

从而得到一组关联度序集，并依据关联度的大小判定水质等级。这种灰色关联度评价方法，受样本容量个数、分辨系数 λ 等数值影响，随着 λ 值增大，$\eta_i(k)$ 增大，$r(X_0, X_i)$ 也增大。

2. 改进的灰色关联度法

改进的灰色关联度法的特点主要在以下几个方面体现出。

1）改进的无量纲化处理

无量纲化处理原始数据的目的是为了方便不同量纲和数量级之间的比较，但这种无量纲化处理不具有保序性，即无量纲化后，可能会导致原本较低的某一水质级别关联度增加，影响原始的关联度序列。因此，需要调整无量纲化处理方法，本书用斜率反映原始数据与质量标准的差值。

设实测数据矩阵 $\boldsymbol{X}_{m\times n}$ 为 m 个空间点和 n 个评价指标组成的，表达式如下：

$$\boldsymbol{X}_{m\times n}=\begin{pmatrix}X_{11} & \cdots & X_{1n}\\ \cdots & \cdots & \cdots\\ X_{m1} & \cdots & X_{mn}\end{pmatrix} \tag{9-46}$$

选择相应的水体质量标准集，如《地面水环境质量标准》（GB 3838–88），建立水体质量标准矩阵 $\boldsymbol{S}_{5\times n}$。

$$\boldsymbol{S}_{5\times n}=\begin{pmatrix}S_{11} & \cdots & S_{1n}\\ \cdots & \cdots & \cdots\\ S_{51} & \cdots & S_{5n}\end{pmatrix} \tag{9-47}$$

变换过程为：假设 t 时刻第 i 个空间点关于第 j 个水质指标的实测值为 $X_{ij}(t)$。i 个空间点的实测结果构成样本矩阵。设 S_{kj} 是第 j 个指标属于第 k 类水质的上限（或下限），并得到 k 类水质的质量标准矩阵 $S_{k\times n}$ 。水质最好为Ⅰ类，最差为Ⅴ类，总共5个等级。

对于数值越大，污染越严重的指标，X_{ij} 变换为 a_{ij} ：

$$a_{ij}=\begin{cases}1 & X_{ij}<S_{1j}\\ \dfrac{S_{5j}-X_{ij}}{S_{5j}-S_{1j}} & S_{1j}\leqslant X_{ij}\leqslant S_{5j}\\ 0 & X_{ij}>S_{5j}\end{cases} \tag{9-48}$$

$$b_{kj}=\frac{S_{5j}-S_{kj}}{S_{5j}-S_{1j}} \tag{9-49}$$

对数值越小，污染越严重的指标：

$$a_{ij}=\begin{cases}1 & X_{ij}\geqslant S_{1j}\\ \dfrac{X_{ij}-S_{5j}}{S_{1j}-S_{5j}} & S_{1j}\geqslant X_{ij}\geqslant S_{5j}\\ 0 & X_{ij}<S_{5j}\end{cases} \tag{9-50}$$

$$b_{kj}=\frac{S_{kj}-S_{5j}}{S_{kj}-S_{5j}} \tag{9-51}$$

实测数据矩阵 $\boldsymbol{X}_{m\times n}$ 和水质标准矩阵 $\boldsymbol{S}_{5\times n}$ 分别变为 $\boldsymbol{A}_{m\times n}=(a_{ij})_{m\times n}$ 和 $\boldsymbol{B}_{L\times n}=(b_{kj})_{5\times n}$，$(i=1, 2, \cdots, m;\ j=1, 2, \cdots, n;\ k=1, 2, \cdots, 5)$。

进行变换后，则第 i 个水质样本中第 j 个指标与第 k 级水质标准的关联度计算公式为

$$\eta_{ij}(k)=\frac{\Delta_{\text{Min}}+\lambda\Delta_{\text{Max}}}{(\Delta_{kj})_i+\lambda\Delta_{\text{Max}}} \tag{9-52}$$

式中，$(\Delta_{kj})_i=a_{ij}-b_{kj}$；$\Delta_{\text{Min}}$ 和 Δ_{Max} 分别为 $(\Delta_{kj})_i$ 的最小值和最大值；λ 为分辨系数。

2）分辨系数 λ 的确定方法

最大值的存在，使 $\Delta_i(k)$ 的值不仅取决于参考数列 X_0 和比较数列 X_i ，且间接地取决于所有其他比较数列 X_j 且 $j=(1, 2, \cdots 5, j\neq i)$，因此，最大值使关联度间接体现了系统的整体性；而 λ 是最大值的系数或权重，其值大小，在主观上体现了对最大值的重视程度，在客观上反映了系统的各个因子对关联度的间接影响程度。因此，λ 的取值应遵循下述原则：①充分体现关联度的整体性，即关联度 r_i 不仅与 X_0、X_i 有关，而且与所有其他因子 X_j 有关，$j=(1, 2, \cdots, 5, j\neq i)$；②具有抗干扰作用，即当系统因子的观测序列出现异常值时，能够抑制、削弱它对关联空间的影响。确定分辨系数 λ 的取值规则如下：记 Δ_v 为所有差值绝对值的均值，见式（9-53）。

$$\Delta_v=\frac{1}{5n}\sum_{i=1}^{5}\sum_{k=1}^{n}|X_0(k)-X_i(k)| \tag{9-53}$$

并且记 $\varepsilon_\Delta=\dfrac{\Delta_v}{\Delta_{\text{Max}}}$，则 λ 的取值为：当 $\Delta_{\text{Max}}>3\Delta_v$ 时，$0<\lambda\leqslant 1.5\varepsilon_\Delta$ ，当 $\Delta_{\text{Max}}\leqslant 3\Delta_v$ 时，$1.5\varepsilon_\Delta<\lambda\leqslant 2\varepsilon_\Delta$ 。

3）增加权重计算

权重是衡量评价因子集中某评价因子对水污染程度影响相对大小的量。权重系数大，

该因子对水质的影响程度越大。传统的灰色关联度分析方法未根据地下水的特点对关联度赋予权重，不能体现“污染大，权重大”，也不能避免某些成分检出量很小时，按常规方法其权重几乎为 0 的缺陷。改进的灰色关联度法提出以下确定权重 $W_i(k)$ 的方法。

$$I_i(k) = 1 \quad [c(k) < b_i(k)] \tag{9-54}$$

$$I_i(k) = c(k)/b_i(k) \quad [c(k) \geqslant b_i(k)] \tag{9-55}$$

从而，$W_i(k) = \dfrac{I_i(k)}{\sum\limits_{k=1}^{n} I_i(k)}$

式中，$c(k)$ 为各水质指标的监测值；$b_i(k)$ 为各水质指标对应的水质标准下限（对Ⅴ级标准，则为上限）；$I_i(k)$ 为无量纲数，表示某评价指标的实际监测值相对于水质标准超标的倍数。

确定了关联系数 $\eta_i(k)$ 和权重 $W_i(k)$ 后，由式（9-56）即可求得水质指标对各级水质标准的关联度 r_i，然后按关联度最大原则，判定水质级别。

$$r_i = \sum_{k=1}^{n} W_i(k)\eta_i(k) \tag{9-56}$$

9.1.3.3 物元分析法

物元分析法的基本原理是根据我国学者蔡文教授提出的物元可拓分析理论，将评价指标体系及其特征值作为物元，通过评价级别和实测数据，得到经典域、节域及关联度，从而建立定量综合评价方法。物元可拓是从定性和定量两个角度去处理现实世界中矛盾问题的新方法。

物元可拓法的计算步骤如下。

（1）设 $P_0 \subset P$，对任何待识别对象 $p \in P$，判断 $p \in P_0$ 的程度，则 p 的 n 个特征 c_1，c_2，…，c_n 及相应的量值 v_1，v_2，…，v_n 可用 n 维物元表示 $R_k = (P, C, V)$。

经典物元和节域物元分别为 $R_0 = (P_0, C, V_0)$ 和 $R_p = (P, C, V_p)$。其中，

$$R_{0j} = \begin{pmatrix} P_{0j} & c_1 & (a_{01j}, b_{01j}) \\ & \cdots & \cdots \\ & c_n & (a_{0nj}, b_{0nj}) \end{pmatrix} \tag{9-57}$$

式中，P_{0j} 为水质的第 j 个等级；c_i 为 P_{0j} 的第 i 个指标；(a_{0ij}, b_{0ij}) 为水质在第 j 个等级的变化范围，即经典域。

$$R_p = \begin{pmatrix} P & c_1 & (a_{p1}, b_{p1}) \\ & \cdots & \cdots \\ & c_n & (a_{pn}, b_{pn}) \end{pmatrix} \tag{9-58}$$

式中，(a_{pi}, b_{pi}) 为各个指标的取值范围，即为节域。可以先将实测值归一化，则变化范围均为 0 ~ 1。

$$R_k = \begin{pmatrix} P & c_1 & v_1 \\ & \cdots & \cdots \\ & c_n & v_n \end{pmatrix} \tag{9-59}$$

式中，v_i 为各个指标的实测值。

（2）计算关联函数值。模式识别是用事物关于某些量值符合要求的程度来表达的，而这种程度通常用由矩定义的关联函数值来刻画。关联函数值由下式计算：

$$k(v_i)=\begin{cases}-\rho(v_i,\ v_{0i})/|v_{0i}| & (v_i\in v_{0i})\\ \rho(v_i,\ v_{0i})/\rho(v_i,\ v_{pi})-\rho(v_i,\ v_{0i}) & (v_i\notin v_{0i})\end{cases}\tag{9-60}$$

其中

$$\rho(v_i,\ v_{0i})=|v_i-(a_{0i}+b_{0i})/2|-(b_{0i}-a_{0i})/2$$

$$\rho(v_i,\ v_{pi})=|v_i-(a_{pi}+b_{pi})/2|-(b_{pi}-a_{pi})/2$$

（3）综合关联度及判别准则。若 $v_k\in V_{pk}$，则由下式计算 p 和 p_0 的综合关联度：

$$K_j(p)=\sum_{i=1}^{n}\lambda_i k(v_i)\tag{9-61}$$

式中，λ_i 为各特征的权系数。权系数的计算方法很多，这里不再赘述。因此 $K_j(p)$ 为待评价水体的关于第 j 个等级的关联度，若 $K_j=\max\{K_j(p)\}$（$j=1,\ 2,\ \cdots,\ m$），则评定该水体为第 j 个等级。

9.1.3.4 熵值法

信息熵是系统无序程度的度量，信息是系统有序程度的度量，二者绝对值相等，符号相反。某项指标的指标值变异程度越大，信息熵越小，该指标提供信息量越大，该指标权重也越大；反之，某项指标的指标值变异程度越小，信息熵越大，该指标提供信息量越小，该指标权重也越小。所以根据各项指标值的变异程度，利用信息熵，计算出各指标的权重，为多指标综合评价提供依据。

熵值法的计算步骤如下。

（1）避免求熵时对数的无意义，非负化处理各主因子数据：

$$x'_{ij}=\frac{x_{ij}-\min(x_{ij})}{\max(x_{ij})-\min(x_{ij})}+1\quad(i=1,\ 2,\ \cdots,\ n;\ j=1,\ 2,\ \cdots,\ m)\tag{9-62}$$

式中，x_{ij}表示为某一地区第 i 时段影响水质的第 j 个影响因子的值。

（2）计算第 i 时段第 j 项因子占所有时段因子和比例：

$$p_{ij}=\frac{x'_{ij}}{\sum_{i=1}^{n}x'_{ij}}\tag{9-63}$$

（3）求各因子的权重：

$$w_i=\frac{d_i}{\sum_{j=1}^{n}d_j}\quad(1\leqslant j\leqslant m)\tag{9-64}$$

式中，$d_j=\dfrac{1-e_j}{m-\sum_{j=1}^{m}e_j}\left(0\leqslant d_j\leqslant 1,\ \sum_{j=1}^{m}d_j=1\right)$。第 j 项因子的熵值：$e_j=$

$- 1/\ln(n) \sum_{i=1}^{n} p_{ij}\ln p_{ij}$，$e_j > 0$。

（4）计算不同时段的综合水质系数 s_i：

$$s_i = \sum_{j=1}^{m} w_j p_{ij} \quad (i = 1, 2, \cdots, n) \tag{9-65}$$

式中，s_i 为第 i 个方案的综合评价值。

9.1.3.5 BP 神经网络法

BP 神经网络模型的结构属于多层形状的网络，包括输入层、隐含层和输出层（图 9-2）。

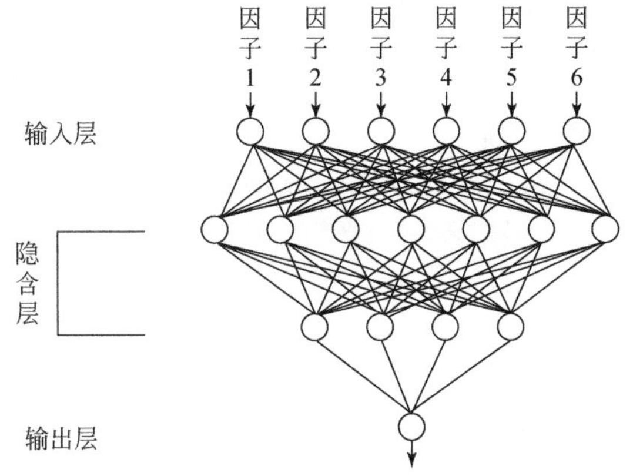

图 9-2　BP 神经网络模型各层关系图

同一层神经过其连接输入层和输出层。图 9-2 给出了 4 层水质评价的 BP 神经网络模型。输入信息从输入层经隐含层（一层或多层）传向输出层。如果在输出层得不到期望输出，则转入反向传播，将误差信号沿原来通路返回，通过学习来修改各层神经元的权值，使误差信号达到最小。每层神经元的状态都将影响下一层的神经元状态。每个神经元状态都对应着一个作用函数 $f(x)$ 和阈值。BP 神经网络的基本处理单元量为非线性输入-输出的关系，输入层神经元阈值为 0，且 $f(x) = x$；而隐含层和输出层的作用函数为非线性的 Sigmoid 型函数，其表达式为

$$f(x) = 1/(1 + e^{-x}) \tag{9-66}$$

设有 1 对学习样本（X_k，O_k）（$k = 1, 2, \cdots, l$）。其中，X_k 为输入，O_k 为期望输出，X_k 经网络传播后得到的实际输出为 Y_k。则 Y_k 与要求的期望输出 O_k 之间的均方误差为

$$E_k = \frac{1}{2}\sum_{p}^{m} (Y_{k,p} - O_{k,p})^2 \tag{9-67}$$

式中，m 为输出层单元数；$Y_{k,p}$ 为第 k 样本对第 p 特性分量的实际输出；$O_{k,p}$ 为第 k 样本对第 p 特性分量的期望输出。样本集的总误差为

$$E = \sum_{k=1}^{l} E_k \tag{9-68}$$

由梯度下降法修改网络的权值 $W_{i,j}$，使得 E 取得最小值，所有学习样本对 $W_{i,j}$ 的修正为

$$\Delta W_{i,j}(k) = -\eta\left[\frac{\delta E_k}{\delta W_{i,j}}\right] \tag{9-69}$$

式中，η 为学习速率，可取 0~1 的数值。所有学习样本对权值 $W_{i,j}$ 的修正为

$$\sum_{k=1}^{l} \Delta W_{i,j}(k) \tag{9-70}$$

通常为增加学习过程的稳定性，用式（9-71）对 $W_{i,j}$ 再进行修正：

$$\Delta W_{i,j} = \sum_{k=1}^{l} \Delta W_{i,j}(k) + \beta(W_{i,j}(t) - W_{i,j}(t-1)) \tag{9-71}$$

式中，β 为充量常量；$W_{i,j}(t)$ 为 BP 网络第 t 次迭代循环训练后的连接权值；$W_{i,j}(t-1)$ 为 BP 网络第 $t-1$ 次迭代循环训练后的连接权值。在 BP 网络学习的过程中，先调整输出层与隐含层之间的连接权值，然后调整中间隐含层间的连接权值，最后调整隐含层与输入层之间的连接权值。图 9-3 给出了实现 BP 神经网络训练学习程序框图。

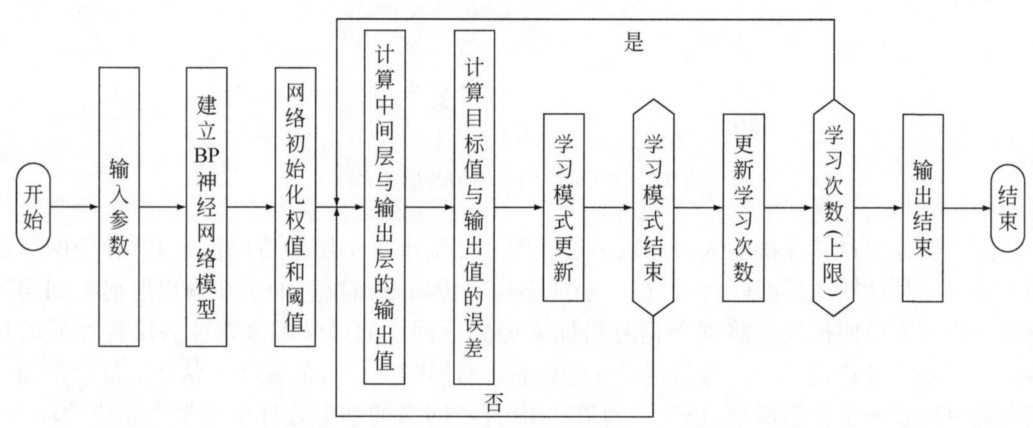

图 9-3　BP 神经网络训练学习程序框图

9.1.3.6　水质标识指数法

1. 单因子水质标识指数的组成

单因子水质指数 P 由一位整数、小数点后二位或三位有效数字组成，表示为

$$P_i = X_1.X_2X_3 \tag{9-72}$$

式中，X_1 代表第 i 项水质指标的水质类别；X_2 代表监测数据在 X_1 类水质变化区间中所处的位置，如图 9-4 所示，根据公式按四舍五入的原则计算确定；X_3 代表水质类别与功能区划设定类别的比较结果，视为评价指标的污染程度，X_3 为一位或两位有效数字。

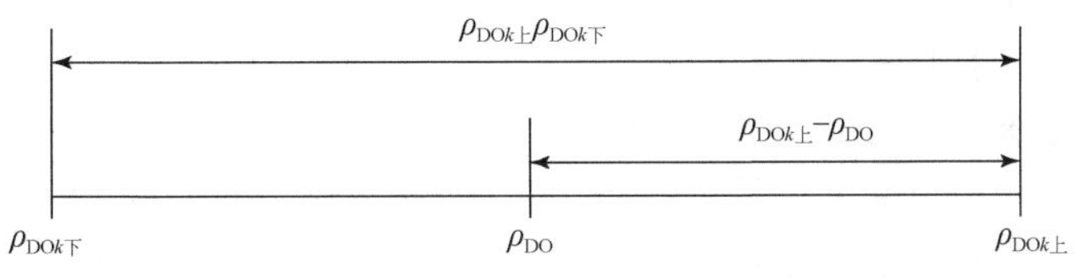

图 9-4　X_2符号意义示意图

2. 当水质好于Ⅴ类水上限值时，X_1 和 X_2 的确定

当水质介于Ⅰ类水和Ⅴ类水之间时，可以根据水质监测数据与国家标准的比较确定，其意义为：$X_1=1$，表示该指标为Ⅰ类水；$X_1=2$ 表示该指标为Ⅱ类水；$X_1=3$，表示该指标为Ⅲ类水；$X_1=4$，表示该指标为Ⅳ类水；$X_1=5$，表示该指标为Ⅴ类水。

在《地表水环境质量标准》（GB 3838—2002）中，溶解氧质量浓度随水质类别数的增大而减少，除水温和 pH 外的其余 21 项指标值随水质类别数的增大而增加，因此，水质标识指数 P_i 按溶解氧指标和非溶解氧指标分别计算。

非溶解氧指标 X_2 可根据式（9-73）并按四舍五入的原则取一位整数确定，式中各符号如图 9-5 所示。

$$X_2=\frac{\rho_i-\rho_{ik下}}{\rho_{ik上}-\rho_{ik下}}\times 10 \tag{9-73}$$

其中，ρ_i 为第 i 项指标的实测质量浓度，$\rho_{ik下}\leqslant\rho_i\leqslant\rho_{ik上}$；$\rho_{ik下}$ 为第 i 项水质指标第 k 类水区间质量浓度的下限值，$k=X_1$；$\rho_{ik上}$ 为第 i 项水质指标第 k 类水区间质量浓度的上限值，$k=X_1$。

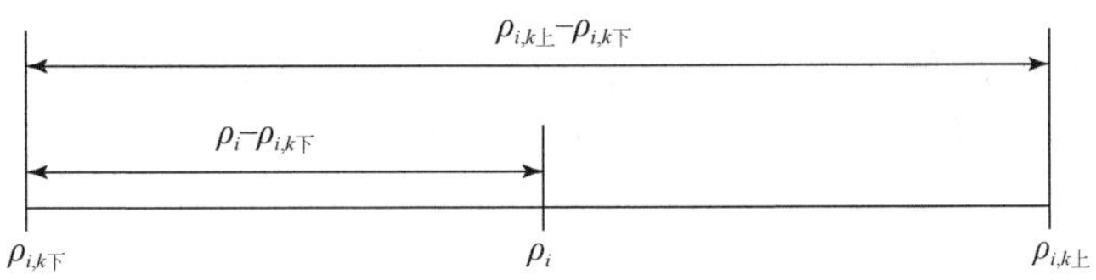

图 9-5　式（9-73）中的符号意义示意图

由于溶解氧质量浓度随水质类别数的增加而减小，因此，其计算分析与非溶解氧指标不同。溶解氧指标的 X_2 可根据式（9-74）并按四舍五入的原则取一位整数确定，式中各符号的意义见图 9-6。

$$X_2=\frac{\rho_{DOk上}-\rho_{DO}}{\rho_{DOk上}-\rho_{DOk下}}\times 10 \tag{9-74}$$

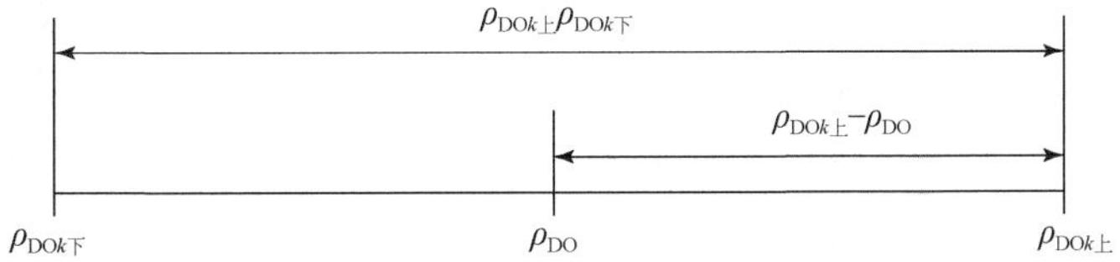

ρDOk上ρDOk下
ρDOk上−ρDO
ρDOk下
ρDO
ρDOk上

图 9-6　式（9-74）中的符号意义示意图

式中，ρ_{DO} 为溶解氧的实测质量浓度；$\rho_{DOk上}$ 为第 k 类水中溶解氧质量浓度高的区间边界值，$k = X_1$；$\rho_{DOk下}$ 第 k 类水中溶解氧质量浓度高的区间边界值，$k = X_1$。

3. 水质劣于或等于 V 类水上限值时，$X_1.X_2$ 的确定

非溶解氧指标的 $X_1.X_2$ 可根据式（9-75）按四舍五入的原则取小数点后一位确定，式（9-75）中各符号如图 9-7 所示。

$$X_1.X_2 = 6 + \frac{\rho_i - \rho_{i5上}}{\rho_{i5上}} \tag{9-75}$$

式中，$\rho_{i5上}$ 为第 i 项指标 V 类水质量浓度上限值。

从式（9-75）中可以看出，当水质质量浓度正好等于Ⅴ类水上限值时，$X_1.X_2$ 的数值为 6。

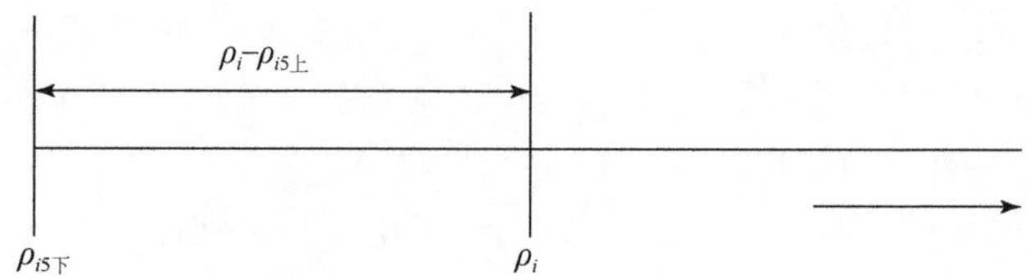

图 9-7　式（9-75）中的符号意义示意图

当溶解氧实测值小于或等于 2.0mg/L 时，溶解氧单项指标劣于或等于Ⅴ类水。其 $X_1.X_2$ 可用式（9-76）按四舍五入的原则取小数点后一位确定，式中各符号意义如图 9-8 所示。

$$X_1.X_2 = 6 + \frac{\rho_{DO,5下} - \rho_{DO}}{\rho_{DO,5下}}m \tag{9-76}$$

式中，ρ_{DO} 为溶解氧实测质量浓度；$\rho_{DO,5下}$ 为溶解氧Ⅴ类水质量浓度下限值，$\rho_{DO,5下} = 2.0$mg/L；m 为计算公式修正系数，研究中取 $m = 4$。

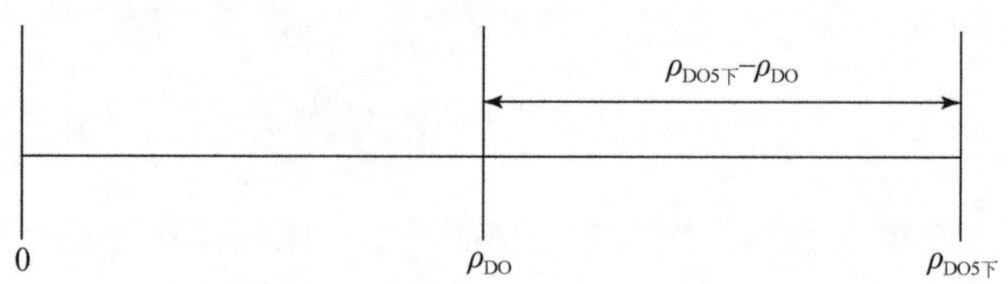

图 9-8　式（9-76）中的符号示意图

当水质状况很差时，会存在溶解氧检测不出的现象，此时，可以认为溶解氧为零。如果在式（9-76）中不引入修正系数 m，会出现 $X_1.X_2=6$ 的情况，这是溶解氧等于Ⅴ类水质量浓度下限值时对应的水质标识指数，与实际情况不符。为了解决这个问题，采取修正系数 m，解决了溶解氧低于 2.0mg/L 时标识指数的计算问题。经过试算，取 $m = 4$ 可以使溶解氧的标识指数与其他非溶解氧指标劣于Ⅴ类水时的标识指数值大致相对应。

4. X_3 的确定

小数点后第二位 X_3 要通过判断得出，其主要意义是判别该单项水质类别是否劣于水

环境功能区类别。如果水质类别好于或达到功能区类别，则有

$$X_3 = 0 \tag{9-77}$$

如果水质类别差于功能区类别且 X_2 不为零，则有

$$X_3 = X_1 - f_i \tag{9-78}$$

如果水质类别差于功能区类别且 X_2 为零，则有

$$X_3 = X_1 - f_{i-1} \tag{9-79}$$

式中，f_i 为水环境功能区类别。

由此可见，如果 $X_3 = 1$，说明水质类别劣于功能区 1 个类别，如果 $X_3 = 2$，说明水质劣于功能区两个类别，依此类推。需要说明的是：对劣Ⅴ类水的情况，如果水质指标污染特别严重，水质数别与水环境功能区目标的差值可能大于 10，如相应 X_3 由两位有效数字组成。

5. 计算流程

单因子水质标识指数计算流程如图 9-9 所示。

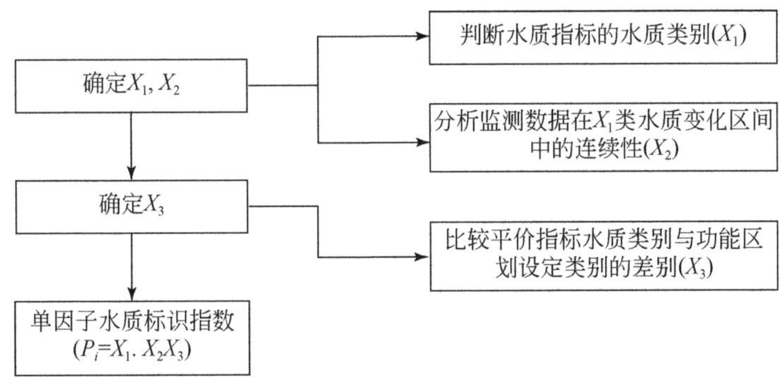

图 9-9　单因子水质标识指数计算流程

6. X_1. X_2 的意义

综上所述，X_1. X_2 代表了单项水质指标的类别和污染程度，其意义如表 9-8 所示。

表 9-8　基于综合水质标识指数的综合水质评价

判断标准	综合水质类别
$1.0 \leqslant X_1.X_2 \leqslant 2.0$	Ⅰ类水
$2.0 \leqslant X_1.X_2 \leqslant 3.0$	Ⅱ类水
$3.0 \leqslant X_1.X_2 \leqslant 4.0$	Ⅲ类水
$4.0 \leqslant X_1.X_2 \leqslant 5.0$	Ⅳ类水
$5.0 \leqslant X_1.X_2 \leqslant 6.0$	Ⅴ类水
$X_1.X_2 > 6.0$	劣Ⅴ类水

在溶解氧的计算中引进了修正指数 $m=4$，据此可知当溶解氧劣于Ⅴ类水时，其水质标识指数 P_i 介于6~10。

$$1.5\text{mg/L}\leqslant\rho_{DO}<2.0\text{mg/L},\quad X_1.X_2=6\sim7$$

$$1.0\text{mg/L}\leqslant\rho_{DO}<1.5\text{mg/L},\quad X_1.X_2=7\sim8$$

$$0.5\text{mg/L}\leqslant\rho_{DO}<1.0\text{mg/L},\quad X_1.X_2=8\sim9$$

$$0\leqslant\rho_{DO}<0.5\text{mg/L},\quad X_1.X_2=9\sim10$$

7. 水质标识指数的解释

根据以上计算公式，可以计算出单项水质指标的标识指数 $P_i=X_1.X_2X_3$。根据 P_i 的数值可以确定水质类别、水质数据、水环境功能区类别，可以比较水质的污染程度 P_i 越大，水质越差，污染越严重，如果 P_i 大于6.0，水质劣于Ⅴ类水。单因子水质标识指数可能出现如下几种形式。

（1）Ⅰ~Ⅴ类水：以 COD^{Mn} 为例，设其水质标识指数为 $P_i=4.81$，其标识指数的涵义见图9-10。

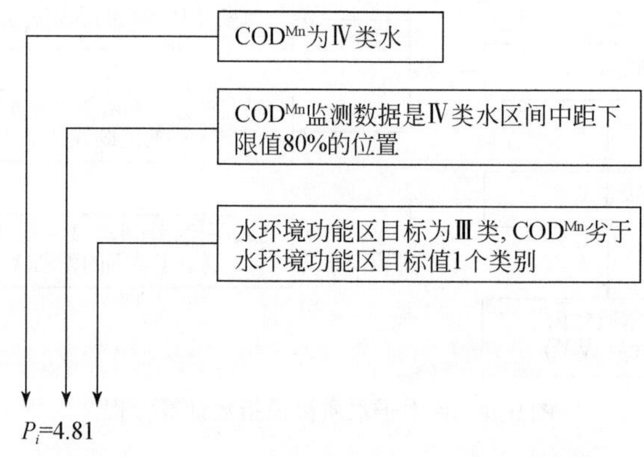

图9-10　Ⅰ~Ⅴ类水单因子水质标识指数解释

根据 $P_i=4.81$，可以知道 COD^{Mn} 为Ⅳ类水，相应的水环境功能区类别应是Ⅲ类水，其监测数据可以进行推算：

$$4+\frac{COD^{Mn}-20}{30-20}=4.8$$

$$COD^{Mn}=28\text{mg/L}$$

（2）劣Ⅴ类水：以 COD^{Mn} 为例，设其水质标识指数为 $P_i=8.73$，其意义见图9-11。

根据 $P_i=8.73$，可以知道 COD^{Mn} 劣于Ⅴ类水，相应的水环境功能区类别为

$$f_i=X_1-X_3=8-3=5$$

即功能区划应为Ⅴ类水，其监测数据可以进行推算：

$$6+\frac{COD^{Mn}-40}{40}=8.7$$

$$COD^{Mn}=148\text{mg/L}$$

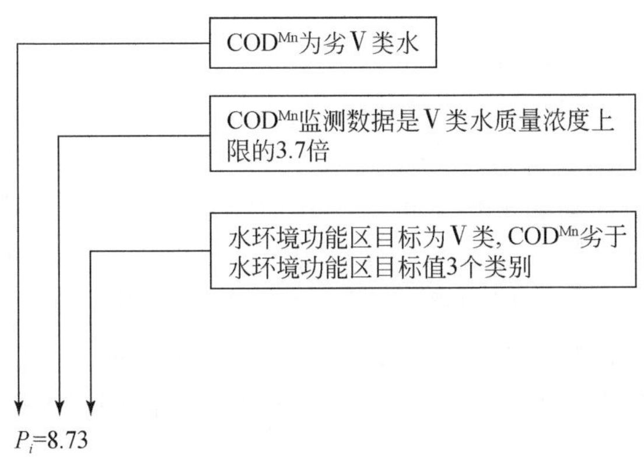

图 9-11　劣Ⅴ类水单因子水质标识指数解释

9.1.3.7　密切值法

密切值法由于其评价结果合理、直观，评价过程简单易行，在水质评价中得到广泛的应用。目前，密切值法主要包括传统密切值法、改进的密切值法和基于熵权改进的密切值法。

1. 传统密切值法

该方法是首先找出评价方案的最优点和最劣点的位置，再找出各监测断面距最优点及最劣点的距离，来排序各监测断面的优劣次序。其步骤如下。

（1）建立指标矩阵监测断面 $A_i(i=1, 2, 3, \cdots, m)$ 在监测项目 $S_j(j=1, 2, 3, \cdots, n)$ 下的取值为 a_{ij}。则指标矩阵 $\boldsymbol{A}=(a_{ij})_{m\times n}$。

（2）变指标矩阵为规范化指标矩阵方法如下：

令 $b_{ij}=a_{ij}$（当 S_{ij} 为正向指标时，a_{ij} 数值越大越好。当 S_{ij} 为负向指标时，a_{ij} 越小越好）。

$$r_{ij}=b_{ij}\Big/\left(\sum_{i=1}^{m}b_{ij}^2\right)^{\frac{1}{2}}\text{（当 } S_{ij} \text{ 为正向指标时）} \tag{9-80}$$

$$r_{ij}=-b_{ij}\Big/\left(\sum_{i=1}^{m}b_{ij}^2\right)^{\frac{1}{2}}\text{（当 } S_{ij} \text{ 为负向指标时）} \tag{9-81}$$

其中，$i=1, 2, 3, \cdots, m$；$j=1, 2, 3, \cdots, n$。规范化指标矩阵 $\boldsymbol{R}=(r_{ij})_{m\times n}$。

（3）求监测点集合的最优点和最劣点

令 $\max\limits_{1\leqslant i\leqslant m}\{r_{ij}\}=r_j^+$，$\min\limits_{1\leqslant i\leqslant m}\{r_{ij}\}=r_j^-$，$j=1, 2, 3, \cdots, n$，则最优点为 $A^+=(r_1^+, r_2^+, \cdots, r_n^+)$，最劣点为 $A^-=(r_1^-, r_2^-, \cdots, r_n^-)$。

（4）计算各断面的密切值，排出优劣次序

$$C_i=\frac{d_i^+}{d^+}-\frac{d_i^-}{d^-} \tag{9-82}$$

式中，$d_i^+=\left[\sum\limits_{j=1}^{n}(r_{ij}-r_j^+)^2\right]^{\frac{1}{2}}$，$d_i^-=\left[\sum\limits_{j=1}^{n}(r_{ij}-r_j^-)^2\right]^{\frac{1}{2}}$，$d^+=\min\limits_{1\leqslant i\leqslant m}\{d_i^+\}$，$d^-=\max\limits_{1\leqslant i\leqslant m}\{d_i^-\}$。

其结果 C_i 值越小，则环境质量越好。当 $C_i=0$，即表明 A_i 点最接近最优点，该断面环境质量最好。

2. 基于层次分析法的密切值法

水环境是一个多污染因子综合作用的复杂系统，不同因子对水质的影响程度不同，所以在水质评价过程中始终要涉及权重问题，加权是获取合理科学水质评价结果的关键。层次分析法是对定性问题进行定量分析的一种简便、灵活而又实用的多准则决策方法，使复杂问题中的各种因素通过划分变得有序、条理化，然后利用数学方法计算各因素的权重，该方法已在各个领域内得到广泛重视和应用。现将传统的密切值法和层次分析法有机地结合起来进行水质评价。值得注意的是本书增加了用层次分析法进行权重计算，实际上，将计算权重的部分换成其他计算权重的方法同样可行。本章主要以层次分析法为例。

该方法将每一项指标的 z 级评价标准引入初始矩阵，然后进行归一化处理，从而建立无量纲的样本矩阵。

1）建立无量纲的水质样本矩阵

设水质评价中的待评价指标为 n 个，其总指标数列为 Q_1，Q_2，…，Q_n，$(j = 1, 2, 3, \cdots, n)$。设选取水质待评价的单元共为 m 个，则有 A_1，A_2，…，A_m，$i = 1, 2, 3 \cdots, m$。连同 n 个评价指标的 z 级标准 P_1，P_2，…，P_z，这样就构成了 $m + z$ 个样本与 n 个评价指标的初始矩阵 $\boldsymbol{A} = (a_{ij})_{(m+z) \times n}$。

由于初始矩阵中各评价指标的量纲、数量级及指标优劣的取向存在很大差异，故需对初始矩阵的数据进行规范化处理。处理如下（和传统的方法一样）：

$$r_{ij} = a_{ij} \Big/ \left(\sum_{i=1}^{m} a_{ij}^2 \right)^{\frac{1}{2}} (\text{当 } S_{ij} \text{ 为正向指标时}) \tag{9-83}$$

$$r_{ij} = - a_{ij} \Big/ \left(\sum_{i=1}^{m} a_{ij}^2 \right)^{\frac{1}{2}} (\text{当 } S_{ij} \text{ 为负向指标时}) \tag{9-84}$$

则得规范化指标矩阵 $\boldsymbol{R} = (r_{ij})_{(m+z) \times n}$。

2）用层次分析法确定各评价指标权重

用层次分析法确定各评价指标权重和本章模糊综合评价法中提到的方法一样（此处不再详述），步骤为：①建立系统递阶层次结构，把问题层次化。②建立两两比较矩阵。③构造判断矩阵。④进行权重计算。最终得到权重 $W_j(j = 1, 2, 3, \cdots, n)$，将各指标的权重与指标矩阵相乘，得到加权标准决策矩阵为 $F = \{f_{ij}\}_{(m+z) \times n}$，其中 $f_{ij} = r_{ij} \times W_j$。

3）求监测点集合的最优点和最劣点

令 $\max\limits_{1 \leqslant i \leqslant m} \{f_{ij}\} = f_j^+$，$\min\limits_{1 \leqslant i \leqslant m} \{f_{ij}\} = f_j^-$，$j = 1, 2, 3, \cdots, n$，则最优点为 $A^+ = (f_1^+, f_2^+, \cdots, f_n^+)$，最劣点为 $A^- = (f_1^-, f_2^-, \cdots, f_n^-)$。

4）计算各断面的密切值，排出优劣次序

$$C_i = \frac{d_i^+}{d^+} - \frac{d_i^-}{d^-} \tag{9-85}$$

式中，$d_i^+ = \left[\sum_{j=1}^{n} (f_{ij} - f_j^{\,+})^2 \right]^{\frac{1}{2}}$，$d_i^- = \left[\sum_{j=1}^{n} (f_{ij} - f_j^-)^2 \right]^{\frac{1}{2}}$，$d^+ = \min\limits_{1 \leqslant i \leqslant m} \{d_i^+\}$，$d^- = \max\limits_{1 \leqslant i \leqslant m} \{d_i^-\}$。

其结果 C_i 值越小，则环境质量越好。当 $C_i=0$，即表明 A_i 点最接近最优点，该断面环境质量最好。

3. 基于熵权的改进的密切值法

改进密切值法继承了密切值法在评价单元优劣排序中的独到之处，同样将每一项指标的 z 级评价标准引入初始矩阵，然后进行归一化处理成无量纲指标后，按一定的计算程序，将水质多指标的多个监测断面转化为由最优（或最劣）单指标组成的一个虚拟最优（或最劣）断面，再计算出各监测断面距虚拟最优（或最劣）断面的距离（即密切值），通过密切值的排序决定各监测断面的水质优劣。其简要步骤包括建立原始数据指标矩阵、计算密切值等。

具体计算步骤如下。

（1）建立原始数据指标矩阵（和基于层次分析法的密切值一样）。设水质评价中待评价指标为 n 个，其总指标数列为 Q_1，Q_2，…，Q_n（$j=1, 2, 3, \cdots, n$）。设选取水质待评价的单元共为 m 个，则有 A_1，A_2，…，A_m（$i=1, 2, 3\cdots, m$）。连同 n 个评价指标的 z 级标准 P_1，P_2，…，P_z。这样就构成了 $m+z$ 个样本与 n 个评价指标的初始矩阵 $\boldsymbol{A}=(a_{ij})_{(m+z)\times n}$。

（2）有量纲矩阵模型的规范化。由于初始矩阵中各评价指标的量纲、数量级及指标优劣的取向存在很大差异，故需对初始矩阵的数据做规范化处理。传统密切值法的规范化处理计算繁琐，本书采用改进后的目标差值率法进行规范化处理，本书和传统密切值法的计算方法不一样。

$$\text{令 } r_{ij}=\begin{cases}(a_{ij}-E_j)/E_j, & Q_j \text{ 为正向指标}\\(E_j-a_{ij})/E_j, & Q_j \text{ 为负向指标}\end{cases} \tag{9-86}$$

式中，a_{ij} 为第 i 个监测断面中第 j 个指标监测值；E_j 为第 j 个评价指标的目标值，即正向指标取第 j 个评价指标中 i 个监测断面连同 z 级评价标准取最大值，负向指标取第 j 个评价指标中 i 个监测断面连同 z 级评价标准最小值；r_{ij} 为第 i 个监测断面中第 j 个指标的无量纲化值。由此可得无量纲的样本矩阵：$(r_{ij})_{(m+z)\times n}$。

（3）构建虚拟的最优水质断面和最劣水质断面。可以令

$$r_j^+=\max\{r_{1j}, r_{2j}, \cdots, r_{(m+z)j}\}, \quad j\in\{1, 2, \cdots, n\}$$

$$r_j^-=\min\{r_{1j}, r_{2j}, \cdots, r_{(m+z)j}\}, \quad j\in\{1, 2, \cdots, n\}$$

则面 $A^+=(r_1^+, r_2^+, \cdots, r_n^+)$ 为虚拟的水质最优监测断面；面 $A^-=(r_1^-, r_2^-, \cdots, r_n^-)$ 为虚拟的水质最劣监测断面。

（4）用熵权法确定各评价指标权重。将由 $m+z$ 个样本与 n 个评价指标构成的初始环境矩阵 $\boldsymbol{A}=(a_{ij})_{(m+z)\times n}$ 进行标准化处理。可令

$$y_{ij}=\begin{cases}a_{ij}/\{a_{ij}\}_{\min}, & Q_j \text{ 是负向指标}\\\{a_{ij}\}_{\max}/a_{ij}, & Q_j \text{ 是正向指标}\end{cases} \tag{9-87}$$

$$Y_{ij}=\frac{y_{ij}}{\sum_{i=1}^{m+z}y_{ij}} \tag{9-88}$$

由此可得标准化矩阵：$\boldsymbol{Y} = \{Y_{ij}\}_{(m+z)\times n}$。

根据斯梯林公式计算，可得 j 项指标的信息熵值 e_j：

$$e_j = -k\sum_{i=1}^{m+z} Y_{ij}\ln Y_{ij}$$

式中，常数 k 与系统的样本数 $m+z$ 有关，$k = [\ln(m+z)]^{-1}$。某项指标的信息效用价值取决于该指标的信息熵值 e_j 与 1 的差值 h_j。$h_j = 1 - e_j$，于是 j 项指标的权重为

$$W_j = \frac{h_j}{\sum_{j=1}^{n} h_j}。$$

（5）计算密切值

采用欧氏距离计算待评价断面与虚拟最优断面的距离 d_{i,A^+} 和虚拟最劣监测断面 d_{i,A^-}。

$$d_{i,A^+} = \sqrt{\sum_{j=1}^{n} W_j\,[r_{ij} - (r_{ij})_{A^+}]^2} \tag{9-89}$$

$$d_{i,A^-} = \sqrt{\sum_{j=1}^{n} W_j\,[r_{ij} - (r_{ij})_{A^-}]^2} \tag{9-90}$$

式中，W_j 为第 j 个评价指标的权重。

则可以得到最优密切值：

$$E_{i,A^+} = \frac{d_{i,A^+}}{\min\{d_{1,A^+},\ d_{2,A^+},\ \cdots,\ d_{m,A^+}\}} - \frac{d_{i,A^-}}{\max\{d_{1,A^-},\ d_{2,A^-},\ \cdots,\ d_{m,A^-}\}} \tag{9-91}$$

最劣密切值：

$$E_{i,A^-} = \frac{d_{i,A^-}}{\min\{d_{1,A^-},\ d_{2,A^-},\ \cdots,\ d_{m,A^-}\}} - \frac{d_{i,A^+}}{\max\{d_{1,A^+},\ d_{2,A^+},\ \cdots,\ d_{m,A^+}\}} \tag{9-92}$$

（6）改进密切值法进行水环境质量评价的原则是将水环境评价中的多个指标 Q_1，Q_2，…，Q_n 转化为能从总体上衡量环境质量优劣的单指标 E_{i,A^+}（或 E_{i,A^-}）。一般而言，当 E_{i,A^+} 越小而 E_{i,A^-} 越大时，与最优点越密切，与最劣点越疏远，即水环境质量越高。$E_{i,A} = 0$ 时，水环境质量最佳，即为最优点。

9.1.4 基于多元统计分析的水质综合指标确定方法

基于多元统计分析方法主要有投影寻踪算法和主成分分析方法两类。

9.1.4.1 投影寻踪法

投影寻踪法（projection pursuit，PP）最先是由 Friedman 于 1974 年提出的一种新型数理统计分析方法。其基本思想是：利用计算机技术，将高维数据（尤其高维非正态数据）通过某种组合，投影到低维（1～3 维）子空间上。通过优化投影指标函数，寻找出能反映原高维数据结果或特征的投影向量，并在低维空间上对数据结构进行分析，以达到研究和分析高维数据的目的。

建立水质等级评价的投影寻踪模型一般包括以下 5 个步骤。

1）数据无量纲化

建立投影样本数据。根据水质评价标准产生用于水质评价的样本数据。它包括水质指标 X_{ij} 及对应阶段的等级 $y_i(i=1, 2, \cdots, n; j=1, 2, \cdots, m)$，其中 n 和 m 分别为样品的个数和水质评价的指标数。为消除各指标的量纲效应和统一各指标的变化范围，需对 X_{ij} 进行规范化处理，对于越小越优型指标，采用式（9-93）；对于越大越优型指标，采用式（9-94）。

$$x_{ij}=\frac{X_{j\max}-X_{ij}}{X_{j\max}-X_{j\min}} \tag{9-93}$$

$$x_{ij}=\frac{X_{ij}-X_{j\min}}{X_{j\max}-X_{j\min}} \tag{9-94}$$

式中，X_{ij} 是第 i 个样本第 j 项指标值，$X_{j\max}$ 、$X_{j\min}$ 分别为第 j 个水质影响指标的样本最大值与最小值。x_{ij} 是经过规范化处理后的评价指标集。

2）线性投影

投影指从不同角度观察数据，寻找能够最大程度反映数据特征和最能充分挖掘数据信息的最优观察角度。可选用线性投影，即将高维数据投影到一维线性空间进行研究。设 $\vec{a}$ 为 m 维单位投影方向向量，记 $\vec{a}=(a_1, a_2, \cdots, a_m)$，则 x_{ij} 的一维投影特征值 z_i 可用式（9-95）描述。

$$z_i=\sum_{j=1}^{m}a_jx_{ij} \quad (i=1, 2, \cdots, m) \tag{9-95}$$

3）建立投影目标函数

在综合投影值时，要求投影 $z(i)$ 的散布特征为：局部投影点尽可能密集，最好聚成若干个团，而在整体上投影团之间尽可能散开。基于此，投影指标函数可构造为

$$Q(a)=S_zD_z \tag{9-96}$$

式中，S_z 为投影值 z_i 的标准差；D_z 为投影值 z_i 的局部密度，即

$$S_z=\sqrt{\frac{\sum_{i=1}^{n}(z_i-E_z)^2}{(n-1)}} \tag{9-97}$$

$$D_z=\sum_{i=1}^{n}\sum_{j=1}^{n}(R-r_{ij})u(R-r_{ij}) \tag{9-98}$$

式中，E_z 为各水样投影特征值 $z_i(i=1, 2, \cdots, n)$ 的均值；R 为局部密度窗口半径，其取值范围为 $\max(r_{ij})+m/2 \leqslant R \leqslant 2m$；$r_{ij}=|z_i-z_j|(i=1, 2, \cdots, n; j=1, 2, \cdots, n)$；$u(t)$ 为单位跃升函数，当 $t<0$ 时，$u(t)=0$，否则 $u(t)=1$。

然而，在实际聚类分析中，上述投影指标函数尚有不足之处，主要体现在两个方面：一是在求解基于投影寻踪聚类方法模型过程中，涉及的唯一参数即密度窗宽的取值目前还必须依靠经验或试算来确定，缺乏相应的理论依据；另外，该类模型的运算结果需要利用其他方法进行分类处理，才能得到最终的聚类结果。针对投影寻踪聚类的上述问题，引入动态聚类方法。动态聚类法可以将样本数据点聚成既定数量的类，使得每一类的元素都是

聚合的，并且类与类之间能够很好地区分开来。动态聚类法构造投影指标的步骤如下。

设水质样本投影特征值集合为 $\Omega=\{z_1, z_2, \cdots, z_n\}$，任意两个投影特征值间的距离记为 $s(z_i, z_k)$，即 $s(z_i, z_k)=|z_i-z_k|(k=1, 2, \cdots, n)$。若将水质样本分为 N（$N\leqslant n$）类，则第 h 类样本投影特征值集合可记为 $\theta_h(h=1, 2, \cdots, N)$，即

$$\theta_h=\{z_i \mid d(A_h-z_i)\leqslant d(A_t-z_i), t=1, 2, \cdots, N, t\neq h\} \tag{9-99}$$

式中，$d(A_h-z_i)=|z_i-A_h|$，$d(A_t-z_i)=|z_i-A_t|$。其中，A_h 和 A_t 分别为第 h 类和第 t 类的初始聚核（聚类的中心点）。式（9-99）表明了动态聚类方法中聚合分类的原则。依据动态聚类的算法，每一类的初始聚核会被上一次该类样本投影特征值的均值所迭换，直至满足结束条件，即分类结果趋于稳定。

若用类内聚集度 $dd(\vec{a})$ 表示样本内的聚集程度：

$$dd(\vec{a})=\sum_{h=1}^{N} d_h(\vec{a}) \tag{9-100}$$

式中，$d_h(\vec{a})=\sum_{z_i, z_k\in\theta_h} s(z_i, z_k)$。

用类分散度 $ss(\vec{a})$ 表示样本间的分散程度：

$$ss(\vec{a})=\sum_{z_i, z_k\in\Omega} s(z_i, z_k) \tag{9-101}$$

为达到类类样本充分散开、类内样本尽量集中的聚类目的，根据动态聚类法构建的投影指标应为

$$Q(\vec{a})=ss(\vec{a})-dd(\vec{a}) \tag{9-102}$$

式（9-102）表明，各类之间分散度越大或类内聚集程度越高，投影指标 $Q(\vec{a})$ 越大。

4）优化投影目标函数

当给定水样监测数据时，投影指标函数 Q（a）只随投影方向 $\vec{a}=(a_1, a_2, \cdots, a_m)$ 的变化而变化，最佳投影方向可以最大限度地暴露出给定高维数据的某类特征结构。通过求解投影指标函数最大问题可估计最佳投影方向，即

$$\begin{cases}\max Q(\vec{a})\\ \|\vec{a}\|=1\end{cases} \tag{9-103}$$

5）综合分析

建立水质等级评价模型。作 $z(i)$ 和 $y(i)$ 的散点分布图，根据该图确定水质等级评价模型参数，并应用于其他样本的水质评价。

9.1.4.2 主成分分析法

主成分分析法是把各变量之间相关联的复杂关系进行简化分析的方法。美国统计学家斯通在 1947 年的国民经济研究中，利用主成分分析法，以 97.4% 的精度，用 3 个新的变量取代了原来的 17 个变量，且这 3 个变量都是可以直接测量的，从而使工作大大简化。主成分分析法试图在力保数据信息丢失最少的情况下，对多变量的截面数据进行最佳综合简化，也就是说，对高维变量空间进行降维处理。主成分分析法基本原理是：在坐标系下的数据点图中寻求数据点“波动”最大的方向并将其作为新的坐标轴方向，数据点在该坐

标轴上的坐标即为第一主成分，然后再寻求第二个方向，该方向与新坐标垂直且最能反映数据点的“波动”，将此方向作为第二个新的坐标轴方向，数据点在该坐标轴上的坐标即为第二主成分，依此类推得到能够表达原信息的所有主成分。主成分分析法在水环境质量评价中的应用主要有两个方面：①建立综合评价指标，评价各监测断面的相对污染程度，并对各监测断面的污染程度进行排序；②评价各单项指标在综合指标中所起的作用，明确删除的次要指标，确定造成污染的主要成分。主要步骤如下。

（1）建立原始水质变量矩阵 $\boldsymbol{X}_{n\times p}$ ，其由 n 个样本的 p 个水质因子构成：

$$\boldsymbol{X}_{n\times p}=\begin{bmatrix} x_{11} & x_{12} & \cdots & x_{1p} \\ x_{21} & x_{22} & \cdots & x_{2p} \\ \cdots & \cdots & \cdots & \cdots \\ x_{n1} & x_{n2} & \cdots & x_{np} \end{bmatrix}$$

（2）将各变量 x_{ij} 采用 Z-Score 进行标准化，得到变换后的新矩阵 $\boldsymbol{Z}_{n\times p}$ ，其标准化公式为

$$Z_{ij}=(x_{ij}-\bar{x}_j)/S_j \tag{9-104}$$

式中，Z_{ij} 为标准化值；$\bar{x}_j$ 为样本均值；$i=1,\ 2,\ \cdots n$ ，$j=1,\ 2,\ \cdots p$ ：

$$\bar{x}_j=\frac{1}{n}\sum_{i=1}^{n}x_{ij}\ ,\ S_j^2=\frac{1}{n-1}\sum_{i=1}^{n}\ (x_{ij}-\bar{x}_j)^2 \tag{9-105}$$

式中，$S_j{}^2$ 为样本方差。

（3）在标准化数据矩阵的基础上，计算原始指标的相关系数矩阵 $\boldsymbol{R}$ ：

$$\boldsymbol{R}=(r_{jk})_{p\times p} \tag{9-106}$$

其中，$r_{jk}=\dfrac{1}{n-1}\sum\limits_{i=1}^{n}Z_{ij}\cdot Z_{ik}\ (j,\ k=1,\ 2,\ \cdots,\ p)$。

（4）计算相关系数矩阵 $\boldsymbol{R}$ 的特征值和特征向量。解特征方程并将其 p 个特征根按大小顺序排列（$\lambda_1\geqslant\lambda_2\geqslant\cdots\geqslant\lambda_p$）。它是主成分的方差，表示各个主成分在描述被评价对象上所起作用的大小。根据每个特征根求出相应的特征向量，$L_g=L_{g1},\ L_{g2},\ \cdots,\ L_{gp}(g=1,\ 2,\ \cdots,\ p)$，将标准化后的指标变量转换为主成分，表达式如下：

$$F_g=L_{g1}\cdot Z_1+L_{g2}\cdot Z_2+\cdots+L_{gp}\cdot Z_p\quad(g=1,\ 2,\ \cdots,\ p) \tag{9-107}$$

上式中 F_1 称为第一主成分，F_2 称为第二主成分，…，F_p 称为第 p 主成分。

（5）确定主成分的个数。根据累计方差贡献率来进行确定，即按照方差占总方差的比例 α ：

$$\alpha=\sum_{i=1}^{p}\lambda_i\Big/\sum_{i=1}^{n}\lambda_i\geqslant 0.85 \tag{9-108}$$

式中，λ 为特征值；p 为主成分的个数。

（6）确定综合评价函数。对每个主成分的线性加权值，$F_g=L_{g1}\cdot Z_1+L_{g2}\cdot Z_2+\cdots+L_{gp}\cdot Z_p(g=1,\ 2,\ \cdots,\ p)$，再对 p 个主成分进行加权求和，即得最终评价函数：

$$F=\frac{\lambda_1}{\lambda_1+\lambda_2+\cdots+\lambda_p}F_1+\frac{\lambda_2}{\lambda_1+\lambda_2+\cdots+\lambda_p}F_2+\cdots+\frac{\lambda_p}{\lambda_1+\lambda_2+\cdots+\lambda_p}F_p \tag{9-109}$$

根据综合评价函数，计算水质污染综合得分，给予水质污染程度的定量化描述，得分越大，表明污染程度越严重，可对样本的污染程度进行分级。

9.1.5 水质评价方法总结

水质评价方法在水资源的管理、开发、利用中起着至关重要的作用，水质评价方法是否科学、实用直接影响着决策的正确性。

目前国内外水质评价方法种类繁多，基本上可分为三大类。分别是指数评价法、基于数学综合模式的水质分类分级方法和基于多元统计分析的水质综合指标确定方法。不同的评价方法之间各有优缺点，具体如下。

1. 指数评价法

指数评价法能够运用简单的数学公式表达，能指出各项指标的超标倍数。但其没有考虑水环境的模糊性、灰色性，并且只要超标倍数相同，不论是何种污染物，则认为其环境污染效果相同，失去了水质评价的客观性。

（1）单因子污染指数法实际上只考虑了最突出的因子，即污染状况最严重的评价因子对整个评价结果的影响，充分显示超标最严重的评价因子对整个评价结果的决定性作用，其他因子的作用被弱化，不能反映水体的整体污染程度。单因子指数法体现单因子否决权，即使某一指标如氨氮略微超过Ⅴ类标准，其他水质指标均为Ⅰ类时，水质评价结果也为劣Ⅴ类。因此，单因子指数法用于确定主要污染物和主要污染源比较合适，在建设项目的环境影响评价中被广泛应用。单因子指数法采用某一项污染项目超标就说明整个水体超标，具有一定的片面性，从某种意义上说并不科学，但计算简单、方便、安全性高。

（2）综合污染指数法是对整体水质做出的定量描述，不能确定其功能类别为几类。但是，只要项目、标准、监测结果可靠，综合评价在总体上是可以基本反映水体污染性质与程度的，而且便于对同一水体在时间上、空间上的基本污染状况和变化的比较，所以现在进行水质污染评价时常采用这种方法。例如，内梅罗指数法，特别考虑了污染最严重的因子，但同时也取单因子指数的平均值，因此，评价结果过于乐观。

应该看到，综合指数法有其无可比拟的优点：①它能用一个简单的数学公式整合海量的环境特征性信息，并以一个简单的数值来反映环境质量的总体水平。②只要选择并固定了合适的评价方法和评价指标，就可以对区域环境质量进行时空上的比较，而且这种比较是依据数值大小、结论明确的计算结果来进行的。③可以依据各分指数超标的多少进行排序。以确定主要的污染物，从而提供切实的污染控制建议。亦可根据动态分析结果，评价污染控制措施的成效。④综合指数法形式简单，计算简便。⑤其指数的表达方式符合中国人习惯。

然而综合指数法同样具有下述缺点：①综合指数法将环境质量硬性分级，没有考虑环境系统客观存在的模糊性。环境本身存在大量不确定因素，级别划分与标准确定都具有模糊性。评价值间较窄的距离可能分属不同的级别，而较大的距离也有可能同属一个级别。②综合指数法没有考虑环境系统客观存在的灰色性。通常，在有限的时空范围内搜集到的环境信息是不完全和不确定的，因而综合指数法的评价结果是不全面的。③由于各评价指标在综合评价结果中地位和作用不一样，理应对每一个评价指标赋以一定的权重，但要得到一份合理的权重清单却是困难重重。④综合指数法简单地以指标的分指数值来反映其对环境质量的影响。只要超标倍数相同，不论是何种污染物，则认为其环境污染效果相同，这显然把问题过于简单化了。⑤纵观各综合指数法，大多数方法都不同程度地掩盖了最大分指数或最重要分指数的效应，相反一些改进方法却过分强调了它们的效应，有失评价的客观性。

2. 基于数学综合模式的水质分类分级方法

基于数学综合模式的水质分类分级方法考虑了各项指标的影响程度，对每项指标赋予了权重，能够较客观地评价水质。以常见的模糊综合评价方法为例，该方法通过建立隶属关系，将水质评价指标和水质样本作为两个系列，通过隶属函数（或关联度）将评价样本与评价指标发生联系。同时，权重的确定也是数学模式综合评价方法的一大特色，旨在考虑同级水质指标中不同污染因子和不同水质指标的同样污染因子对隶属关系的影响程度不同。最后的综合评价是将隶属函数矩阵和权重组合求得不同监测样本的关联系数，以最大隶属原则确定样本的水质分类级别。

基于数学综合模式的水质分类分级方法较于指数评价法有着较大的优势：相对于指数评价法而言，该评价方法考虑了水质指标的不确定性因素，同时结合了不同水质指标对整体水质的影响程度，并且可以客观地对水质样本进行分级分类。然而，该方法同时也具有一些缺点，如不能较好地分析出对整体水环境影响较大的水质指标等。

3. 基于多元统计分析的水质综合指标确定方法

基于多元统计分析的水质综合指标确定方法考虑对水质影响最大的几个指标，将繁多的水质指标综合简化，从而合理地评价水质。可明确水环境的污染原因，针对不同水体提出相应的治理措施，并能计算出主要污染物的贡献，以便有针对性地减少污染物排放。该方法可以对断面进行水质污染程度的综合评价、分析，确定影响水质质量状况的综合因子，还可以对各断面水质污染相似性进行研究，给出分类处理结果。

9.1.6 水质评价发展方向

水质评价结果的可靠程度一方面取决于监测数据的准确性，另一方面依赖于评价方法的科学性。

一方面，根据以往研究结果通过对不同评价方法的比较研究发现：将不同评价方法相结合，发挥各自的优点，可以使水质评价结果更加准确、客观。

另一方面，世界上的一切事物都是质与量的统一体，水体也不例外。水污染具有全方位、多因子、动态性等特点，目前常用的水质评价方法是静态评价方法，只能给出水体质量状况的结果，为实现水环境与水资源的协调统一管理，水环境评价更具有现实的指导意义，探讨和解决水质水量联合评价已势在必行。

9.2 指标监测网络设计与评价方法

9.2.1 评价范围

评价范围为《全国重要江河湖泊水功能区划（2011-2030 年）》（国函〔2011〕167 号）名录内的所有水功能区（不含无水质目标的排污控制区）。

2015 年及以前的评价范围为根据水利部有关通知要求定的、列入“十二五”达标评价的全国重要江河湖泊水功能区。有条件的流域或省份应将已开展监测工作的全国重要江河湖泊水功能区全部纳入评价范围，省（自治区、直辖市）政府批复的水功能区的水质达标评价参照本技术方案执行。

9.2.2 评价内容

评价内容包括水功能区全因子水质达标评价和水功能区双因子水质达标评价［高锰酸盐指数（或 COD）和氨氮］两部分。

9.2.3 监测要求

（1）每个水功能区应至少有一个固定的水质监测断面，且所选监测断面应能代表该水功能区的水质状况。

（2）省界缓冲区或其他省界的监测断面、跨流域调水水源保护区和流域直管水体的监测断面应为流域机构经断面复核、征求相关省级人民政府意见、协商一致后确定的断面。

（3）水功能区水质监测项目应该符合《水环境监测规范》（SL219—2013）及《地表水资源质量评价技术规程》（SL395—2007）关于水功能区监测项目的规定。同时，河流型水功能区应同步监测或收集监测断面所在河段的流量，湖泊水库型水功能区应同步监测或收集所在湖泊水位及水库蓄水量。

（4）水功能区水质监测频次原则上为每月监测一次，有条件的地方应增加监测频次。个别位于河流源头区、取样监测条件特别困难且水质状况长期维持稳定的水功能区，监测频次可以根据情况适当调低，但原则上不低于每年两次，且其监测频次方案需由所在流域机构与省级水行政主管部门协商确定，并报水利部备案。

9.2.4 评价项目

（1）水功能区水质达标评价项目为《地表水环境质量标准》（GB 3838—2002）基本

项目中除水温、总氮、粪大肠菌群以外的 21 项指标，水温、总氮、粪大肠菌群可作为参考指标（河流总氮除外）。

（2）饮用水水源区还应包括《地表水环境质量标准》（GB 3838—2002）规定的饮用水水源地补充监测项目及地方政府确定的特定项目。

（3）湖泊水库型水功能区营养状况评价项目为高锰酸盐指数、总磷、总氮、透明度、叶绿素 a。

9.2.5 评价方法

（1）水功能区水质项目评价代表值应按《地表水资源质量评价技术规程》（SL395—2007）规定的方法确定：①只有 1 个水质代表断面的水功能区，以该断面的水质数据作为水功能区的水质代表值。②有多个水质监测代表断面的缓冲区，应以省界控制断面监测数据作为水质代表值。未设置控制断面的上下游省界缓冲区应以省界或最靠近省界的监测断面的水质数据作为代表值；左右岸省界缓冲区则应以所代表省区的断面水质数据作为该省份省界缓冲区达标评价的代表值判定所代表省份省界缓冲区达标情况，在统计左右岸省界缓冲区达标成果时，以断面水质算术平均值作为该省界缓冲区的水质代表值。③有多个水质监测代表断面的饮用水源区，应以最靠近取水口的断面水质数据作为水质代表值。有多个取水口的饮用水源区，以最差断面的水质数据作为水功能区的水质代表值。④有两个或两个以上代表断面的其他水功能区，应以代表断面水质浓度的加权平均值或算术平均值作为水功能区的水质代表值。采用加权方法时，河流应以河流长度为权重，湖泊应以水面面积为权重，水库应以蓄水量为权重。

（2）单次水功能区水质达标评价应根据水功能区水质目标规定的评价内容进行。对规定了水质类别目标和营养状态目标的水功能区应分别进行水质类别达标评价和营养状态达标评价。水质类别和营养状态均达标的水功能区为水质达标水功能区。水质类别达标评价和营养状态达标评价的方法参照《地表水资源质量评价技术规程》（SL395—2007）相关条款规定。水质类别评价应该进行汛期、非汛期及全年评价。

（3）对于年度监测次数低于 6 次的河流源头保护区及自然保护区，可按照年均值方法进行水功能区达标评价，年度评价类别等于或优于水功能区水质目标类别的水功能区为达标水功能区。其他类型水功能区达标评价应采用频次达标评价方法，达标率大于（含等于）80% 的水功能区为达标水功能区。年度水功能区达标率根据《地表水资源质量评价技术规程》（SL395—2007）的公式（6.4.4）计算，并应分别以个数达标率、河长达标率、湖泊水面面积及水库蓄水量达标率表示。

（4）连续断流时间超过（含）6 个月的河流水功能区可以不纳入水功能区达标评价统计范围。是否满足断流条件，所在省（自治区、直辖市）应提出申报材料，经流域机构核查确认，并上报水利部备案。

9.2.6 数据上报

（1）全国重要江河湖泊水功能区水质达标评价从2013年开始实行。

（2）各省（自治区、直辖市）及流域应于每年1月31日前上报省（自治区、直辖市）或流域国家重要江河湖泊水功能区监测评价信息表（附表1），如后期发生调整，应及时填报调整后的监测断面基本信息表。各省区应于每年1月31日前将所负责监测评价的全国重要江河湖泊水功能区的评价数据和评价报告上报相关流域机构；各流域机构应于每年2月25日前将包括流域机构负责监测评价的全国重要江河湖泊水功能区的年度评价数据的流域汇总数据及评价报告上报水利部。

（3）省（自治区、直辖市）或流域国家重要江河湖泊水功能区监测评价信息表式、评价数据上报表式、水功能区水质达标评价报告提纲均有明确要求。各省（自治区、直辖市）及流域上报的数据及报告应履行相应审核程序，并以需以文件形式上报。

9.3 不同层次水功能区达标率评价统计制度设计

9.3.1 水功能区达标评价意义和内涵

水功能区是指为满足水资源合理开发利用和有效保护的需求，根据水资源的自然条件、功能要求、开发利用现状，按照流域综合规划和社会经济发展要求，在相应水域按其主导功能划定并执行相应质量标准的特定区。随着最严格水资源管理制度逐步建立和实施，对水功能区的监督和管理也将越来越全面、越来越深入。水功能区达标率作为一项新的指标，已被列入“十二五”实施最严格水资源管理制度的一项目标指数，一些省（自治区、直辖市）政府也把水功能区达标率作为考核目标之一。

水功能区达标指标（WFZ）以水功能区水质达标率表示。水功能区水质达标率是指对评估河流包括的水功能区按照《地表水资源质量评价技术规程》（SL395—2007）规定的技术方法确定水质达标个数比例。该指标重点评估河流水质状况与水体规定功能，包括生态与环境保护和资源利用（饮用水、工业用水、农业用水、渔业用水、景观娱乐用水）等的适宜性。水功能区水质满足水体规定水质目标，则该水功能区的规划功能的水质保障得到满足。

水功能区达标评价包含单个水功能区达标评价和流域（区域）水功能区达标评价。单个水功能区达标评价又包括单次水功能区达标评价、单次水功能区主要超标项目评价、水期或年度水功能区达标评价、水期或年度水功能区主要超标项目评价。流域（区域）水功能区达标评价应包含水功能区达标比例、水功能区一级区达标比例、水功能区二级区达标比例、各类水功能区达标比例。水功能区达标率是指流域（区域）水功能区达标评价中的水功能区达标比例，是对水功能区达标情况的总体评价。评估河流达标水功能区个数占其区划总个数的比例为评估河流水功能区水质达标率。因此，水功能区达标率评价仅仅是水功能区达标评价中的一部分。

有的水功能区有多个监测断面，在对此类水功能区进行达标评价时通常有两种方法。其一是在《地表水资源质量评价技术规程》（SL395—2007）（以下简称技术规程）中规定，有两个或两个以上代表断面的水功能区，应以代表断面水质浓度的加权平均值或算术平均值作为水功能区的水质代表值，然后对照《地表水环境质量标准》（GB 3838—2002）进行水质类别评价。其二是代表断面评价结果加权法不进行代表断面水质浓度加权，而是先对水功能区每个断面分别进行评价，得到各断面的全年水质达标率，然后用各断面的水质达标率与相应的河长、面积、蓄水量进行加权平均，得到水功能区全年水质达标率。

本书针对单个水功能区单次水功能区达标评价进行研究，系统分析水功能区达标评价频次法和年均值法的差异性和适用条件。

9.3.2 水功能区达标评价的影响因素

影响水功能区达标评价结果的因素有很多，如采用多断面监测评价和采用单断面监测评价会有差别，对多断面评价采用加权平均值和采用算术平均值会有不同，采用年均值法评价与频次法评价也会有差别。评价方法的确定带有一定的主观性，科学合理的评价方法需要充分考虑各种客观影响因素，尤其在建立水功能区达标考核的评价体系时，更需要综合考虑各项影响因素来确定评价方法。评价方法还应考虑水功能区断流时如何评价的问题。

值得注意的是，水功能区达标率表达的是一定流域（区域）范围内，水质能够达到使用功能的程度。水功能区达标率受水功能区水质目标的影响，不能说明流域（区域）的水质状况。2011 年 3 月河南水质评价显示，长江流域优于Ⅲ类水质标准的水功能区占 35.9%，Ⅳ～Ⅴ类占 35.0%，劣Ⅴ类占 28.2%；黄河流域优于Ⅲ类水质标准的水功能区占 33.0%，Ⅳ～Ⅴ类占 24.5%，劣Ⅴ类占 42.5%；淮河流域优于Ⅲ类水质标准的水功能区占 29.5%，Ⅳ～Ⅴ类占 22.1%，劣Ⅴ类占 48.4%；海河流域优于Ⅲ类水质标准的水功能区占 14.0%，Ⅳ～Ⅴ类占 15.8%，劣Ⅴ类占 70.2%。可以看出，河南境内长江流域水质最好，其次为黄河流域、淮河流域，水质最差的是海河流域。但从水功能区达标率评价结果来看，由于长江流域水质目标总体较高，因此，长江流域达标率低于黄河流域、淮河流域。

9.3.3 达标评价方法的区别和适用条件

9.3.3.1 年均值法和频次法定义

单个水功能区的单次水功能区达标评价方法主要有年均值法和频次法两种。

1）年均值法

水功能区达标评价基于每次水质监测数据的平均值达标与否，即利用年平均的水质指标监测数据进行评价，数学表达式如下：

$$\overline{C_i} = \frac{1}{m}\sum_{i=1}^{m} C_i \tag{9-110}$$

式中，C_i 为第 i 个样本中某水质指标浓度；m 为水质样本个数；$\overline{C_i}$ 为水质指标浓度的平均值。依次将所有的水质指标全部求得平均值，利用各个水质指标的平均值可以判断出水功能区是否达标。

2）频次法

水期或年度水功能区达标评价应在各水功能区单次达标评价成果基础上进行。在评价水期或年度内，达标率大于（含等于）80%的水功能区为水期或年度达标水功能区。水期或年度水功能区达标率按式（9-111）计算。

$$\mathrm{FD} = \frac{\mathrm{FG}}{\mathrm{FN}} \times 100\% \tag{9-111}$$

式中，FD 为水期或年度水功能区达标率；FG 为水期或年度水功能区达标次数；FN 为水期或年度水功能区评价次数。

进行年度功能区达标评价时，当功能区中断面所有测次达标则称为达标，当达标频次大于或等于 80% 时，则认为该功能区基本达标。在年度评价时，考虑到不同水期断面的水质会有一定的变化，因此，对断面的达标频次要求适当放松（达标频次大于 80% 即为达标）。

3）两种评价方法的区别

在评判某个水功能区一年内整体是否达标时，通常运用年均值法和频次法进行评价。但两种方法的评价过程却不同。

年均值法表示年度水质指标的平均情况，它可以反映出某一年内各个水质指标整体水平的高低。当水质指标数据整体的离散程度较小时，年均值可以较好地体现出一年（水期）内水质指标的整体情况。并且年均值法只需对所求的平均值进行一次评价，操作简单并且节省时间。

频次法需要对每次监测的水质数据进行水质评价，能够比较完整地描述水质变化过程。当水质指标数据的离散程度较大时，年均值法不能很好地体现和代表该水功能区的真实情况，然而频次法运用达标频次却能够较好地描述水功能区一年内的总体状况。

9.3.3.2 年均值法和频次法适用范围分析

对于相同的水质监测数据，年均值法和频次法的评价结果有可能相同，也有可能不同。下面举例说明这两种方法评价结果的差异性。

设某个水功能区的水质目标是Ⅲ类，该功能区只有一个监测断面，水质评价采用单因子法。其水质监测数据及评价如表 9-9 所示。

表 9-9　某水功能区水质监测数据及评价表

标准	≥5	≤6	≤20	≤4	≤1	≤0.005	≤0.000 1	评价结果
月份	DO	高锰酸盐	COD	BOD	NH_3-N	挥发酚	汞	
1 月	(4)	1.2	12.3	2.1	0.1	0.003	0.000 05	不达标
2 月	7.9	(7.1)	21.5	2.4	0.2	0.002	0.000 08	不达标
3 月	8.1	0.8	(25)	2.2	0.2	0.001	0.000 06	不达标
4 月	8.3	0.7	15.1	(5)	(2)	0.001	0.000 05	不达标
5 月	8.6	2.7	15.0	1.5	0.5	0.001	0.000 07	达标
6 月	8.8	2.6	15.8	1.7	0.9	(0.013)	(0.000 25)	不达标
7 月	9.5	1.0	14.1	1.1	0.1	0.001	0.000 05	不达标
8 月	10.1	0.8	14.6	1.1	0.5	0.001	0.000 05	达标
9 月	8.4	1.2	13.5	2.0	0.4	0.003	0.000 05	达标
10 月	9.1	2.5	11.4	1.8	0.2	0.002	0.000 08	达标
11 月	9.4	3.8	10.2	1.8	0.2	0.001	0.000 08	达标
12 月	8.9	(7.5)	15.2	2.0	0.3	0.001	0.000 05	不达标
年均值	8.43	2.66	15.31	2.06	0.47	0.0025	0.000 08	达标

从表 9-9 可以看出，有 7 个月的监测数据均有不达标的项目（括号内的为超标项目值）。因此，运用频次法评价结果为 42%，因此是不达标的。然而求出年均值后，发现年均值是达标的。因此，两种方法得出的结论有所不同，运用频次法得出该功能区该年是不达标的，而用年均值法评价却是达标的。经初步分析可以得出，虽然不达标月份均有至少一种不达标的水质指标，但水质指标超标倍数不大，超标情况并不是很严重。因此，计算出的年均值是达标的。

将表 9-9 中的数据变化如表 9-10 所示，再次进行评价。

表 9-10　某水功能区水质监测数据及评价表

标准	≥5	≤6	≤20	≤4	≤1	≤0.005	≤0.000 1	评价结果
月份	DO	高锰酸盐	COD	BOD	NH_3-N	挥发酚	汞	
1 月	6	7	(23)	(32)	0.4	0.002	0.000 05	不达标
2 月	7.1	3.2	12.3	3.5	0.7	0.001	0.000 08	达标
3 月	7	4.1	(21.5)	2.9	0.5	0.003	0.000 08	不达标
4 月	7.1	4.5	17	3.1	0.5	0.005	0.000 1	达标
5 月	5.1	5.2	15.1	1.6	0.2	0.004	0.000 07	达标
6 月	7.5	4.9	15	1.2	0.2	0.005	0.000 05	达标
7 月	8.2	4.9	15.8	1.5	0.7	0.003	0.000 08	达标
8 月	6.8	5.3	14.1	2.1	0.9	0.001	0.000 05	达标
9 月	6.9	3.8	14.6	2.6	1	0.001	0.000 06	达标

续表

标准	≥5	≤6	≤20	≤4	≤1	≤0.005	≤0.000 1	评价结果
月份	DO	高锰酸盐	COD	BOD	NH_3-N	挥发酚	汞	
10 月	6.4	4.5	13.5	1.8	0.8	0.001	0.000 05	达标
11 月	7	4.7	11.4	1.8	0.8	0.002	0.000 07	达标
12 月	7.1	3.9	10.2	1.2	0.5	0.003	0.000 1	达标
年均值	6.85	4.67	15.29	(4.61)	0.6	0.003	0.000 07	不达标

从表 9-10 可以看出，该年该水功能区只有 1 月和 3 月是超标的，其他 10 个月的水质均是达标的（括号内的为超标项目值）。运用频次法评价结果为 83%，因此是达标的。而运用年均值法评价则是不达标。初步分析得到，1 月的水质指标中生化需氧量超标倍数较大，导致年均值中生化需氧量的数值超标，从而导致年均值法的评价结果是不达标的。

通过上面两个例子可以很容易地得出结论：对于相同的水质数据，用年均值法评价和用频次法评价可能产生截然不同的两种结果。然而，我们需要分析到底哪种评价方法更加符合实际情况。对于表 9-9 所示地区，虽然 12 次监测数据只有 5 次达标，但每个指标的年平均值均小于限制值，可以知道超标的水质指标超标倍数不大，在表 9-9 中，超标倍数最大的为氨氮和挥发酚，但这两个指标的超标倍数仅为 1 倍左右，由此可见对该水功能区进行达标评价时采用年均值法更符合实际。对于表 9-10 所示地区，由于其生化需氧量超标倍数较大（超标倍数为 8 倍），因此，导致生化需氧量的年均值超过水质达标限制值，从而导致年均值法评价的结果不达标。但从全年水质数据可以看出，该水功能区仅有 1 月水质超标，其他的月份水质均达标，达标率为 83%，整体水质较好，由此可见对该水功能区进行达标评价时采用频次法更符合实际。

1. 达标评价结果差异性分析

对于一个水质指标而言，某水质指标的观测样本为 x_1，x_2，x_3，…，x_n，而其样本的一些统计指标能够直接反映出年均值和频次之间的关系，本书利用样本的均值、均方差、变差系数、偏态系数和皮尔逊Ⅲ型曲线等数理统计的方法分析年均值法和频次法的异同。

本书用频率曲线探讨单个水质指标数据结构的特点，并从中分析年均值法和频次法的异同点。将水质数据从大到小排列并求出频率曲线，具体步骤如下：

（1）将实测水质资料由大到小排列，计算各项的经验频率，在频率格纸上点绘经验点据（纵坐标为变量的取值，横坐标为对应的经验频率）。

（2）选定水质频率分布线型（一般选用皮尔逊Ⅲ型）。

（3）初估一组参数 $\bar{x}$ 、C_v 和 C_s 。为了使初估值大致接近实际，可用矩法或其他方法求出三个参数值，作为第一次的 $\bar{x}$ 、C_v 和 C_s 的初估值。当用矩法估计时，因 C_s 的抽样误差太大，一般不计算 C_s ，而且根据经验假定 C_s 为 C_v 的某一倍数。

和水文现象类似，水质数据的总体也是无限的，无法取得，这就需要用有限的样本观测资料去估计总体分布线型中的参数。估计参数的方法有很多种，如矩法、极大似然法、概率权重矩法、权函数法等。

例如，矩法：均值的无偏估计是样本估计值，

$$\bar{x} = \frac{1}{n}\sum_{i=1}^{n} x_i \tag{9-112}$$

而 C_v 的无偏估计量为

$$C_v = \sqrt{\frac{\sum_{i=1}^{n}(K_i - \bar{x})^2}{n-1}} \tag{9-113}$$

C_s 的无偏估计量为

$$C_s = \frac{n^2}{(n-1)(n-2)} \frac{\sum_{i=1}^{n}(K_i - 1)^3}{nC_v{}^3} \tag{9-114}$$

（4）根据初估的 $\bar{x}$、C_v 和 C_s，查阅相关表，计算出 x_p 值，以 x_p 为纵坐标，P 为横坐标，即可得到频率曲线，将此曲线画在绘有经验点据的图上，观察与经验点据配合情况，若不理想，则修改参数（主要调整 C_v 和 C_s）再次进行计算。

（5）最后根据频率曲线与经验点据的配合情况，从中选择一条与经验点据配合较好的曲线作为采用曲线。相应该曲线的参数便看做是总体参数的估值。

为了分析年均值法和频次法在频率曲线上的异同，需要考虑3个特征数，即均值、水质达标限制值和20%对应的纵坐标值。分别用 $X_{均值}$、$X_{限制}$ 和 $X_{20\%}$ 代表这3个数。先分析 $X_{均值}$ 和 $X_{限制}$ 之间的关系，即求出 $X_{均值}$ 和 $X_{限制}$ 之间的比值，即模比系数，然后通过查表得出 $P=20\%$ 所对应的 $X_{20\%}$，分析比较 $X_{均值}$、$X_{限制}$ 和 $X_{20\%}$ 3个数值之间的大小关系，得出年均值法和频次法分别达标或不达标之间的关系。

针对某项水质指标的水期（年度）监测数据，该水质指标为越小越好（暂不包括DO），用年均值法和频次法评价将有可能有以下四种可能的评价结果，见图9-12～图9-15。

1）年均值法和频次法均达标

由图9-12可知，当年均值法和频次法评价结果均为达标时，$X_{均值}$ 和 $X_{20\%}$ 均小于 $X_{限制}$。$X_{均值}$ 小于 $X_{限制}$ 表示为年均值法评价结果达标，而 $X_{20\%}$ 小于 $X_{限制}$ 表示有大于80%的样本数值是小于 $X_{限制}$ 的，因此，频次法评价结果也达标。

2）年均值法达标，频次法不达标

由图9-13可知，当年均值法达标，频次法不达标时，$X_{均值}$ 小于 $X_{限制}$，而 $X_{20\%}$ 大于 $X_{限制}$。$X_{均值}$ 小于 $X_{限制}$ 表示为年均值法评价结果达标，而 $X_{20\%}$ 大于 $X_{限制}$ 表示其小于 $X_{限制}$ 的样本数量不足80%，因此，频次法评价结果不达标。

3）频次法达标，年均值法不达标

由图9-14可知，当频次法达标，年均值法不达标时，$X_{均值}$ 大于 $X_{限制}$，而 $X_{20\%}$ 小于 $X_{限制}$。$X_{均值}$ 大于 $X_{限制}$ 表示为年均值评价结果不达标，而 $X_{20\%}$ 小于 $X_{限制}$ 表示其小于 $X_{限制}$ 的样本数量大于80%，因此，频次法评价结果达标。

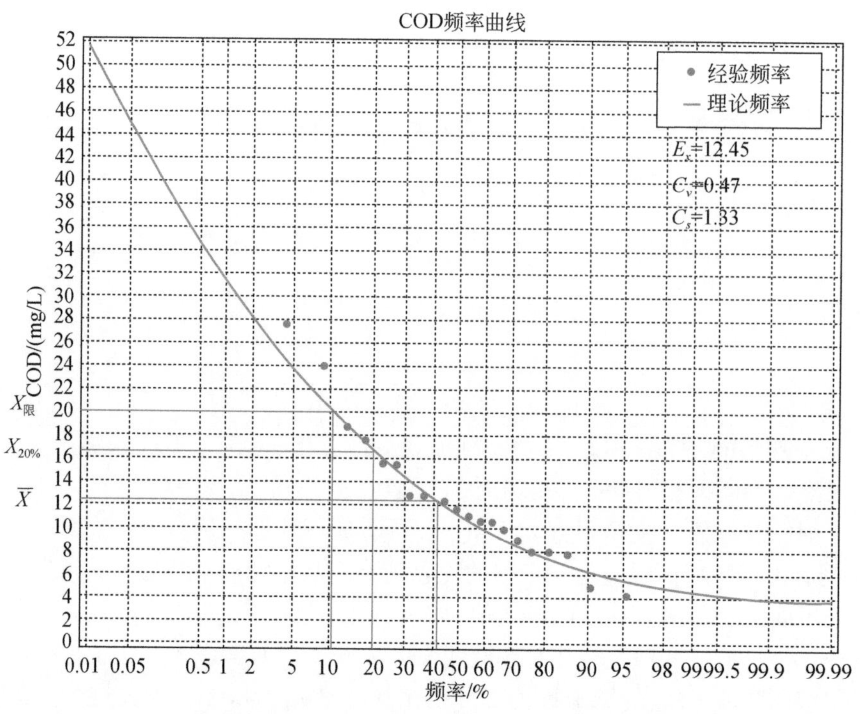

图 9-12　年均值法和频次法均达标时各值的关系图

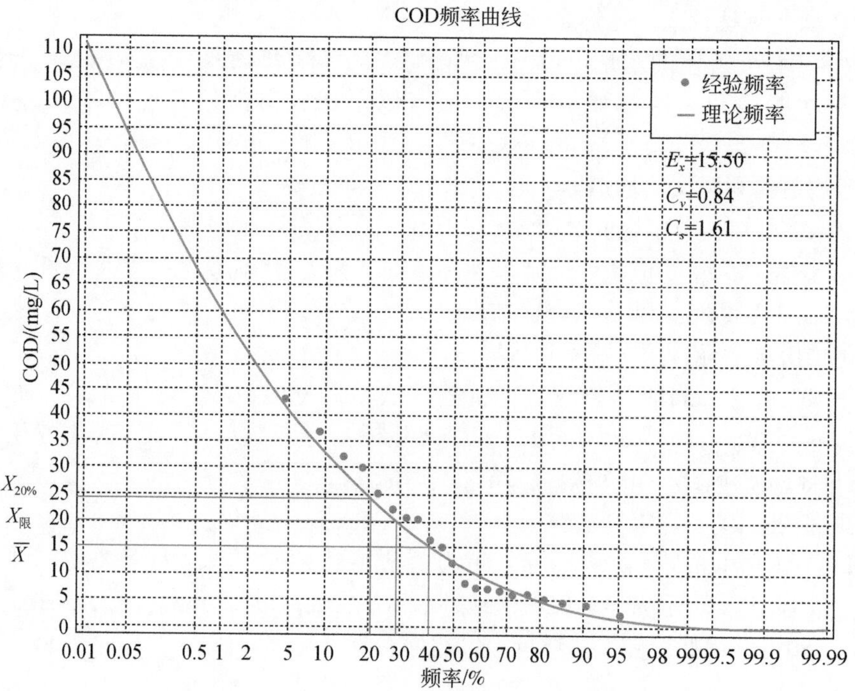

图 9-13　年均值法达标，频次法不达标时各值的关系图

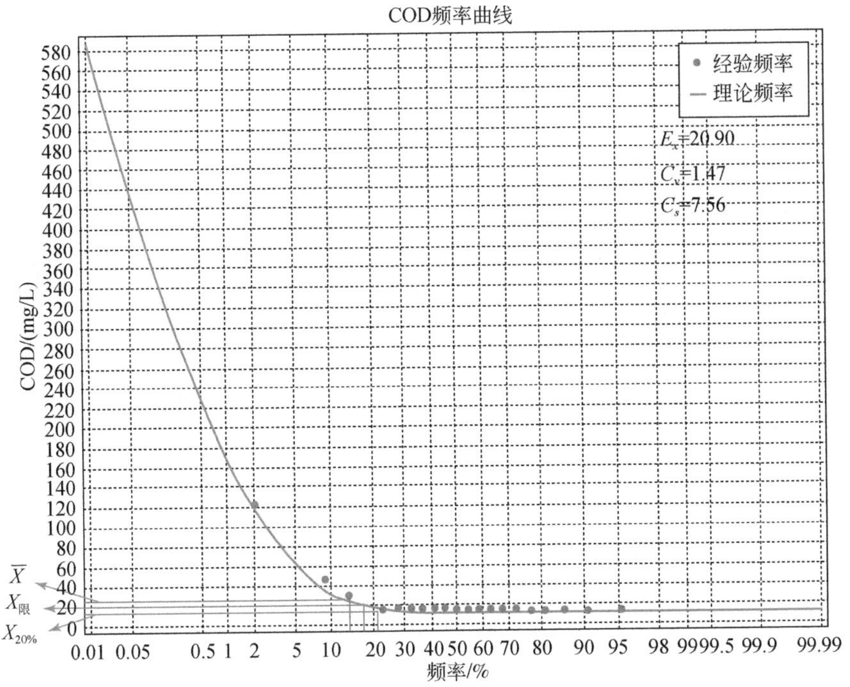

图 9-14 频次法达标，年均值法不达标时各值的关系图

4）年均值法和频次法均不达标

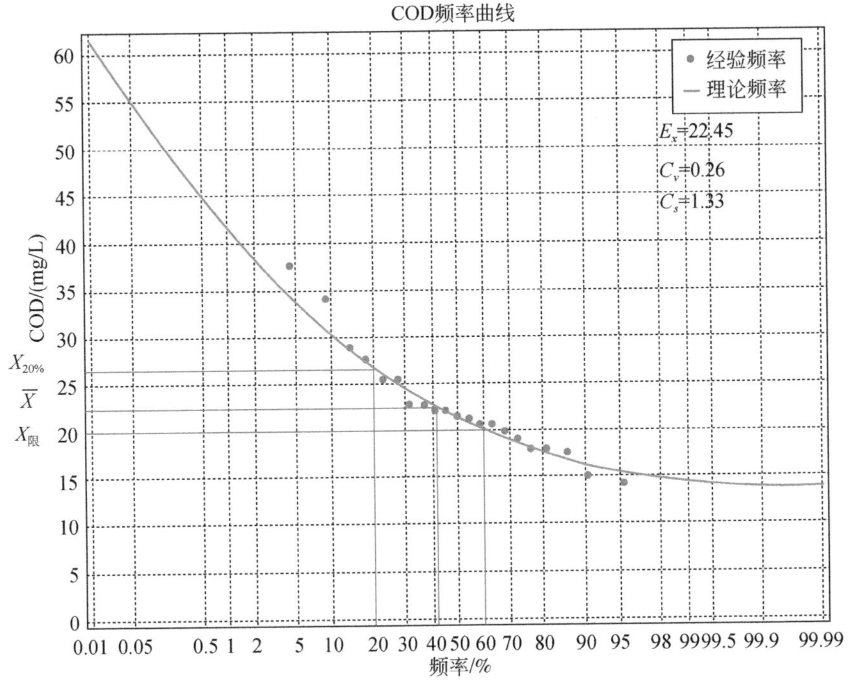

图 9-15 年均值法和频次法均不达标时各值的关系图

由图9-15可知，当年均值法和频次法均不达标时，$X_{均值}$和$X_{20\%}$均大于$X_{限制}$。$X_{均值}$大于$X_{限制}$表示为年均值评价结果不达标，而$X_{20\%}$大于$X_{限制}$表示其小于$X_{限制}$的样本数量不足80%，因此，频次法评价结果不达标。

由上述分析可以得出，当一组水质数据的离散程度较小时，其数据相对集中在均值附近，此时可以运用年均值法进行水功能区达标评价。当一组水质数据的离散程度较大时或相对均值不对称时，均值就不能很好地反映数据的整体特点，此时需要运用频次法进行水功能区达标评价。因此，在判别具体运用哪种达标评价方法时需要考虑水质数据的离散程度。

2. 达标评价方法适用范围的推导

实际水质监测的工作，不可能对水质随时进行观测，从而得到连续的曲线，然而现实是定期进行观测得到数据，得到有限的散点数值。将监测到的水质指标数据拟合成函数曲线，通过对函数曲线的分析，进一步得出年均值法和频次法的适用范围和适用条件。本书拟定水质指标监测数据满足皮尔逊Ⅲ型曲线分布。

皮尔逊Ⅲ型曲线是一条一端有限一端无限的不对称的单峰曲线（图9-16），数学上成为伽玛分布，其概率密度为

$$f(x) = \frac{\beta^{\alpha}}{\Gamma(\alpha)}(x - a_0)^{\alpha-1}e^{-\beta(x-a_0)} \tag{9-115}$$

式中，$\Gamma(\alpha)$为α的伽玛函数；α、β、a_0分别为皮尔逊Ⅲ型分布的形状、尺度和位置参数，$\alpha > 0$，$\beta > 0$；$f(x)$为概率密度曲线。

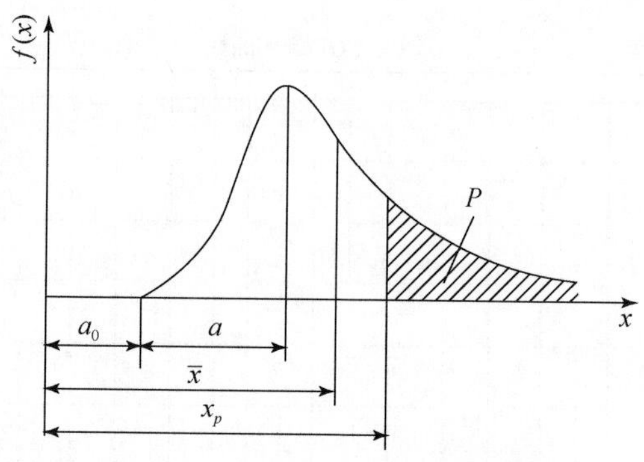

图9-16 皮尔逊Ⅲ型概率密度曲线

显然，α、β、a_0确定以后，该密度函数也随之确定，这3个参数与总体的3个统计参数具有下列关系：

$$\alpha = \frac{4}{C_s^2}$$

$$\beta = \frac{2}{\bar{x}C_sC_v}$$

$$a_0 = \bar{x}\left(1 - \frac{2C_v}{C_s}\right)$$

可以看出，研究的重点转向统计参数上。接下来将重点探讨各个参数的特点及对概率密度曲线的影响，从而得出年均值法和频次法的适用范围。

皮尔逊Ⅲ型密度曲线的形状主要决定于参数 C_s（或 α），先考虑 $C_s > 0$ 情况。从图 9-17 可以区分为以下四种形状。

（1）当 $0 < \alpha < 1$，即 $2 < C_s < \infty$ 时，密度曲线呈乙形，以 x 轴和 $x = b$ 直线为渐近线，如图 9-17（a）所示。

（2）当 $\alpha = 1$，即 $C_s = 2$ 时，密度曲线退化为指数曲线，仍呈乙形，但左端截至曲线起点，右端仍伸到无限，如图 9-17（b）所示。

（3）当 $1 < \alpha < 2$，即 $\sqrt{2} < C_s < 2$ 时，密度曲线呈铃形，左端截至曲线起点，且在该处与 $x = b$ 相切，右端无限，如图 9-17（c）所示。

（4）当 $\alpha > 2$，即 $C_s < \sqrt{2}$ 时，密度曲线呈铃形，起点处曲线与 x 轴相切，右端无限，如图 9-17（d）所示。

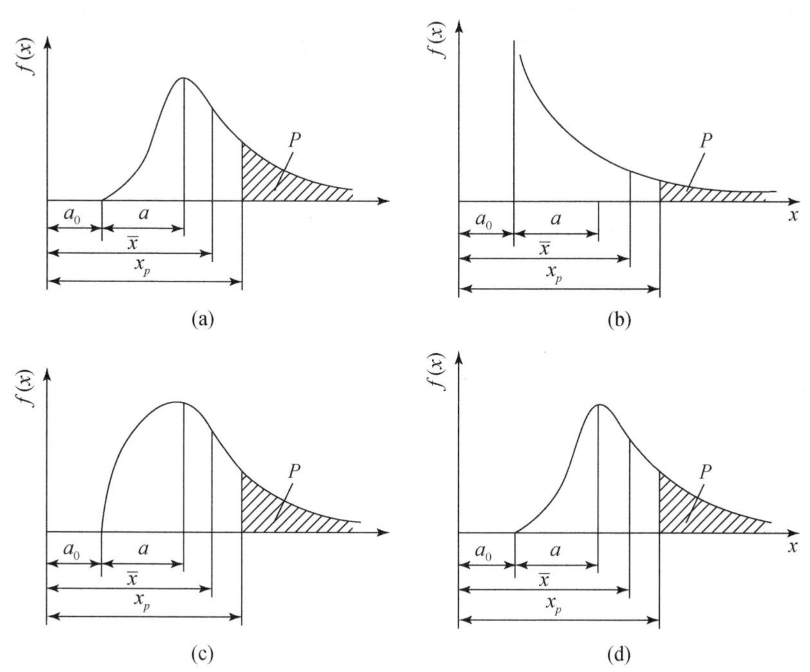

图 9-17　C_s 不同取值时的概率密度曲线图

将皮尔逊Ⅲ型密度曲线与水功能区水质样本相结合，水质达标频率曲线以样本的概率密度为纵坐标，样本含量为横坐标的频率曲线图。根据概率密度函数的意义，观察图 9-17（a）、图 9-17（b）可知，多数样本值较小，少数样本值较大，数据离散程度较大，适合选用频次法；图 9-17（c）和图 9-17（d）样本值离散程度均较小。因此，C_s 的范围定为 $C_s < 2$。

皮尔逊Ⅲ型曲线为负偏分布时（$C_s < 0$），密度曲线图形与正偏密度图形关于 $x = \bar{x}$ 对称，如图 9-18 所示。同理，负偏只需分析 $\alpha > 2$，即 $0 > C_s > -2$ 情况下的图形。

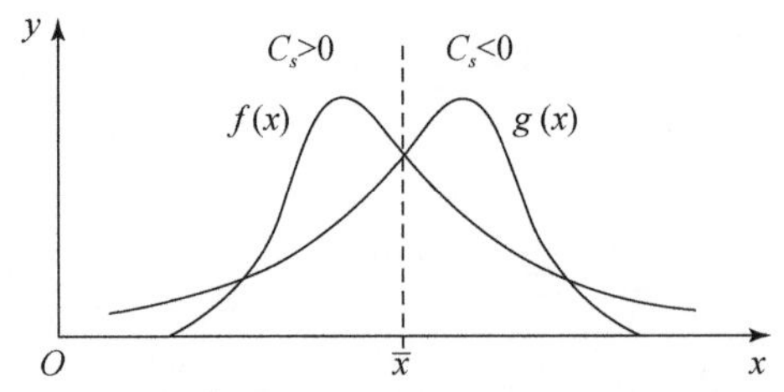

图 9-18　$C_s<0$ 时概率密度曲线

综合上述两种情况，可以确定 C_s 的范围为 $|C_s|<2$。

接下来分析 C_v 的取值范围。选取概率密度最大的点（概率密度函数的极值点）对应的样本值作为参考对象，当极值点对应的样本值与均值之间的距离小于一定范围时则考虑选取年均值法进行评价，反之则采用频次法。

计算概率密度函数曲线的极值点即为求概率密度函数一阶导数为零的点。

当 $f(x)$ 与 $g(x)$ 关于 $x=\bar{x}$ 对称，可知有 $g(x)=f(2\bar{x}-x)$。

正偏时：

$$f(x)=\frac{\beta^{\alpha}}{\Gamma(\alpha)}(x-a_0)^{\alpha-1}e^{-\beta(x-a_0)} \tag{9-116}$$

$$f'(x)=\frac{\beta^{\alpha}}{\Gamma(\alpha)}[(\alpha-1)(x-a_0)^{\alpha-2}e^{-\beta(x-a_0)}-\beta(x-a_0)^{\alpha-1}e^{-\beta(x-a_0)}] \tag{9-117}$$

负偏时：

$$g(x)=f(2\bar{x}-x)=\frac{\beta^{\alpha}}{\Gamma(\alpha)}(2\bar{x}-x-a_0)^{\alpha-1}e^{-\beta(2\bar{x}-x-a_0)} \tag{9-118}$$

$$g'(x)=\frac{\beta^{\alpha}}{\Gamma(\alpha)}[-(\alpha-1)(2\bar{x}-x-a_0)^{\alpha-2}e^{-\beta(2\bar{x}-x-a_0)}+\beta(2\bar{x}-x-a_0)^{\alpha-1}e^{-\beta(2\bar{x}-x-a_0)}] \tag{9-119}$$

若函数取极值时，取 $f'(x)=0$，$g'(x)=0$，则 $(\alpha-1)=\beta(x-a_0)$，$(\alpha-1)=\beta(2\bar{x}-x-a_0)$ 由曲线图可知，再根据以下参数关系：

$$\alpha=\frac{4}{C_s^2}$$

$$\beta=\frac{2}{\bar{x}C_sC_v}$$

$$a_0=\bar{x}\left(1-\frac{2C_v}{C_s}\right)$$

可得：

$$x_f=\bar{x}\left(1-\frac{C_vC_s}{2}\right) \tag{9-120}$$

$$x_g=\bar{x}\left(1+\frac{C_vC_s}{2}\right) \tag{9-121}$$

从概率密度曲线图中可以看出，当 $x_{f或g}$ 和均值 $\bar{x}$ 越靠近时，水质指标样本数据大多数

落在均值 $\bar{x}$ 附近，即可表示为 $\left|x_{f或g} - \bar{x}\right| < \delta$ 时，此时均值能够代表样本整体情况，可以运用年均值法评价。化简后为 $|C_vC_s| \leqslant \beta$（β 为分界点）。

综上所述，研究的重点转换成求得 β 分界点的值。分界点 β 的确定是基于 C_vC_s 值的计算结果，为了更好地区分 $|C_vC_s|$ 值的分布特点，将 $|C_vC_s|$ 值在 0～1.5 按照 3 个区间进行讨论。先讨论年均值法的适用范围，由于年均值法是在离散程度比较小的情况下能够得到比较客观的判断，因此，将第一区间细化成 9 种不同的分区形式，从而得到 9 组不同的总体分区形式，具体划分原则见表 9-11。当 $|C_vC_s|$ 值在第一区间和第三区间所占比例为最大时，可以认为在第一段的水质数据可以满足年均值法，落在第三段的水质数据可以采用频次法评价。同时，第一段区间的上限即是分界点 β 值。

但是存在一个问题，如表 9-11 所示，例如，当分区编号 5～9 的第一分区和第三分区所占比例相对于分区编号 4 都较大，而分区编号 5～9 相差较小时，为了更加严格地选取分界点 β 值，采用较小分区编号的第一分区上限作为分界点 β 值，如分界点 β 值取 0.5。

表 9-11 C_vC_s 值分段划分原则

不同总体分区编号	C_vC_s 值的不同分段		
	第一分区	第二分区	第三分区
1	0～0.1	0.1～1	>1
2	0～0.2	0.2～1	>1
3	0～0.3	0.3～1	>1
4	0～0.4	0.4～1	>1
5	0～0.5	0.5～1	>1
6	0～0.6	0.6～1	>1
7	0～0.7	0.7～1	>1
8	0～0.8	0.8～1	>1
9	0～0.9	0.9～1	>1

根据上述分区原则，本书对大凌河流域 11 个水功能区 5 年的水质实测数据进行统计并计算分析，求得 8 个指标各时段的 $|C_vC_s|$ 值，分析其值在各范围所占比例，从而确定具体值。具体计算结果见表 9-12。

表 9-12 大凌河流域各指标 $|C_vC_s|$ 计算表

水功能区编号	年份	pH	DO	高锰酸盐	COD	BOD5	NH_3-N	挥发酚	汞
1	2006	0	0.5	0	2.8	0	1.7	—	0.4
	2007	0.1	0.1	0.1	0.4	0	0.5	—	0.7

续表

水功能区编号	年份	pH	DO	高锰酸盐	COD	BOD5	NH_3-N	挥发酚	汞
1	2008	0	0.5	0.3	1.4	0.2	1.1	—	2.9
	2009	0	0.3	0.1	0.1	0	1	—	3
	2010	0	0.4	0.2	0.1	0.2	3.3	0.7	0.6
2	2006	0.1	0.3	0.2	0.8	0.7	9.1	—	1.2
	2007	0.1	0.2	0.1	0.1	0.1	2.4	—	3.9
	2008	0	0.3	0.2	0.2	0	1.2	—	0.3
	2009	0	0.4	0.1	0.3	0.1	2.1	—	1.7
	2010	0	0	0	0.2	0.1	4.1	0.3	0.4
3	2006	0.1	0.1	0.5	3.3	0.3	0.4	0.5	1
	2007	0.1	0.1	0.3	2.5	0	1.1	1.1	0.3
	2008	0	0.2	0.3	0.8	0	2.4	1.6	0.2
	2009	0.1	0.1	2	2	1.8	0.1	0.3	3.7
	2010	0	0.3	2.1	0.6	4.2	1	0.4	2
4	2006	0	0.1	0.2	0.1	0.3	2.2	0.4	0.3
	2007	0.1	0.1	1.1	0.3	0.8	0.9	1.1	1
	2008	0	0.1	3.4	0	2.9	0.4	0.4	0.6
	2009	0.1	0.1	0.2	0.5	0.5	0.4	0.2	0.8
	2010	0	0	0.1	0.1	3	0.3	0.3	0.5
5	2006	0	0.1	0.8	0.1	0.2	0.8	1.8	1.1
	2007	0.1	0.3	0.3	0.1	0.2	1.1	6.6	0
	2008	0	0	0.2	0.3	0.7	0.3	2.8	0
	2009	0	0.1	0.2	0.2	0.1	2.8	1.8	3.3
	2010	0	0.1	1	1.5	0.5	2.3	0.3	1.1
6	2006	0	0	0.1	0	0.2	0.1	5.8	0.3
	2007	0	0.1	0.2	1.7	0	0.2	3.5	0
	2008	0	0.1	0	0.4	0.2	3.3	—	0.1
	2009	0	0.1	0.1	0.5	0.8	3.1	—	0.5
	2010	0	0.1	0.2	0.7	0.1	10.5	0	0.7
7	2006	0	0	6.5	3	6.4	5.1	1.6	0.5
	2007	0.1	0.8	0.4	0.7	0.3	0.2	2.4	1.9
	2008	0	0.6	0.4	0.8	0.1	0.2	1.8	4.1
	2009	0	0.5	1.7	2.3	3.6	5.7	1.5	1.2
	2010	0	0.1	0.4	1.7	0.3	0.1	1	1.6

续表

水功能区编号	年份	pH	DO	高锰酸盐	COD	BOD5	NH_3-N	挥发酚	汞
8	2006	0	0.1	1.1	0.7	1.5	0.6	—	0.7
	2007	0	0.2	0.3	0.1	0.2	0.2	—	1
	2008	0	0.1	0.8	0.6	0.7	0.1	—	4.7
	2009	0.1	0.1	0.6	1.9	0.8	1.4	5.1	0.8
	2010	0	0	0.3	0.5	1.1	1.3	0.3	1.1
9	2006	0	0.6	0.6	0.1	0.7	0.4	0.9	1.3
	2007	0.2	3.9	0.5	0.1	0.3	0.8	0.2	0
	2008	0	6.1	0.3	0.9	1.3	0.1	0	2.7
	2009	0	3.3	0.7	0.8	0.9	2.2	0.6	2
	2010	0	0.1	0.3	0.2	0.1	11.7	0.3	0.5
10	2006	0	0.4	0	0.3	0.1	0.1	—	0.3
	2007	0.1	0.3	0.1	0.6	0	0.3	—	0.9
	2008	0	0.3	0	0.7	0.1	0.4	—	0.7
	2009	0	0.1	0.2	0.2	0.2	3.9	—	1.7
	2010	0	0	0.3	0.4	0	1.9	0.3	0.6
11	2006	0	0.1	0.8	0.4	1.3	2.5	0.3	0.8
	2007	0.1	0.1	0.4	0.5	0.8	14.4	0	1.4
	2008	0	0.4	1.6	1.3	1.9	0.2	0.1	0.3
	2009	0	0	0.9	0.7	0.9	0.2	0.6	0.6
	2010	0	0.2	5	0.4	3.2	0.5	0.5	0.2

由表9-12统计可知，约为90%的 $|C_vC_s|$ 值落在 $0\sim0.5$ 和大于1这两个区域内，约为80%的值落在 $0\sim1$ 内，但仅有9%的值落在 $0.5\sim1$ 的区域。$|C_vC_s|$ 的值越大，侧面反映出数据的离散程度大，其值越小，则表示数据的离散程度小。为了较为严格地规定年均值法的适用条件，本书选取0.5作为分界点。

从而得出 $|C_vC_s|\leqslant 0.5$。由此可知，针对大凌河流域，当水质指标的统计参数满足：$|C_vC_s|\leqslant 0.5$ 且 $|C_s|<2$，选用年均值法，不满足以上条件时则选用频次法。

将上述方法应用于大凌河流域水功能区实际水质监测中时，需要考虑多个水质指标影响下的水功能达标评价，用 x_{ij} 表示第 i 个样本中第 j 个指标因子的实测值。将这些水质数据写成 $m\times n$ 矩阵形式如下：

$$\begin{bmatrix} x_{11} & x_{12} & \cdots & x_{1n} \\ x_{21} & x_{22} & \cdots & x_{2n} \\ \cdots & \cdots & \cdots & \cdots \\ x_{m1} & x_{m2} & \cdots & x_{mn} \end{bmatrix}$$

由于判别运用年均值法和频次法的依据主要是考虑水质数据的离散程度，因此，当有多个指标时，需要考虑每个水质评价指标的离散程度，针对水质数据矩阵而言即计算每种指标的均值、C_v、C_s，这时可以得出结论：对于大凌河流域水功能区而言，当每个水质监测指标均满足 $|C_vC_s| \leqslant 0.5$ 且 $|C_s| < 2$ 时，表明该年度（水期）水质样本数据离散程度较小，可以运用年均值法进行评价，反之采用频次法。

3. 参数的计算方法

在本章中得出了大凌河流域水功能区达标评价年均值法和频次法的适用范围，其核心是计算水质皮尔逊Ⅲ型频率曲线的 C_v 和 C_s 值，计算出 C_v 和 C_s 值后即可迅速判断出具体采用年均值还是频次法。由于水功能区水质达标的观测样本容量较小，选取较高精度的计算方法成为研究重点。经过大量文献搜集，本书推荐：水质指标的 C_v 值采用矩法计算，C_s 值采用权函数法计算。

矩法计算 C_v：均值的无偏估计为样本估计值，即

$$\bar{x} = \frac{1}{n}\sum_{i=1}^{n} x_i \tag{9-122}$$

样本二阶中心矩的数学期望为

$$E(\hat{\mu}_2) = \frac{n-1}{n}\mu_2 \tag{9-123}$$

因此，可得 C_v 值：

$$C_v = \sqrt{\frac{n}{n-1}}\sqrt{\frac{\sum_{i=1}^{n}(K_i - 1)^2}{n}} = \sqrt{\frac{\sum_{i=1}^{n}(K_i - 1)^2}{n-1}} \tag{9-124}$$

运用权函数法计算 C_s：

$$\begin{cases} C_s = 4\bar{x}C_v\dfrac{E}{G} \\ E = \dfrac{1}{n}\sum_{i=1}^{n}(\bar{x} - x_i)\varphi(x_i) \\ G = \dfrac{1}{n}\sum_{i=1}^{n}(\bar{x} - x_i)^2\varphi(x_i) \end{cases} \tag{9-125}$$

$$\varphi(x_i) = \frac{1}{\sigma\sqrt{2\pi}}e^{-\frac{1}{2}\left(\frac{x_i-\bar{x}}{\sigma}\right)^2} \tag{9-126}$$

式中，$\varphi(x_i)$ 为权函数；E、G 分别为一阶和二阶加权中心矩。

4. 达标评价方法选取原则

本书通过对大凌河流域水功能区水质监测数据进行分析得出了一套针对该流域水功能区的达标评价适用范围及选取方法。若推广到其他流域水功能区时，关键就是确定 β 分界点的值。

因此，我们可以得出对于流域水功能区达标评价年均值法评价和频次法评价的适用范围的确定原则。

（1）针对研究流域全部水功能区，计算出年度（水期）全部水质评价指标数据系列

的统计参数 C_v 值和 C_s 值，采用矩法估算 C_v 值和权函数法计算 C_s 值。同时计算出对应的 $|C_vC_s|$ 值。

（2）对研究流域水功能区 $|C_vC_s|$ 值进行统计并确定区间范围，从而确定年均值法评价和频次法评价的分界点 β 值。

（3）当每个水质监测指标均满足 $|C_vC_s| \leqslant \beta$ 且 $|C_s| < 2$ 时，表明该年度或水期的水质样本可以运用年均值法进行评价，反之采用频次法。

本书提出的方法相对简单，计算简便，可在今后水功能达标评价应用中进一步完善。

9.3.4 达标评价方法改进建议

在现实的水质监测工作中，如果用频次法进行评价，容易让排污企业抓住评价工作的盲点——在80%的评价期内污染物按达标标准排污，在其余20%的评价期内集中大量排污。若在水质监测中都采用年均值法进行评价，则不能很明显看出排污企业的整改情况等。这样应用单一的评价方法，既不利于指定限制排污总量，从而水污染防治工作留有安全隐患，又不利于水资源管理规划工作进行指导监督。单因子法是水质评价中最常用的评价方法，本书针对上述基于单因子法的水功能区达标评价方法在实际工作中可能存在的问题，对年均值法和频次法进行部分改进。

9.3.4.1 年均值法改进建议

用 $c_1(k)$，$c_2(k)$，…，$c_i(k)$ 分别表示一年中每次水质评价中第 k 个水质指标的实测值。设定第 k 个指标的达标限制为 $b(k)$（此时考虑的是数值越大污染越严重的指标，DO指标与此相反）。此时需要确定权重。权重是衡量评价因子集中某评价因子对水污染程度影响相对大小的量。运用以下方法确定权重 $W_i(k)$ 的方法。

$$I_i(k) = b(k)/c_i(k),\ c_i(k) < b(k) \tag{9-127}$$

$$I_i(k) = 1,\ c_i(k) \geqslant b(k) \tag{9-128}$$

$$W_i(k) = \frac{I_i(k)}{I_1(k) + I_2(k) + I_3(k)} \tag{9-129}$$

式中，$b(k)$ 为第 k 个水质指标对应的水质标准下限（对Ⅴ级标准，则为上限）；$I_i(k)$ 为无量纲数，表示某评价指标实测相对于水质标准超标的倍数。

求得权重后，即可得出改进的年均值法评价公式：

$$a(k) = W_i(k)c_i(k) \tag{9-130}$$

式中，$a(k)$ 表示第 k 个水质指标的加权年均值。运用加权年均值对水功能区进行评价。

常规的年均值法运用平均值评价整体水质情况，而改进的年均值法将水质越好的指标赋予越大的权重，这样使企业更加有意识加强整改，对水环境综合治理有一定的鼓励作用。

9.3.4.2 频次法改进建议

分析水质数据时若发现污染物在某段时间内大量排放时，可采用改进的频次法进行达标评价。改进的频次法将年度水功能区分为丰期、平期和枯期。先求得每个水期内的达标频次，再运用加权平均的方式求得综合达标频次。

用 p_1、p_2 和 p_3 分别表示水功能区丰、平和枯期内的达标频次。权重的计算方法具体计算如下（i 表示水期，$i=1$、2、3）：

$$D_i = 1,\ p_i < 80\% \tag{9-131}$$

$$D_i = 80\% / p_i,\ p_i > 80\% \tag{9-132}$$

从而，权重 $W_i = \dfrac{D_i}{D_1 + D_2 + D_3}$。

最后得出综合频次：

$$\bar{p} = \sum_{i=1}^{3} W_i(k) p_i \tag{9-133}$$

运用综合频次 $\bar{p}$ 即可判定该水功能区是否达标。

常规的频次法认为当达标频次大于80%的时候，该水功能区即可达标。若有上述抓住20%期间集中大量排放的污染物的情况时，改进的频次法为根据赋予权重的方式降低综合达标频次，这对防止企业集中大量排污有一定的积极作用。

9.4 本章小结

本章研究的结论与前景主要有以下几点。

1）国内外水质指标监测统计现状与问题分析

（1）进行水质评价时，需要对不同分类的水功能区水质评价指标进行筛选。由于不同的功能区对不同的项目要求不同，在节约人力、物力又不影响功能评价的原则上，对不同的功能区评价项目可适当减少和补充。本书系统整理了不同水功能区达标评价所关心的重要水质指标的筛选原则，可为今后水质评价工作提供依据。

（2）水质评价方法的种类繁多，各种方法所依托的数学原理不尽相同，本书对国内外水质评价常用方法进行系统搜集整合，不仅对未来水质评价工作提供一定参考价值，并且对科研工作者在水质评价理论上的创新也具有借鉴意义。同时，不同的水质评价方法也在一定程度上影响水功能区达标结果，因此，这部分研究也对后续工作奠定了基础。

2）指标监测网络设计与评价方法

评价范围为《全国重要江河湖泊水功能区划（2011—2030年）》（国函〔2011〕167号）名录内的所有水功能区（不含无水质目标的排污控制区）。2015年及以前的评价范围为根据水利部有关通知要求定的、列入“十二五”达标评价的全国重要江河湖泊水功能区。有条件的流域或省份应将已开展监测工作的全国重要江河湖泊水功能区全部纳入评价范围省（直辖市、自治区）政府批复的水功能区的水质达标评价参照本技术方案执行。

水功能区水质项目评价代表值应按《地表水资源质量评价技术规程》（SL395—2007）规定的方法确定。单次水功能区水质达标评价应根据水功能区水质目标规定的评价内容进行。对于年度监测次数低于6次的河流源头保护区及自然保护区，可按照年均值方法进行水功能区达标评价，年度评价类别等于或优于水功能区水质目标类别的水功能区为达标水功能区。其他类型水功能区达标评价应采用频次达标评价方法，达标率大于（含等于）80% 的水功能区为达标水功能区。连续断流时间超过（含）6 个月的河流水功能区可以不纳入水功能区达标评价统计范围。是否满足断流条件，所在省份应提出申报材料，经流域机构核查确认，并上报水利部备案。

3）不同层次水功能区达标率评价统计制度设计

（1）水功能区达标评价体系对水功能区综合管理和稳步推进“三条红线”制度有着重要作用。年均值法和频次法是目前国内水功能区达标评价的主要方法。然而，不同的方法评价的结果也不尽相同。因此，两种方法的选取和适用范围的分析一直是研究的难点和热点。本书运用数理统计理论和方法，分析了水质数据的特点，总结了两种方法的差异性，并给出两种方法的适用范围，对今后水功能区管理和规划具有一定的参考价值。

（2）年均值法和频次法的适用范围主要是考虑水质数据的离散程度，即考虑数据的变差系数和偏态系数。当水质指标的离散程度较小时，可以运用年均值法评价。当水质指标的离散程度较大或相对均值不对称时，则需要运用频次法评价。

运用数理统计等方法得出大凌河流域水功能区年均值法和频次法各自的适用范围是：针对大凌河流域水功能区水质指标监测数据按矩法和权函数法分别计算出每种指标的 C_v、C_s，当每个指标均满足 $|C_s| < 2$ 且 $|C_vC_s| < 0.5$ 时，该年度或水期的水功能区达标评价可采用年均值法评价，反之采用频次法评价。

当推广到其他流域水功能区达标评价时主要考虑 $|C_vC_s|$ 的分界点 β 值，当每个评价指标均满足 $|C_s| < 2$ 且 $|C_vC_s| < \beta$ 时，采用年均值法评价，反之采用频次法评价。

（3）对年均值法和频次法提出改进建议。在现实的水质监测工作里，如果用频次法进行评价，容易让排污企业抓住评价工作的盲点——在 80% 的评价期内污染物按达标标准排污，在其余 20% 的评价期内集中大量排污。若在水质监测中都采用年均值法进行评价，则不能很明显看出排污企业的整改情况等。这样应用单一的评价方法，既不利于指定限制排污总量，从而水污染防治工作留有安全隐患，又不利于水资源管理规划工作进行指导监督。针对实际工作中可能存在的问题提出一些改进：改进的年均值法将水质越好的指标赋予越大的权重，这样使企业更加有意识地加强整改，对水环境综合治理有一定的鼓励作用。改进的频次法只在污染物数据在短期内过分增多时运用，此时可以根据赋予权重的方式降低综合达标频次，这对防止企业集中大量排污有一定的积极作用。本书所提出的改进评价方法在计算理论与方法上不够完善，但目的是为了能够更好地加强水污染治理防范意识。

第10章 实行最严格水资源管理制度考核系统与方案设计

10.1 考核背景与制度情况

10.1.1 最严格水资源管理制度考核背景

《中共中央国务院关于加快水利改革发展的决定》(中发〔2011〕1号，以下简称中央一号文件) 系统地界定了最严格水资源管理制度的体系构成及其基本内容，主要内容概括来说就是确定"三条红线"，实施"四项制度"。

针对当前我国水资源面临的严峻形势，国务院发布了《国务院关于实行最严格水资源管理制度的意见》(国发〔2012〕3号，以下简称《意见》)，这是继中央一号文件明确要求实行最严格水资源管理制度以来，对实行该制度作出的全面部署和具体安排。党的十八大将实行最严格水资源管理制度作为生态文明建设的重要内容，充分体现了党中央国务院对实行最严格水资源管理制度的高度重视和坚定决心。

水利部出台的《落实〈国务院关于实行最严格水资源管理制度的意见〉实施方案》(水资源〔2012〕356号)，明确要求建立水资源管理责任与考核制度的支撑体系，组织开展考核工作。

《实行最严格水资源管理制度考核办法》(国办发〔2013〕2号，以下简称《办法》)的出台，是国务院为加快落实最严格水资源管理制度做出的又一重大决策。实行最严格水资源管理制度重在落实，建立责任与考核制度，是确保最严格水资源管理制度主要目标和各项任务措施落到实处的关键。作为最严格水资源管理制度的重要配套政策性文件，《办法》明确了责任主体、考核对象，各省（自治区、直辖市）水资源管理控制目标、考核内容等。2013年2月，水利部提出《水利部关于贯彻落实〈实行最严格水资源管理制度考核办法〉的意见》(水资源函2012年46号)，进一步对2013～2015年的考核工作做出部署，并明确要求试点地区按照"四个率先"要求，发挥试点示范和引导作用。《办法》的实施，有力促进了发展方式转变，实现水资源可持续利用，保障经济社会又好又快发展。2013年全国水利厅局长会议，陈雷部长在讲话中强调："必须加快落实最严格水资源管理制度，在水资源管理监督考核上，要健全取用水计量和监控体系，建立目标考核、干部问责和监督检查机制，充分发挥'三条红线'的约束作用。"

为贯彻落实最严格水资源管理制度，水利部主要从加快落实水资源管理责任和考核制度、基本建立水资源管理控制指标体系、全面推进国家水资源监控能力建设、加快推进最严格水资源管理制度试点建设、大力推进水生态文明和节水型社会建设、研究制定考核配套技术文件、《办法》宣贯 7 个方面开展了工作，为考核做好了支撑。

10.1.2 最严格水资源管理制度相关情况

1. 流域机构方面

流域管理机构作为水利部的外派机构，起着地方和中央信息互通的桥梁作用。一方面，在水利部的授权下，指导和监督流域所辖地区的水资源管理工作；另一方面，直接负责流域水资源规划、调度和保护等管理工作，开展跨区域水资源管理和纠纷调解等工作。流域机构作为水利部的派出机构，具有基础资料完整、管理与技术经验丰富、技术队伍条件好的基础，省界断面水量水质监测评价也可提供较为客观的支持，建议在适当环节、以合理角色参与到考核中，避免最严格水资源管理考核变成水利部门对系统内部的考核，导致考核难以达到促进各地政府推动水资源管理工作的目标。在最严格水资源管理考核中，流域机构还具备以下几方面基础优势：一是以流域内江河水量分配工作为基础，协助水利部做好考核指标的分解确认工作；二是以流域内跨省断面考核指标监测、数据统计及复核等基础工作为考核过程所需的基础数据提供支撑；三是认真履行监督职责，协助水利部定期、不定期检查、指导和督促地方最严格水资源管理工作。

经调研发现，多数流域机构具有较好的管理基础和技术基础。一方面，通过长期的流域水资源规划、管理、监督和技术支持工作，流域机构水资源管理与保护、水政等管理部门与水文、规划设计、水环境监测等技术支撑单位积累了大量的基础资料，具备丰富的管理与技术经验，拥有较强的技术队伍，可以充分为相关省区市的考核提供支撑；另一方面，流域机构在省界断面水量水质监测评价等跨行政区的监控、监督、协调等方面具有显著的优势和工作基础，可为考核工作提供良好的支持。

同时通过调研还了解到，流域开展考核工作还存在一些困难和问题，重点集中在流域机构自身掌握的水资源监控能力不足、对流域划片区及流域管理与行政区域考核的衔接存在疑虑等方面。

2. 典型省份方面

项目组对典型省份（山东和广东）开展了考核专题调研，并对已经开展考核相关工作进行了总结分析。

1）山东

山东作为加快水利改革发展和加快实施最严格水资源管理制度的试点，积极开展有关工作。目前，全省最严格水资源管理制度框架体系基本建成，在制度层面、工作体系方面已形成有力支撑。该省在推进实施最严格水资源管理制度过程中对考核工作高度重视，把建立完善考核问责机制作为落实最严格水资源管理制度的根本保障，从党委政府、水利系统内部以及用水户三个层面已开展考核工作，实际工作成效已经体现。

2）广东

广东水资源总量相对丰沛，但水资源时空分布不均，与生产力布局不相匹配，水生态和水环境问题比较突出。实施最严格水资源管理制度，对于以水资源可持续利用支撑全省经济社会发展具有重要意义。广东积极贯彻落实中央 1 号文件、国务院 3 号文件和全国水资源工作会议精神，将实施最严格水资源管理制度列为推进广东水利转型升级的民生水利五项工作方案之一，开展了大量工作，建立了“三条红线”等水资源管理控制指标体系和监控体系。2011 年 12 月广东出台了《广东省最严格水资源管理制度实施方案》，不断推动相关制度建设，并于2012 年率先出台了《广东省实行最严格水资源管理制度考核暂行办法》，实现了对各地级市 2011 年度实行最严格水资源管理制度的考核，有效地促进了最严格水资源管理制度的“落地”。

3. 各地出台考核办法方面

全国范围内大多数省市区出台了相应的考核办法，本书通过各种渠道搜集了文件，并对其内容（考核组织实施与责任主体、考核内容、考核程序、结果使用）和特点进行分析归纳。为便于比较，将按地域划分为南方区域和北方区域，其中南方出台了 10 份办法，北方出台了 9 份办法。经过对比分析，不同区域间省级实行最严格水资源管理制度考核办法（与国务院出台的考核办法的内容）基本上是类似的，但也存在实施部门数量的多少、考核内容地方特点的细化、考核时间安排的前后以及将考核结果落实到位的责任主体等细节上的差异。

10.2 考核内容确定

基于国外相关水资源管理制度分析和国内相关部委资源考核情况，同时结合当前各流域机构和部分典型省份先行开展最严格水资源管理制度考核的实际情况，本书建议拟考核的主要内容包括目标值达标和制度建设两方面。《国务院关于实行最严格水资源管理制度的意见》（国发〔2012〕3 号）也明确要求加快建立“三条红线”指标体系，完善和严格执行水资源管理各项制度；《国务院办公厅关于实行最严格水资源管理制度考核办法的通知》（国发〔2013〕2 号）则对考核内容（目标完成、制度建设和措施落实情况）做出了明确细化和规定。鉴于目前水资源相关数据以统计为主，进行实时在线监测的能力不足，且最严格水资源管理制度考核工作处于启动阶段，建议考核以制度建设和措施落实情况为重点，目标完成情况为辅；到“十三五”期间，全国水资源监控能力建设平台基本完备后，逐步提升目标完成情况的考核比重。

10.2.1 目标完成情况

10.2.1.1 用水总量

用水总量包括农业用水、工业用水、生活用水、生态环境补水 4 类指标。

农业用水指农田灌溉用水、林果地灌溉用水、草地灌溉用水和鱼塘补水。

工业用水指工矿企业在生产过程中用于制造、加工、冷却、空调、净化、洗涤等方面的用水，按新水取用量计，不包括企业内部的重复利用水量。水力发电等河道内用水不计入用水量。

生活用水包括城镇生活用水和农村生活用水。城镇生活用水由居民用水和公共用水（含第三产业及建筑业等用水）组成；农村生活用水除居民生活用水外，还包括牲畜用水在内。

生态环境补水包括人为措施供给的城镇环境用水和部分河湖、湿地补水，不包括降水、径流自然满足的水量。

10.2.1.2 万元工业增加值用水量

万元工业增加值用水量指工业用水量与工业增加值之比，是反映工业用水效率提高的重要指标。工业用水量是指工业企业生产过程中按新水取用量计的用水量，不包括企业内部的重复利用水量。工业增加值是指工业企业在报告期内以货币形式表现的工业生产活动的最终成果，是工业企业全部生产活动的总成果扣除了在生产过程中消耗或转移的物质产品和劳务价值后的余额，是工业企业生产过程中新增加的价值。

万元工业增加值用水量考虑可由工业产品用水定额和工业用水重复利用率两个指标进行辅助校核。

（1）工业产品用水定额是指生产单位工业产品的用水量，是反映工业用水水平的重要指标。

（2）工业用水重复利用率是指工业企业用水重复利用量占总取水量的百分比，是反映工业节水水平的重要指标。

10.2.1.3 农田灌溉水有效利用系数

农田灌溉水有效利用系数是指田间净灌溉用水量与相同区域毛灌溉用水量之比，是反映灌溉工程质量、灌溉技术水平和灌溉用水管理水平的核心指标，是衡量灌溉输水效率的综合指标。

农田灌溉水有效利用系数考虑可由农田亩均灌溉用水量和农业节水灌溉率两个指标进行辅助校核。

（1）农田亩均灌溉用水量是指灌溉水量与灌溉面积之比，是反映实际灌溉用水水平的指标，综合反映了农业生产结构调整、灌溉管理水平等信息。

（2）农业节水灌溉率是指采取节水措施工程的灌溉面积与全部有效灌溉面积之比，是反映农业节水工程措施实施情况的基础指标，综合反映了农业节水的工程建设力度。

10.2.1.4 重要江河湖泊水功能区水质达标率

重要江河湖泊水功能区水质达标率指水质评价达标的水功能区数量与全部参评水功能区数量的比值。重要江河湖泊水功能区水质达标率考虑可由省界断面水质达标率、重要饮用水源地水质达标率和城市污水处理率 3 个指标进行辅助校核。

（1）省界断面水质达标率指跨省级河流交界断面的水质达标率。

（2）重要饮用水源地水质达标率指重要饮用水水源地取得的水量中，其地表水质达到国家标准的水量之和占取水总量的百分比。

（3）城市污水处理率指城市污水处理量与污水排放总量的比率。

10.2.2 制度建设和措施落实情况

10.2.2.1 用水总量控制

根据《意见》的水资源开发利用控制红线管理的内容和《办法》要求，对于省级人民政府的制度建设和措施落实情况主要包括以下几个方面。

1）严格规划管理和水资源论证

开发利用水资源，按照流域和区域统一制定规划，充分发挥水资源的多种功能和综合效益。建设水工程，必须符合流域综合规划和防洪规划，由有关水行政主管部门或流域管理机构按照管理权限进行审查并签署意见。加强相关规划和项目建设布局水资源论证工作，国民经济和社会发展规划以及城市总体规划的编制、重大建设项目的布局，应与当地水资源条件和防洪要求相适应。严格执行建设项目水资源论证制度，对未依法完成水资源论证工作的建设项目，审批机关不予批准，建设单位不得擅自开工建设和投产使用，对违反规定的，一律责令停止。

2）严格控制区域取用水总量

建立覆盖省、市、县三级行政区域的取用水总量控制指标体系，实施区域取用水总量控制。各省、自治区、直辖市要按照江河流域水量分配方案或取用水总量控制指标，制定年度用水计划，依法对本行政区域内的年度用水实行总量管理。建立健全水权制度，积极培育水市场，鼓励开展水权交易，运用市场机制合理配置水资源。

3）严格实施取水许可

严格规范取水许可审批管理，对取用水总量已达到或超过控制指标的地区，暂停审批建设项目新增取水；对取用水总量接近控制指标的地区，限制审批建设项目新增取水。对不符合国家产业政策或列入国家产业结构调整指导目录中淘汰类的，产品不符合行业用水定额标准的，在城市公共供水管网能够满足用水需要却通过自备取水设施取用地下水的，以及在地下水已严重超采的地区取用地下水的建设项目取水申请，审批机关不予批准。

4）严格水资源有偿使用

合理调整水资源费征收标准，扩大征收范围，严格水资源费征收、使用和管理。各省、自治区、直辖市要抓紧完善水资源费征收、使用和管理的规章制度，严格按照规定的征收范围、对象、标准和程序征收，确保应收尽收，任何单位和个人不得擅自减免、缓征或停征水资源费。水资源费主要用于水资源节约、保护和管理，严格依法查处挤占挪用水资源费的行为。

5）严格地下水管理和保护

加强地下水动态监测，实行地下水取用水总量控制和水位控制。各省、自治区、直辖市人民政府要尽快核定并公布地下水禁采和限采范围。在地下水超采区，禁止农业、工业建设项目和服务业新增取用地下水，并逐步削减超采量，实现地下水采补平衡。深层承压地下水原则上只能作为应急和战略储备水源。依法规范机井建设审批管理，限期关闭在城市公共供水管网覆盖范围内的自备水井。

6）强化水资源统一调度

县级以上地方人民政府水行政主管部门要依法制订和完善水资源调度方案、应急调度预案和调度计划，对水资源实行统一调度。区域水资源调度应当服从流域水资源统一调度，水力发电、供水、航运等调度应当服从流域水资源统一调度。水资源调度方案、应急调度预案和调度计划一经批准，有关地方人民政府和部门等必须服从。

10.2.2.2 用水效率控制

根据《意见》用水效率控制红线管理的内容和《办法》要求，对于省级人民政府的制度建设和措施落实情况主要包括以下几方面。

1）全面加强节约用水管理

各级人民政府要切实履行推进节水型社会建设的责任，把节约用水贯穿于经济社会发展和群众生活生产全过程，建立健全有利于节约用水的体制和机制。稳步推进水价改革。各项引水、调水、取水、供用水工程建设必须首先考虑节水要求。水资源短缺、生态脆弱地区要严格控制城市规模过度扩张，限制高耗水工业项目建设和高耗水服务业发展，遏制农业粗放用水。

2）强化用水定额管理

各省、自治区、直辖市人民政府要根据用水效率控制红线确定的目标，及时组织修订本行政区域内各行业用水定额。对纳入取水许可管理的单位和其他用水大户实行计划用水管理，建立用水单位重点监控名录，强化用水监控管理。新建、扩建和改建建设项目应制订节水措施方案，保证节水设施与主体工程同时设计、同时施工、同时投产（即“三同时”制度），对违反“三同时”制度的，县级以上地方人民政府有关部门责令停止取用水并限期整改。

3）加快推进节水技术改造

加大农业节水力度，完善和落实节水灌溉的产业支持、技术服务、财政补贴等政策措施，大力发展管道输水、喷灌、微灌等高效节水灌溉。加大工业节水技术改造，建设工业节水示范工程。充分考虑不同工业行业和工业企业的用水状况和节水潜力，合理确定节水目标。有关部门要抓紧制定并公布落后的、耗水量高的用水工艺、设备和产品淘汰名录。加大城市生活节水工作力度，开展节水示范工作，逐步淘汰公共建筑中不符合节水标准的用水设备及产品，大力推广使用生活节水器具，着力降低供水管网漏损率。鼓励并积极发展污水处理回用、雨水和微咸水开发利用、海水淡化和直接利用等非常规水源开发利用。加快城市污水处理回用管网建设，逐步提高城市污水处理回用比例。非常规水源开发利用纳入水资源统一配置。

10.2.2.3 水功能区限制纳污

根据《意见》的水功能区限制纳污红线管理的内容和《办法》要求，对于省级人民政府的制度建设和措施落实情况主要包括以下几方面。

1）严格水功能区监督管理

水功能区布局要服从和服务于所在区域的主体功能定位，符合主体功能区的发展方向和开发原则。从严核定水域纳污容量，严格控制入河湖排污总量。各级人民政府要把限制排污总量作为水污染防治和污染减排工作的重要依据。切实加强水污染防控，加强工业污染源控制，加大主要污染物减排力度，提高城市污水处理率，改善重点流域水环境质量，防治江河湖库富营养化。严格入河湖排污口监督管理，对排污量超出水功能区限排总量的地区，限制审批新增取水和入河湖排污口。

2）加强饮用水水源保护

各省（自治区、直辖市）人民政府要依法划定饮用水水源保护区，开展重要饮用水水源地安全保障达标建设。禁止在饮用水水源保护区内设置排污口，对已设置的，由县级以上地方人民政府责令限期拆除。县级以上地方人民政府要完善饮用水水源地核准和安全评估制度，公布重要饮用水水源地名录。强化饮用水水源应急管理，完善饮用水水源地突发事件应急预案，建立备用水源。

3）推进水生态系统保护与修复

开发利用水资源应维持河流合理流量和湖泊、水库及地下水的合理水位，充分考虑基本生态用水需求，维护河湖健康生态。加强重要生态保护区、水源涵养区、江河源头区和湿地的保护，开展内源污染整治，推进生态脆弱河流和地区水生态修复。研究建立生态用水及河流生态评价指标体系，建立健全水生态补偿机制。

10.2.2.4 水资源管理责任和考核

根据《意见》的水资源管理责任和考核的内容及《办法》要求，对于省级人民政府的水资源管理责任与考核方面的制度措施情况主要内容包括以下几个方面。

1）建立水资源管理责任和考核制度

要将水资源开发、利用、节约和保护的主要指标纳入地方经济社会发展综合评价体系，县级以上地方人民政府主要负责人对本行政区域水资源管理和保护工作负总责。有关部门要加强沟通协调，水行政主管部门负责实施水资源的统一监督管理，发展改革、财政、国土资源、环境保护、住房城乡建设、监察、法制等部门按照职责分工，各司其职，密切配合，形成合力，共同做好最严格水资源管理制度的实施工作。

2）健全水资源监控体系

加强省界等重要控制断面、水功能区和地下水的水质水量监测能力建设。加强取水、排水、入河湖排污口计量监控设施建设，逐步建立中央、流域和地方水资源监控管理平台，加快应急机动监测能力建设，全面提高监控、预警和管理能力。及时发布水资源公报等信息。

3）完善水资源管理体制

强化城乡水资源统一管理，对城乡供水、水资源综合利用、水环境治理和防洪排涝等实行统筹规划、协调实施，促进水资源优化配置。

4）完善水资源管理投入机制

各级人民政府要拓宽投资渠道，建立长效、稳定的水资源管理投入机制，保障水资源节约、保护和管理工作经费，对水资源管理系统建设、节水技术推广与应用、地下水超采区治理、水生态系统保护与修复等给予重点支持。

5）健全政策法规和社会监督机制

广泛深入开展基本水情宣传教育，强化社会舆论监督，形成节约用水、合理用水的良好风尚。大力推进水资源管理科学决策和民主决策，完善公众参与机制，采取多种方式听取各方面意见，进一步提高决策透明度。对在水资源节约、保护和管理中取得显著成绩的单位和个人给予表彰奖励。

10.3 考核方案设计研究

参考国家发展和改革委员会牵头实施的节能减排考核、国土资源部牵头开展的省级行政区耕地保护责任目标考核、环境保护部牵头负责的主要污染物总量减排及重点流域水污染防治专项规划考核等系列已开展的考核的成熟经验和做法，建议实行最严格水资源管理制度考核工作体系主要包含考核范围、考核对象、考核组织、考核内容、考核步骤、公众测评、考核评分、结果使用 8 个部分组成。考核工作体系设计初步方案如下。

10.3.1 考核范围、对象及组织

10.3.1.1 考核范围

本方案适用于国家对 31 个省级行政区①落实最严格水资源管理制度情况进行考核。

10.3.1.2 考核对象

国家对各省（自治区、直辖市）进行考核，考核对象为各省（自治区、直辖市）人民政府，各省（自治区、直辖市）人民政府是实行最严格水资源管理制度的责任主体，政府主要负责人对本行政区域水资源管理和保护工作负总责。

各省（自治区、直辖市）对地市级行政区进行考核，考核对象为地市级人民政府，各地市级人民政府是实行最严格水资源管理制度的责任主体，政府主要负责人对本行政区域水资源管理和保护工作负总责。

各地市对县级行政区进行考核，考核对象为县级人民政府，各县级人民政府是实行最严格水资源管理制度的责任主体，政府主要负责人对本行政区域水资源管理和保护工作负总责。

---

① 暂不包括港澳台地区。

10.3.1.3 考核组织

水行政主管部门会同发展改革委、工信、监察、财政、国土资源、环境保护、住房城乡建设、农业、审计、统计等部门组成考核工作组，负责具体组织实施最严格水资源管理制度情况的考核。

考核工作组在水行政主管部门下设办公室，承担考核工作组的日常工作。

10.3.2 考核内容

考核内容分为指标考核和制度建设与措施落实考核两部分。其中指标考核包括用水总量、万元工业增加值用水量、农田灌溉水有效利用系数和重要江河湖泊水功能区水质达标率4项。

10.3.2.1 考核指标方面

1. 用水总量控制指标

1）定义与计算

用水总量指标包括农业用水、工业用水、生活用水、生态环境补水4类指标。

（1）农业用水指农田灌溉用水、林果地灌溉用水、草地灌溉用水和鱼塘补水。

（2）工业用水指工矿企业在生产过程中用于制造、加工、冷却、空调、净化、洗涤等方面的用水，按新水取用量计，不包括企业内部的重复利用水量。水力发电等河道内用水不计入用水量。其指标数据可来源于各省份的水资源公报。

（3）生活用水包括居民生活用水、建筑业用水、服务业用水和生态环境用水。居民生活用水指城镇和农村居民住宅日常生活用水。建筑业用水包括城镇土木工程建筑、管线铺设、装修装饰等行业用水。服务业用水包括商品贸易、餐饮住宿、金融、交通运输、仓储、邮电通讯、文教卫生、机关团体等各种服务行业的用水量。

（4）生态环境补水包括人为措施供给的城镇环境用水和部分河湖、湿地补水，不包括降水、径流自然满足的水量。

2）评分方法

年度用水总量小于等于年度考核目标值时，指标得分=[（考核目标值-实际值）/考核目标值]×30+30×80%。得分最高不超过30分。年度用水总量大于目标值时，目标完成情况得分为0分。

2. 用水效率控制指标

1）定义与计算

用水效率控制指标主要包括万元工业增加值用水量和农田灌溉水有效利用系数两类指标。

（1）万元工业增加值用水量指工业用水量与工业增加值之比，用以反映工业用水效率提高。

（2）农田灌溉水有效利用系数是指田间净灌溉用水量与相同区域毛灌溉用水量之比，是反映灌溉工程质量、灌溉技术水平和灌溉用水管理水平的核心指标，是衡量灌溉输水效率的综合指标。

2）评分方法

（1）万元工业增加值用水量降幅达到或超过年度考核目标值时，指标得分 = [（实际值 − 考核目标值）/ 考核目标值] ×20+20×80%。得分最高不超过 20 分。万元工业增加值用水量降幅低于目标值时，目标完成情况得分为 0 分。

（2）农田灌溉水有效利用系数大于等于年度考核目标值时，指标得分 = [（实际值 − 考核目标值）/ 考核目标值] ×20+20×80%。得分最高不超过 20 分。农田灌溉水有效利用系数小于目标值时，目标完成情况得分为 0 分。

3. 水功能区限制纳污控制指标

1）定义与计算

水功能区限制纳污控制指标主要以重要江河湖泊水功能区水质达标率来反映。重要江河湖泊水功能区水质达标率指水质评价达标的水功能区数量与全部参评水功能区数量的比值。

2）评分方法

重要江河湖泊水功能区水质达标率大于等于年度考核目标值时，指标得分 = [（实际值 − 考核目标值）/ 考核目标值] ×30+30×80%。得分最高不超过 30 分。重要江河湖泊水功能区水质达标率小于目标值时，目标完成情况得分为 0 分。

10. 3. 2. 2 制度建设与措施落实方面

制度建设和措施落实考核包括用水总量控制、用水效率控制、水功能区限制纳污、水资源管理责任和考核等制度建设及相应措施落实情况。制度措施情况根据《国务院关于实行最严格水资源管理制度的意见》中“三条红线”管理控制及保障措施等方面的内容、当地水资源特性、年度工作重点进行有序推进。

10. 3. 3 考核步骤

考核安排分为任务确定、当地自查和核查抽查 3 个阶段，对考核的任务目标进行分解与落实。

10. 3. 3. 1 每年 1 月 31 日前报送考核任务

考核任务由各省级行政区人民政府根据考核期水资源管理控制目标、制度建设和措施落实要求来合理确定，同时制定相应工作计划，于考核期次年年初报送水利部备案，同时抄送考核工作组其他成员单位。

10. 3. 3. 2 每年 3 月 31 日前完成自查工作

自查阶段是由各省级行政区人民政府组织开展，相关数据统一口径后形成自查报告，在报送国务院同时抄送水利部等考核工作组成单位。省级水行政主管部门会同相关部门应将用于自查报告复核的计算方法、计算过程、参数选取等技术性资料及时报送水利部。

10.3.3.3 每年5月31日前完成资料核查与现场抽查工作

在考核工作组的指导下，由考核办组织对省级行政区人民政府上报的自查报告和相关的技术资料进行核算分析。资料核查工作可运用合适的分层次复核支撑方法，主要以提高用水统计监测能力为主，逐步提高数据复核的范围和可信度；同时运用农业用水折算、社会统计抽样、GIS空间统计分析技术等模型进行整体核算，校验数据的合理性。资料核查程序完成后，考核工作组根据实际情况和年度重点工作，选取部分省（自治区、直辖市）进行抽查。抽查内容包括对该省（自治区、直辖市）上报的资料进行现场核对，对重要用水户取用水情况、用水效率、水功能区水质及监测情况等进行实地检查。

10.3.4 考核评分

10.3.4.1 公众测评

开展监督问责机制、公共参与机制等公共管理绩效评价和公共反馈。可以通过政府门户网站开展网络问卷调查和发放“最严格水资源管理政府绩效考核公众满意度”评价问卷等方式，重点调查公众对所在区域水资源管理、节约与保护、基本常识宣传等工作的满意程度。

10.3.4.2 考核评分

年度考核得分建议为四项指标完成、制度建设和措施落实情况和绩效评价反馈三部分分值之和。考核初期可将重点放在制度建设和措施落实情况方面，同时以考核指标和绩效评价等内容作为辅助性参考；待统计手段完备、监控设施齐全时，可适当调整考核重点，如以指标达标考核为主，辅以制度建设和措施落实及绩效评价等考核内容。期末考核总分由各年度考核平均分和期末年考核分加权。权重系数根据工作要求确定。

根据自查、核查、抽查结果，参考绩效评价反馈，划定考核等级，形成年度或期末考核报告，经政府审定后，向社会公告。

10.3.5 考核结果使用

按照《办法》规定的内容，应以有利于促进当地政府对水资源管理开展工作为基础来制定相应结果使用细则，如对考核优秀的地区进行通报表扬和相关政策的倾斜，对考核存在问题或不合格的地区督促其进行整改，同时将考核结果报干部主管部门，最终确保结果使用落到实处。

10.4 考核支撑技术方法研究

10.4.1 考核目标值复核技术方法研究

10.4.1.1 用水总量

1. 核算依据

用水总量是核算分析工作的重点和难点。既要考虑用水总量指标的总体核算，也要考虑工业用水、农业用水等二级指标的核算分析。目前我国已有的监测统计体系尚不完善，现行的水资源公报编制体系使用定额计算方法，难以满足考核对数据质量的要求。根据水利部制定的《用水总量统计技术方案》要求，各地要逐步提高用水统计调查比例和水平，完善用水计量体系及统计数据定期核查上报制度，从以往以区域为统计对象的指标定额方法，逐步过渡到以取水户为统计对象，形成对取用水大户逐一计算监测统计、一般用水户抽样调查、综合推算区域用水总量的技术方法。因此，现阶段核算仍需基于《水资源公报编制规程》，结合历史数据分析、已有监测数据比对及相关统计方法等方式进行，条件具备的地方可以统筹考虑现有水资源公报、国家水资源监控系统及水利普查数据等数据源，相互之间进行比对分析。

2. 用水总量指标核算方法

经过总结分析已有考核工作经验，并结合用水总量指标的特点，可以从以下几个方面对该指标进行核算分析。

1）初步审核

对各省（自治区、直辖市）自查报告中所需填写的用水总量指标进行审查，明确数据是否填写完整，数据填写是否规范，数据来源是否可靠以及计算过程是否准确无误。若初步审核发现问题，需及时与问题省份进行沟通，要求及时对有关问题进行补充完善，在限定时间内提交修改后的报表数据、有关技术材料及修改说明材料，不得影响整体考核进度安排。

在初步审核时，尤其要注意以下方面的问题。

(1) 数据来源及支撑材料是否可靠。要清楚说明用水总量数据的来源，工业用水、农业用水等二级指标数据的统计计算过程，对没有说明来源的数据应予以注明并给予重点关注，写入核算分析报告。

(2) 数据计算是否准确。要重点核算用水总量数据计算结果是否准确，单位是否规范，用水结构是否存在矛盾等情况。

(3) 统计计算过程是否符合相关规范要求。统计计算是否符合《水资源公报编制规程》相关技术要求。实施用水总量调查统计的地区，应根据《用水总量统计方案》的要求，仔细核对所选取的调查统计重点用水户是否符合有关要求，样本点选择是否规范，各省份是否制定了本省的用水量调查统计方案，有关成果是否经过专家论证或主管部门审查等。

2）与计划值对比

通过形式审查后，将用水总量数据与各省份上报的年度考核目标值进行对比分析。对于未达到考核目标的省份，需查看自查报告中是否给出详细说明，理由是否充分。对于用水总量大大优于考核目标的省份，也需重点关注，明确异常的原因，必要时需电话核实有关情况。

3）趋势分析

收集近5年用水总量数据，观察演变趋势，若发现考核数据严重偏离趋势线，需分析偏离的原因，查看自查报告是否有充分理由。对于没有充分理由的，需在核算分析报告中予以特别说明，以便在现场核查考核时提出质疑，要求相关省份给出回答。

4）二级指标分析

要对农业用水、工业用水、生活用水、生态环境补水4个二级指标进行核算分析。一方面，结合水利普查成果复核二级指标的变化；另一方面，对各类二级指标（用水总量及单位用水量）近些年的统计数据进行趋势分析。

农业用水方面，还需注意与农田灌溉水有效利用系数进行比对分析，结合地区年降水量、农田面积、实灌面积等数据，分析农业用水的合理性。

工业用水方面，需结合水资源费征收，利用工业产值、新建扩建工业企业规模及取水口取水数据等进行核算分析，分析工业用水量。与此同时，要充分利用纳入重点用水单位监控的工业企业的监测数据，按比例推算工业用水总量，分析工业用水的科学性和合理性。

生活用水方面，可利用城市供水数据、自来水费缴纳数据等原始数据推算城镇居民用水规模，结合人口数量推算地区生活用水量，分析生活用水数据的合理性。

生态环境补水方面，需校核河湖湿地补水相关原始证明材料，城镇环境补水可结合城镇绿地面积、当年降水量数据进行核算分析。

5）审核模型核算

通过文献检索，了解当前国内外对用水量的研究较集中在对需水预测方法的研究，较少直接涉及用水量核查核算。需水预测与用水量核算在思路上基本一致，均可以通过时间序列法、结构分析法和系统动力学法等来预测和核算需（用）水量。

6）核算分析报告编写

在用水总量核查分析的基础上，编写核查分析报告。写明核算分析过程，填写核算分析表格（表10-1），明确发现的问题，开展分析评价，提出核算结论和现场核查建议。

表10-1　省（自治区、直辖市）用水总量指标核算分析情况汇总表　单位：亿 m^3

省（自治区、直辖市）					
用水总量核查	年度考核值				
	实际用水总量	实际工业用水量	实际农业用水量	实际生活用水量	实际生态用水量

续表

核算值					
发现的问题					
核查结论（正常、偏大、偏小）					
现场核查建议					

核算单位：(盖章)　　复核人：　　核算人：　　核算日期：

3. 用水总量核算几个关键问题

1）用水总量折算

用水总量考核需将当年用水总量折算成平水年用水总量进行考核。用水总量包括的四类二级用水指标在丰水年、平水年、枯水年波动最大的为农业用水，且绝大部分地区农业用水量占总用水量比例最大，因此，在折算时应着重考虑不同水平年农业灌溉用水变化情况。

影响农业灌溉用水量的主要因素有降水量、蒸发量、气温和灌溉面积，此外还包括灌区农作物种类及种植面积、灌溉制度、用水价格、灌溉管理水平及农产品价格等次要因素。一般情况下，丰水年农业用水低于平水年和枯水年，可直接采用当年实用水量，不用再折算。而在枯水年农业用水量较平水年大，需折算后再考核。折算时可参考各省区不同保证率下（50%，75%和90%）主要农作物灌溉用水定额，综合确定不同降水频率下农业用水量的折算系数。

2）非常规水资源利用

一般情况下，雨水、海水及再生水等非常规水源不宜纳入用水量的统计中。但每年的具体统计办法可由水利部酌情而定。

3）火（核）电用水量折算

2010 年 10 月，国务院批复《全国水资源综合规划（2010—2030）》，明确了我国今后一段时期的取用水总量控制要求，其技术文件明确提出火电工业的直流冷却用水以 2000 年为基准年，2000 年以后新增装机的电厂直流冷却用水以耗水量计，具体耗水指标应与流域机构协调。因此，与火核电工业直流冷却用水量相关联的所有数据与指标均应按此规定进一步核定。

10.4.1.2　万元工业增加值用水量

1. 万元工业增加值用水量核算

工业用水量的核算与用水总量指标中工业用水量二级指标的核算方法一致，不再赘述。对于工业增加值数据，需建立和完善与统计部门的分工协作机制，尽快获取该数据。增加值的准确性由统计部门负责分析，不再另行核算。

1）初步审核

与用水总量审核类似，重点核查计算结果是否正确，数据来源是否清楚，增加值数据是否已经按要求折算到 2010 年的可比价等。

2）与计划值对比

实际完成值与上报计划值进行对比，核查有关分析说明是否合理。

3）趋势分析

收集近5年万元工业增加值数据进行趋势对比分析，分析判断其合理性。

4）工业用水量及增加值核算

工业用水量核算与用水总量指标中的工业用水量核算方法一致，工业增加值建议由考核办联系统计部门提供。

5）核算分析报告编写

完成该指标核算分析后，编制核算分析报告，填写核算分析表格（表10-2）。

表10-2 省（自治区、直辖市）万元工业增加值用水量指标核算分析情况汇总表

省（自治区、直辖市）			
万元工业增加值用水量核查	年度考核值		
	实际完成值	工业增加值（2000年可比价）	工业用水量
核算值			
发现的问题			
核查结论（正常、偏大、偏小）			
现场核查建议			

核算单位：（盖章）　　复核人：　　核算人：　　核算日期：

2. 万元工业增加值用水量核算时工业增加值的不变价问题

不变价，也叫固定价格，是用某一时期同类产品的平均价格作为固定价格来计算各个时期的产品价值。

编制不变价格的目的，是解决数据的可比性问题，目的是消除各时期价格变动的影响，保证前后时期、地区之间、计划与实际之间指标的可比性。因为使用当年价格在对不同年份的数据进行比较时，不能确切地反映实际增长的是多少，不能确切地反映实物量的增加，这个时候就必须消除价格因素，即消除价格变动的因素，只有消除价格变动的因素，才能反映实际的增长情况。

新中国成立以后，随着工农业产品价格水平的变化，国家统计局先后五次制定了全国统一的工业产品不变价格和农产品不变价格。1949～1957年，使用的是1952年的不变价格，1957～1971年，使用的是1957年的不变价格，1971～1981年，使用的是1970年的不变价格，1981～1991年，使用的是1980年的不变价格，1991～2000年，使用的1990年的不变价格，2000年以后，没有再制定不变价，但在比较时，统一使用2000年的价格。

根据考核实施方案，在计算万元工业增加值用水量指标时，工业增加值按2000年不变价计。因此，在核算分析时，应注意自查报告是否是按2000年不变价，计算过程是否合理等问题；必要时可要求统计部门协助处理。

10.4.1.3　农田灌溉水用水有效利用系数

1. 农田灌溉水有效利用系数核算

该指标的测算依据《全国灌溉用水有效利用系数测算分析技术指南》及相关细则。在核查时，应重点从灌区样点选择、统计计算过程及基础资料完整准确性入手，并应用历史数据对比分析农田灌溉水有效利用系数变化的合理性。

1）初步审核

核查填报数据与各省份灌溉用水有效利用系数测算分析成果是否相符。考查测算分析成果是否符合技术指南及其细则的要求，是否通过专家审查验收等。

2）与计划值对比

核查实际值与各省份上报的计划值是否相符，并对有关文字说明进行分析。

3）合理性评估

收集近 5 年的历史值，结合年降水量、节水灌溉投入等数据，分析该指标的合理性。

4）核算分析报告编写

完成该指标核算分析后，编制核算分析报告，填写核算分析表格（表 10-3）。

表 10-3　省（自治区、直辖市）农田灌溉水有效利用系数指标核算分析情况汇总表

省（自治区、直辖市）				
农田灌溉水有效利用系数核查	年度考核值		实际完成值	
核算值				
发现的问题				
核算结论（正常、偏大、偏小）				
现场核查建议				

核算单位：（盖章）　　　复核人：　　　核算人：　　　核算日期：

2. 农田灌溉水有效利用系数核算关键问题

1）样本灌区选择

根据《全国灌溉用水有效利用系数测算分析技术指南》要求，各省份应对灌区情况进行整体调查，分类统计灌区的灌溉面积、工程与用水状况等，确定代表不同规模与类型、不同工程状况、不同水源条件与管理水平的样本灌区进行田间灌溉水量观测和计算，并据此推求全省农田灌溉水有效利用系数。样本灌区需按照大型灌区（≥30 万亩）全部纳入；中型灌区（1 万～30 万亩）分 1 万～5 万、5 万～15 万、15 万～30 万亩 3 个档次各取大于或等于该档次总数 5% 的数量，样本灌区综合有效灌溉面积应不少于总有效灌溉面积的 10%；小型灌区和纯井灌份则视各省份实际情况确定。

2）农田灌溉水有效利用系数推算过程

在获取样本灌区灌溉用水有效利用系数和年毛灌溉用水量的情况下，推算全省各规模与类型灌区平均灌溉水有效利用系数和年毛灌溉用水量。之后利用以下关系式计算全省农田灌溉水有效利用系数：

全省灌溉水有效利用系数＝全省净灌溉用水量/全省毛灌溉用水量
＝(全省各类型灌区平均灌溉水有效利用系数×相应类型年毛灌溉用水量后加和)/全省各灌区毛灌溉用水量之和

3）样本灌区基础测试资料

农田灌溉水有效利用系数测算需以完整的样本灌区基础测试资料为依据。可在各省份样本灌区数据库中随机抽取3～5个各类型灌区进行原始表格数据检查与复核。

10.4.1.4　重要江河湖泊水功能区水质达标率

重要江河湖泊水功能区水质达标率指水质评价达标的水功能区数量与全部参评水功能区数量的比值。该指标依据《全国重要江河湖泊水功能区水质达标评价与考核技术方案》进行测算。考虑到现状监测能力，2015年以前的评价和考核范围为按照《水利部办公厅关于开展2015年水资源管理控制指标分解工作的通知》（办资源〔2011〕242号）文件要求，各流域机构省区确定的优先实施考核的水功能区名录。2020年后，考核范围为《全国重要江河湖泊水功能区划（2011—2030年）》名录内的所有水功能区（不含无水质目标的排污控制区）。

水功能区水质评价应同时进行水功能区全因子水质评价和水功能区限制纳污红线主要控制水质指标达标评价。“十二五”期间的水功能区限制纳污红线主要控制水质项目达标评价为高锰酸盐指数和氨氮双因子水质达标评价。

1. 重要江河湖泊水功能区水质达标率核算

该指标的核算分析应重点核查评价与考核范围、监测频次是否符合技术方案要求、监测表格等基础资料是否完整准确以及监测过程是否规范等问题。

1）初步审核

核查填报数据与《全国重要江河湖泊水功能区水质达标评价成果分析报告》成果是否相符。考查该成果分析报告是否符合技术方案的有关要求，是否具备专家审查验收意见等文件资料。结合各省份月度监测上报数据，核查填报分析数据是否准确、合理。

2）与计划值对比

核查实际值与各省份上报的计划值是否相符，并对有关文字说明进行分析。

3）合理性评估

收集近5年的历史值，结合利用近五年数值、年排污量及污水处理率、农药化肥施用量等数据做趋势分析比较，并利用流域监测数据、日常监督监测数据进行比对，分析该指标的合理性。

4）核算分析报告编写

完成该指标核算分析后，编制核算分析报告，填写核算分析表格（表10-4）。

表 10-4 省（自治区、直辖市）重要江河湖泊水功能区水质达标率指标核算分析情况汇总表

省（自治区、直辖市）				
重要江河湖泊水功能区水质达标率核查	年度考核值		实际完成值	
核算值				
发现的问题				
核算结论（正常、偏大、偏小）				
现场核查建议				

核算单位：（盖章） 复核人： 核算人： 核算日期：

2. 重要江河湖泊水功能区水质达标率核算关键问题

1）水功能区监测范围与监测断面选择

所监测水功能区必须在规定的水功能区名录内，且监测数量不得低于各省（自治区、直辖市）全国重要江河湖泊水功能区总数的 60%。省界缓冲区或其他省界断面全部参与。水功能区监测断面选择需与流域机构协调确认，且不得随意变更，确需变更的需说明理由并按规定处理。

2）监测频次

一般要求水功能区水质监测频次每月一次，不具备条件的，需由各省区提出监测频次方案，经流域机构审核同意后报部备案再实施。

3）省界缓冲区评价问题

在对省界缓冲区考核时，应扣除入境水质影响后再计算达标率。具体扣除办法可参考《全国重要江河湖泊水功能区水质达标评价与考核技术方案》推荐的物料平衡法进行。各省份在提交水功能区水质达标率评价结果时，应说明计算过程及相应依据。

4）流域机构监测数据使用

流域机构在各省份选取不低于 10% 的重点水功能区与各省份开展比对监测（双方共同采样、分样分析、分别报出监测结果），监测结果互相通报。对监测结果有异议的，协商提出解决方案；协商不成的，以流域机构监测结果为准。

10.4.2 社会统计抽样理论的用水量审核方法和标准研究

目前国内还不存在完善的用水量审核模型，鉴于此探索研究科学的统计分析模型，数据选自部分省份地市级行政区的社会统计数据，使用公开的统计数据便于开展工作。

研究选择了广东、云南、安徽、江西、陕西及河南 6 个不同发展水平的省份，统计数据为六省份的地市级行政区人口数量、GDP 和用水量数据。基于钱纳里指标体系，将统计数据中的人均 GDP 进行分组，分别分析不同工业化阶段人均 GDP 与万元 GDP 之间的相关关系和回归函数关系，建立简要审核模型。

10.4.2.1 数据来源

在研究时间有限的情况下，为能代表我国整体发展水平与用水量之间的关系，本书选

择了6个不同发展水平的省份，统计数据为6省份的地市级行政区数据（包括人口数量、GDP和用水量数据）。其中人口数量为各地市级行政区当年常住人口，以统计年鉴为主；用水量来自于各省水利厅水资源公报统计数据：①安徽各地市级行政区2008～2011年数据、②江西各地市级行政区2009～2012年数据、③河南各地市级行政区2005～2007年数据、④广东各地市级行政区2009～2012年数据、⑤云南各地市级行政区2008～2011年数据、⑥陕西各地市级行政区2008～2011年数据。

本书使用的实验数据是根据上述原始数据计算出人均GDP和万元GDP用水量，其中：人均GDP=GDP/人口数量，万元GDP用水量=用水量/万元GDP。

10.4.2.2 基于钱纳里指标的统计分析模型

1. 钱纳里模型

钱纳里模型是著名的世界发展模型，它是由美国哈佛大学教授、世界著名的经济学家、世界银行经济顾问霍利斯·钱纳里提出。

20世纪70年代，钱纳里和塞尔奎因等提出了“发展模式”理论，并撰写了代表理论的著作《发展的模式：1950—1970》，在该书中钱纳里采用的数学模型是两个“基本跨国回归模型”，是基于27个变量定义的10个基本过程与人均GDP的对应关系的一般模型，得到了“正常发展型式”，该书不仅吸取了克拉克和库兹涅茨的研究成果，并将研究领域进一步的扩展到低收入的发展中国家。在20世纪80年代钱纳里、罗宾逊和塞尔奎因等合作完成《工业化和经济增长的比较研究》一书，在书中进一步发展了“发展模式”的思想理论和方法。

1）发展型式

发展型式一般可以定义为伴随收入或其他发展指数水平的提高，在经济或社会结构的任何重要方面所出现的系统变化。虽然几乎在所有结构特点中都可以看到某些伴随收入水平的变化，但钱纳里等主要研究的是那些使人均收入持续提高所必须的结构变化。一个发展中国家的结构转变可以定义为：随人均收入增长而发生的需求、贸易、生产和要素使用结构的全面变化。通过对一些发展型式赖以形成的某些基本增长过程进行研究，适用于所有国家结构变化的一般模式可以从下述类型的假设中得出。

（1）消费需求结构随人均收入提高而出现相似变化，它受食品份额的下降和制成品份额的上升支配。

（2）资本（实物和人力两方面），按高于劳动力增长的速度积累。

（3）所有国家都能获得类似的技术。

（4）进行国际贸易并获得资本流入。

2）钱纳里关于工业化模型

在《工业化和经济增长的比较》一书中钱纳里明确指出：工业化是经济结构转变的重要阶段。钱纳里对工业化的定义是：工业化就是指制造业产值份额的增加过程，工业化水平用制造业在国民生产总值中的份额来衡量。钱纳里对工业化的研究结果可概括为三部分：工业化的发展阶段、贸易战略、经济结构。

20世纪80年代，钱纳里等在库兹涅茨等经验实证研究的基础上，根据世界银行的多国统计资料，从低到高确定出不同的按人均国民收入水平划分的经济。发展阶段，系统考察了各国发展阶段的经济结构平均的变化过程，建立了其工业化六阶段模型。该项成果集中体现在《工业化和经济增长的比较研究》一书中。根据人均国内生产总值，将不发达经济到成熟工业经济整个变化过程划分为三个时期六个阶段，从任何一个发展阶段向更高一个阶段的跃进都是通过产业结构转化来推动的。

（1）初级产业，是指经济发展初期对经济发展起主要作用的制造业部门，如食品、皮革、纺织等部门。

第一阶段是不发达经济阶段。产业结构以农业为主，没有或极少有现代工业，生产力水平很低。

第二阶段是工业化初期阶段。产业结构由以农业为主的传统结构逐步向以现代化工业为主的工业化结构转变，工业中则以食品、烟草、采掘、建材等初级产品的生产为主。这一时期的产业主要是以劳动密集型产业为主。

（2）中期产业，是指经济发展中期对经济发展起主要作用的制造业部门，如非金属矿产品、橡胶制品、木材加工、石油、化工、煤炭制造等部门。

第三阶段是工业化中期阶段。制造业内部由轻型工业的迅速增长转向重型工业的迅速增长，非农业劳动力开始占主体，第三产业开始迅速发展，也就是所谓的重化工业阶段。重化工业的大规模发展是支持区域经济高速增长的关键因素，这一阶段产业大部分属于资本密集型产业。

第四阶段是工业化后期阶段。在第一产业、第二产业协调发展的同时，第三产业开始由平稳增长转入持续高速增长，并成为区域经济增长的主要力量。这一时期发展最快的领域是第三产业，特别是新兴服务业，如金融、信息、广告、公用事业、咨询服务等。

（3）后期产业，指在经济发展后期起主要作用的制造业部门，如服装和日用品、印刷出版、粗钢、纸制品、金属制品和机械制造等部门。

第五阶段是后工业化社会。制造业内部结构由资本密集型产业为主导向以技术密集型产业为主导转换，同时生活方式现代化，高档耐用消费品被推广普及。技术密集型产业的迅速发展是这一时期的主要特征。

第六阶段是现代化社会。第三产业开始分化，知识密集型产业开始从服务业中分离出来，并占主导地位，人们消费的欲望呈现出多样性和多边性，追求个性。

3）钱纳里模型的评价及应用

钱纳里的标准结构成为各国经济发展的一种参照尺度，成为各国经济发展政策偏差协调的一个基本准则。他的标准结构方法使研究经济增长的结构思想进入一个标准化探寻时代。他的发展型式理论被誉为是结构主义两大代表理论之一。钱纳里的发展型式理论揭示了经济发展过程中结构改变的基本趋势，为发展中国家提供了可借鉴的标准结构。例如，用劳动力和人均收入指标等，对人均收入和三次产业变动间关系作了考察和验证。其中最为突出的是当越过人均 30 美元的临界点之后制造业的附加价值才会超出初级产业，当人均收入水平超过 80 美元之后工业中就业份额才开始超过初级产业中的就业份额，即随着经济的发展，人均收入水平的提高，工业和服务业的产值比重和就业比重呈不断提高的变化趋势，而农业的产值份额和就业份额则显著地下降；收入分配明显在恶化，城市化在国别之间表现出明显的超前与滞后等。这些趋势对发展中国家可以起到参考作用。不利趋势（如收入分配恶化）引起发展中国家高度重视，采取措施进行调整。钱纳里等在考察国际援助所建立的分析模型时，指出增长过程中出现的收入分配恶化现象是可以避免的。

表 10-5 为钱纳里模型在不同发展阶段人均 GDP 的值，人均 GDP 为 720 ~ 1440 美元属前工业化阶段阶段；人均 GDP 为 1440 ~ 2880 美元属工业化初期阶段，人均 GDP 为 2880 ~ 5760 美元属工业化中期阶段；人均 GDP 为 5760 ~ 10 810 美元属工业化高级阶段；人均 GDP 在 10 810 美元以上属后工业化阶段。

表 10-5　钱纳里模型

工业化阶段	前工业化阶段	工业化实践阶段			后工业化阶段
		初级阶段	中级阶段	高级阶段	
人均 GDP/美元	720 ~ 1 440	1 440 ~ 2 880	2 880 ~ 5 760	5 760 ~ 10 810	10 810 以上

将所有统计数据转化为人均 GDP 和万美元 GDP 用水量两个变量，基于钱纳里模型对数据分组。对分组的统计数据，分别研究人均 GDP（单位：美元，所有处理数据均以美元为单位）与每万美元 GDP 用水量之间的关系，回归分析不同的发展阶段两者之间的关系。其中人均 GDP 以当年 10 月份的美元汇率进行换算。

2. 双变量统计分析

统计分析是指运用统计方法及与分析对象有关的知识，从定量与定性的结合上进行的研究活动，它是继统计设计、统计调查、统计整理之后的一项十分重要的工作，是在前几个阶段工作的基础上通过分析从而达到对研究对象更为深刻的认识。研究选择人均 GDP 与每万美元 GDP 用水量进行双变量统计分析。通过双变量统计分析确定两个变量之间的相关性，测量它们之间预测或解释的能力。双变量统计分析技术包括相关分析和回归分析。

1）相关分析

所谓相关，是指一个变量的值与另一个变量的值具有连带性，也就是一个变量的值发生变化，另一变量的值也发生变化。相关分析是研究现象之间是否存在某种依存关系，并对具体有依存关系的现象探讨其相关方向以及相关程度，是研究随机变量之间的相关关系的一种统计方法。在双变量相关分析中，X 和 Y 不分主次，来研究相关的密切程度和方向。相关的密切程度是指两个变量之间的相关程度强弱之分，大多数统计以 0 代表无相关，1 代表完全相关，介于 0 ~ 1 的数值越大，表示相关程度越强。变量之间的相关关系的方向可以分为正与负两个方向。正相关表示当一个变量的值增大时，另一个变量的值也增大；负相关则表示当一个变量的值增加时，另一个变量的值却减少。

在相关分析中两个变量间相关关系的程度通常以相关系数来表示，记为符号 r。其计算公式为

$$r = \frac{\sum (X - \bar{X})(Y - \bar{Y})}{\sqrt{\sum (X - \bar{X})^2}\sqrt{\sum (Y - \bar{Y})^2}} = \frac{l_{XY}}{\sqrt{l_{XX}l_{YY}}}; \tag{10-1}$$

其计算方法有三种：Pearson 相关系数计算、Spearman 相关系数计算和 Kendall 相关系

数计算。第一种方法是对定距连续变量的数据进行计算；后面两者是在分类变量的数据或变量值的分布为非正态或分布不明时使用，计算时先对离散数据进行排序或对定距变量值排（求）秩。

如果变量 X 与变量 Y 之间存在着负相关，那么 X 与 Y 中一个增加时，另一个减小，d 具有较大的数值，d 计算公式如下：

$$d = \sum_{i=1}^{n} d_i^2 = \sum_{i=1}^{n} (R_i - Q_i)^2 \tag{10-2}$$

式中，R_i和 Q_i分别为 x_i和 y_i各自在变量 X 和变量 Y 中的秩。

本书使用了 367 组统计数据，表 10-6 为人均 GDP 和万美元 GDP 用水量之间的 Spearman 相关性统计，由表 10-6 可知人均 GDP 和万美元 GDP 用水量的相关系数为 0.698，在置信度（双测）为 0.01 时，相关性是显著的。

表 10-6 Spearman 相关性统计

Spearman 相关系数			
		万美元 GDP 用水量	人均 GDP
万美元 GDP 用水量	相关系数	1.000	-0.698**
	Sig.（双侧）	—	0.000
	N	367	367
人均 GDP	相关系数	-0.698**	1.000
	Sig.（双侧）	0.000	—
	N	367	367

** 在置信度（双测）为 0.01 时，相关性是显著的。

2）回归分析

回归分析是确定两种或两种以上变数间相互依赖的定量关系的一种统计分析方法。回归分析的主要内容为：①从一组数据出发确定某些变量之间的定量关系式，即建立数学模型并估计其中的未知参数。估计参数的常用方法是最小二乘法。②对这些关系式的可信程度进行检验。③在许多自变量共同影响着一个因变量的关系中，判断哪个（或哪些）自变量的影响是显著的，哪些自变量的影响是不显著的，将影响显著的自变量选入模型中，而剔除影响不显著的变量，通常用逐步回归、向前回归和向后回归等方法。④利用所求的关系式对某一生产过程进行预测或控制。回归分析的应用是非常广泛的，统计软件包使各种回归方法计算十分方便。

与一般不区别自变量或因变量的相关分析研究不同，回归分析则是要分析现象之间相关的具体形式，确定其因果关系，并用数学模型来表现其具体关系。双变量的回归分析是指一个变量 Y 随另一个变量 X 的变化如何变化，即数量依存关系。

本书的回归分析是建立因变量 Y（或称依变量，反应变量）与自变量 X（或称独变量，解释变量）之间关系的模型。研究主要回归人均 GDP 和万美元 GDP 用水量之间的关系，分析不同工业发展阶段两者关系的变化情况。

应用回归预测法时应首先确定变量之间是否存在相关关系。如果变量之间不存在相关关系，回归预测法就会得出错误的结果。正确应用回归分析预测时应注意：用定性分析判断现象之间的依存关系；避免回归预测的任意外推；应用合适的数据资料。

回归模型选择原则为模型拟合的均方根误差（RMSE）最小，决定系数 R^2 最大。

其中，RMSE 为观测值与回归值偏差的平方和观测次数 n 比值的平方根，用来衡量观测值同回归曲线所对应的值之间的偏差。

决定系数是指回归平方和与总平方和之比，用 R^2 表示，R^2 取值为 0 ~ 1 且无单位，其数值大小反映了回归贡献的相对程度，也就是在 Y 的总变异中回归关系所能解释的百分比。

3）回归分析流程

回归分析流程如图 10-1 所示。

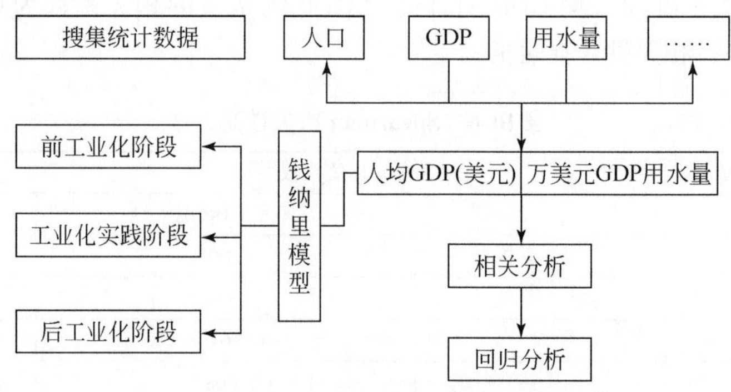

图 10-1　回归分析流程图

10.4.2.3　实验及结果分析

1. 所有工业化阶段回归模型

图 10-2 为所有统计数据在 5 个工业化阶段的分布，X 轴表示万美元 GDP 用水量，Y

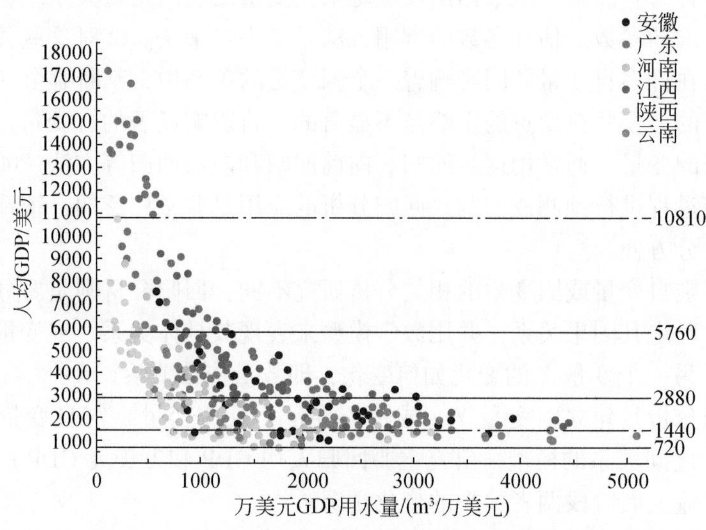

图 10-2　统计数据在五个不同工业化阶段的分布图

轴表示人均 GDP（下同）。图中不同颜色的散点表示不同省份的数据，不同的水平线表示不同工业化阶段的临界值。

根据上面的散点图分布选择统计学上常用的二次函数、单指数衰减函数和双指数衰减函数三种模型进行回归，结果见表 10-7。对比按照三种模型拟合出的结果，根据模型选择原则，双指数衰减函数回归的均方根误差 RMSE 最小，决定系数 R^2 最大，由此可知该模型拟合的效果最佳。

表 10-7　三种回归模型参数对比

模型名称	回归方程	RMSE	F 值	R^2
二次函数	$y=0.000\,986\,607x^2-5.67+9109.26$	2 273.055	156.018	0.466
单指数衰减函数	$y=14\,682.75\exp(-x/401.226\,91)+2\,111.44$	2 008.121	598.523	0.583
双指数衰减函数	$y=12\,335.06\exp(-x/482.50)+782\,933.36\exp(-x/20.75)+1\,947.88$	1 970.612	376.067	0.601

针对本实验数据，双指数衰减函数回归模型效果最优。图 10-3 为人均 GDP 和万美元 GDP 用水量之间的双指数回归曲线图，回归系数为估计值。

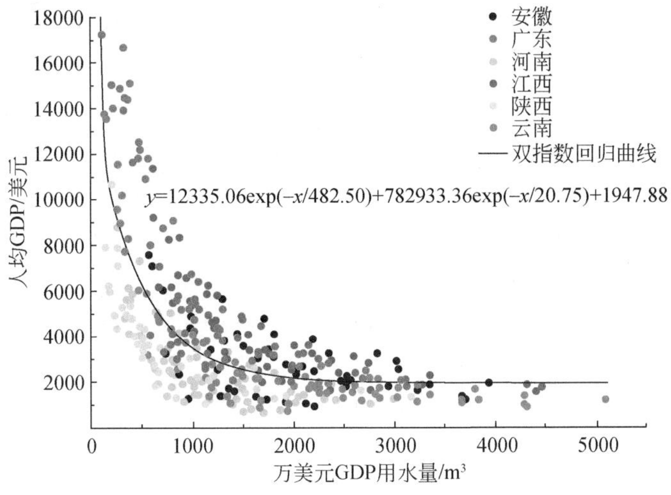

图 10-3　人均 GDP 和万美元 GDP 用水量双变量双指数回归曲线图

图 10-3 可知，前工业化阶段万美元 GDP 用水量差异较大，各省呈现出不同的水平；后工业化阶段万美元 GDP 用水量相对比较集中；工业化实践阶段是过渡阶段。从整体趋势上看，随着人均 GDP 的增加，即从前工业化阶段到后工业化阶段，万美元 GDP 用水量有减小的趋势，即生产 1 万美元的 GDP 所使用的用水量变小，随着经济发展有效地控制了用水量。

表 10-8 为利用 2010 年、2011 年和 2012 年部分省份统计数据进行验证的结果。上限、下限为回归模型计算所得的置信度为 95% 的数值，相对误差为 X 相对于 X 估计值的相对误差。最后一列表示 X 值小于上限，计为 1 否则为 0。由表可得，相对误差小于 30% 的占 70% 左右，万美元 GDP 用水量小于上限的比例大于 70%。

表 10-8　数据验证结果

地区	年份	Y(人均GDP)/美元	X(万美元GDP用水量)/m^3	X估计值	X_{min}下限	X_{max}上限	相对误差	If($X<X_{max}$)
北京	2010	11 385.307	166.750	153.876	120.158	180.050	8.37%	1
	2011	12 579.828	141.768	133.229	115.167	155.095	6.41%	1
	2012	13 720.853	126.442	121.964	117.037	128.136	3.67%	1
甘肃	2010	2 415.292	1 974.320	1 579.203	1 382.877	2 046.678	25.02%	1
	2011	3 059.184	1 566.737	1 161.324	1 048.481	1 283.057	34.91%	0
	2012	3 496.366	1 365.775	1 001.268	949.658	1 059.069	36.40%	0
河北	2010	4 298.351	633.650	799.895	734.049	868.805	20.78%	1
	2011	5 290.494	511.671	629.991	584.319	679.148	18.78%	1
	2012	5 816.400	460.824	599.494	524.521	597.203	23.13%	1
河南	2010	3 665.667	646.990	951.196	868.805	1 038.499	31.98%	1
	2011	4 482.290	544.443	763.542	704.103	828.878	28.70%	1
	2012	5 054.977	501.839	665.250	627.516	706.188	24.56%	1
湖南	2010	3 706.147	1 354.010	939.958	858.823	1 028.517	44.05%	0
	2011	4 659.726	1 062.352	730.892	674.157	793.941	45.35%	0
	2012	5 322.554	930.498	625.391	588.767	665.025	48.79%	0
吉林	2010	4 737.631	920.460	717.226	664.175	778.968	28.34%	0
	2011	6 006.306	794.487	536.366	499.473	579.328	48.12%	0
	2012	6 922.920	709.004	488.116	405.662	472.915	45.25%	0
辽宁	2010	6 350.825	520.260	497.053	459.545	534.410	4.67%	1
	2011	7 923.618	416.076	349.686	304.824	384.680	18.99%	0
	2012	9 012.993	359.447	299.015	239.539	300.717	20.21%	0
山东	2010	6 163.418	380.190	518.040	479.509	559.364	26.61%	1
	2011	7 354.767	316.178	397.949	359.725	434.590	20.55%	1
	2012	8 236.658	278.034	325.059	294.483	357.732	14.47%	1
山西	2010	3 940.030	460.230	879.701	803.923	958.643	47.68%	1
	2011	4 886.911	422.583	692.075	639.220	749.022	38.94%	1
	2012	5 350.541	388.719	621.406	584.888	660.916	37.45%	1
陕西	2010	4 067.466	546.940	849.783	778.968	928.697	35.64%	1
	2011	5 223.767	449.094	639.720	594.301	694.121	29.80%	1
	2012	6 141.501	381.959	520.560	486.463	557.251	26.63%	1
四川	2010	3 175.412	893.780	1 113.329	1 008.553	1 223.165	19.72%	1
	2011	4 081.266	707.672	846.652	778.968	923.706	16.42%	1
	2012	4 710.184	518.635	722.004	682.526	765.001	28.17%	1

续表

地区	年份	Y(人均 GDP)/美元	X(万美元 GDP 用水量)/m^3	X 估计值	X_{min} 下限	X_{max} 上限	相对误差	If($X<X_{max}$)
天津	2010	10 943.028	160.080	166.375	125.149	200.014	3.78%	1
	2011	13 038.838	130.748	128.080	110.176	145.113	2.08%	1
	2012	14 543.281	112.530	116.168	112.010	121.216	3.13%	0
云南	2010	2 361.319	1 360.680	1 638.406	1 422.805	2 401.037	16.95%	1
	2011	3 000.669	1 056.457	1 187.423	1 073.436	1 313.003	11.03%	1
	2012	3 529.537	924.343	991.042	940.003	1 048.125	6.73%	1
重庆	2010	4 137.931	727.030	834.003	763.995	908.733	12.83%	1
	2011	5 358.947	554.889	620.210	574.337	669.166	10.53%	1
	2012	6 206.140	475.951	513.180	479.241	549.687	7.25%	1
江苏	2010	8 292.956	414.312	320.761	307.990	394.865	29.16%	0
	2011	9 814.626	354.988	288.325	271.936	353.361	23.12%	0
	2012	10 886.735	325.088	258.265	240.779	327.115	25.87%	1

2. 工业化实践阶段回归模型

对工业化实践阶段即人均 GDP 为 1440 ~ 10 810 美元的数据进行三种回归模型分析，在所拟合的三个函数中，根据模型选择原则可知双指数衰减函数回归的效果最佳。表 10-9 为三种模型的参数对比。

表 10-9　回归模型参数对比

模型名称	回归方程	RMSE	F 值	R^2
二次函数	$y=0.000\,459\,392x^2-2.842\,85x+6200.77$	1 374.295	111.534	0.439
单指数衰减函数	$y=5\,749.06\exp(-x/783.12)+2\,062.10$	1 340.807	751.087	0.466
双指数衰减函数	$y=4\,381.89\exp(-x/1439.81)+8\,346.45\exp(-x/139.81)+1\,499.81$	1 333.783	456.404	0.471

图 10-4 为工业化实践阶段人均 GDP 和万美元 GDP 用水量之间的双指数回归曲线图。由图 10-4 可知，随着人均 GDP 的增加，万美元 GDP 用水量有减小的趋势；在工业化实践阶段，万元 GDP 用水量集中于 500 ~ 3 000m^3/万美元。

表 10-10 为利用 2010 年、2011 年和 2012 年部分省份统计数据验证结果。由表可得，相对误差小于 30% 的占 60% 左右，万美元 GDP 用水量小于上限的比例 70% 左右。

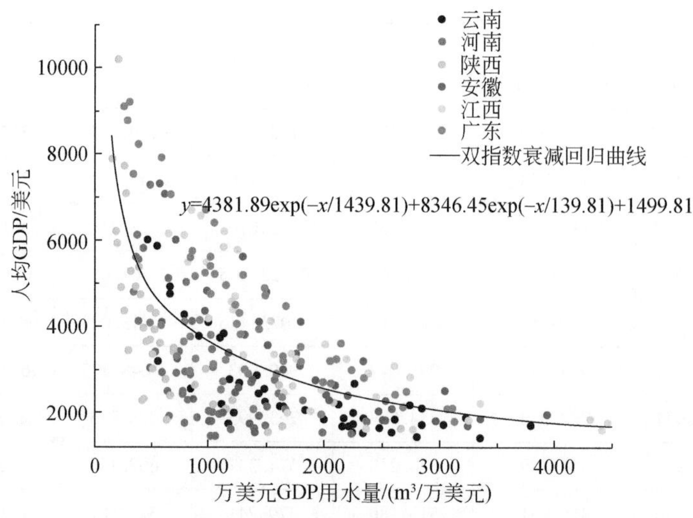

图 10-4　工业化实践阶段双变量双指数回归曲线图

表 10-10　数据验证结果表

省份	年份	Y(人均GDP)/美元	X(万美元GDP 用水量)/m	X 估计值	X_{min}下限	X_{max}上限	相对误差/%	If($X<X_{max}$)
甘肃	2010	2 415. 292	1 974. 32	2 254. 427	1 899. 121	3 034. 815	12. 42	1
	2011	3 059. 184	1 566. 737	1 441. 527	1 255. 705	1 687. 528	8. 69	1
	2012	3 496. 366	1 365. 775	1 133. 585	1 014. 822	1 264. 484	20. 48	0
河北	2010	4 298. 351	633. 65	679. 296	564. 788	810. 927	6. 72	1
	2011	5 290. 494	511. 671	383. 595	327. 286	443. 878	33. 39	0
	2012	5 816. 4	460. 824	364. 562	322. 403	393. 265	26. 41	0
河南	2010	3 665. 667	646. 99	1 018. 392	858. 428	1 165. 022	36. 47	1
	2011	4 482. 29	544. 443	548. 09	465. 469	638. 198	0. 67	1
	2012	5 054. 977	501. 839	446. 662	398. 015	507. 269	12. 35	1
湖南	2010	3 706. 147	1 354. 01	992. 426	832. 518	1139. 113	36. 43	0
	2011	5 322. 554	930. 498	595. 461	554. 2	646. 353	56. 27	0
江西	2010	3 185. 907	1 694. 18	1 375. 487	1 203. 886	1 605. 482	23. 17	0
	2011	4 585. 544	1 549. 424	971. 7	810. 908	1 055. 366	59. 45	0
青海	2010	3 616. 192	1 520. 76	1 050. 942	892. 974	1 203. 886	44. 70	0
山东	2010	6 163. 418	380. 19	286. 786	232. 285	344. 559	32. 57	0
	2011	8 236. 658	278. 034	222. 883	235. 746	279. 124	24. 74	1
山西	2010	3 940. 03	460. 23	853. 857	707. 29	992. 293	46. 10	1
	2011	4 886. 911	422. 583	451. 558	383. 423	517. 288	6. 42	1
	2012	5 350. 541	388. 719	390. 721	350. 114	440. 741	0. 51	1

续表

省份	年份	Y(人均GDP)/美元	X(万美元GDP用水量)/m	X 估计值	X_{min} 下限	X_{max} 上限	相对误差/%	If($X<X_{max}$)
陕西	2010	4 067.466	546.94	786.523	651.153	923.201	30.46	1
	2011	5 223.767	449.094	393.463	335.922	452.514	14.14	1
	2012	6 141.501	381.959	288.959	260.755	422.398	32.18	1
四川	2010	3 175.412	893.78	1 384.456	1 212.523	1 618.436	35.44	1
	2011	4 081.266	707.672	693.819	590.698	828.2	2.00	1
	2012	4 710.184	518.635	533.062	471.186	610.012	2.71	1
新疆	2010	4 676.125	503.476	497.197	422.287	573.425	1.26	1
云南	2011	3 000.669	1 056.457	1 500.807	1 307.524	1 760.938	29.61	1
	2012	3 529.537	924.343	1 110.157	992.514	1 239.926	16.74	1
重庆	2010	4 137.931	727.03	751.779	620.925	888.655	3.29	1
	2011	5 358.947	554.889	373.932	318.649	430.923	48.39	0
	2012	6 206.14	475.951	382.638	305.09	515.212	24.39	1
江苏	2010	8 292.956	414.312	320.660	300.770	420.890	29.206	1
	2011	9 814.626	354.988	279.890	260.110	355.790	26.831	1
	2012	10 886.735	325.088	243.600	227.600	298.900	33.452	0

所有工业化阶段和工业化实践阶段模型的研究建立，可以为国民生产总值用水量的审核工作提供一种参考方法，也可以大致判断相关区域在相应工业化阶段用水水平的情况。

10.4.3 GIS 空间统计分析的取水量审核方法和标准研究

地统计分析起源于 20 世纪 60 年代，Matheron 将其定义为随机函数形式对自然现象进行勘察与估计的应用。目前应用较多的地统计插值为克里金插值。克里金插值是以变异函数理论和结构分析为基础，在有限区域内对区域化变量进行无偏最优估计的一种方法。由于其良好的性能被广泛应用于各个领域。当前克里金插值中应用较多的是普通克里金插值、简单克里金插值、泛克里金插值、析取克里金插值及协同克里金插值等。

本次研究是基于 2011 年安徽和江苏取水口信息提出一种从已有总取水口数据中抽取部分数据建立模型来审核剩余取水口数据的方法。方法建模过程主要用到了 ArcGIS 中的地统计模块，采用其中的距离权重反比法、普通克里金法和协同克里金法分别对按流域分层随机抽样得到的样本数据进行建模，分析比较建模结果的精确度。除此之外，在利用协同克里金法建模时，对比了不同变异函数模型对建模结果造成的影响，利用所建模型对检测数据进行审核。

10.4.3.1 GIS 空间统计分析

从地图出现以来，人们就始终在自觉或不自觉地进行各种类型的空间分析与量算。例如，在地图上量测地理要素之间的距离、方位、面积，乃至利用地图进行战术研究和战略决策等。

1. 空间统计分析概念

空间统计分析指的是以具有空间分布特点的区域化变量理论为基础，将具有地理空间信息特征的事物或现象的空间相互作用及其变化规律作为研究对象，从而进行统计分析的一门新学科。空间统计分析由南非地质学家 Krige 提出，Mathron 和 Serra 对其进行了完善，后来许多学者开展了广泛深入的研究。例如，Moran 与 Geary 在 1950 年以后提出了 Moran's I 系数与 Geary's C 的有关理论。Cliff 与 Griffith 在 20 世纪 70～90 年代对空间自相关的检验，建立空间模型，实现了统计软件中空间自相关分析模块。Anselin 和 Getis 在 20 世纪 90 年代开展了局部空间统计指标的研究工作，主要包括 ESDA（Explored spatial data Analysis，探索性空间数据分析）、LISA（局部空间相关指标，Local indicators of spatial association）、Moran 散点图等。空间统计分析可以从点模式（Point patterns）、线模式（Line patterns）、区域模式（Area patterns）和表面模式（Surface patterns）4 个方面展开研究。

2. GIS 空间分析概念

目前，提到的空间分析概念一般是指"GIS 空间分析"。GIS 的空间分析是指以地理事物的空间位置和形态为基础，以地学原理为依托，以空间数据运算为特征，提取与产生新的空间信息的技术和过程，如获取关于空间分布、空间形成以及空间演变的信息。空间分析功能是 GIS 的主要特征与评价 GIS 软件的主要指标之一。GIS 空间分析只能为人们建立复杂的空间分析应用模型提供基本工具，对于不同的专业需求，还需在现有 GIS 和其他程序设计语言相结合的基础上，进行二次开发，设计出专业性强的空间分析应用模型。GIS 应该具备完备的空间分析功能，而智能化的 GIS 还应具有实际应用模型，智能化的 GIS 实现的空间分析功能更加详细，发现的隐含信息更多。

3. GIS 空间分析功能

GIS 作为一种空间信息技术和科学研究的方法手段，空间分析是 GIS 的主要特征。空间分析是 GIS 的主要内容，一个 GIS 系统的空间分析功能常常决定了其先进性和实用性。初期的 GIS 强调的是简单的查询，空间分析功能很弱或根本没有，随着 GIS 的发展，用户对 GIS 提出了更多复杂的问题，这就促进了 GIS 空间分析功能的加强。GIS 空间分析功能主要包括：图形量算、空间查询、栅格数据分析、矢量数据分析、网络分析、空间插值分析、数字地面分析与 DEM 模型、空间信息分类和再分类。

4. GIS 空间统计分析的应用

在人口统计领域，何学洲利用 GIS 空间分析技术，结合空间统计学的分析方法，针对人口的空间自相关结构、人口重心迁移、人口标准离差椭圆、人口分布集中指数 PCI 以及人口空间可视化表达进行研究，并利用现有的区域数据进行应用分析[24]。吴林雄综合应用 R 软件、GeoDa 软件、统计学、人口学、地图学、数据库、电子信息技术等相关科学和技术编程计算2010年云南各州市人口数等人口信息的全局空间自相关和局部空间自相关指标来实现GIS技术及空间聚集性统计分析，为云南人口信息科学研究和科学管理提供有益的探索[25]。

10.4.3.2 地统计分析

地统计分析起源于20世纪60年代，Matheron将其定义为随机函数形式对自然现象进行勘察与估计的应用。地统计分析作为空间分析中有一个重要的分支，已被广泛应用于许多领域。地统计（Geostatistics）又称地质统计，它是以区域化变量为基础，借助变异函数，研究既具有随机性又具有结构性，或空间相关性和依赖性的自然现象的一门科学。凡是与空间数据的结构性和随机性，或空间相关性和依赖性，或空间格局与变异有关的研究，并对这些数据进行最优无偏内插估计，或模拟这些数据的离散性、波动性时，皆可应用地统计学的理论与方法。地统计学与经典统计学的共同之处在于：它们都是在大量采样的基础上，通过对样本属性值的频率分布或均值、方差关系及其相应规则的分析，确定其空间分布格局与相关关系。但地统计学区别于经典统计学的最大特点即是：地统计学既考虑到样本值的大小，又重视样本空间位置及样本间的距离，弥补了经典统计学忽略空间方位的缺陷。

10.4.3.3 研究区概况及数据来源

1. 研究区概况

安徽是东部内陆的一个省份，简称皖，地理位置上处于中国经济最发达的区域华东地区，经济上属于中国中东部经济区，位于114°54′E～119°37′E，29°41′N～34°38′N，共分16个地级市，62个县（市）、43个县级区和1522个乡镇、街道办事处。安徽是中国重要的农产品生产、能源、原材料和加工制造业基地，汽车、机械、家电、化工、电子、农产品加工等行业在全国占有重要位置。全省河流总面积为13.94万km^2，主要分属于淮河、长江、东南诸河三大水系，其中淮河水系6.69万km^2（包括废黄河470km^2、复兴河163km^2），长江水系6.6万km^2，东南诸河水系6500km^2。

江苏位于中国大陆东部沿海中心，辖江临海，扼淮控湖，经济繁荣，综合经济实力在中国一直处于前列，教育发达，文化昌盛。地跨长江、淮河南北，京杭大运河从中穿过，拥有吴、金陵、淮扬、中原四大多元文化，地处116°18′E～121°57′E，30°45′N～35°20′N。江苏共辖1个副省级城市（辖11个市辖区）、12个地级市（44个市辖区）、23个县级市、22个县，县（市）中包含3个江苏试点省直管县（市）。全省地处江淮沂沭泗五大河流下游，长江横穿江苏南部，江水系江苏最可靠的水资源。境内有太湖、洪泽湖、高邮湖、骆马湖、白马湖、石臼湖、微山湖等大中型湖泊，以及大运河、淮沭河、串场河、灌河、盐河、通榆运河、灌溉总渠和通扬运河等各支河，河渠纵横，水网稠密。全省计算面积为10.20万km^2，其中，淮河流域面积为6.35万km^2，长江流域面积为1.91万km^2，太湖流域面积为1.94万km^2。

2. 数据来源

（1）基础信息：地图底图，包括省界、县域、流域界等资料。

（2）2011 年安徽县级 GDP、人口、工业增加值、人均 GDP。

（3）2011 年江苏县级 GDP、人口、工业增加值、人均 GDP。

（4）2011 年安徽县级工业用水量及总用水量。

（5）2011 年江苏市级工业用水量及总用水量。

（6）2011 年安徽和江苏的取水口监测点信息，包括取水口位置坐标，许可年取水量，实际年取水量，产品类型、产值等信息。

10.4.3.4 数据特征分析

选用 ArcGIS10.0 中的 Geostatistical Analyst 工具及空间统计工具对总体进行特征分析。首先是数据的总体特征分析，统计数据的最大值、最小值、平均值、方差和标准差等，目的是对这些数据的统计学特征有一个初步的了解，并为后面确定抽样方式提供一定的参数借鉴。在利用地统计插值方法时，样本数据如若服从正态分布有利于提高插值精度。利用正态 QQ 图分析数据是否具有正态性，如若数据不具有则对其进行转换。最后，基于地统计学对当地数据进行了趋势分析。

1. 总体特征

方差和标准差用来衡量一组数据平均值的分散程度，从表 10-11 中可以看出两省的总体数据分散程度较大。峰度是描述数据总体取值分布形态陡缓程度的统计量，峰度的绝对值数值越大表示其分布形态的陡缓程度与正态分布的差异程度越大。

表 10-11 安徽和江苏原始数据总体的统计分析

省份	总数	最小值	最大值	平均值	方差	标准差	偏度	峰度	1/4 分位数	中位数	3/4 分位数
安徽	337	1	75 520	2 597. 1	87 946 884	9 378	5. 843 7	39. 427	70	300	715
江苏	212	46	212 880	8 125. 4	557 573 769	23 613	4. 958 7	33. 798	344. 5	1 070. 6	3 131. 4

表中整体数据分布差异较大，产生的原因诸多，如各取水口所在地的经济发展不平衡，人口数量差异大，工业发展速度不同等。

2. 正态 QQ 图分析

研究采用正态 QQ 图来考察数据集是否接近正态分布，为后面的操作做准备。如果数据是正态分布的，点将落在 45°参考线上。如果数据不是正态分布的，点将会偏离参考线。

从图 10-5 安徽和江苏两幅图看出取水量数据都不符合正态分布，但分别对其进行对数变换处理后（图 10-6），两个省的数据点都接近 45°参考线，符合正态分布。说明对数据进行 Log 变换有利于提高预测精度。

3. 趋势分析

为了揭示研究区取水口取水量在空间分布的总体规律，反映其在空间区域上变化的主体特征，应用 Geostatistical Analyst 的数据分析工具 Trend Analysis 获取了安徽和江苏取水口用水量的空间趋势图（图 10-7）。

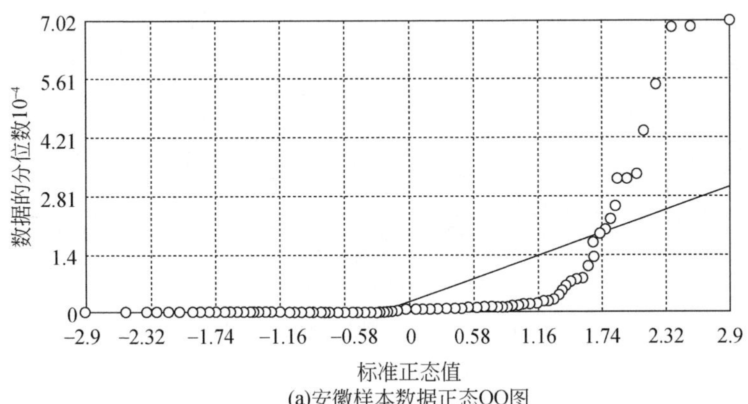

(a)安徽样本数据正态QQ图

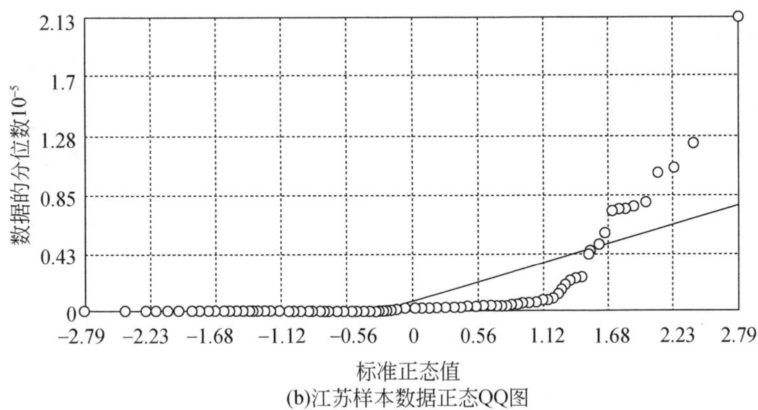

(b)江苏样本数据正态QQ图

图 10-5　两省总数据正态 QQ 图

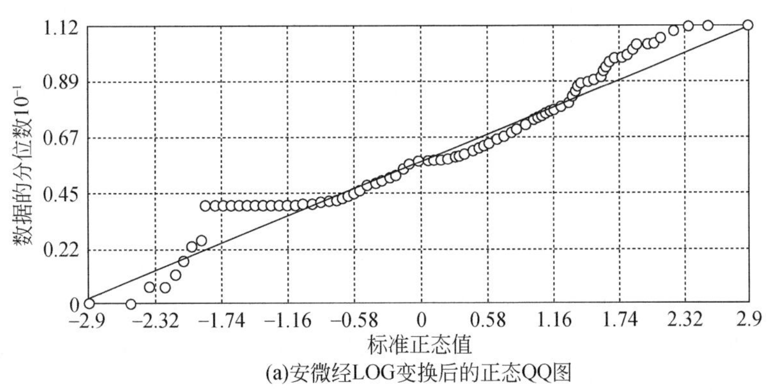

(a)安徽经LOG变换后的正态QQ图

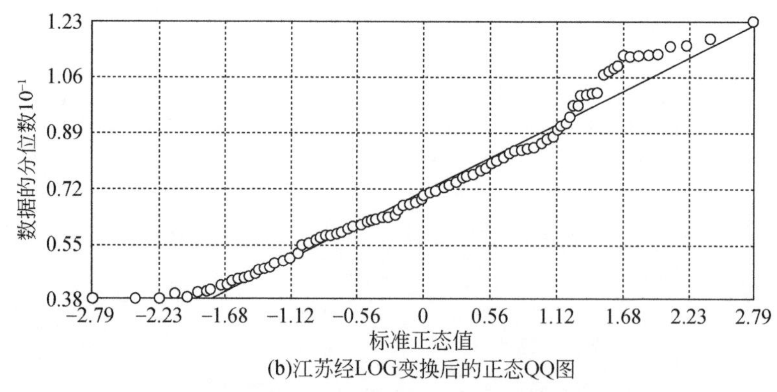

(b)江苏经LOG变换后的正态QQ图

图 10-6 LOG 变换后的正态 QQ 图

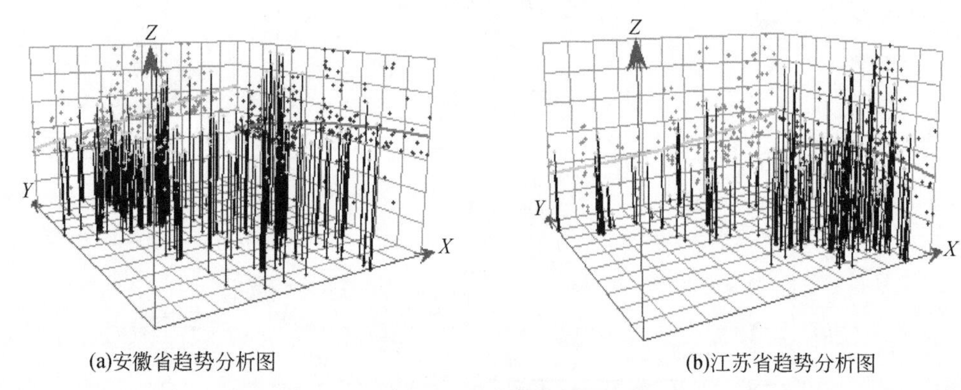

(a)安徽省趋势分析图　　(b)江苏省趋势分析图

图 10-7 趋势分析图

图中 X 轴表示正东方向，Y 轴表示正北方向，Z 轴表示各采样点在取水口取水量的测定值，XY 轴所在平面上的竖棒表示每一个取水口取水量的测定值和它所在的空间位置，南北方向的趋势线和东西方向趋势线分别为取水口取水量在南北向和东西向的投影拟合线。从图 10-7 可见，安徽取水口取水量在东西和南北方向都符合一阶曲线的特征，东高西低，南高北低。江苏取水口取水量在东西方向趋势不明显，而在南北方向具有明显的南高北低趋势。在后面进行半方差分析时将去除该趋势，以获得更为准确的半方差模型，但在克里格插值时将追加该趋势，以获得更有实际意义的插值结果。

10.4.3.5 确定抽样方式及抽样比

人们有意识地通过对社会现象的考察、分析和研究来认识社会和发展规律。例如，人口调查、测量误差、人口出生率和死亡率等。但是在现实中由于难以做到对任何研究都进行全面调查，因此，社会统计抽样是人们从部分认识到整体认识的关键环节。而通过一定的抽样方法可以将抽样误差控制到很小，因而抽样调查成为最常用的研究方法之一。

鉴于安徽与江苏数据统计特征标准差与方差差异很小，故只选择安徽取水口为实验总体。

1. 空间简单随机抽样

随机抽取安徽总数据的 5%、10%、20%、30% 、40%、50% 和 60% 等作为样本，计算样本的方差、标准差。随机抽样多次，图 10-8 为一部分（40 次）的抽样结果，是标准差在不同抽样比时的波动曲线。

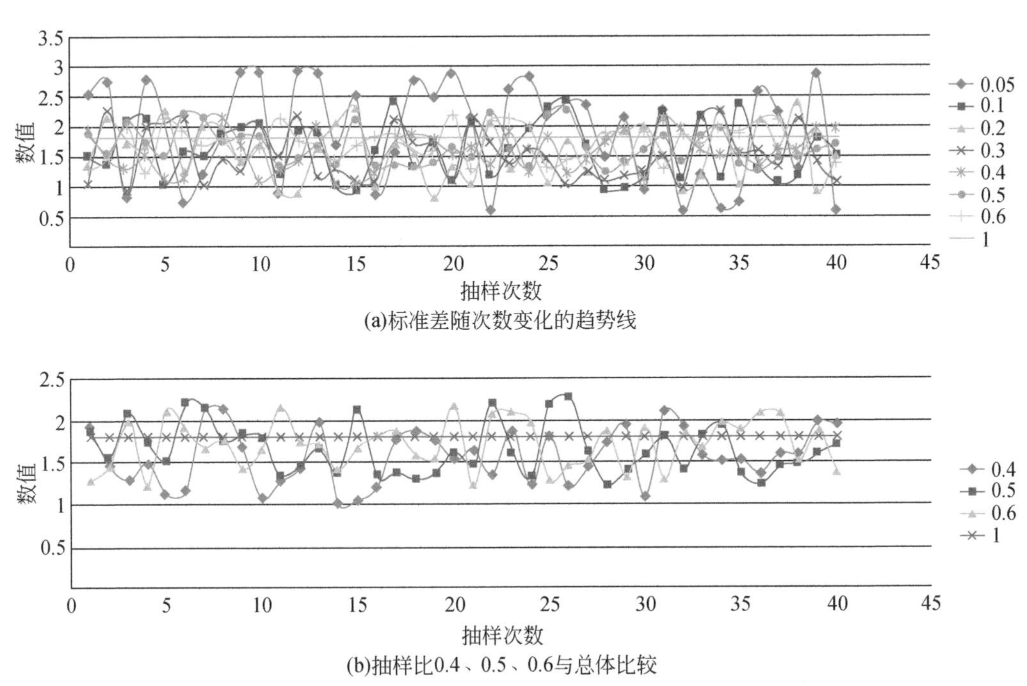

(a)标准差随次数变化的趋势线

(b)抽样比0.4、0.5、0.6与总体比较

图 10-8　标准差随次数变化的趋势线

从图 10-8 中可以看出，当抽样率为 5%、10%、20% 和 30% 时，样本标准差波动较大，样本特征不能代表总体特征，40% 时，样本标准差波动减小，但是相对于 50% 及 60%，波动仍然很大。由于随机抽样的不确定性，抽样比越大，样本越能代表总体，可最大程度反映总体的特征，所以空间简单随机抽样选择 60% 的抽样比例较好。

2. 按流域分层随机抽样

由于各流域经济、人口等发展情况的不同，取用水量情况也不同，对取水口按照流域分层，分别随机抽取样后，再整合成样本。

将取水口分为三个流域，长江流域取水口有 119 个，淮河流域取水口有 167 个，东南诸河流域取水口有 7 个。由于东南诸河流域取水口数目过少，结合空间简单抽样结果，从每个流域中随机抽取 30%、50%、60% 等，汇总后计算样本方差、标准差。随机抽样多次，取其中的一部分作标准差随取样次数变化的趋势线如图 10-9 所示。

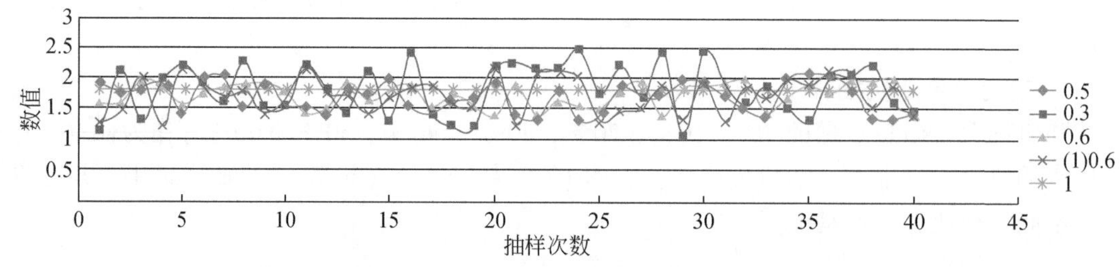

图 10-9　标准差随取样次数变化的趋势线

从图 10-9 及表 10-12 中可看出，在分层抽样的情况下，50% 的比例可基本满足要求。与空间简单随机抽样结果相比，按流域进行分层抽样显然更能最大程度反映总体的流域特性抽样比例为 0. 6。

表 10-12　抽样结果与总体的比较

抽样比例	均值	方差	标准差	中位数
0. 5	5. 464	2. 873	1. 695	5. 531
0. 3	5. 990 1	3. 338	1. 827	6. 133
0. 6	5. 567 4	3. 000	1. 732	5. 625
1	5. 697 7	3. 291	1. 814	5. 704

从以上过程可以得出结论，按流域分层抽样得出的样本特征与总体数据特征更为相似，所以将抽样比为 60% 的按流域分层抽样建立审核模型。

10. 4. 3. 6　取水口审核模型构建分析

1. 空间自相关分析

基于地统计学的空间插值方法是建立在数据具有空间自相关性的前提基础上的。空间统计分析方法首先假设研究区中所有变量非独立，相互之间存在空间相关性，那么在空间或时间范畴中，这种相关性则定义为自相关。空间自相关是指相距较近的点之间，或者是发生在这些点的事件之间具有某种程度的相似性。如果某一点的分布存在显著的正相关性，则说明在这一分布中，特征相似的点距离较近。反之，如果空间自相关性较弱或不存在空间自相关，则说明相邻点之间不存在相似性或相异性，或者说该分布呈随机模式。

空间自相关通常使用 Moran' s I 指数进行分析，其公式表示为

$$I = \frac{n \sum_{i=1}^{n} \sum_{j=1}^{n} w_{ij}(x_i - \bar{x})(x_j - \bar{x})}{\sum_{i=1}^{n} w_{ij}\ (x_i - \bar{x})^2} \tag{10-3}$$

式中，x_i 为 i 点处属性值；$\bar{x}$ 为所有属性值的均值；n 为点的总数；w_{ij} 为 i 点与 j 点之间位置的接近性，通常将点 i 与点 j 之间距离的倒数作为权重，且 $w_{ii}=0$。

研究区域内样本点 n 越多，Moran' s I的期望值 $E(I)$ 越接近 0。当 n 较小时，Moran' s I

的期望值是个绝对值较大的负数。因此，当 n 较小时，负的 Moran's I 未必意味着负的空间自相关。另外，当 Moran's I 的值大于 $E(I)$ 时，通常存在聚集模式，即相邻或相近的点具有相似的特征。为验证数据空间相关性是否显著，必须对结果进行显著性检验。首先做出如下假设。

原假设 H_0：数据不存在空间自相关，即随机模式；

备择假设 H_1：数据存在空间自相关。

随机模式下的期望值

$$E(I) = -\frac{1}{n-1} \tag{10-4}$$

$$\mathrm{Var}(I) = \frac{n^2(n-1)S_1 - n(n-1)S_2 - 2S_0^2}{(n+1)(n-1)S_0^2} \tag{10-5}$$

式中，$S_0 = \sum_{i=1}^{n}\sum_{j=1}^{n} w_{ij}$，$S_1 = \frac{1}{2}\sum_{i=1}^{n}\sum_{j=1}^{n}(w_{ij}+w_{ji})^2$，$S_2 = \sum_{i=1}^{n}(\sum_{j=1}^{n} w_{ij} + \sum_{j=1}^{n} w_{ji})$。构造 Z 统计量为

$$z = \frac{[I - E(I)]}{\sqrt{\mathrm{Var}(I)}} \tag{10-6}$$

选定显著性水平 α 条件下，查正态分布表得 $z_{\alpha/2}$，若 $|z| > z_{\alpha/2}$，则拒绝原假设 H_0，接受备择假设 H_1，说明数据存在空间自相关；若 $|z| < z_{\alpha/2}$，则接受原假设 H_0，说明数据呈随机模式分布，不存在空间自相关。

研究使用 Moran's I 指数对经 LOG 变换后的样本数据进行空间自相关分析，结果见表 10-13。

表 10-13 安徽省和江苏省 Moran's I 计算结果

省份	Moran's I	$E(I)$	方差 Var（I）	z	P
安徽	0. 229 985	-0. 003 717	0. 006 972	2. 798 925	0. 005 127
江苏	0. 189 472	-0. 005 263	0. 007 289	2. 280 859	0. 022 557

查阅相关文献可得，z 参数大于 1. 96 时，证实数据具有显著性空间相关。从表 10-18 可得样本数据存在空间自相关，满足空间插值的前提基础。

2. Person 相关性分析

Pearson 相关系数是用来衡量两个数据集合是否在一条线上面，用来衡量定距变量间的线性关系。其公式为

$$r = \frac{N\sum x_i y_i - \sum x_i \sum y_i}{\sqrt{N\sum x_i^2 - (\sum x_i)^2}\sqrt{N\sum y_i^2 - (\sum y_i)^2}} \tag{10-7}$$

相关系数的绝对值越接近于 1，相关性越强，相关系数越接近于 0，相关度越弱。

利用 SPSS 统计工具分别将两个省的 5 个变量与取水口年取水量进行 person 相关性分析（表 10-14）。

表 10-14 安徽和江苏各变量与主变量之间的相关系数

省份	变量	工业增加值	人口	GDP	工业用水量	年总用水量
安徽	相关系数	0. 612	0. 708	0. 653	0. 674	0. 691
江苏	相关系数	0. 685	0. 752	0. 774	0. 695	0. 721

从表中可以得到人口、GDP 和年用水量的相关系数要高于工业增加值和工业用水量。按择优的手段选择了这三个相关系数较高的变量作为模型建立时的辅助变量。

3. 建模方法比较

本书采用了 3 种空间插值方法对安徽样本数据进行插值建模，通过比较预测及验证误差以衡量三者所建模型的精度，直观展示了协同克里金插值在建模过程中的优势。

1）距离权重反比法（IDW 法）

IDW 法以插值点与样本点间的距离为权重进行加权平均，离估测点越近则赋予的权重越大。ArcGIS10. 0 中地统计模块提供了该方法的建模过程。建模结果如图 10-10（a）所示。

2）普通克里金法（OK 法）

OK 法是一种局部估计的加权平均方法，根据待估点（或块段）邻域内若干信息样本数据以及它们实际存在的空间结构特征，确定各观察点的权重，它建立在变异函数理论与结构分析基础之上，是一种线性、无偏、最优估计法。ArcGIS10. 0 中地统计模块提供了该方法的建模过程。建模结果如图 10-10（b）所示。

3）协同克里金法（COK 法）

COK 法是多元地统计学中最基本的研究方法，它把区域化变量的最佳估值方法从单一属性发展到两个以上的协同区域化属性，利用辅助变量起到了趋势约束作用，提高了插值精度。

三种方法所建模型大体一致，都是东南方向取水口取水量较大，西北方向取水口取水量相对较小。取水量大的地段大多处于长江流域，这也与当地的经济相匹配。

为了更直观地比较三种模型的精确性，统计了三种插值方法所得模型的预测误差和验证误差（表 10-15 和表 10-16）。预测误差是对样本数据自身进行预测所得到的误差，而验证误差是基于样本数据所建模型检测剩余数据（总体数据的 40%）的误差。

表 10-15 三种插值方法所得模型的误差比较表

方法类型	预测误差	
	误差平均值	均方根值
IDW	0. 195	1. 929
OK	0. 03	1. 695
COK	0. 025	1. 623

表 10-15 给出了 3 种插值方法得到模型的预测误差比较。从中可以发现，两种克里金法与反距离加权法相比，在精度预测方面有着明显的提升；与 IDW 法得出的结果相比，

两种克里金法的预测误差平均值（Mean）分别减少了 84.6% 和 87.2%，均方根值（Root Mean Square RMS）分别减少了 12% 和 17%。再将 OK 法与 COK 法的效果进行比较，两指标都更具有优越性。

表 10-16　三种建好模型验证检测数据的误差比较表

方法类型	验证误差	
	误差平均值	标准方差
IDW	0.512	2.626
OK	0.222	1.909
COK	0.216	1.941

表 10-21 给出了分别利用三种模型计算检测数据所在位置的取水量大小，并与真实值求差值，求出误差的平均值和标准方差。可以看出后 OK 法与 COK 法更具有优越性，协同克里金插值法在误差平均值上结果优于普通克里金法。

4. 变异函数模型选择的对比分析

协同克里金插值法是建立在变异函数之上的，变异函数模型的选择对插值效果影响较大。对两省数据分别选取了五种变异函数的模型，并建立了基于这五种变异函数模型的协同克里金插值模型。分别对这四种模型进行交叉检验，结果见表 10-17。

表 10-17　安徽省和江苏省不同模型的交叉检验精度评价表

省份	理论模型	块金值	基台值	基底效应	变程	预测误差标准均值	标准均方根预测误差
安徽	TM	C_0	C_0+C	$C_0/(C_0+C)$	a/km	SME	RMSE
	圆形模型	2.24	3.186	0.703	208.156	-0.120 2	1.539
	球形模型	2.10	4.056	0.518	10.436	0.006 4	1.004 9
	指数模型	2.13	3.102	0.687	208.156	0.012 1	0.966 7
	高斯模型	2.34	3.233	0.724	208.156	-0.032 2	0.983 4
	稳定模型	2.73	4.007	0.681	90.232	0.056 0	1.149 5
江苏	TM	C_0	C_0+C	$C_0/(C_0+C)$	a/km	SME	RMSE
	圆形模型	2.54	3.886	0.65	208.156	0.113 2	1.053
	球形模型	2.13	3.802	0.56	195.436	0.093 2	1.092 3
	指数模型	2.01	4.102	0.49	208.156	0.032 3	0.974 3
	高斯模型	1.83	3.633	0.50	208.156	-0.0021	0.996 5
	稳定模型	2.19	3.207	0.68	190.232	0.053 2	1.134 3

表中 SME 是预测误差均值，其值越接近 0 时，模型越好；RMSE 是标准均方格预测误差，其值越接近 1 时，模型越好。由表可见对于安徽数据球形模型拟合效果略优于其他模型，江苏数据高斯模型拟合效果优于其他模型，故分别选择球形模型和高斯模型作为两省

协同克里金插值的理论模型。

10.4.3.7 模型建立及检验

1. 模型建立

以按流域分层抽样从两省总体数据中分别抽取60%作为样本数据，剩余的40%作为检测数据。基于地统计学中的协同克里金插值法对样本数据进行建模，辅助变量选取人口、GDP和年总用水量。变异函数安徽和江苏分别选用球形模型和高斯模型。安徽取水量大的地方偏东南方向，西北方向的取水量相对小。这与安徽的经济发展密切相关。马鞍山市处于安徽东部，工业发展良好，该市的南山铁矿石中国最大的露天铁矿采场，此外还有发电厂、化工厂等用水较大的公司。江苏省取水量空间分布也是东南方向地区取水量大，西北方向取水量小。苏州无锡常州经济发达，人口密集，用水量大，年取水量也相应较大。江北地区与南方相比经济欠发达，人口较少，工业用水量与生活用水量也就小。利用该方法建立的模型与实际情况相符合，取得结果具有较好的实践性。

2. 数据验证

利用所得模型对检测取水口数据进行验证，得到最终结果。分析预测数据，计算预测值与实际值的差值，求出对应精度。因为建模过程中使用的是对数变换后的数据值，所以预测值也是相应数据的对数变换值。故需对预测值做底为e的指数变换，其结果就是实际年取水量的实际预测值。利用下面的公式计算正确率。

$$P_1 = \left(1 - \frac{|\text{预测值} - \log \text{取水量}|}{\log \text{取水量}}\right) \times 100\% \tag{10-8}$$

log取水量是对取水量作了对数变换后的数据。

$$P_2 = \left(1 - \frac{|\exp(\text{预测值}) - \text{取水量}|}{\text{取水量}}\right) \times 100\% \tag{10-9}$$

通过插值模型预测剩余取水口的实际年取水量，并将其与对应的实际年取水量真实值进行比较，以式（10-8）、式（10-9），计算出精度。表10-18列出了不同精度区间的点数。

表10-18 安徽和江苏取水量数据验证区间精度

省份	80%~100%	60%~80%	40%~60%
安徽	98	33	4
江苏	62	21	2

安徽在精度高达80%~100%的里落入的点数为98个，占检测数据的73%。江苏在精度高达80%~100%的里落入的点数为62个，占检测数据的65%。结果精确度较高，说明基于协同克里金插值的建模方法对于取水量的审核具有较好的参考和借鉴作用。

10.4.3.8 协克里金插值模型检验

1. 研究区概况

河南地处中国中东部，黄河中下游，是中国重要的经济大省，也是中国农产品和食品工业的重要生产基地。河南位于北纬 31°23′N ~ 36°22′，东经 110°21′E ~ 116°39′，辖 17 个省辖市，济源 1 个省直管县市，21 个县级市，88 个县，50 个市辖区。横跨海河、黄河、淮河、长江四大水系，境内 1500 多条河流纵横交织，流域面积 100km^2 以上的河流有 493 条。黄河横贯中部，境内干流 711km，流域面积 3.62 万 km^2，约占全省面积的 1/5。省境中南部的淮河，支流众多，水量丰沛，干流长 340km，流域面积 8.83 万 km^2，约占全省面积的 1/2。北部的卫河、漳河流入海河。

2. 模型检验

研究收集河南 2012 年的各市县数据。其中地图底图，包括省界、县城等由水资源管理中心提供；2012 年河南各市县的取水信息、河南各县级 GDP，人口，工业增加值，人均 GDP 来自 2012 年河南统计年鉴和水资源公报。

河南取水量大的地方北部和中东部方向，西边中部方向的取水量相对小。这与河南的经济发展密切相关。郑州、许昌、漯河、洛阳处于河南中部，经济发达用水量较大，工业经济发展良好的濮阳、安阳和鹤壁位于河南北部。而三门峡、洛阳和南阳交界处多山区，经济相对落后，取水量较小。周口人口较为密集，地处淮河流域水资源较为丰富，水资源使用量较大。通过以上模型验证可知该方法建立的模型与实际情况相符合，具有一定的说服性。

10.4.4 公众参与机制探索研究

公众参与是指具有共同利益或面临共同问题的社会群体，通过一定的程序或渠道、参与或影响政府公共政策和公共生活的一切活动的内部组织和运行制度。目前，公众参与在西方国家已经得到较高的制度化，在我国相关领域如政府绩效管理领域也已引发了高度关注并得到了适当应用。最严格水资源管理考核制度是落实最严格水资源管理制度“三条红线”“四项制度”的重要保障，同时也是政府绩效考核工作中的专项考核，如何使公众参与有效融入最严格水资源管理考核制度，对于构建更为公开、民主和透明的考核制度具有重要意义。

10.4.4.1 公众参与主体构成

公共政策意义上的公众指的是面临着共同问题具有共同利益的社会群体和个人，它是相对政府及政府工作部门而言。按构成单位规模可分为个体公众、群体公众、团体公众。水资源管理政府绩效考核公众参与机制是指，社会公众参与全国最严格水资源管理制度绩效考核工作的渠道和工作机制。其主体社会公众，主要指具备公民资格，有独立行事能力并承担相应社会责任的相关水资源管理工作利益关涉方。主要包括相关水域居民、企业、非政府组织、其他民间组织等。

1. 居民

作为水资源管理工作影响范围最广、程度最深、利益关系最为密切的主体，居民对于绩效考核工作的参与不可或缺。由于水资源对于居民的影响直接关乎其生命健康，水资源管理工作能直接影响改变其生存生活方式，因此，居民在相关水资源分配、用水质量、水资源管理效率效益等多方面具有切身的体会和最直观的感受。但是居民通常处于零散的生活状态，经常以个体性意见为主，难以形成强有力的声音，其评价意见需要进行有效引导，否则难以进行系统化整理。

2. 企业

企业是社会经济的最重要活动单位，企业作为水资源管理绩效考核的公众参与主体，有助于发挥市场机制对最严格水资源管理制度实施的影响。企业不同于居民，其利益诉求明确，组织凝聚力高，组织结构化、系统化功能强，能够形成对于各级政府及流域管理组织广泛而深刻的影响。但要避免这种影响走向权利与利益勾结，使形成的评价利益化过于明显，与水资源作为公众资源的本质相违。

3. 非政府组织

非政府组织是与政府的权利控制和企业的利益驱动相区别的民间组织，主要以独立地位和公众利益为诉求。其主要特点就是“非官方”。非政府组织能够以独立姿态表达意见，更加注重公共利益和公共秩序的维护，其作为评价主体能够制约企业利益寻租而带来的偏见；同时也能弥补居民意见零散，维护公共资源力度较差的缺陷。但是非政府组织目前在国内的发育还不够成熟，难以真正发挥其效用。

4. 其他民间组织

这里的民间组织与非政府组织一样，主要相对政府机构而言，但它主要指一些半独立的或以提供各类社会服务为主，具备收益性但非营利性的机构。例如各种研究机构等，这些机构可以形成对水资源管理工作的长期关注，开展深入研究，提供极具参考价值的意见建议。

10.4.4.2 公众参与渠道

最严格水资源管理绩效考核工作的公众参与渠道不仅考虑水资源管理的便利性和公共性，还要考虑绩效考核工作的专业性等要求。在大量理论研究和总结相关工作经验的基础上，最严格水资源管理制度绩效考核工作的公众参与渠道根据公众参与阶段的不同进行设计。

1. 绩效计划阶段参与

绩效计划阶段主要是工作目标和指标建立，该阶段涉及信息量庞大，涉及利益方面多，决策程序复杂，导致政府与社会公众之间的信息非对称性非常明显。该阶段的公众参与一般以信息公开、意见征询等为主，主要通过新闻媒体的信息发布和决策听证会等渠道参与，确保公众能及时全面地了解水资源管理工作相关的计划内容。其目的在于通过充分吸纳公众意见，提高绩效计划的科学性，并使公众参与的监督力量能在工作起始阶段介入，完善对绩效工作监督流程和机制。

2. 绩效实施阶段参与

绩效实施阶段主要包括过程管理和年度考核两大环节，主要涉及的是程序性内容，各环节操作性内容以注重细节，确保程序完整为核心要求，通过跟踪工作过程和细节，全面关注绩效指标落实情况，保证最终结果的实现。该阶段公众参与主要以工作监督和考核评价为主，具体形式可以多种多样，包括直接参与、间接参与等。有新闻媒体的舆论监督、政府机构实施官方调查、社会组织包括企业或非营利性组织的主动质询等。这类参与方式将有范围限制，且公众以被动邀请的方式为主。

3. 结果反馈阶段参与

结果反馈阶段是考核完成之后对水资源管理绩效考核工作延续性安排。公众的参与这一阶段主要包括两方面内容：一是考核对象的工作总结，即在规定的周期节点内所完成的工作业绩和水平，以年度工作为主；二是公众已经反馈的意见和要求处理情况，尤其是热点问题的处理和绩效改进的落实。该阶段的参与方式仍是以信息公开为主，主要渠道是公众可以主动要求考核对象对公众疑问进行及时准确的解答，同时对未予以明确的或不能如期完成的绩效任务，要转入下一周期的考核要求，确保公众参与与整个绩效考核工作周期的融合。

为了加强农业用水管理，我国部分地区成立了农民用水户协会。农民用水户协会是以某一灌溉区域为范围，由农民自愿组织起来的自我管理、自我服务的农业灌溉服务组织，具有法人资格，实行自主经营、独立核算、非营利的群众性社团组织。它对管理渠系范围内的水利工程享有使用的权利，也有自主安排灌溉用水调度权、工程维护和改造的决策权、灌区规划与建设的参与权等权利。在最严格水资源管理绩效考核的每个阶段，可以通过农民用水户协会这个媒介，一方面将政府政策讯息及时传递给农民，另一方面也可以充分获取广大农民对水资源管理的反馈，使广大农民能够参与到水资源管理绩效考核的各个阶段中来。

不论以何种形式开展公众参与，个体居民、企业组织、民间组织都要参加，以确保与整体最严格水资源管理制度绩效考核工作形成有效的信息互动。

10.4.4.3 公众调查方式

公众调查属于社会调查的一部分内容。一般来说根据社会调查对象范围、研究程序、资料性质和资料分析方法等差异，将其分为普遍调查、抽样调查、典型调查和个案调查四种。公众调查作为公众参与绩效考核工作最有效的渠道之一，能够及时地在大范围内收集公众的意见，了解公众的观点，是绩效考核工作的有益补充和必要内容。但是由于最严格水资源管理制度落实工作有自己的特点，其具体调查设计需要结合实际。

10.4.4.4 公众参与测评周期

最严格水资源管理制度绩效考核实施公众调查的根本目的在于积极引导公众参与水资源管理工作，提高决策科学化水平，加强外部监督，提高政策执行力。最直接的目的则在于完善考核体系，邀请公众对各级政府及水资源管理部门的工作进行评价。公众调查工作将主要围绕两大阶段进行。一是阶段性考核，如年度考核，中期考核等；二是临时性调查，出于工作监督抽查或者工作效果检验或者有关具体工作的公众意见收集等。由于水资源管理工作收效期较长，阶段性考核基本上保持各地区一年不超过两次，全国范围内可以考虑一年一次，或者两年一次。

10.4.4.5 公众参与的第三方引入

水资源管理绩效考评工作的公众参与渠道多样，其中第三方机构引入是能体现公众参与公平公正，提高参与程度和参与水平的方式。在国际上，美国及英国、法国等欧洲国家都有相关的民间机构参与水资源管理，这些都为提高工作水平，增强信息透明度起到了积极的推动作用。随着我国推动行政管理的步伐加大，在建设廉洁透明高效政府的理念下，水资源管理绩效考核工作可以考虑第三方机构引入。

第三方机构引入作为水资源管理绩效考核工作的创新内容，其在操作上需要对诸多细节仔细斟酌，但这是绩效考核工作的发展趋势，也是社会公众的民意所向，需要根据水资源管理具体工作实际，选择合适的方式积极引入第三方参与，以提高考核工作效率，增强公众参与积极性。

10.4.4.6 水资源管理政府绩效考核公众评价问卷设计

根据对水资源管理政府绩效考核制度的各项研究，采用发放公众满意度评价问卷的方式让公众参与到水资源管理政府绩效考核中，据此设计出公众参与抽查的评价指标体系，通过公众满意度评价的方式促进政府水资源管理各项政策的有效落实。

1. 评价问卷设计基础

满意度评价问卷的设计要紧紧围绕最严格水资源管理制度展开，该管理制度重点提出了水资源管理的“三条红线”，即水资源开发利用控制红线、用水效率控制红线、水功能区限制纳污红线。同时，每一条红线下又划分了多条具体指标，对水资源管理的各个方面进行了透彻分析，最后解析了达到这些指标需要实施的保障措施，要求建立水资源管理责任和考核制度，检查和完善水资源监控体系和管理体制，完善水资源管理投入机制，健全政策法规和社会监督机制。因此，问卷的内容要求合理的覆盖每一个方面，要能全面考察政府在最严格水资源管理过程中各个层面工作的公众满意度。

（1）评价问卷是为了辅助政府进行水资源管理的绩效考核，重点在于考核，问卷内容一定要如实反映出公众对于政府各项政策的评分和满意度，体现水资源管理是否达到了预期的成效，反映百姓意见，为绩效考核提供依据。

（2）为了避免被调查者在答题时出现疲劳状态，随意作答或不愿合作，评价问卷不可消耗公众太多时间，最好控制在 5 ~ 10min，所以问卷篇幅尽可能短小精悍，题目数量在 10 ~ 20 题为宜。因此，为了能尽量覆盖水资源管理的各个方面，问卷中的问题都必须是必要的且与主体核心紧密联系，严格避免问题之间的重复和矛盾。

（3）问卷的调查对象是所有公众，应适用于第一、第二、第三产业用水户和各级水资源管理工作人员及其他相关人员等群体的需求。因此，要求问卷的难易程度适中，语言和蔼亲切，既能包含绩效考核所需要获取的信息，又能使被调查者保持愉悦的心情据实回答所有问题。

（4）为了方便日后可能进行的深层次的分类研究，调查问卷应适当保留被调查者基本信息，但不可涉及过于隐私的信息，以免被调查者不愿意配合。

2. 评价问卷详细设计

综合上述分析并结合最严格水资源管理的相关文件，初步设计了“最严格水资源管理政府绩效考核公众满意度”评价问卷。

问卷的第一部分简单地对被调查者的基本信息进行收集，方便日后于可能会进行的深入分析或细化等工作。为了避免涉及公众的隐私，问卷只调查了被调查者的性别（题目 1）和年龄（题目 2）等信息。

问卷第二部分的调查内容是公众对政府实施最严格水资源管理工作的整体满意度。政府实施最严格水资源管理包含了多个方面的内容，包括大力宣传水资源管理制度，提升全民节约用水保护水资源意识；完善水资源管理体制、实现水资源管理行政公开；建立健全相关法律法规，严惩水资源浪费和污染者；开展节水技术研究，实施节水设施改造。问卷从以上四个方面调查了公众对水资源管理工作的满意程度（题目 3 至题目 5、题目 14 至题目 15），最后，请被调查者综合所有因素为水资源管理的整体情况打分（题目 16）。

问卷的第三部分调查了最严格水资源管理“三条红线”制度的详细实施情况。题目 6 和题目 7 考察水资源开发利用控制红线的公众满意度；题目 8 至题目 10 考察用水效率控制红线的公众满意度；题目 11 至题目 13 考察水功能区控制纳污红线的公众满意度。

问卷最后一个部分收集了被调查者对水资源开发、利用和保护的宝贵意见和建议，旨在从中发现创新性建设性的水资源保护方法，以求得水资源保护机制的健全和完善。问卷详见附件。

10.5 本章小结

本次通过对国家最严格水资源管理制度考核相关政策、文件的出台进行系统的分析，吸纳相关部委资源考核的成熟经验，结合流域机构、典型省份及各省（自治区、直辖市）考核办法的发布情况，对实行最严格水资源管理制度考核初步方案进行设计，设置切实可行的考核流程；基于目标值、制度建设与措施落实情况核查方法的研究，制定一套分别适用于自查、复核及抽查等各个环节的基础表格；同时研究探讨基于社会统计抽样理论和 GIS 空间统计分析技术的审核方法和模型，进一步研判相关目标值指标的合理性与可靠性，形成可供初步应用的考核体系方案。此外，本章还对考核体系过程中引入公众参与机制的可能性和必要性进行了初探，也设计了一份针对“最严格水资源管理政府绩效考核公众满意度”的调查问卷作为参考。通过对部分试点地区的模拟考核发现，本章研究的考核主要内容和组织流程基本能满足目前考核规定的要求，且初步方案中部分内容已应用于国务院对各省级行政区实行最严格水资源管理制度考核工作，取得了较好的成效。由此可见，该方案在实践应用中具备完整性、客观性和适应性等特点。但在今后考核中需要逐步完善初步方案，尤其是注意与年度重点工作任务及一些细节方面的问题充分结合，力求客观、公正、公平地推进考核工作，为更好地推动落实最严格水资源管理制度提供技术支撑。

第 11 章 最严格水资源管理制度建设推进建议

11.1 最严格水资源管理制度实施面临问题

11.1.1 水资源开发利用基础监测体系不健全，导致最严格水资源管理制度考核缺乏有效的支撑

评估与考核是实施最严格水资源管理制度的关键环节。要保障评估与考核的科学性与可靠性，需要两方面的支撑：一是最严格水资源管理的实施过程监测，包括地表地下取用水监测、断面下泄水量监测、水体环境质量状况监测、地下水位动态监测、供水管网漏损监测等。二是最严格水资源管理的指标与目标实现评估，包括基础信息甄别、管理指标核算与校验、目标实现程度评估、未达指标的归因及其溯源分析等。当前，我国水资源开发利用监测计量体系很不健全：一是统计方法较为粗放，目前水资源公报主要采用典型调查获取行业用水指标定额测算用水总量的方法，水质监测也采用典型调查，大部分地区典型调查数量较少且代表性不强，统计精度亟待提高，统计结果难以复核，不能有效支撑考核工作。二是用水计量、水功能区监测及其监控基础设施建设明显滞后。目前各行业取用水计量设施不健全，取水许可监督管理薄弱，在线监控设施建设滞后，已经成为统计工作的最大制约。三是统计制度不够健全。目前在用水统计、计量监控、水功能区监测等方面尚无专门的规章制度，基础信息获取、统计分析、质量控制、上报与复核、责任制度等方面尚未出台统一的规程规范，统计报表制度尚不健全。四是保障措施落实不够，目前从事用水总量统计、水功能区监测的技术力量明显薄弱，人员流动性大，资金投入明显不足，水利和统计等有关部门间的合作机制、水利行业各有关部门的协作机制尚不健全。

11.1.2 最严格水资源管理标准体系尚不完善，管理规范性欠缺

技术标准是水资源管理的重要基础，是落实最严格水资源管理制度、规范水资源管理的重要抓手。水利部于 2012 年印发了《落实〈国务院关于实行最严格水资源管理制度的意见〉实施方案》，明确将健全水资源管理技术标准体系作为近期落实最严格水资源管理制度的重要工作内容。但目前，最严格水资源管理标准体系还不完善。水利部于 2008 年发布了现行的水利技术标准体系表，其中关于水资源管理领域一共 54 项，内容涉及水资

源开发利用、水生态环境保护、节水型社会建设、监测统计、信息化管理等水资源管理工作主要领域。但在新的背景形势下，原有的技术标准体系已经难以满足实行最严格水资源管理制度的技术需求。2012 年开始，水利部国科司组织了新版水利技术标准体系表的修订工作。新版体系表中水资源管理领域技术标准一共 63 项，其中已颁布标准 27 项（包括正在修订的 4 项），2011 年及之前颁布的就 21 项。部分已颁布标准之间存在彼此之间不协调、内容重复但要求不完全一致的问题，部分行业标准还存在和其他部门颁布的行业标准内容矛盾的问题。

11.1.3 最严格水资源管理制度仍采用一刀切的方式，尚未体现区域差别化管理

一刀切的管理方式优势在于可以体现制度的刚性化与严肃性，各地方执行起来较为容易。但是缺点在于过于简单化，适应性差，不能体现各地区千差万别的现实情况。我国地域辽阔，各行政区域水资源的自然条件、水资源开发利用现状、水利建设特色、经济结构、城市规模与类型、社会经济发展阶段存在明显差异。这些特征决定了我国行政区域在实施最严格水资源管理制度过程中，应当在遵循社会经济和水资源综合规划基础上，针对不同地区的自然条件、社会经济特点进行全面规划、突出重点、逐步推进，并在此过程中形成各具特色的管理模式。当前，我国实施的最严格水资源管理制度，从制度体系、考核指标和方法等方面，还处于一刀切的阶段，尚未体现各地区管理目标及基础的不同，没有体现各个区域的侧重。

11.1.4 总量指标分解与跨省江河水量分配的协调

江河水量分配是确定一定时期内若干行政区可取用和消耗特定江河水资源量的过程。2011 年中央一号文件明确提出要“抓紧制定主要江河水量分配方案”，《国务院关于实行最严格水资源管理制度的意见》（国发〔2012〕3 号）指出“加快制定主要江河流域水量分配方案”。根据中央文件精神和国务院的部署，水利部于 2011 年 5 月颁布出台了《水量分配工作方案》，在全国范围正式启动江河水量分配工作，作为当前和今后一个时期加快落实最严格水资源管理制度的重要抓手。另外，国务院明确了 31 个省级行政区用水总量控制指标，各省区也将本省指标分解至省内各地市，但尚未将用水总量控制指标分解到流域。总量指标分解与跨省江河水量分配如何协调，已经成为水资源管理必须面对的问题。在第一批跨省江河水量分配工作中，部分省区提出调整省区分流域的用水指标，例如广东省提出增加东江流域用水量、减少省内河流粤东粤西诸河用水量，四川省提出增加岷江流域用水、减少其他河流用水等。

11.2 最严格水资源管理制度未来发展方向

11.2.1 由初步探索转向规范化

2011年最严格水资源管理制度实施之初确立了天津、河北等7个试点省市，2012年国务院发布《关于实行最严格水资源管理制度的意见》，2013年国务院办公厅关于印发实行最严格水资源管理制度考核办法的通知，我国最严格水资源管理制度稳步推进。2014年针对试点开展了系统考核，2014年将考核范围扩大至全国。经历这样一个历时4年的初步探索阶段，为了进一步体现制度的刚性化与精细化，最严格水资源管理制度应当逐步从初步探索转向规范化建设。

所谓规范化建设，应包含三个方面内容：一是制度要规范化，要逐步健全相关制度体系，对最严格水资源管理制度各项工作进行总体规范。二是建设要规范化，对于各项指标的监测计量统计方法进行规范，对目标指标评估考核进行规范。三是执行要规范化，各地要贯彻落实最严格水资源管理重点制度，结合自身实际，有针对性地出台操作性强、满足紧迫需求、考虑社会承受能力和综合效益、与现行制度衔接较好的制度，建设保障体系确保执行的规范化。

11.2.2 由粗放式转向精细化

如前所述，我国实施最严格水资源管理制度仍处于初步探索阶段，制度体系不健全、监控体系不完备、考核体系不完善，管理还处于相对粗放的阶段。随着最严格水资源管理制度实施的深入化，迫切需要逐步由粗放式向精细化转变。

所谓精细化建设，应包含三个方面内容：一是管理制度的精细化，要体现各地区水资源管理基础与需求的不同，构建并完善差别化的管理制度体系。二是监测计量统计体系的精细化，推广普及用水计量设施，加快开展水资源监控能力建设，借鉴水利普查工作经验和技术方法，改进用水统计方法和水功能区水质监测方法。三是考核体系的精细化，目前的考核除了针对各地区上报数据进行简单复核外，更主要的是对管理工作进行定性的审查，考核还缺乏相应的完备的技术支撑体系，以实现精细化考核。

11.2.3 由应急化转向常态化

“最严格的水资源管理制度”是2011年在系统总结改革开放以来我国水资源工作的经验的基础上，面向经济社会转型期对水资源管理的实践要求，借鉴国土资源管理、计划生育管理等公共政策领域的有益提法，创新形成的我国新时期水资源行政管理模式与方式。最严格水资源管理制度提出与实施，针对的是我国当前水资源的主要矛盾，即人对于水资源系统的过度侵占问题，包括过量需水造成的缺水问题、过量取水导致的水生态退化和地下水超采问题、过量排污导致的水体污染问题，属于应激性制度。随着最严格水资源管理制度实施的深入，以及国家在新时期对水资源管理提出的新的需求，实行最严格的水资源管理制度不仅是当前一个时期水资源工作的总要求，更是我国未来较长一个时期水资源行政管理的基本方向和中心工作，最严格水资源管理制度逐步转向常态化。

11.3 最严格水资源管理制度推进建议

11.3.1 建立和完善精细化最严格水资源管理制度体系

面向我国水资源管理需求，充分考虑区域之间的水资源条件、经济发展水平的差异化，建立健全体现各地区水资源管理需求与侧重存在差别化的最严格水资源管理制度，出台分区实施最严格水资源管理制度指导意见，因地制宜规范不同地区水资源管理。各地区进行最严格水资源管理制度考核时，在总体框架要求下，逐步体现管理的不同侧重点，真正实现最严格水资源管理制度实施的初衷。

11.3.2 建立健全最严格水资源严格管理的基础支撑体系

面向最严格水资源管理制度实施要求，健全最严格水资源管理制度的基础支撑体系，主要包括取用水计量监测体系的建立、水资源管理信息系统的建立、取用水统计体系的完善、水功能区水体水质监测设施的完善。基础监控计量与统计体系的完善，使最严格水资源管理制度考核有据可依，真正实现管理制度的刚性化约束。

11.3.3 建立和完善最严格水资源管理制度的技术标准体系

围绕总量控制和定额管理的实践需求，在进行顶层规划和设计的基础上，逐步建立和完善三条红线管理的技术标准体系，包括管理的基础标准（如河道生态用水标准）、管理标准（如定额标准、排水水质标准）、考核标准（如节水型单元载体标准）、设施和产品技术标准（如节水产品技术标准）、技术导则和规程规范等，以标准化促进最严格水资源管理制度实施的规范化。

11.3.4 推进建设最严格水资源管理制度的科技支撑体系

针对实施最严格水资源管理制度的基础问题、关键技术、核心工艺和重要设备，突出重点，集中攻关，形成有自主知识产权的关键技术。要进一步加强已有技术和产品的集成创新，提高先进技术应用的综合效率。充分了解国内外行业科技发展动态，加大引进国际先进技术和工艺，实现引进消化吸收再创新。进一步重视技术推广和服务在强化科技支撑能力中的作用，充分利用互联网等，搭建信息平台，建立专业技术信息库，提供相关技术资讯。

参考文献

[1] 贯彻落实中央水利工作会议精神特别报道. 江西水资源管理“三条红线”划定. 人民长江报, 2011-07-23, (003).

[2] 云南省水利水电科学研究院. 云南省区域和行业用水效率考核体系研究技术大纲. 2010.

[3] 孙宇飞, 王建平, 王晓娟. 关于“三条红线”指标体系的几点思考. 水利发展研究, 2010, (8): 62-65.

[4] 陶洁, 古其亭, 薛会露, 等. 最严格水资源管理制度“三条红线”控制指标及确定方法. 节水灌溉, 2012, (4): 64-67.

[5] 陈进, 黄薇. 实施水资源三条红线管理有关问题的探讨. 中国水利, 2011, (6): 118-120.

[6] 周同藩, 柳建平. 我国水资源管理体制的演变及对流域管理的启示. 中国农村水利水电, 2009, (1): 15-19.

[7] 王建华, 王浩. 从供水管理向需水管理转变及其对策初探. 水利发展研究, 2009, (6): 49-53.

[8] 王建华. 科学发展视域下的我国水资源公共政策选择. 人民黄河, 2010, 32 (1): 46.

[9] 胡四一. 强化制度建设和监督管理确保最严格水资源管理制度稳步推进. 中国水利, 2010, (6): 13-14.

[10] 黄昌硕, 耿雷华. 基于“三条红线”的水资源管理模式研究. 中国农村水利水电, 2011, (11): 30-36.

[11] 王浩. 实行最严格水资源管理制度关键技术支撑探析. 中国水利, 2011, (6): 28-30.

[12] 盖燕如, 汪林, 徐凯. 灌溉水经济价值与粮棉作物种植布局. 中国水利水电科学研究院学报, 2011, (3): 223-228.

[13] 刘品. 山东省水资源与宏观经济关系定量分析研究. 济南: 济南大学, 2011.

[14] 胡震云, 雷贵荣, 韩刚. 基于水资源利用技术效率的区域用水总量控制. 河海大学学报（自然科学版), 2010, 38 (1): 41-46.

[15] 赵显波. 内陆干旱地区水库水质水量联合优化调度研究. 乌鲁木齐: 新疆农业大学, 2007.

[16] 王渺林, 蒲菽洪, 傅华. 从水质水量联合角度评价鉴江流域可用水资源量. 重庆交通大学学报, 2008, (27): 144-147.

[17] 董增川, 卞戈亚, 王船海, 等. 基于数值模拟的区域水量水质联合调度研究. 水科学进展, 2009, (20): 184-189.

[18] 王宗志, 胡四一, 王银堂. 基于水量与水质的流域初始二维水权分配模型. 水利学报, 2010, 39 (5): 524-530.

[19] Huffaker R, Whittlesey N, Hamilton JR. The role of Prior Appropriationin allocation water resources into the 21ST century. Water Resources Development, 2000, (2): 16.

[20] 沈大军, 王浩, 杨小柳, 等. 工业用水的数量经济分析. 水利学报, 2000, 31 (8): 27-31.

[21] 孟庆松, 武靖源. 基于动态前沿生产函数的水资源边际效益研究. 天津师范大学学报（自然科学版), 2005, 25 (4): 61-65.

［22］刘耀彬，李仁东．武汉市“三废”排放的库兹涅茨特征及原因探析，2003，16（6）：44-45.
［23］宋涛，郑挺国，佟连军．基于面板协整的环境库茨涅兹曲线的检验与分析，2007，27（4）：572-576.
［24］吴林雄．基于R和Geoda软件的云南省人口信息GIS空间统计分析．云南大学，2009.
［25］何学洲．基于GIS的人口空间统计分析研究与实现．首都师范大学，2008.

附件 “最严格水资源管理政府绩效考核公众满意度”评价问卷

尊敬的先生/女士：

您好！

当前我国水资源面临的形势严峻，水资源短缺、水污染严重、水生态环境恶化等问题日益突出。国务院出台《关于实行最严格水资源管理制度的意见》（国发〔2012〕3号），将水资源管理纳入地方政府绩效考评。为深入了解您对我国水资源管理绩效考评的真知灼见，促进落实我国最严格水资源管理制度考核工作，完善公众参与机制，我们诚挚地邀请您参与问卷调研。非常感谢您的支持与合作！

1. 您的性别：

□A. 男　□B. 女

2. 您的年龄：

□A. 25岁以下　□B. 26–40岁　□C. 41–60岁　□D. 60岁以上

3. 您所在区域是否有水资源管理和节约用水的宣传？

□A. 经常有　□B. 偶尔有　□C. 很少有　□D. 不了解

4. 您是否可以方便地获得水资源管理和保护相关信息？

□A. 非常方便　□B. 不大方便　□C. 难以获取　□D. 不了解

5. 您所在区域有水资源管理相关的要求和制度吗？

□A. 非常多　□B. 有一些　□C. 没有　□D. 不了解

6. 您所在区域是否有停水等情况发生？

□A. 经常停水　□B. 偶尔停水　□C. 从未停水　□D. 不了解

7. 您感觉周围水资源浪费现象（如水管漏水等）严重吗？

□A. 非常严重　□B. 有一定浪费　□C. 没有浪费　□D. 不了解

8. 您家中是否使用了节水设备，如节水马桶、节水龙头等？

□A. 基本使用　□B. 部分使用　□C. 从未使用　□D. 不了解

9. 您是否有一水多用的习惯，如用洗菜的水冲厕所等？

□A. 经常　□B. 偶尔　□C. 从不　□D. 不了解

10. 您所在区域的农业采用何种灌溉方式？

□A. 漫灌为主　□B. 喷灌滴灌为主　□C. 各种灌溉混合　□D. 不了解

11. 您认为目前家庭用水的水质如何？

□A. 很好　□B. 一般　□C. 很差　□D. 不了解

12. 您所在区域的河流、湖泊等水污染严重吗？

□A. 水体非常浑浊，有难闻的气味　□B. 水体有一些浑浊，略有异味

□C. 水体清澈，没有异味　□D. 不了解

13. 您认为造成水污染主要原因是什么？(可多选)

□A. 农业污染　□B. 工业排污　□C. 生活用水排污　□D. 其他

14. 您认为您所在地区水资源管理行政信息公开透明程度如何？

□A. 好　□B. 一般　□C. 差　□D. 不清楚

15. 您认为您所在地区市民参加节水、水资源保护的积极性如何？

□A. 高　□B. 一般　□C. 低　□D. 不清楚

16. 综合各项因素，相关部门对于水资源的管理、节约和保护情况您是否满意？

□A. 非常满意　□B. 基本满意　□C. 不满意　□D. 不了解

17. 关于水资源开发、利用和保护的各个方面，您有什么宝贵的意见和建议？

____

____

____